国外城市规划与设计理论译丛

规划引介

[英] 克莱拉·葛利德　　著
　　 王雅娟　张尚武　　译
　　 朱介鸣　　　　　　校

中国建筑工业出版社

著作权合同登记图字：01-2002-5909 号

图书在版编目(CIP)数据

规划引介 /(英)葛利德著；王雅娟，张尚武译. —北
京：中国建筑工业出版社，2007
(国外城市规划与设计理论译丛)
ISBN 978-7-112-09205-5

Ⅰ.规... Ⅱ.①葛... ②王... ③张... Ⅲ.城市规划－研究
Ⅳ.TU984

中国版本图书馆 CIP 数据核字(2007)第 045191 号

Copyright © clara Greed, 2000
本书由英国 ATHLONE 出版社授权翻译、出版、发行
Introducing Planning/Clara Greed

责任编辑：戚琳琳
责任设计：郑秋菊
责任校对：李志立　王金珠

国外城市规划与设计理论译丛

规划引介

[英] 克莱拉·葛利德　著
　　王雅娟　张尚武　译
　　朱介鸣　　　　　校

*
中国建筑工业出版社出版、发行（北京海淀三里河路九号）
各地新华书店、建筑书店经销
北京嘉泰利德公司制版
北京京华铭诚工贸有限公司印刷
*
开本：787×1092 毫米　1/16　印张：21³/₄　字数：412 千字
2007 年 8 月第一版　2018 年 1 月第二次印刷
定价：79.00 元
ISBN 978-7-112-09205-5
　　（31306）

目　录

图表目录

致　谢

前　言

第 1 章　导言：规划缘何重要? ………………………………………… 1

第一部分　规划体系 ……………………………………………… 13

　　第 2 章　规划的组织 …………………………………………… 15

　　第 3 章　开发控制和开发过程 ……………………………… 42

第二部分　规划的历史 …………………………………………… 67

　　第 4 章　历史发展 ……………………………………………… 69

　　第 5 章　工业化和城市化 …………………………………… 86

　　第 6 章　19 世纪的回应与改革 …………………………… 102

　　第 7 章　20 世纪上半叶 ……………………………………… 117

第三部分　领域扩展：现代规划 ……………………………… 135

　　第 8 章　战后至 1979 年 ……………………………………… 137

　　第 9 章　1980 和 1990 年代改变的议程 ………………… 151

　　第 10 章　环境、欧洲和全球趋势 ………………………… 171

　　第 11 章　城市设计、保护和文化 ………………………… 195

第四部分　规划以人为本? …………………………………… 219

　　第 12 章　规划的社会观点 ………………………………… 221

第13章　女性与少数群体规划——下一步行动 ……………………… 242

第14章　建成环境专业 …………………………………………… 259

第15章　未来：改变的议程 ……………………………………… 272

第16章　规划理论的回顾 ………………………………………… 288

参考文献 …………………………………………………………… 314

政府出版物 ………………………………………………………… 327

缩略表 ……………………………………………………………… 333

译后记 ……………………………………………………………… 335

图表目录

图

1.1	城乡规划的领域	7
1.2	汽车和住房的冲突	10
1.3	布里斯托尔午餐时间城市中心街道上的行人	10
1.4	人们还在公共汽车站等车	10
2.1	规划的层次	16
2.2	开发规划程序	17
2.3	英格兰地方管理体制	23
2.4	萨默塞特的埃克斯穆尔(Exmoor)国家公园	27
2.5	苏格兰地方行政管理机构	30
2.6	威尔士地方行政管理机构	32
2.7	伦敦内城：混乱还是功能创新	35
2.8	伦敦行政区划图	36
2.9	意大利北部典型的欧洲街道景观	38
2.10	巴黎城市中心不同功能和年代的建筑	38
3.1	规划申请过程	43
3.2	毁坏：海边的贝斯希尔(Bexhill)	46
3.3	a 和 b 在新的和老的建筑上进行居住扩建	49
3.4	a 和 b a 伦敦丽晶公园保护地区；b 巴斯附近的比尔顿村庄(Bitton)	55
3.5	街道外停车	57
3.6	开发程序	59

4.1 被游客膜拜的金字塔 ·· 73

4.2 a、b、c 多立克、爱奥尼和科林斯式柱头，希腊雅典 ············ 73

4.3 以弗所(Ephesus)的排水井盖 ·································· 74

4.4 印度斋浦尔(Jaipur)的建筑 ·································· 75

4.5 a 和 b a 查特教堂；b 查特镇 ······························· 75

4.6 萨默塞特格拉斯顿伯里修道院 ·································· 76

4.7 意大利北部有机的街道格局 ·································· 76

4.8 萨默塞特的乡村景色 ·· 78

4.9 a 威尼斯的一个小广场；b 文艺复兴时期广场的要素模型 ········ 78

4.10 巴斯的后街 ··· 82

4.11 伦敦特拉法尔加广场(Trafalgar Square) ···················· 82

4.12 爱丁堡城市中心 ·· 82

4.13a 方格网布局的城市 ··· 83

4.13b 自然生长的有机城镇 ······································· 83

4.13c 基于铁路和道路的放射形城市 ······························ 84

4.13d 现代城市的特点是受城市规划、分区规划和分散发展的共同影响 ···· 84

4.13e 带形城市 ··· 84

4.13a、b、c、d、e 城市形态主要类型的简明图解 ···················· 84

5.1 有蒸汽火车的工业城镇 ······································ 88

5.2 伦敦法院 ·· 90

5.3 布里斯托尔市伊斯顿的小型联排住宅 ·························· 91

5.4 布里斯托尔市红地的维多利亚时期的郊区小住宅 ················ 91

5.5 伦敦内城住宅 ·· 93

5.6 萨默塞特温福德(Winford)的布莱克史密斯(Blacksmiths)，最古老的交通方式 ··· 93

5.7 苏格兰佛斯桥 ·· 94

5.8 1960 年代朗里特的 Mungo Gerry 音乐会 ····················· 96

6.1 伦敦皮博迪建筑 ·· 105

6.2 苏格兰新拉纳克 ·· 106

6.3 a 和 b 哈利法克斯附近的索尔泰尔(Saltaire) ················· 108

6.4a 霍华德的三磁体图 ··· 109

6.4b 霍华德的田园城市规划 ……………………………………………………… 110

6.4c 霍华德的田园城市邻里 ……………………………………………………… 110

6.5 田园城市风格的工厂城镇 …………………………………………………… 113

6.6 田园城市的设施 ……………………………………………………………… 114

6.7 纽约附近朗特里(Rowntree)的新伊斯维克(Earswick) …………………… 114

7.1 a和b 莫斯科工厂化制造的住房 ……………………………………………… 119

7.2 纽约公寓住宅的阳台 ………………………………………………………… 120

7.3 纽约的建筑使人显得矮小 …………………………………………………… 121

7.4 印度旁遮普的昌迪加尔市a中心区；b居住区 ……………………………… 123

7.5 布里斯托尔靠近Trym的韦斯特伯里(Westbury)混凝土住宅 ……………… 124

7.6 普通的郊区住宅 ……………………………………………………………… 125

7.7 战后新城分布图 ……………………………………………………………… 129

8.1 伯明翰的圆形建筑 …………………………………………………………… 138

8.2 伦敦的罗汉普顿(Roehampton) ……………………………………………… 139

8.3 布里斯托尔郊区的早期住宅 ………………………………………………… 139

8.4 受阻的政府住宅开发 ………………………………………………………… 140

8.5 邻里单元的购物区 …………………………………………………………… 142

8.6 典型的高架路：侵犯性和强制性的交通规划？ …………………………… 143

8.7 典型的步行地下通道：亲切的环境？ ……………………………………… 143

9.1 公共汽车的重要性 …………………………………………………………… 156

9.2 绿带的蚕食 …………………………………………………………………… 156

9.3 英格兰的新区划 ……………………………………………………………… 161

9.4 新加坡的城市开发 …………………………………………………………… 165

9.5 随处可见的立交桥 …………………………………………………………… 165

9.6 传统商业的消失：拆毁 ……………………………………………………… 166

9.7 普通的商业广场 ……………………………………………………………… 166

9.8 新的区域性购物中心分布 …………………………………………………… 166

10.1 为社会的规划和为整个生物圈的规划是不可分的 ………………………… 173

10.2　乡村控制地区分布图 ⋯⋯⋯⋯⋯⋯⋯⋯⋯⋯⋯⋯⋯⋯⋯⋯⋯⋯⋯　175

10.3　萨默塞特霍福德的山毛榉 ⋯⋯⋯⋯⋯⋯⋯⋯⋯⋯⋯⋯⋯⋯⋯⋯　176

10.4　欧洲南部的一处山坡 ⋯⋯⋯⋯⋯⋯⋯⋯⋯⋯⋯⋯⋯⋯⋯⋯⋯⋯　180

10.5　可循环使用的易拉罐能带来不同吗? ⋯⋯⋯⋯⋯⋯⋯⋯⋯⋯⋯　189

10.6　在东南亚的一条街道上堆放的木材 ⋯⋯⋯⋯⋯⋯⋯⋯⋯⋯⋯　190

10.7　城市是属于各种生物的 ⋯⋯⋯⋯⋯⋯⋯⋯⋯⋯⋯⋯⋯⋯⋯⋯　191

10.8　一条空荡的公路:罕见的景象! ⋯⋯⋯⋯⋯⋯⋯⋯⋯⋯⋯⋯⋯　192

11.1　通道通透的重要性:围栏 ⋯⋯⋯⋯⋯⋯⋯⋯⋯⋯⋯⋯⋯⋯⋯⋯　199

11.2　自行车道切割了公共空间:布里斯托尔的格林学院 ⋯⋯⋯⋯　203

11.3　雷德伯恩的步行道 ⋯⋯⋯⋯⋯⋯⋯⋯⋯⋯⋯⋯⋯⋯⋯⋯⋯⋯⋯　204

11.4　对细节的关注:人行道铺砌 ⋯⋯⋯⋯⋯⋯⋯⋯⋯⋯⋯⋯⋯⋯⋯　204

11.5　a和b a坡道,b路缘石降低的详细说明 ⋯⋯⋯⋯⋯⋯⋯⋯　207

11.6　提供坡道和阶梯 ⋯⋯⋯⋯⋯⋯⋯⋯⋯⋯⋯⋯⋯⋯⋯⋯⋯⋯⋯⋯　208

11.7　视距范围的说明 ⋯⋯⋯⋯⋯⋯⋯⋯⋯⋯⋯⋯⋯⋯⋯⋯⋯⋯⋯⋯　208

11.8　布里斯托尔的交通静缓措施 ⋯⋯⋯⋯⋯⋯⋯⋯⋯⋯⋯⋯⋯⋯⋯　210

12.1　社会生态图示 ⋯⋯⋯⋯⋯⋯⋯⋯⋯⋯⋯⋯⋯⋯⋯⋯⋯⋯⋯⋯⋯　230

12.2　罗汉普顿的老年住宅 ⋯⋯⋯⋯⋯⋯⋯⋯⋯⋯⋯⋯⋯⋯⋯⋯⋯⋯　236

12.3　座椅:受欢迎的休息场所 ⋯⋯⋯⋯⋯⋯⋯⋯⋯⋯⋯⋯⋯⋯⋯⋯　236

12.4　布里斯托尔一家关着门的小店 ⋯⋯⋯⋯⋯⋯⋯⋯⋯⋯⋯⋯⋯　237

12.5　布利基沃特遭破坏的公共厕所 ⋯⋯⋯⋯⋯⋯⋯⋯⋯⋯⋯⋯⋯　237

12.6　斯温登一处自动取款机前的坡道 ⋯⋯⋯⋯⋯⋯⋯⋯⋯⋯⋯⋯　238

12.7　各种轮椅推车的交通 ⋯⋯⋯⋯⋯⋯⋯⋯⋯⋯⋯⋯⋯⋯⋯⋯⋯⋯　238

12.8　城市社会理论的发展阶段 ⋯⋯⋯⋯⋯⋯⋯⋯⋯⋯⋯⋯⋯⋯⋯⋯　239

13.1　走过人生的廊道 ⋯⋯⋯⋯⋯⋯⋯⋯⋯⋯⋯⋯⋯⋯⋯⋯⋯⋯⋯⋯　243

13.2　"她们一直可以使用夜总会" ⋯⋯⋯⋯⋯⋯⋯⋯⋯⋯⋯⋯⋯⋯⋯　254

13.3　最近的厕所在哪里? ⋯⋯⋯⋯⋯⋯⋯⋯⋯⋯⋯⋯⋯⋯⋯⋯⋯⋯　257

13.4　"生活就是抽彩票" ⋯⋯⋯⋯⋯⋯⋯⋯⋯⋯⋯⋯⋯⋯⋯⋯⋯⋯⋯　257

14.1　建筑工地 ⋯⋯⋯⋯⋯⋯⋯⋯⋯⋯⋯⋯⋯⋯⋯⋯⋯⋯⋯⋯⋯⋯⋯⋯　260

15.1　建设体系的变化动因图示 ···························· 275

15.2　体育成为主要文化规划主题之一 ···················· 276

15.3　全球化的复杂性和多样性：日本 ···················· 276

15.4　可持续发展的圆圈图 ······························· 279

15.5　伊斯兰和旅游：新加坡 ····························· 285

15.6　公共交通的大量供应 ······························· 285

16.1　规划：空间还是非空间？ ·························· 292

16.2　规划理论范式变迁 ······························· 297

16.3　规划的系统观点？ ······························· 303

16.4　规划师角色一个世纪内的变迁 ····················· 309

16.5　生活在延续：鸽子 ······························· 309

16.6　作者对城市连续性的思考 ························· 311

表

2.1　英格兰的单一管理体制 ···························· 21

2.2　联合王国的人口 ································· 28

2.3　苏格兰结构规划地区 ······························ 29

3.1　用途分类条例 ···································· 47

3.2　列1和列2标明的环境评价目的 ···················· 53

4.1　建筑风格和城市发展纪年表 ························ 70

4.2　英国君王和各时期人口变化纪年表 ·················· 71

5.1a　英国人口增长，1801—1901年 ··················· 89

5.1b　英格兰：城市增长，1801—1901年(单位：人) ········ 89

7.1　世界上最高的建筑 ······························ 121

9.1　英国20世纪的执政政府 ·························· 152

9.2　世界人口 ······································· 164

10.1 可持续发展事件时间表 …………………………………… 187

10.2 主要环境议题 ……………………………………………… 188

11.1 规划控制和建筑控制过程的区别 ………………………… 216

12.1—12.6 社会构成的变化 …………………………………… 227

12.1 人口：按年龄：英国 ……………………………………… 227

12.2 家庭人口规模：英国 ……………………………………… 227

12.3 经济活力因素：依据种族、性别和年龄，1997—1982 年：英国 …………… 227

12.4 最流行的体育、游戏和体力活动的参与：按照性别：英国 ………… 228

12.5 每人每年出行：方式和目的   1995 —1997 年：英国 …… 228

12.6 经常使用汽车的家庭：英国 ……………………………… 229

14.1 建设专业的成员，1996 年 ………………………………… 261

14.2 对第一年入会的大学生的调查（所有的数字都是％） ………… 262

14.3 英国高等院校招生办公室(UCAS)所接受的候选人：
      建筑学、土木工程和规划 ……………………………… 265

14.4 专业会员的数据，1999 年 ………………………………… 269

专栏

1.1 公制和英制的换算 ………………………………………… 2

1.2 凯伯(Keeble)定义的城镇规划 ……………………………… 3

1.3a 规划问题、议题和政策范围 ……………………………… 8

1.3b 规划政策议题 ……………………………………………… 8

2.1 开发的定义 …………………………………………………… 19

10.1 可持续发展的定义 ………………………………………… 172

11.1 密度 …………………………………………………………… 200

11.2 英国城市设计组织的目标 ………………………………… 213

16.1 规划理论的主要双重性 …………………………………… 290

16.2 学习规划理论的主要问题 ………………………………… 298

致　谢

本书的大部分图表都是作者自己所作。更新的插图由西英格兰大学的图形技师保罗·芮维尔(Paul Revelle)绘制。

感谢琳达·戴维斯(Linda Davies)的图 12.6，以及西英格兰大学的迈克·德弗雷奥克斯(Mike Devereaux)在第 2 章所提供的帮助。

图6.4选自最新的霍华德(Ebenezer　Howard)田园城市的图示，并得到霍华德财产委托人 Attic 出版社和城乡规划协会的准许。

感谢芝加哥大学和美国政治和社会科学学会荣誉退休教授昌西 D·哈利斯(Chauncy D. Harris)准许引用图 12.1 这一表示社会生态学的插图。

前　言

　　本书的目的是对规划进行整体介绍，为忙碌的读者提供一个"一站式"的服务。本书作为第三版中还包括了一些规划理论和研究进展的最新材料。本书主要是针对规划专业和景观设计专业的师生而编写，规划学术群体、实践群体和社区团体的读者同样会感兴趣。

　　本书的内容保持以城市社会问题为焦点的特点，并扩展到当今规划更广泛的范围，对环境因素、全球背景下可持续发展的相关规划问题、国家和区域重构以及欧盟的规划要求等问题，给予更多关注。

　　本书增加了一些插图，因为规划不仅是法定的程序，也是可见的形象，城市设计部分的内容得到扩展。重点是对插图的选择，是为使重点内容更突出，而不是对某些建筑提供一种旅游指南。而且有意在设计和内容安排上没有包括详细的方案、表格和地图。目的是为读者扩展关于规划内容的感知，介绍规划政策的关键问题，而不是提供一个怎样做规划的秘诀。

　　本书应该可以看成是书中四个部分内容的纲要，比较理想的学习方法应该是逐步阅读，但也可以随需要来浏览。每一部分后面都提供进一步的阅读参考，每章后面提供三种类型的学生作业，第一类是信息收集，鼓励读者发现和了解规划的基本问题；第二类是概念性的任务，写一些关于规划的短文，类似其他课程的考试；第三类是思考任务，让读者很有条理地思考一些问题，以及针对所熟悉的城市的建筑和自然环境表达自己的看法。

克莱拉·葛利德（Clara Greed）

布里斯托尔，2000 年

第1章

导言:规划缘何重要?

背景

地理界定

英国约有近80%的人口居住在城市地区,在各个城市或城镇之间有大面积开阔的乡村地区。英国总人口5600万人,总国土面积2441万公顷,其中80%的国土面积是农业用地(ONS年度调查,表1.2)。抑制开发的一个主要因素就是城乡规划体系,这一体系在最近的50年来一直致力于控制发展。

本书的重点是城市规划,也就是在镇的上一个层面,但城市和乡村是不可分割的,影响全球的环境因素更成为两者联系的纽带。从官方角度,这一领域的全称是"城乡规划"(Town and Country Planning),在很多议会法案上也是如此。但是,规划的内涵超越了物质空间上的土地控制,与经济、社会、环境、建筑和政治密切相关,并渗透到地方、区域和国家等层面,因此"规划"或许将能描述全部这些领域。

一种不信任的气氛?

第1章的前半部分将介绍和评述规划的范围和内涵。核心是有关于规划体系的不同观点、普遍的意象和期待。作者试图缓和普遍存在的误解,而以解释"规划缘何重要?"开始。考虑的主要问题是说明这些目标,如交通规划。所提出的问题都将在以后各章节中进一步探讨。本章的后半部分是对全书内容的简要介绍。

城镇规划是什么?

城市政策,还是地方法规?

很多人第一次与规划人员接触可能是在法规中查找规划许可,或许是因为一个老房子的扩建许可。城镇规划的一个主要方面是规划法规及其强制性内容，也就是开发控制。

规划人员也许主要考虑地块的大小、道路的宽度、新开发的空间布局等方面的标准和规定，但这只是规划政策应用并变为现实过程的很多途径之一。城镇规划师的主要任务之一是制订城市范围的发展规划，决定哪些地区首先用来开发。每当城市边缘的一个新的房地产项目建成，满足了在城市中心地区工作的人们的需要，但同时也将为中心区高峰时段的交通流量增加新的小汽车交通压力。每增加一个即使很小的开发项目，都会不断带来市中心更多的道路和停车需求，很可能就会使压力达到极限，成为"压垮骆驼的最后一根稻草"，终于导致无法承受。所以规划师必须保持城市范围的全局观点，并且与私有部门相比，规划师对新开发抱有更多的批评态度，因为私有部门所考虑的问题往往局限在开发的基地范围，关心的是"成本因素"。

几乎所有的开发都需要规划许可，在本书第一部分会有展开。1990年《城乡规划法》(The Town and Country Planning Act, 1990)，以及修正过的1991年《规划补充法案》，构成当今英国规划体系的基础。接下来的一系列法规和政府动议持续调整和影响规划。而最近一些主要法规和政策变化不是来自英国政府，而是来自欧盟的法规和指令。例如，1995年《欧盟环境法》在英国推行，要求很多新开发都需要进行环境评价 (Grant, 1998)。

专栏 1.1　公制和英制的换算

联合王国包括英格兰、威尔士、苏格兰和北爱尔兰，总面积24.09万平方公里，大不列颠或不列颠包括英格兰、苏格兰和威尔士，不包括北爱尔兰和海峡群岛。英国群岛包括联合王国和所有的爱尔兰群岛以及其他群岛。这里的规划法和规划体系只适用在英格兰和威尔士，苏格兰有与之类似的自己的规划体系。官方的统计常将联合王国作为一个整体。

将英寸换算为厘米须乘以2.54；英尺换算为米须乘以0.3048；码 (yards) 换算为米须乘以0.9144。厘米换算为英寸乘以0.3937，米换算为英尺乘以3.2808，米换算为码乘以1.0936。面积单位运用于建筑空间的计算，1平方英尺等于0.0929平方米；1平方米等于10.764平方英尺，两者之间大约是10倍的关系。体积单位在开发控制中会运用到，例如评价建筑的体量，立方英尺换算成立方米乘以0.0283，立方米换算成立方英尺乘以35.315。1英亩等于0.405公顷，1公顷等于2.471英亩，即公顷换算成英亩乘以2.5。1平方英里等于640英亩。

空间还是非空间？

英国目前的城乡规划体系是建立1947年《城乡规划法》的基础上的，这一法规是战后重建规划的组成部分。当时的主要目的集中在控制土地使用和开发，制订物质空间规划"方案"。这种特点的一个反映是，这项法规的制订者，就是一位因出版了怎样由草图开始建设一个独立新城的书而著名的城镇规划师。

战后重建规划的方法建立在一个简单化的"总体规划"蓝图基础上，很适合在未开发的土地上建设新城，但今天已经不再合适。半个世纪以来规划变得更加复杂。重点已经从控制开发和土地使用本身，转变到寻求非空间因素产生的影响（Foley，1964：37），包括那些对空间（物质的）建成环境起决定作用的经济、社会和政治力量等。

事实上，空间和非空间因素从未能分开（Greed，1994a，第1章）。现在规划不再主要是确定土地使用和设计政策的空间描绘性学科，而更应该是一个"过程"，或者一种"方法"，是城市管理的一种工具（Thomas，1999）。地方政府中的高级规划师，是有能力的战略管理者，因为职业背景赋予他们广阔的视角，具有特别的能力，可以清楚地处理城市不同领域的问题，以促进城市更新和经济发展。

专栏 1.2　凯伯（Keeble）定义的城镇规划

"城镇规划是一种艺术和科学，使土地使用、建筑布局和交通线路更有序，并保证最大限度的经济，便捷和美观。"（Keeble，1969，p1）

今天的城镇规划者更多的是受过多种专业训练的团队，与来自住房、经济发展、文化和社会政策等领域的政策制订者保持联系，共同实践高层次的政府目标。规划师与其他专业人员合作共同制订政策，减少社会排斥，这是"新工党"的一个重要城市政策，在以后的章节中还将讨论。这些变化的结果是，规划已经不能再被看作是一个独立的、断续的活动。当今的规划政策指引反映出政府的参与，被称作"联合思考"，也就是说，为了共同的目标，如城市更新、减少失业和社会不公等，将各个不同部门的政策整合起来。

尽管今天规划已经在最初的制订物质空间规划图纸的基础上发生了很大的转变，但有一个问题仍然很重要，就是不能忘记规划的空间作用，规划仍然能够对建成环境发挥作用。就业、投资、社会安定等的形态，在不同区域继续显示出明显的空间差异，所以"空间问题仍重要"（Massey，1984：16）。城市内部的土地使用关系以及区域关系常常还是因地理原因而形成，这些因素在现代城市规划没有出现之前一直就是影响发展的本质因素。当代的规划在制订适宜的政策的时候，同时具有空间和非空间的特点。

旧的，还是新的？

正如已经表现出来的趋势，规划师越来越参与到更广泛的活动中。城镇规划仍常常参与新城建设和未开发用地的开发活动，但是只有不到5%的英国人曾经在新城居住过（城乡规划协会年度调查，TCPA）；1970年代以后政府再没有建设新的新城，并且大多数已经存在的新城现在也不被特别地强调。

现在规划师的大部分工作是处理已开发地区的一个新建设项目，或已存在的建设环境的协调问题。在这些地块似乎不可能运用非常"标准或精确"的蓝图。规划师的工作是在尊重规划准则的范围内，与开发商进行灵活的谈判，这种情况往往比较艰难，重点集中在怎样尽可能保护已经存在的突出的建筑和形象，而不是全部推倒重来。

近来规划师更关心已有城镇的规划问题，如更新、修缮、保护、可持续利用和城市管理等问题，以及在废弃的地块上的建设：也就是在"棕地"（brown land，指原城市建设用地，通常指被污染的工业、港区和仓库用地）上的开发，这一内容还将在第9章中与"新工党"政策一起讨论。每年的新增建筑在房屋存量中只占不足3%的比例（DETR，annual，JFCCI，1999）；但是分布不均衡，如英格兰东南部地区就比其他地区高很多。建成环境专业人员更关注的是已有建设问题，而不是新建设问题。如特许估价师也许花更多的时间处理已有物业的转移、出租和管理，而不是新的开发项目（Ratcliffe and Stubbs，1996；Seeley，1997）。城市保护以及历史建筑和街区保护成为城市规划的主要工作。在公共部门，政府住宅（council housing）建设有非常明显的下降，新的政府住宅的建设多数是在住宅协会的统一管理下进行。建设产业的主要工作是维护和修缮已有的建设。

物质的，还是社会的城市规划？

讨论土地利用和开发不能忘记"规划以人为本"的宗旨（Broady，1968）；这句格言蕴含着广泛的真理。了解促成发展需求的首要因素，即人们的需求和想法非常重要。规划要关注满足"土地使用者"的需求，而非仅仅只是关注"土地使用"。

休闲、娱乐、运动和游憩是当今的城镇规划师所关注的社会问题，这些都带来对土地利用、空间和设计的需求。发展规划不仅要包括所有主要的土地使用和开发类型的政策，同时，在地区政策制订过程中还必须考虑在广泛的社会、经济和环境发展趋势下，随着就业和居住模式的改变而带来未来的土地使用需求。"规划的社会方面"不应该是城市内部问题的委婉说法。无论怎样，"内城"已经成为近年主要的规划问题，如衰退地段的改造和振兴等。规划师在制订城市敏感地区的规划时，需要考虑城市贫困、环境衰退、健康标准和少数群体利益等问题。创造一种良好的社区关系、实行公众咨询和参与是一项好的规划实践的重要方面。

规划要体现人人平等，这一点非常重要。回到上文的规划定义 (Keeble, 1969)，人们必然要问，为了谁而"保证最大限度的经济、便捷和美观"？城市中的众多人口并不具有同样的需求，而规划师只能希望"满足某些阶段的某些人们的需求，而不是所有时候的所有人的需求"。考虑平均利益的规划可能成为对所有的人来说都不成功的规划。但考虑社会上每个人的利益是十分重要的，包括女性、少数民族、所有的阶层、所有的年龄层和有残障的人们。

冲突的观点

介绍规划这一学科，首先必须明确，规划并不是一项直接的和真正的完善学科，而是被怀疑所环绕、被不确定性和矛盾性所困惑、要承受强烈的不满和批评的学科。即使取得成就，许多人还是认为规划政策一直是没有效果的、方向错误的，应该还可以有更好的城乡规划政策 (Brindley等，1996；Shoard， 1999)。

许多人持有这样的观点，认为规划为房地产市场发展和市民自由设下不必要的约束，只能看到很少的收益。另一些人认为英国的规划体系是世界上最完善的，而且如果没有这一体系的话，英国早就出现遍地住房建设、巨大人口压力超过土地承载能力等混乱局面。本书将说明规划体系在复杂和不断变化的发展背景下，既有成功，也有失败。

最近的保守党政府（1979—1997年）试图加速规划体系的变革；随后的工党政府试图修改规划的目标体系。但两党政府都没有废除规划体系。许多私有开发部门支持需要规划，因为规划体系已经被认为可以提供开发市场运行的框架，虽然他们可能对目标体系建立的基础以及管理的方法存在疑问。

为交通的规划？

一个引起整个国家关注的领域是交通问题。媒体把主要的指责集中在规划师身上，但是应该看到，规划师解决城市问题的能力和职责不能被过高估计。在当今的现实背景中，规划师对土地使用和开发具有较大的权力，但对联系不同土地使用手段的交通系统的作用确实十分有限，因为这往往受城市发展的许多外部因素影响，例如，尽管城市政府试图限制机动车的使用，但越来越多的机动车已经成为国家层面的问题。环境保护主义者要求发展更多的公共交通，减少污染，总体上形成更多的可持续发展的城市（如第10章的内容）。

很明显这种观点得到关注规划社会方面的人们的回应，特别是那些少数群体的代表和那些不常使用机动车的群体，如带小孩儿的女性。但是一味强调对机动车使用的消极控制已经被证明难以推行，并且难以实现，因为对占人口多数的居住在郊区的人们而言，小汽车也许是上班、外出购物、送小孩子上学的惟一现实的交通工具（ONS年度调查）。由于规划政策导向的失误，在街区范围一般仅有很少的零售商业和社会服务设施。

英国的道路上行驶着超过2200万辆的小汽车。75%的家庭拥有至少一辆小汽车，25%以上的家庭则拥有两辆以上（ONS，1999，表12.6 and 表12.7；Mawhinney，1995），但并不是家庭中的每个成员都有同样的使用机率。还有很多家庭没有汽车，特别是一些老龄家庭。85%的男性和超过55%的女性拥有驾驶执照，但据统计只有20%的女性在日常生活中使用汽车，8%的女性开车主要是来往于学校，超过70%的汽车交通量是由男性带来的。事实上，还是有超过75%的出行不是依靠小汽车，而是步行或利用自行车和公共交通。

认为汽车是每个人的主要交通方式并依此进行规划的方法是不平等的。新创立的"环境交通和区域部"（DETR）体现了更关注社会的态度。因年龄、性别、收入、身体状况和民族差异而在土地利用和交通模式上存在很大不同（Ahmed，1989；Little，1994；Greed，1994a；Davis，1999）。情况是复杂的，不同的人群、不同的需求、有冲突的选择，都需要规划师的关注。

交通的例子可以从一个侧面说明在规划决策过程中存在许多矛盾和两难境地。规划不是一个简单直接的学科，不存在正确的答案和固定的模式；一切取决于对"你希望怎样生活"这一问题的态度（DoE，1972a）。规划是一个散乱的、复杂的、没有止境的、冗长乏味和耗费时间的过程。欧洲其他国家提出的"为日常生活规划"和满足大多数人需要的理念十分先进和具有社会意识（Skjerve，1993），正如将在第2章中要讲到的，欧盟国家已开创了"规划是为所有人"的很多创新尝试。

政治的，还是技术的解释？

规划包含着人们控制不动产利用方式的力量，今天，又增加了汽车，这是非常具有政治性的问题。城镇不是上帝赋予的，也不是自然生长的。他们是多少世纪的个体所有者、开发商和政府决策的产物。虽然地形和地理也是一个影响因素，但并不是最终的发展决定因素。城镇发展在很大程度上取决于谁对政策最有影响，也就是谁的发言权最大。

规划不可避免地是一种高度政治性的行为，首先因为规划涉及土地和财产，考虑对有限资源的分配，必然与占主导地位的经济体系联系起来。在市场经济和资本主义背景下，规划政策的改变必然会是经济兴衰起落的反映。规划师不是自由的代理人，不是在真空中工作，而是处在反映这些社会力量的中央和地方政府等复杂的政治背景中（Simmie，1974）。但是，正如雷丁（Rydin）所言，城市规划并不能靠自己的力量控制市场，因为其中的影响力量实在很多（Rydin，1998:6）。今天有很多关于公共和私有部门合作的讨论，事实上，无论规划师的工作是为公共部门还是私有部门，在进行一个项目时，都有某些共同的准则要遵守。

　　其次，规划之所以具有政治性，是因为它已经成为国家政党政策和政治意识形态的组成部分。规划受意识形态影响，是一个社会过程（Kirk，1980；Healey，1997；Montgomery and Thornley，1990；Rydin，1998；Tewdwr-Jones，1996）。规划被那些关心和理解"资本主义"、社会阶层和社会权利结构的群体严格监视着。影响社会规划的城市社会学理论很少能保持中立。可以看出工党和保守党对规划角色的解释有很大的不同。城市规划的社会性已经显示出"左"的倾向，如 1980 年代处于高潮中的大伦敦议会政策（GLC，1984），以及东欧国家社会主义体系的组成部分等。但是规划也被超越政治范畴的人们关注，还有一些更为激进的组织，如环境主义者、女权运动者，不是传统意义上"左"或"右"的划分。另外，在地方规划层次，社区和草根活动活跃，个人，尤其是议员，会对规划决策施加更多影响。

内容

　　本书努力结合规划的物质和社会方面；反映现有规划入门课程的发展趋势，增加规划实践内容。为学生介绍视觉上的城市设计，以及规划的政治、法律和体制背景。特别增加了规划的环境因素，这现在已经成为整个规划过程的重要因素，具体内容集中在第 10 章展开讨论。所有这些物质的、社会的、视觉的、法律的和环境的规划因素，可以看出是在城市政治和管理层面的内容。实际上，所有这些因素都彼此联系，并成为现代城市规划不可分割的因素。

　　本书分为四部分，在这个导言章

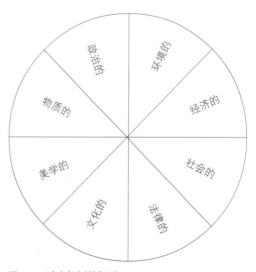

图 1.1　城乡规划的领域
物质的、政治的、环境的、经济的、社会的、法律的、文化的、美学的。

专栏1.3a 规划问题、议题和政策范围

• 环境：可持续性、绿色议题、乡村、生态、自然、农业地区保护、风景、绿带、国家公园、国家风景名胜区、矿产、能源、核能、公路、污染、废弃物处理、土地开垦。

• 社会：人口、住房、内城、种族、性别、残障者、贫困、社会遗弃、犯罪、社区、邻里、家庭、老龄人口、多样性。

• 经济：经济规划、城市更新、单一更新预算、城市更新、区域规划、产业带、工业、商业、零售地区、就业。

• 美学：城市设计、城市保护、风景、公共艺术、住宅布局和设计、开发控制。

• 文化：艺术、文化、创新、休闲、少数群体问题、文化差异、旅游、运动。

• 法律：开发控制、规划收益、规划许可、规划申请、欧洲法律、国家法规、案例法。

• 物质空间：土地使用规划、区划、基础设施服务、高速公路、布局和选址、居住用地、商业用地、休闲用地、工业用地、宜人美化设施用地。

• 政治：国家政策、地方当局政治态度、议员、政治家、欧盟、地方压力集团、非政府组织和草根运动。

专栏1.3b 规划政策议题
• 住房
• 就业
• 商业
• 城市保护
• 乡村
• 开敞空间和宜人环境设施
• 高速公路和交通
• 公共设施和社会设施

节之后，第一部分包括两章内容，第2章是关于规划体系的组织和运行，概要介绍不同层次的规划体系，包括欧盟的、中央的、区域的和地方的，同时包括发展规划体系。第3章介绍开发控制体系，介绍特殊控制规定，如在保护地区或历史保护建筑的特殊规定，环境评价和欧盟环境要求等信息。房地产开发程序也包括在这一章中。在这一部分笔者试图以客观介绍的形式为主，只有很少的评论。

第二部分回顾从早期到20世纪初现代城市规划的诞生。第4章用较短的篇幅涵盖从古代、古典时期、中世纪、文艺复兴和乔治时代的乡村发展。第5章描述19世纪的发展，这是工业化、城市化、人口增长都迅速发展的时期，催生出国家干预和具有创新意义的现代城市规划。第6章探讨规划行动和改革。第7章讨论20世纪初的规划。因此第二部分的写作采用一种叙述的和历史的风格与方法。

第三部分是近50年规划的成功例证，着重于1990年代规划在环境和欧洲运动上的扩展。第8章概述战后重建规划的范围和性质，带领读者感受从1950年代到

1970年代从"迷信规划"到开始动摇的过程。第9章回顾最近的从1980年代到1990年代的规划发展，分别包括新右派政府（撒切尔和梅杰的保守政府）和新工党政府（布莱尔政府）时期。通过两种管理体系的对比，可以很好地说明规划的政治属性，并说明那些影响规划体系的组织和运行的各种不同问题和思想体系。规划不是一个简单和明确的学科，从来没有"一个正确的答案"，对该做什么一直都存在矛盾、争议和不同意见。

因此本书从第三部分开始在写作风格上有比较多地展开。针对当前的规划，希望为读者提供尽量全面和有代表性的不同观点。在提供尽量充足的背景、指出尚未解决的冲突和规划政策中存在的问题的同时，未免会带有作者自己的观点和结论。

第10章关注的是规划中的绿色内容。环境运动以及达到可持续性的目标，已经成为最近20年影响规划的最主要内容。这一章首先从已有的环境意识论述乡村规划的发展，然后从现代环境保护主义，以及更广泛的生态系统探讨城市和乡村规划。重点集中在健康、可持续和平等运动的全球性作用，以及欧洲政策和环境法规对英国城乡规划体系的影响。

第9章和第10章相对来讲着重于全球趋势和宏观政策。第11章回到规划师在空间布局和设计领域的微观层次。规划的视觉和设计方面，在过去是影响城镇形态的重要因素，那时规划更倾向于建筑和城市设计，当前城市设计在规划领域重新得到肯定，但讨论的内容倾向于可持续发展、艺术、文化、旅游和保护等更高层次的政策。

第四部分从上面的规划理论和政治角度回到"为人而规划"的主题，重新评价20世纪的"规划的社会方面"，讨论规划者和被规划者的政治和理论角色，提供一个理解的框架，总结规划的要点和主题。探讨这个世纪兴起的在制订政策过程中更加合作的和包含广泛的政策态度。第四部分有较强的研究内容，更高层次的学生可能更感兴趣。

第四部分在风格上具有广泛和深入的特点，有较强的社会内容。强调规划研究、理论、社会学和思辩，所以最后一部分包涵更高层次的材料。

第12章重新回顾规划的发展过程，并行讨论城市社会议题的发展和相关的"规划的社会方面"，以及工业化之前和工业化之后的理论，特别探讨了对"社区"黄金时代的怀旧之情。重点是20世纪法定规划发展过程中过于简单化的空间的政策方法，如环境决定论。同时探讨美国社会生态理论的影响。借鉴1970年代规划的新马克思主义趋势，说明对城市社会的观点从强调一致到揭示冲突，逐步发展，以及随后一系列理论，如后现代、后结构主义和新韦伯理论等。在回顾规划理论和相关政策的最后一章，不同的观点开始融合，这在最后将进一步讨论。

保留和更新上一版已有的"性别和规划"内容很重要，这是第13章的内容。事实上这些基本的"女性和规划"政策从来没有被应用过，而且这个话题已经有些过时，虽然这个问题从未得到解决。在这个新的版本中，讨论的范围已经扩展到其他少数族群。

图 1.2   汽车和住房的冲突
自1960年代以来汽车拥有量骤增，规划师从支持汽车发展转变到当前强调交通静缓和限制小汽车使用，内城历史地区紧凑的街道很难承受汽车的发展。

图 1.3   布里斯托尔午餐时间城市中心街道上的行人
最后将对"规划以人为本"进行分析，人们主要是在街道上体会城市，例如午餐时间走在街道上的人们。

图 1.4   人们还在公共汽车站等车
除非减少私人汽车使用的政策能够与提供足够可靠的公共交通系统相配合，否则难以改变城市中人们的出行方式。

第12章和第13章是关于被规划(the planned)的，第14章是关于规划者属性的，包括在规划和开发过程中相关的各种职业构成和角色，如规划师、建筑师、估价师、建造工程师等，并提供一些规划行业少数族群代表的情况。随着建设环境职业构成的多元化、反映更整体的人们的利益，规划的政策要随之改变，适应社会的需要。

第15章讨论的是建成环境行业文化变化的可能性，不仅仅局限于规划师，这是为了提高在第13章中所讨论的政策实施机会，并引出未来规划的问题。这一章讨论运用当前的可持续发展议程解决和应用于少数群体政策的措施，并寻找变革，如城市更新政策的其他方法等。

在已经阐明的规划发展历史的基础上，最后一章（第16章）再次重点回顾那些影响、表明和怀疑规划本质和实践的深层理论视角和政治价值。包括结论，并使得本书成为一个完整的整体。回顾不同的"做规划"的方法，还包括促成规划变化的个性特征和不同的规划理论实践。由于规划本身的理论特征，最后一章的内容很多读者可能会觉得超过了引介（introducing）的范畴，所以这些材料被放到最后，使读者在完全理解先前各章内容之后再接触这些内容。

作业
信息收集
Ⅰ 调查你所在地区的主要城市规划问题。到当地图书馆阅读地方报纸，找出最近是否有规划影响你生活的地区。把你的发现写成短文（给自己两周的时间完成）。

Ⅱ 去图书馆阅读规划法百科全书，有多少你是可以理解的。翻阅近期的专业期刊，查找有关规划的内容和主题，选择一个题目，把在这些期刊上所发现的内容和重点写下来。

概念讨论
Ⅲ 任选一项，写一篇 2000 字左右的短文。

a. 英国城乡规划的范围和特征。

b. 规划过程不可避免地具有政治内涵，从来不可能中立，你是否同意，说出理由。

问题思考
Ⅳ 你个人对规划的观点，为什么学习规划，有过怎样的经历和经验。

深入阅读：导言
本书的内容主要是介绍和引导性的，读者根据选择的课题可以找到更多更详细和深入的材料，每个章节后面结合章节主题在"深入阅读"一栏中提供很多可供参考的资料。例如，如果想查找城市设计方面的更多资料，应首先阅读本书的第11章，并参考后面的"深入阅读"（如 Lynch, 1960, 1988, or Greed and Roberts, 1998），所推荐的书籍还会带来更多的这一主题更特定方面的方向和参考。

还有几本介绍城镇规划的书籍，每本的侧重点有所不同。

1. *Town and Country Planning in Britain* (Cullingworth and Nadin, 1999) 是介绍英国城乡规划体系的权威性著作，偏重立法细节，提供关于规划的范围和属性的最新知识。

2. *The Encyclopaedia of Planning Law*, (Grant, 1999 and annual update) 是一本活页书，经常更新，提供规划法和规划程序的最精确信息，读者还应参考皇家城镇规划学会 (RTPI) 的周刊 Planning。

3. *Urban and Environmental Planning in the UK* (Rydin, 1998) 关注规划的经济和

政治问题，传递出当代英国政府结构中关于规划的范围、角色和地位的广阔图景。

4．Healey 的著作，包括 *Collaborative Planning*（1997）侧重于城市管理和更高层次的理论，但也表现出对社区问题和规划程序的关注。本书第四部分讨论规划理论，可参考 *Urban Planning Theory*（Taylor，1998）。扩展规划的政治背景，参考Tewdwr Jones，1996；Brindley et aL.，1996；Rydin，1998；and Reade，1987。

5．Peter Hall 的经典著作 *Urban and Regional Planning*（1992）分别从物质的、地理的和历史的角度讨论城镇规划。

6．Chapman，D.（1996）*Neighbourhood Plans in the Built Environment*。这本书关注社区层次的规划，并涵盖广泛的议题。

7．更商业化和私人部门角度的规划书籍包括Marriot，1989；Cadman and Topping，1995；Scarrett，1983；Stapleton，1986；Burke and Taylor，1990；Seeley，1997。

8．统计资料来源包括Social Trends produced by the Office of National Statistics（ONS），包括人口、住房、交通、环境和其他城市问题的资料，ONS 数据可以从网站下载，http：//www.statistics.gov.uk

环境交通和区域部的每年和每季度的Housing and Construction Statistics 也是有价值的资料。

9．环境交通和区域部的主要出版物以及其他政府资料在附录的"政府出版物"中列出。

中央政府网站http：//www.open.gov.uk，环境交通和区域部网站http：//www.open.gov.uk/detr

第一部分

规划体系

第2章

规划的组织

引言

下面主要以应用于英格兰和威尔士的规划体系为例，探讨不同层次的规划，包括国家、区域和地方层次。最近英国体制上的一些变动，为苏格兰、威尔士、北爱尔兰和伦敦带来新的规划权力。本章将单独对其中每一部分进行讨论。近期，作为欧盟的一部分，英国的规划体制受到来自布鲁塞尔（欧盟总部所在地——译者注）的各项政策的影响。因此，欧盟应该是第一层次需要讨论的，但英国国家层次的规划仍然是主要的，这一层次对政策和实践具有重要的决定作用。因此，欧洲层次的规划将会在第二部分的结尾讨论，它是各个不同层次的规划和国家规划体系的联系。

规划的层次

中央政府

规划体系的组织非常复杂（图2.1）（Cullingworth and Nadin，1977，第3、4章）。1997年成立的"环境交通与区域部"（DETR）是中央政府主管城乡规划的主要部门。环境交通和区域部由前环境部（DoE）、交通部（DoT）和针对土地利用和交通发展的国家控制政策组成。这种合并是新工党试图对政府职能进行"联合思考"的尝试，使不同的部门之间能够整体协调，创造出一个高效的整体。例如，交通拥堵问题和产生这一问题的主要原因——土地使用模式之间的关系已经被充分认识，成为可持续发展规划的主要方面。

环境交通和区域部国务秘书作为主要的环境"大臣"，全权负责制订和指导国家规划政策；具有规划决策的最终决定权。他拥有一个高质量的专业工作班子，包括规划师、估价师、建筑师和住房管理者等。国务秘书对那些不符合政府政治利益的建议有权不予采纳。在公共部门工作的专业城乡规划师不是最终的决策者，他们是政府的雇员，所以，其角色是为政府提供建议。

不仅有新成立的环境交通和区域部，而且新的与其他部门的联系也有所创新，反映政策重点和政策优先的转移。一个独立的文化遗产部在上一任保守党政府期间成立，随后在工党政府期间，扩展成为"文化传媒和体育部"（DCMS），并与环境交通和区域部有密切的联系，其扩展了的职能包括城市保护。在其框架下，英格兰遗产（English Heritage）、皇家委员会和历史遗迹部等机构密切协作。这个部负责旅游政策、城市文化议题和千禧计划等，所以与历史保护和新开发中的城市设计有关，例如，公共艺术、重要项目等，可能效仿法国的"重大项目"（grands projects）的热情（Greed and Roberts，1998）。

欧盟委员会	
总署	
中央政府	
（环境交通和区域部 DETR）	
国务秘书（政治家，下议院议员） 批准发展规划 给予总体政策指导 处理上诉（规划监察员协助）	规划专业人士提供建议（公务员）
同时，中央政府其他部在规划问题上与 DETR 保持联络，包括国防部（MOD）、内政部（Home Office）、农业渔业和食品部（MAFF）、贸工部（Industry）、文化传媒和体育部（Ministry of Culture、Media and Sport）	
区域层次	
英格兰区域发展机构，苏格兰议会、威尔士议会、大伦敦当局、北爱尔兰议会	
地方政府	
由政治家制订（由市规划委员会选举的委员）决策，由专业人员提供建议（作为地方官员的规划师）。存在两种类型的规划体系。	
两个层次的系统	单一整体的系统
郡 整体的政策方向 结构规划（SPs） 矿产开采和废弃物处理	大都市区和伦敦自治市镇 整体发展规划 （是结构规划和地方规划内容的结合） 政策实施 开发控制
区 地方规划 规划实施 开发控制	
与规划相关的特别团体	
包括：城市开发公司、国家公园委员会、乡村委员会、社会排斥团体、英格兰市区重建机构、英格兰遗产、单一更新预算、城市工作组、审计委员会，等等	

图 2.1 规划的层次

确定政策目标
检查现有的政策和导则
参考中央政府政策指引、规划政策导则、相关的更高层次和更大范围的政策，如在乡村层次，考虑区域和欧洲层次规划指引

调查阶段
检查已有的现状调查和数据基础
从国家和地区的地理信息系统 (GIS) 资料中获得
定量数据
现场调查、交通调查、污染指数
相关社区的定性和定量调查

数据分析
对定量和定性的数据进行分析
设计、预测、数据模型整理，确保未来需要
目标群体、社区、志愿群体、少数族群、商业社区、特殊利益群体、咨询群体的反馈

政策草案的深入
关键阶段，反复咨询和反馈
对照国家和欧洲的要求和标准检验政策
准备相应的图纸、规划和其他材料

环境评价
环境标准和环境要求检测
环境压力和特殊问题确定
政策修正和改善措施

法定批准程序
规划提案的政府和公众咨询
规划展示听取反对意见
地方公众咨询（依不同层次的规划而不同）
报告、改进、下一轮的目标、修订
规划采纳
在实施过程中不断修正和收集有力数据

注：这里表示的是可以应用于地区、区和郡层次的一般性原则。查阅当前的规划层次、法规和精确要求，因为这些都经常更新，尤其是有协商要求和时间表要求。

图2.2 开发规划程序

环境交通和区域部（DETR）的作用

环境交通和区域部是一个具有综合联系作用的部门，建成环境实施的各项政策都在其框架下制订，如住房、交通、建设工程、内城、环境健康、保护和历史建筑、城市更新、环境问题，以及其他政策议题。因为各个问题和政策也同时由其他政府部门管理，所以情况会比较复杂，如自然保护、道路交通和科学问题等都与环境部门有关。

英国没有像其他一些国家那样存在国家规划（National Plan），环境交通和区域部虽不制订规划，但作为中央政府的一个部门，有一项重要职能，就是审查地方政府规划机构的政策和方案，并且针对环境事宜给出指导政策和进行管理。同时也与有关的国际团体保持联络，如经济合作和发展组织（OECD）、世界卫生组织（WHO）、联合国（UN）等。

环境交通和区域部国务秘书的一个重要职能是批准"发展规划"，根据"1991年规划和赔偿法案"，地方管理机构被授权在一些情况下可以审批规划，但最终的权力还保留在国家环境部。发展规划，包括结构规划——由郡和大城市地区制订。这构成主要的规划政策文件，并且展示未来发展的结构。

在伦敦各区和其北部、中部的，包含有城镇密集地区的大都市区，将采用整体发展规划（UDPs）作为发展规划的主要类型。这一体系中的部分内容已经扩展到国家层次，并与最近地方政府管理机构的行政范围的一些变化紧密相联。1996年对地方政府行政界线进行调整，废除一些1970年代划定的较大的郡（Hill，1999）。

所以，整个国家被一系列不同类型的规划所覆盖。理论上说，国务秘书能够把所有的规划整合起来，得到一个"国家规划"。十分重要的，是确保在郡地区边界的两侧没有相矛盾的变化。由此，国务秘书在不同的管理机构间，扮演一个裁判的角色。尽管国务秘书自己不编制规划，他仍可以通过这些规划和相关政策得到一个国家的规划整体，正如"发展规划：优秀实践导则"（DoE，1992a）中所阐明的。

不要把这与另一个有相似名称的出版物混淆。"发展规划环境评价的优秀实践指导"（DoE，1993a），是说明所有的开发规划都必须服从环境评价（EA）的；"规划政策导则"、"PPG12开发规划和区域指导"（DETR，1998a，DETR，1998b），是保证开发规划坚持可持续发展原则的。PPG12则强调，环境问题不是一个额外的"扩充"，而是环境影响评价与政策制订和实施过程的结合。

国务秘书制订国家层次的政策导则，用以指导地方制订规划。在这一过程中，他采用专业工作班子的建议，并将这些政策反映在政府白皮书、通知材料、咨询文件、指引说明、指令和规划政策导则（PPGs）中。规划政策导则总体覆盖国家的战

> **专栏 2.1　开发的定义**
>
> 　　在 1990 年城乡规划法中有从规划角度对开发的定义：是在用地内部、上部、上空和下部所进行的建筑、工程、开采和其他一切活动，或者对建筑物和用地进行的任何物质上的改动。

略议题，作为政府政策的表达，常在规划上诉中被引用。在《规划法规大全》（*Encyclopaedia of Planning Law*）全书中，共有 6 册的活页装订本，每个月都会更新。规划政策导则一直都在不断修订，查找时要注意最新的版本，因为经常会有新的政策变化。

　　国务秘书与地方规划管理人员以及相关专业和志愿团体进行合作协商，制订政策导则。这些指导规划决策的导则不是关于道路宽度、土地利用区划等这些具体的问题，而是一系列需要进一步解释的战略政策。中央政府的一个主要角色，就是制订政策导则，批准规划，在郡县和区的地方政府层次来制订规划。现在的情况表现为不稳定的状态，即一种妥协。在中央政府和地方政府之间一直存在着很多紧张和矛盾，同样地表现在地方政府中的郡县和区之间。

　　开发控制以及"召回"权力

　　很多城镇规划都会与开发控制联系起来，即规划许可的通过或者否决，如将要在第 3 章讨论的。开发控制体系与城镇规划法规，以及相关个案法律同时存在，共同保证规划师实施规划。开发控制覆盖两种变化：一是新建筑或其他工程的开发；二是土地使用性质的改变。这是一种细微但非常有用的界定，以后一些章节中也会说明，有很多附加的复杂的控制条件和针对特殊地区的法规，例如，某些情况下，拆除也许同样会被当作一种开发。

　　开发控制既是技术也是一种政府行为，还是一种具有高度敏感的政治行为。规划师以此规定房地产拥有者可以做什么；常常关系到大笔的钱财。如果申请者对规划部门的决定不满意，他可以向国务秘书提起上诉来反对这项决定。还有一种选择，如果在规划申请处理过程中，存在程序上或法律上的不符之处，申请者可以提请司法程序，案件最高可以上诉至高等法院。

　　因此，国务秘书在国家整体层面的工作之外，还有一个重要角色，就是针对有争议的规划问题和决策，处理上诉和公众要求。实际上，一些规划决策的制订是委托给规划监察员（Planning Inspectorate）的，很多决定都是书面形式的。英格兰的地方规划机构每年收到约 50 万宗规划申请，不足 3 万宗涉及到上诉，其中不足 1/3 被准许（详见 DETR 网站）。

国务秘书具有深入调查有问题的规划申请的权力。如果发现地方政府的决策与国家的政策相左，有权"召回"与之完全不同的方案和申请的权力（Heap，1996）。权利受到侵害的团体可以通过相关的区域政府机构，上书与国务秘书联系，申请"召回"决策。过去的5年中，大约只有100宗召回案例（来源：DETR，1998）。

其他中央政府机构

农业渔业和食品部（MAFF）对乡村地区有重要影响，有时关系到规划师保护乡村景观、达到环境的可持续性、以及满足作为消费者的公众需求的各项目标。

非政府组织（NGO's），如国家农场主联盟（NFU）、乡村土地拥有者协会（CLA）都是对政策有重要影响的团体。1999年6月，一个关注食品安全的独立的"食品标准协会"（FSA）成立，提出"从农场到餐桌"；这不是一个完全的部门，因为它可以制订规则，而不是政策。关注农业利益的农业渔业和食品部和国家农场主联盟，可能更好地代表了消费者的利益（也就是公众）。消费者群体在绿色运动普及以前，已经开始发起一个争取中立的食品运动，这在最近广为关注的"疯牛病"和转基因食品之后更加迫切了（Shoard，1980，1999）。但同时在规划的很多领域，常常被认为没有很好地代表消费者和社区群体的利益。

核电站的选址是一个环境问题。现在，在由环境交通和区域部选派的规划监察员的帮助下，通过公众咨询，决定是否要建更多的核电站。如果这些有关的问题只局限在规划体系中，就会显得太重大，而且具有政治性，所以一个独立的"环境机构"（EA）在英格兰和威尔士成立了，它在开发的生态和环境问题方面有相当的控制权力。不要把这一机构与欧盟成立的"欧洲环境机构"（EEA）混淆。提供公共设施和服务的不同的法定机构有各自的相当独立的权力，也许会与环境交通和区域部的政策矛盾。国防部（MOD）虽然不是一个民用的规划部门，但是也对居民点的布局产生很大影响，并有权占用很大面积的土地进行训练。国防部自己的活动不受规划控制的约束，例如，在乡村地区建设服务用房可以无需规划许可。

区域规划

如在第三部分会解释到的，区域经济规划是城乡规划一个相当重要的方面，尤其是二战后，成为实施经济和土地利用空间规划政策的有效手段。但是，在保守党政府执政的近20年时间里，在国家和地方之间没有一个重要的区域层次的规划。

自1997年以来，新的工党政府寻求建立一个基础，重建区域规划。英格兰的"区域发展机构"在1998年《区域发展法》的基础上，于1999年4月1日成立，试图针对经济发展、重建和区域竞争力制订区域政策，作用相当于"区域规划导则"

（RPG）体系的补充。随后在新版本的《规划政策导则》，1999年的《PPG11区域规划》，明确了区域层次规划复兴的准则。这一文件中列出的在区域层次值得考虑的议题有：经济发展、住房、交通、零售业、医疗设施、休闲设施、体育用地、乡村发展、生物多样性和自然保持、海岸线、矿产资源和废弃物处理等。

写本书的时候，情况正发生变化，无论在欧洲还是英国国内，都在关注一个变化的政策领域，即"新区域主义"。在可预见的未来，如《规划政策导则PPG11》所显示的，区域层次会被赋予可执行的权力，制订法定的区域规划。存在独立的区域政府机构的需求，如现在威尔士和苏格兰已经拥有一定程度的自治一样。不列颠群岛还要服从欧洲区域政策的制订，并如第9章中强调的，还需承担作为欧盟一个成员国的部分责任。

地方政府

新的单一管理体制

近20年里，英格兰、苏格兰和威尔士的地方政府系统建立在两级制的体系上，包括郡和区。期待已久的地方行政界线调整已经在1996年完成（依据1992年地方政府法案），创建了一个新的单一管理体制（Cullingworth and Nadin，1997）。这主要是打破了1974年上一次行政界线调整形成的一些特大的郡（如布里斯托尔的埃文郡），并恢复一些早期的历史界线。另外，以前较大的两级管理机构变成一个独立的单一管理体制。英格兰地图现在由复杂的单一层次和双层的管理体制共同组成，但苏格兰和威尔士现在还是如原来的组织，是一个整体的系统。

英格兰的单一管理体制		表 2.1
新的	原来的	成立时间
怀特岛（Isle of Wight）	怀特岛	1995 年 4 月
巴斯—东北萨默塞特 (Bath & N E Somerset)	埃文郡（Avon）	1996 年 4 月
布里斯托尔 (City & County of Bristol)	埃文郡	1996 年 4 月
约克郡东区 (East Riding of Yorkshire)	亨伯赛德郡（Humberside）	1996 年 4 月
哈特尔普尔（Hartlepool）	克利夫兰郡（Cleveland）	1996 年 4 月
赫尔（Hull）	亨伯赛德郡	1996 年 4 月
米德尔斯堡（Middlesborough）	克利夫兰郡	1996 年 4 月
东北林肯（N E Lincolnshire）	亨伯赛德郡（Humberside）	1996 年 4 月
北林肯（North Lincolnshire）	亨伯赛德郡	1996 年 4 月
北萨默塞特（North Somerset）	埃文郡	1996 年 4 月
里德卡－克利夫兰 (Redcar and Cleveland)	克利夫兰郡	1996 年 4 月

续表

新的	原来的	成立时间
南格洛斯特郡（South Gloucestershire）	埃文郡	1996 年 4 月
蒂斯河畔斯托克（Stockton-on-Tees）	克利夫兰郡（Cleveland）	1996 年 4 月
约克市（City of York）	北约克郡（North Yorkshire）	1996 年 4 月
伯恩茅斯（Bournemouth）	多塞特郡（Dorset）	1997 年 4 月
布赖顿－霍夫郡（Brighton & Hove）	东苏塞克斯郡（East Sussex）	1997 年 4 月
达灵顿（Darlington）	杜汉姆郡（Durham）	1997 年 4 月
德比（Derby）	德比郡（Derbyshire）	1997 年 4 月
莱斯特（Leicester）	莱斯特郡（Leicestershire）	1997 年 4 月
卢顿（Luton）	贝德福德郡（Bedfordshire）	1997 年 4 月
米尔顿凯恩斯（Milton Keynes）	白金汉郡（Buckinghamshire）	1997 年 4 月
普尔（Poole）	多塞特郡（Dorset）	1997 年 4 月
朴次茅斯（Portsmouth）	汉普郡（Hampshire）	1997 年 4 月
拉特兰（Rutland）	莱斯特郡	1997 年 4 月
南安普敦（Southampton）	汉普郡	1997 年 4 月
特伦特河畔斯托克城（Stoke-on-Trent）	斯塔福德郡（Staffordshire）	1997 年 4 月
斯温顿（Swindon）	威尔特郡（Wiltshire）	1997 年 4 月
布拉克内尔森林（Bracknell Forest）	伯克夏郡（Berkshire）	1998 年 4 月
西巴克夏（West Berkshire）	伯克夏郡	1998 年 4 月
雷丁（Reading）	伯克夏郡	1998 年 4 月
斯劳（Slough）	伯克夏郡	1998 年 4 月
温莎梅登黑德（Windsor & Maidenhead）	伯克夏郡	1998 年 4 月
沃金厄姆（Wokingham）	伯克夏郡	1998 年 4 月
彼德堡（Peterborough）	剑桥郡（Cambridgeshire）	1998 年 4 月
海顿（Haiton）	柴郡（Cheshire）	1998 年 4 月
沃灵顿（Warrington）	柴郡	1998 年 4 月
普利茅斯（Plymouth）	德文郡（Devon）	1998 年 4 月
托培（Torbay）	德文郡	1998 年 4 月
绍森德（Southend）	埃塞克斯郡（Essex）	1998 年 4 月
瑟罗克（Thurrock）	埃塞克斯郡	1998 年 4 月
赫里福德（Herefordshire）	赫里福德伍斯特郡（Hereford & Worcester）	1998 年 4 月
梅德韦（Medway）	肯特郡（Kent）	1998 年 4 月
布莱克本（Blackburn with Darwen）	兰开夏郡（Lancashire）	1998 年 4 月
布莱克浦（Blackpool）	兰开夏郡	1998 年 4 月
诺丁汉（Nottingham）	诺丁汉郡（Nottinghamshire）	1998 年 4 月
特尔福德－里金（Telford and Wrekin）	什罗普郡（Shropshire）	1998 年 4 月

　　提醒读者关注自己所在地区的情况，查找一些期刊如《地方政府志》（*Local Government Chronicle*），关注即将发生的变化。读者还应该了解在每个地方当局内，一些部门较其他部门更迅速地重新组织了管理的事务、财务和结构。因为这些不仅关系到城镇规划，还关系到住房、高速公路、教育和社会服务部门等。例如一些当

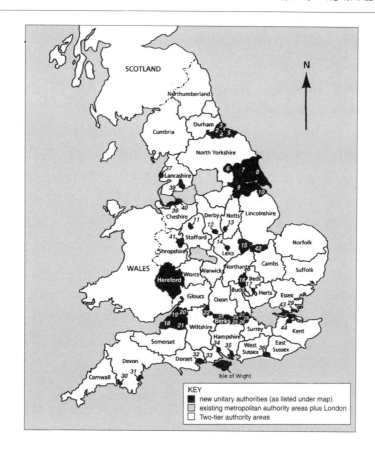

1 达灵顿	16 米尔顿凯恩斯	31 托培
2 蒂斯河畔斯托克	17 卢顿	32 普尔
3 哈特尔普尔	18 西北萨默塞特	33 伯恩茅斯
4 米德尔斯堡	19 布里斯托尔	34 南安普敦
5 里德卡-克里夫兰	20 南格洛斯特郡	35 朴次茅斯
6 约克市	21 巴斯-东北萨默塞特	36 布赖顿-霍夫郡
7 约克郡东区	22 泰晤士镇 (Thamesdown)	37 布莱克浦
8 赫尔	23 西巴克夏	38 布莱克本
9 北林肯	24 雷丁	39 哈尔顿 (Halton)
10 东北林肯	25 拉特兰	40 沃灵顿
11 特伦特河畔斯托克城	26 布拉克内尔森林	41 里金
12 德比	27 温莎梅登黑德	42 彼得伯勒 (Peterborough)
13 诺丁汉	28 斯劳	43 瑟罗克 (Thurrock)
14 莱斯特	29 绍森德	44 吉林厄姆／罗彻斯特／麦德威
15 拉特兰	30 普利茅斯	Gillingham，Rochester and Medway

图 2.3　英格兰地方管理体制

局废除规划部门,转移给房地产和技术服务部门,而有一些是重新命名,包括重建、产业、环境和城市管理等别名。

许多行政界线被重划,这一点引发地方当局的规划权力发生变化,失去或重新获得一些规划权力。规划师需要根据新的空间单元调整规划政策,但并不意味着规划师忽然停止一切事务来改变政策,并不是所有以前的规划都是多余的了,而是在修订之前原有的法定规划仍然发挥作用。有两种类型的发展规划、郡县的结构规划,以及首先应用在伦敦和大都市地区的"整体发展规划"(UDPs),现在很多郡一级地方规划当局也都在制订。在新的规划通过之前,两种形式的规划都仍然是现行的规划,并提供政策指导。

起初期望所有地方政府都形成一个新的单一体制,如1989年的白皮书《开发规划的未来》中所建议的。但在1990年的《规划政策导则PPG15》中,较少强调方案的形式,而更多的是强调怎样使系统更有效。1980年代的政府,通过加强地方规划来加速这一变化,简化规划体系,并废除双层的地方政府体制。这一目标也被新工党政府继承,一句口号"规划现代化"现在印在所有环境交通和区域部一系列出版物的封面上(DETR,1998c;1999e)。

相对而言,乡村地区对加速这一体制和推行整体规划体系的热情较少,因为存在保持乡村整体战略角度的需求。乡村整体发展规划的战略政策需要包括新住宅、绿带、工业、商务、商业、就业场所、乡村经济、高速公路和交通战略、矿业、废弃物处理、旅游和休闲等问题。整体管理体制覆盖的那些由历史上的自治市镇构成的城市地区,现在没有上一层次的郡规划的约束。已经比原来制订地方性综合发展规划获得更多的益处。关于开发规划的实践导则参见环境部(DoE,1992a,b;DoE,1996a)和环境交通和区域部(DETR,1998a)有关文件。

郡

郡在那些保持两级制管理体制的地区,仍然处于首要地位。郡和一些大城市的规划管理部门需要制订"结构规划",与1990年更新的1971年《城乡规划法》指导下的"地方规划"同步进行。1971年制订并还在应用的《发展规划手册》(*Development Plan Manual*)中,关于结构规划有这样的解释(DOE,1972b):结构规划,如这一名称显示的,是对未来的发展制订整体的结构和框架,成果主要是通过文字形式,并辅以图表加以说明。事实上结构规划更是一个政策报告,而不是画出的"方案"(Moore,1999)。

结构规划的方案,故意不以"国家地图测绘机构"测得的精确地图为底图,而是建立在经过处理的方格网系统上,所以辨识每个具体地块并不十分容易。虽然

"结构规划"在程序上提供公众参与的机会，但还会有很多来自环境和社区团体对规划体系不近人情的批评。"审计委员会"一般会对当地规划管理部门的效率进行调查。对特殊的案例，还会有实地检查，考察为当地居民、规划申请者和商业人士等利益相关者提供服务的情况（Audit Commission，1999）。

为制订规划所做的问题调查包括人口、就业、资源、住房、工业和商业、购物、交通、矿产、教育、社会服务、休闲娱乐、保护和景观，以及设施服务等（DOE，1972b）。这反映出一种认识，即有效率的规划首先需要了解人们对用地产生直接需求的所有活动，目的是在制订未来的规划之前，能够做到主动出击。虽然调查了所有这些被认为是潜在的土地利用和开发需求的因素，但是当地规划管理者直接施加影响的能力仍是有限的，因为这些因素一般是在其他政府部门或私有部门的控制之下。过去规划师曾一直试图努力增加他们的权利，充当共同城市管理者和技术权威的角色。

区

"郡"进一步划分，平均划分成 4—5 个"区"。这种安排还在一些地区推行，如萨里（Surrey）和苏塞克斯（Sussex），尽管一些地区的郡已经被重新认定。区是地方政府的日常政策执行机构，而郡更多是趋向于集中在总体的政策、资源分配和战略等。"结构规划"制订郡这一层次的总体政策，而"地方规划"提供区这一层次的未来发展规划。对某一个村庄未来 5 年的地区规划和再开发地区规划，是以"国家地图测绘机构"测绘的地图为底图的。

整体发展规划（UDPs）

现在存在一种趋向线型模式的一级体系的发展趋势。改革开始于 1980 年代，依据 1985 年《地方政府法案》，1986 年 4 月 1 日废除了"大伦敦议会"（GLC）和"大都市地区郡议会"（MCCs），分别被 32 个"伦敦自治区议会"和 36 个"大都市区议会"（MDCs）所取代（Heap，1991：38[1996]）。这 67 个小的管理机构都需要制订自身的"整体发展规划"（UDP）。但由于 1996 年地方政府行政界线重划，这一进程变得更加复杂，新的整体发展规划正在进行之中，事实上一些伦敦自治市镇已经是进行第二轮或第三轮的修订了。

新的整体发展规划，希望吸取原来规划体系中"结构规划"和"地方规划"两者的优点。整体发展规划的第一部分集中在明确战略政策上，类似于原来的结构规划；而第二部分是详细的土地利用问题和具体地区的规划，类似于原来的地方规划。整体发展规划中规定详细的格式，在整体发展规划通告 3—88 中明确标明。政策的及时更新由环境部发布（PPG12）。体现这些原则的法规具体体现在 1990 年《城乡规划法》中。各种不断变化的信息会经常在专业出版物上报道出来，如《规划》

（*Planning*）、《不动产公报》（*Estates Gazette*）、《地产周刊》（*Property Week*）、《特许估价师月刊》（*Chartered Surveyor Monthly*）等（Devereaux，1999a，b）。

其他规划和规划团体

国家公园规划

除主要的郡和区层次的规划之外，还有一些其他类型的规划和具有规划权力的政府机构。"国家公园"这一概念在1949年《国家公园和乡村通道法》中首次出现。国家公园最早由"国家公园委员会"（National Parks Commission）集中管理，这个委员会于1968年形成"乡村委员会"（Countryside Commission）。乡村委员会行使对乡村地区整体的广泛保护和管理的权力，至今仍然是非常活跃和积极的团体。后来，每个国家公园都成立了"国家公园管理委员会"。公园占据乡村的大部分区域，萨默塞特（Somerset）的埃克斯穆尔（Exmoor）成立联合管理委员会。

国家公园的管理在1995年《环境法》第61—79条中有所更新，结果是，虽然在郡和区层次的联合规划仍在继续发展，但每个国家公园仍拥有独立的规划管理机构。这些机构拥有制订开发控制和制订规划的权力，包括控制矿产开采等一些带有负面影响的利用方式，促进居民及游客更好地利用和享受乡村地区的积极措施等。

非法定规划

非法定规划不是发展规划体系的直接组成部分，是由地方政府制订，并经过地方规划委员会通过，表达总体政策方向的规划。因此，它已经被看作对政策制订具有某些法律依据作用。在处理规划申请时，一届届的政府也都认为这些非正式的、不太主要的规划可以作为一定的依据（Grant，1990:138，299）。

开发商可以主动制订自己的方案。一个庞大项目的私人开发业主在规划申请中会附有"规划要点"，陈述这一方案如何符合规划要求。一些规划管理机构也会制订自己的"开发商要点"，提出可接受的规划参数。一般开发商和规划师之间会有很多协商和共同讨论。很多地方规划管理机构准备了设计导则和规划标准报告，作为明确的政策（Essex，1973；1997）。非法定规划这个问题比较复杂，但重要的是了解它们在规划许可和规划申请体系中可能具有的依据作用。

特别机构

在主要的中央和地方规划机构之外，还存在一些比较独立的其他管理城乡规划不同方面问题的政府机构。英国这个国家有这样的传统，即在需要的时候建立特殊的政府机构，应对特殊的问题和政策，常常事后再解散，称为"特别机构"（ad hoc body）。Ad hoc的字面意思是"对此"，也就是"为这个目的"。不列颠城镇规划的很多方面是通过这些机构管理的。新城由"新城委员会"统一管理,由"新城开发公司"制订每个新城的规划。这些新城开发公司是完全独立于地方机构的管理之外的,以便集中资源加速发展,避免因当前地方政府的官僚主义而受到阻碍。每个开发公司预期存在 30 年左右的时间,届时新城有望完全建成,并可以"交还"

图 2.4 萨默塞特的埃克斯穆尔 (Exmoor) 国家公园
不列颠的许多地区仍由乡村地区构成,包括农业地区。许多地区人烟稀少,而东南部和中部则是十分高密度的城市地区。

给地方政府,新城开发公司也随之解散。

现任的政府仍继续在设立一些特别机构,包括"准官方机构"(QUANGOs),是准自治的国家政府组织,包括许多由政府发起的独立行使权力的机构和组织。如在第三和第四部分要讨论的,现任政府和近期的政府已经设立很多这样的团体,实施具体的政策和处理特殊的问题,包括英格兰市区重建联营机构(English Partnerships)、单一更新预算(Single Regeneration Budget)、社会排斥专责组(Social Exclusion Unit)、城市工作组 (Urban Taskforce) 等(Rogers,1999)。

不列颠群岛的变化

新的国家规划体系

不列颠群岛的规划体系正在发生巨大的变化,表现为权力下放,英国各组成部分相对独立,并形成一系列的政治变化。1999 年威斯敏斯特(Westminster,英国国会大厦。——译者注)的权力下放到爱丁堡(Edinburgh)的苏格兰议会和卡迪夫(Cardiff)的威尔士议会。另外,北爱尔兰计划形成一个选举议会,这标志着英国政府的基本变革。伦敦在此过程中形成自治的政府管理机构大伦敦当局(Greater London Authority),英格兰可能会有进一步的区域化进程,这些改变会引起规划的相应重要变化。

联合王国的人口		表 2.2

联合王国人口	单位：万人
英格兰	4928.4
苏格兰	512.3
威尔士	292.7
北爱尔兰	167.5
伦敦（大伦敦）	780
联合王国（整体）	5900

资料来源：Social Trends，ONS，1999。

苏格兰

苏格兰在1707年《统一法》（Act of Union）的框架下成为联合王国的一部分。自1939年起形成独立的"苏格兰事务部"（Scottish Office），在自身的法律基础上拥有独立的规划体系。为期盼独立，1999年一份咨询文件《苏格兰国会的土地利用规划》制订出更新的《苏格兰规划体系指导原则》（Scottish Office，1998；TCP，1999；Collar，1999）。

新的苏格兰国会成立于1999年5月，根据权力下放的原则，可以在更广泛的领域内制订法律，规划是其中之一。包括土地利用规划和建筑控制、交通、经济发展、地区更新和工业财政支持，还包括环境保护、自然和建设遗产、防洪和农业、林业和渔业事务等。苏格兰的规划体系一直是由中央政府的"苏格兰事务国务秘书"和"苏格兰事务部"协调的。自治后，新的权力由苏格兰国会的苏格兰行政院执行，苏格兰行政院由第一大臣和其他法律部门的大臣组成。

苏格兰有独立的规划法规体系，并在某些程度上发展成为独立于英格兰和威尔士之外的系统。但共同之处还是主要的，结构规划和地方规划被1969年和1972年的《城乡规划法》（苏格兰）所采纳，成为直至目前的苏格兰规划体系的基础。现在主要的法规都包含在1997年《城乡规划法》（苏格兰）和1997年《规划（保护建筑和保护地区）法》（苏格兰）中。这是法规综合的过程，而不是引入新的法规。苏格兰也提供类似在英格兰的开发许可和在规定利用性质范围的变动。

苏格兰事务部自1974年开始负责颁布《苏格兰国家规划导则》（NPGs）。但自1991年开始需要经过审核，现在已经被《国家规划政策指引》（NPPGs）所代替，后者在形式和内容上更接近《英格兰规划政策导则》。《苏格兰国家规划导则》是针对国家重要土地利用问题的政策，并作为处理规划申请的依据材料。这些由一系列的《规划建议说明》（PANs）支撑，提供优秀的实践案例。

苏格兰地方政府的组织在很多方面与英格兰类似，经过多年的区域（regions）

和地区（districts）两级体系后，1996 年进行重组、行政管理界线重划后，整个苏格兰形成了 29 个单一层次的政府，发挥这些地区地方政府的规划职能（规划编制和开发控制）。在规划编制上，苏格兰的规划体系分为结构规划和地方规划。然而，在 1972 年《城乡规划法》（苏格兰）中的 S4A 条款框架下，变得更加复杂，国务秘书至今仍然有权划定结构规划的分区，而没有将这个任务下放，让地方政府来制订自己的结构规划。现在还有 17 个这样的地区，但只有 11 个与地方规划管理的界线统一，其余 6 个区因跨越行政界线而需要联合制订规划。这当然潜在地存在着困难。自从 1973 年《苏格兰地方政府法》通过以来，就要求地方规划做到覆盖国家全部地区。直到 1996 年，一直都是地区政府的责任，现在这一任务转移到单一层次的政府。地方当局决定是制订一个还是多个规划来覆盖所属地区（Devereux，1999a，b）。

苏格兰的开发控制与英国其他地区类似，也是一个自由裁量的系统。1991 年《规划和补偿法》第 58 条将 S25 条加入到 1972 年的法案中，形成更明确的开发规划建议条件，就如英格兰在 1990 年《规划法》中增加 S54a 条款一样。当英格兰已经在采取措施，并在促进邻近地区更多协商的做法方面取得进步的时候，这一问题却在苏格兰因历史原因，仍然是一个重要因素，苏格兰仍然更强调公众性。

苏格兰结构规划地区	表 2.3
地方当局	**结构规划地区**
阿伯丁郡阿伯丁市	阿伯丁和阿伯丁郡
(City of Aberdeen, Aberdeenshire)	(Aberdeen & Aberdeenshire)
安格斯丹迪市	丹迪与安格斯
(City of Dundee, Angus)	(Dundee and Angus)
克拉克曼特灵	斯特灵和克拉克曼
(Stirling, Clackmannan)	(Stirling and Clackmannan)
爱丁堡市 (City of Edinburgh)	爱丁堡和洛锡安
东洛锡安 (East Lothian)	(Edinburgh and the Lothians)
中洛锡安 (Midlothian)	
西洛锡安 (West Lothian)	
敦巴顿和克莱德班克 (Dumbarton and Clydebank)	格拉斯哥和克莱德
东敦巴顿郡 (East Dumbartonshire)	(Glasgow and the Clyde Valley)
北拉纳克郡 (North Lanarkshire)	
格拉斯哥市 (City of Glasgow)	
东伦弗鲁郡 (East Renfrewshire)	
伦弗鲁郡 (Renfrewshire)	
因弗克莱德 (Inverclyde)	
南拉纳克郡 (South Lanarkshire)	
北艾尔郡 (North Ayrshire)	艾尔郡
东艾尔郡 (East Ayrshire)	(Ayrshire)

续表

地方当局	结构规划地区
南艾尔郡（South Ayrshire）	
阿盖尔－比特（Argyle and Bute）	阿盖尔－比特
鲍德斯（Borders）	鲍德斯
邓弗里斯－加洛韦区（Dumfries and Galloway）	邓弗里斯－加洛韦区
福尔柯克（Falkirk）	福尔柯克
法夫（Fife）	法夫
苏格兰高地（Highland）	苏格兰高地
马里（Moray）	马里
奥克尼群岛（Orkney Islands）	奥克尼群岛
珀斯－金罗斯（Perthshire and Kinross）	珀斯－金罗斯
设得兰群岛（Shetland Islands）	设得兰群岛
西部群岛（Western Islands）	西部群岛

图2.5　苏格兰地方行政管理机构

规划体系在整个英国都延伸到自然和建成环境的保护领域。苏格兰负责为中央和地方提供保护自然环境建议的主要政府机构是"苏格兰国家遗产",英格兰和威尔士自然保护委员会随后成立同样机构(Rydin1998:5a)(English Nature,1994),共同在"英国自然署"中发挥类似的作用。苏格兰没有特设的国家公园,虽然洛克洛蒙德湖(Loch Lomond)和托萨奇斯(Trossachs)曾被如此提议,卡恩高姆斯(Cairngorms)也接着同样被提议过。至今最高层次的保护是针对作为一个整体的40个国家风景区的保护。这一体系于1981年建立,并具有严格的发展控制机制(SDD Circular 20/1980 and 9/1987)。"特殊科学意义基地"(SSSIs)和"国家自然地区"因具有某些特殊的自然遗产价值而成为保护地区。

建成环境遗产曾经由苏格兰事务部负责,现在则归苏格兰国会管理。"苏格兰文物局"(Historic Scotland)是苏格兰事务部的执行机构,取代国务秘书的职能,负责提供建议。"英格兰遗产"的情况也类似。苏格兰文物局负责管理列入名单的具有历史意义的建(构)筑物,古代遗迹的保护计划,以及管理国有历史遗产。苏格兰运用与英格兰相似的系统,虽然建筑物的划分方式是A、B和C,而不是Ⅰ、Ⅱ和Ⅲ。一个独立的法规体系的存在,意味着苏格兰有不同的规划框架。但是总体而言,其法规和管理的模式仍然与英国其他地区十分相似。新的国会有机会完善并建立新的规划控制法律体系,探索新的发展,与作为起源的1947年《城乡规划法》有更多的改进。

苏格兰的规划体系被认为是比较灵活,受大欧洲和环境趋势影响较大,有更综合的、较少土地利用空间内容的规划体系(Brand,1999)。值得注意的是,以上提到的文件都强调公众参与,和更加注重问责的体系。新苏格兰议会和相关执行机构,提供苏格兰规划体系现代化的途径和方法,引入交叉方法,包括经济、社会、环境和交通等问题。在苏格兰,"女性和规划"运动一直非常强烈,值得注意的是先前这一运动的支持者,沙拉·博雅可(Sarah Boyak)在新苏格兰议会中成为交通部第一任部长。

威尔士

威尔士事务先前由内政部(Home Office)主管。尽管1964年一个独立的威尔士部已经成立,并有自己的威尔士事务国务秘书,威尔士事务部以威尔士语和英语出版规划出版物,但规划"体系"是完全一致的。威尔士地方政府不久前依据1994年《地方政府(威尔士)法案》重新组织。1999年新的"威尔士议会"成立,现已获得更大的独立性。现在这个议会还只有有限的权力,例如,具有税收分配的权力,

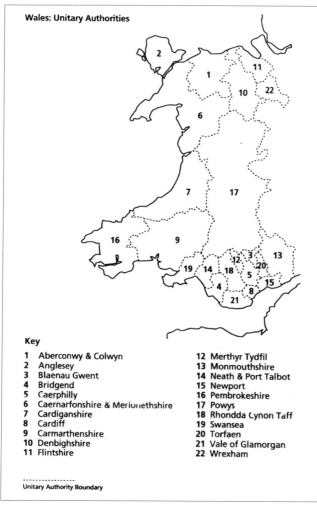

Wales: Unitary Authorities

Key

1 Aberconwy & Colwyn
2 Anglesey
3 Blaenau Gwent
4 Bridgend
5 Caerphilly
6 Caernarfonshire & Merionethshire
7 Cardiganshire
8 Cardiff
9 Carmarthenshire
10 Denbighshire
11 Flintshire

12 Merthyr Tydfil
13 Monmouthshire
14 Neath & Port Talbot
15 Newport
16 Pembrokeshire
17 Powys
18 Rhondda Cynon Taff
19 Swansea
20 Torfaen
21 Vale of Glamorgan
22 Wrexham

Unitary Authority Boundary

图2.6   威尔士地方行政管理机构

但没有征收税收的权力。威尔士的规划体系与苏格兰的比较，与英格兰的体系更接近一些，但在管理和实践中还是有一些重要差别的。新威尔士议会具有的规划权力，使其未来有可能从英格兰体系中分离开来。

直到最近威尔士在中央政府层次的规划，才被移交给威尔士事务国务秘书和威尔士事务部。主要的规划通告一般与英格兰的环境部或环境交通区域部的同样主题的文件联合发布。只有很少的时候单独发布威尔士的特殊文件，如通告53/58《威尔士语言：发展规划和开发控制》。

这一文件是因为承认威尔士语言作为威尔士文化和社会结构的一部分，而被允许在规划制订过程中加以考虑。同时也意识到语言也是处理规划申请中要考虑的现实因素。这在威尔士也带来另一个相反的问题，一些地方当局试图运用严格的住房建设规定，来限制英语人口的影响。

英格兰发布的《规划政策导则》不适用于威尔士，代替的指导文件是一份独立的文件，名为：《规划导则（威尔士）：规划政策》，于1996年发布。包括广泛的议题，从交通、经济发展到保护和废弃物处理，并有一系列的《技术建议说明》（TANs）作为补充，至本书写作时，共有16个条款（见附录），这些内容与英格兰的相应部分类似。

威尔士有3处国家公园：斯诺登山（Snowdonia）、朋布洛克郡海岸国家公园

(Pembrokeshire Coast) 和布雷肯·比肯斯山 (Brecon Beacons)。责任和权力与英格兰的相似，"威尔士乡村理事会"具有与英格兰自然和苏格兰自然遗产委员会相近的建议角色。人工建设遗产由"威尔士历史建筑和纪念性建筑物保护机构"(CADW) 管理，这一机构至今一直是威尔士事务部的一个执行部门，负责提供建议和政策导则，管理历史遗迹和国有建筑物。

在1996年重组之前，威尔士政府的组织表现为1974年形成的郡和区（自治区）的框架。1996年，这个体系被22个单一层次的地方政府取代。每个地方政府负责制订本区的整体发展规划，符合第一部分的战略议题，和第二部分的详细的土地使用政策。规划期限自编制时间开始，持续15年，并且不需要威尔士事务国务秘书的批准，但可以被"召回"和修改。《规划导则（威尔士）整体发展规划》列出十分详细的指导细则。一级制的单一政府负责规划制订和开发控制，但是在其等级之下的社区理事会在决策之前常常对许多规划事务进行讨论和咨询。

在1999年5月大选之后，威尔士国家议会自1999年7月1日开始负责"授权事宜"。这一委员会由60人组成，成立若干主题委员会处理详细事务，有4个区域委员会负责本区地方的利益。执行权力掌握在委员会秘书组第一秘书处，他们共同组成内阁，负责整个议会的事务。议会有权力在较大范围的规划议题上发展和运用政策，包括农业、历史环境、地方政府、乡镇规划、交通、威尔士语言、旅游和文化等。

现在威尔士议会的权力比苏格兰议会的权力小一些，但还是对开发和规划体系有相当多的影响，且仍然能看到新机构如何发挥作用。若给予更大范围的权力，不久苏格兰和威尔士的体系，可能会与英格兰有更多不同。

北爱尔兰

由于安全的原因，北爱尔兰的规划体系组织与大不列颠的管理有很大不同。《1971年北爱尔兰地方政府（界线）法》形成26个一级制地方政府，他们的权力是受到限制的，在规划程序上不具有很强的作用。自1973年起这些功能就由"北爱尔兰环境部"负责。"规划服务机构"(Planning Service) 是其下属的执行机构，于1996年成立，负责制订发展规划和所有规划控制工作。北爱尔兰事务部还负责农业、经济发展、工业发展和旅游。政府中的"环境和遗产服务机构"(Environment and Heritage Service) 负责历史建筑和自然环境周围地块的开发管理。

发展规划是针对《北爱尔兰规划战略》制订的。这些规划可能是三种类型中的一种：即区域规划、地方规划和项目规划。虽然没有一定的要求，但有一个趋势就是制订区划控制方案，明确规划要求（例如通道），以利于基地开发。规划的重要性与大不列颠在程度上有所不同。主要的规划立法，1991年《规划（北爱尔兰）条例》[Planning (Northern Ireland) Order]，明确决策者"……应该遵照发展规划……"在实践中规划确实很重要，但是《规划政策声明》（PPS）和《开发控制建议说明》（DCANs）也相当重要。现在有6个《规划政策声明》，还有4个正在制订过程中。类似于英格兰的《规划政策导则说明》（PPGs）。《开发控制建议说明》趋向覆盖更广泛的议题。有14个系列，范围涵盖从"博彩场所"（No.3）、"娱乐中心（No.1）"到"危险物品"（No.12）和"电子通信"（No.14）等。地方当局处理所有的规划申请和规划制订程序（Johnston，1999）。

按照1998年4月的《贝尔法斯特合约》（Beltfast Agreement）（《受难节合约》，Good Friday Agreement），北爱尔兰议会于1998年6月25日选举出来，共由108名议员组成。虽然现在仍处于转型时期，但已经被认为对所有北爱尔兰政府事务具有全部的立法和执行权力。在这个合约下，针对交通、环境保护和经济发展和其他议题，将形成跨越行政界线的机构。

北爱尔兰局势的不稳定，使预测规划体系的发展和地方管理的内容比较困难。然而，从规划的社会方面来看，还是带来一些未预料到的动议，例如1999年《新平等规划》成为《受难节合约》的一部分（Booth，1999；Johnston，1999；Devereux，1999）。在本书写作的阶段，新的《北爱尔兰城镇规划法》正在起草，但总体的状况还保持着平衡。

伦敦

伦敦的规划体系一直处于激烈的变化中。被M25线公路环绕的大伦敦地区，以其近800万人口的规模，成为英国最具独特性的空间单元，超越了大伦敦自治区的范围，甚至作为一个独立的"国家"。很明显，M25环线已经成为对很多商业公司确定税收和收费的范围。1986年大伦敦议会撤销以后，保留下来的规划咨询权力移交给伦敦规划顾问机构（London Planning Advisory Body）与伦敦余产处理机构（London Residuary Body）共同负责管理逐渐消失的功能。大伦敦议会的权力被下放到32个伦敦的区议会（Heap，1991:38）。

《大伦敦发展规划》（GLDP）于1984年开始起草，至1986年大伦敦议会被取消的时候，已经准备全部通过了。《大伦敦发展规划》应该还是，至少在法律上是绑定的规划政策，因为它是被当时的政府委员会大伦敦议会同意通过的政策。现在这个议会的权力授予给每个伦敦自治区规划当局，并且其中很多政策融

入到区的整体发展规划。现存
的政策如果被环境部国务秘书
批准仍具有法律的地位,作为这
个地区的发展规划。

图 2.7　伦敦内城:混乱还是功能创新
交通拥挤、房地产开发和环境质量等问题对内城
产生巨大压力。

大伦敦议会的政策执行起
来存在很多问题,特别是《大伦
敦发展规划》中一些较为激进的
和社会方面的问题。这是由于不
同区之间的政治背景不同,地方
财政政策紧缩,以及各区已有政
策的约束等。1980 年代中期,大
伦敦议会的主要议席由工党构
成,特别是新左派,而伦敦的区
地方政府却是保守党占据主要地位,因此执行城乡规划的方式可能存在一些差异。
反对大伦敦议会的观点认为,在很多城市地区的重大问题只能在区域层次解决的背
景下,单个的区或地区制订战略规划是不现实的,如交通和布局政策。很多人对取
消大伦敦议会及其战略层次的规划感到遗憾,因为对一个大都市地区来说这些都曾
被证明是非常必要的。

工党政府设立了一个新的伦敦战略管理机构"大伦敦当局"(GLA)(Fyson,
1999,参见伦敦管理 WP3897),明确五个战略领域:经济发展、交通、环境、文化
和土地利用规划。一个选举出来的市长及其议会具有相当的权力管理伦敦,如同北
美的"城市管理者"一样(Hambleton and Sweeting, 1999)。

对于城镇规划,很多伦敦区的规划申请都要参照大伦敦当局的规定。总体的政
策导则体现市长的空间战略,特别关注城市更新和经济复兴。针对这一提议,社区
和商界不仅担心在新体制下失去反对权和参与的机会,更存在相当多的对其可行性
的担忧。一个特殊的机构"伦敦交通"(TFL)即将成立并与首都交通战略协调。"伦
敦发展机构"(LDA)将发挥"区域职能",运作方式如威尔士开发机构,促进伦敦
经济和就业发展。同时,《首都空间发展战略》(SDS)发挥如原来的《大伦敦发展
规划》的作用,为首都提供规划政策指导。

在这些重要的变革下,人们不禁会问,伦敦、威尔士、苏格兰和爱尔兰之外的
地区将发生怎样的变化呢?这些地区以及其他大都市聚集区,已经争取地方政府能
有更多的参与,要求更具联邦性质的体制。这些因素预示着未来规划的进一步发展。

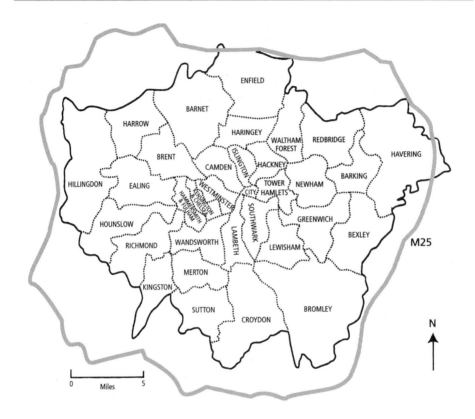

图 2.8　伦敦行政区划图

下一部分将讨论其他欧洲国家不同的规划体系,说明其他规划方式以及不同国家的差别。

比较的视角:其他欧洲国家体系

对规划体系进行比较不太容易,不同的传统和文化使其他国家的规划发展过程完全不同于英国。通过一系列的要素可以理解其他体系的不同,其中最常用的是:规划制订的层次、管理结构和政治因素的介入程度,以及规划发展的灵活性等。在英国,规划只在地方或郡的层次制订,其他多数国家制订国家层次的规划(如荷兰),和区域尺度的规划(如法国、比利时和荷兰)。这趋向于比英国增加更多的规划关联因素,如经济、交通和住房等。

英国地方规划机构的数量相对较小,在法国这一数目要多很多,有超过36000个社区单位负责规划实施和开发控制。在一些情况下,他们与社区公众联合起来，但更多的情况下，是独立负责规划事务。其他一些层次的政府、区域和部门，也具有规划职能，如经济发展和交通。这构成一个复杂的系统，是与国家的地理和文化发展具有重要影响的部门。作为一个经过革命建立起来的共和制国家，民主是法国管理体制的重要特点。有这么多的社区单位，作为决策者的市长和议员的政策要充分考虑和接近地方居民的需要，同时，这些政策也要能够充分被社区了解。

不同于英国的情况，荷兰的规划申请决策是在城市政府的层次，类似法国，规划决策制订是建立在绑定的土地利用规划的基础上的——荷兰称为"Bestemmingsplan"，法国称为"Plan d' Occupation des Sols"。这些都是法律文件，明确人们开发的权利，遵照这些文件的规划申请将获得准许，而违背文件的将可能被拒绝。也有一些特例，但只属于例外。这一严格的体系比英国具有更多的确定性，但灵活性更少。

介于这一严格体制和英国的灵活体制之间的是爱尔兰共和国，其规划法规在1963—1993年《地方政府（规划和发展）法案》中详列出来。爱尔兰在规划制订中运用区划方法；不仅规定特定的使用，还与政策目标联系起来。88个规划机构必须每5年制订一轮发展规划。规划的权威性分为"基本功能"，规定选举出来的委员负责的问题，和"执行功能"，规定官员负责的问题。类似英国，规划是采用"基本的保留功能"；但与英国（以及其他国家，包括法国）不同的是，批准或拒绝规划许可属于执行功能。在决策制定之前，任何与规划有实质性冲突的申请矛盾的物质规划，都不会得到许可。

法国和荷兰以及爱尔兰共和国显示出两种英国没有的形式，但不久的将来也许会有。在这些国家规划方案不是必须由地方政府直接制订，而是可以委托私人咨询机构。在英国，规划都是由规划当局自己的规划师制订，即使利用一些私人机构的力量，地方政府依然保持有基本的控制权。在这三个国家，第三方有权对违反规划的决定提起上诉；而在英国体制下只有规划申请者才有权对决策提出上诉，第三方无权这样做。

为协调欧洲不同的规划体系，已经出现一些改变。事实上，协调欧盟国家的建筑控制法规已经取得进展，尽管这一进展面临相当多的困难和争议。虽然欧洲一些环境议题的一体化拉近了各个规划的距离，但规划体系协调的进展较小。如上文显示的（Rydin 也曾讨论过，1998），需要实现经济平等、市场一体化以及对等的体制等。一些必须的协调是必然的，但不同的文化、体制和传统将一直保持差异性，因此协调的进程似乎要比最初设想的更长久和复杂（Devereux，1999b）。

欧洲规划

一个新的权力层次

　　以下将讨论超越国家层次的规划，泛欧洲的规划。在第三部分，影响欧洲规划的政策和要点将有进一步的讨论，这一部分将提出一个基本的组织框架。欧洲经济委员会、"共同市场"、1957年《罗马条约》中的"欧洲共同体"等名称都已经广为人知。欧洲共同体最初只包括法国、德国、意大利、比利时、荷兰和卢森堡。英国于1973年加入其中。"欧洲共同体"现常被称作"欧盟"（EU）。为防止混淆，下文中的缩写"EC"代表"欧洲共同体"（European Community，即EU），"the Commission"代表"欧盟委员会"（European Commission）。

　　在本书写作的时候，欧盟包括15个成员国。欧盟的主要制度如下（Williams，1996）："欧盟委员会"设立在布鲁塞尔，负责为"欧盟部长理事会"提供监督欧盟国家政策和项目的实施情况，不是最终的决策部门，而是直接对"欧盟部长理事

图2.9　意大利北部典型的欧洲街道景观
许多欧洲城市景观主要表现为中等高度公寓楼组成的高密度街区，城市政策、许多争论和城市发展都与英国不同，英国以带有花园的郊区住宅为主要城市景观。

图2.10　巴黎城市中心不同功能和年代的建筑
在满足现代发展需求的同时保护历史遗产，这构成整个欧洲城市规划的重要部分。

会"负责的部门。这一点更像英国公务员,人员构成包括专业人士和政府官员,但这是一个跨国的政府机构 (Ludlow,1996)。

欧盟部长理事会是欧盟的基本决策部门,对欧盟委员会的决定提出建议。"欧盟部长理事会"由每个成员国的部长们组成,主席身份每6个月在这些国家中进行一次轮任。由委员会、工作组和服务人员构成,成员构成情况依据讨论的事务而有所不同,如讨论区域政策或环境问题时会有不同的情况。"欧洲理事会"(European Council)是由政府首脑组成的独立部门,与"欧盟部长理事会"一起共同具有直接的指导作用。

欧盟委员会根据经济和社会委员会的建议对相关问题做出咨询建议。"欧洲法院"(European Court of Justice)对欧盟法律问题进行管理,涉及所有的法律,包括规划和环境法等,在英国已经被看作是上诉的最高法院。"欧洲人权法院"可能对财产关联的上诉问题做出裁决。1998 年《欧洲人权法案》自 2000 年开始在英国推行,赞同欧盟注重个人和家庭的权利。欧洲环境机构(EEA)制订欧洲环境法案,监督欧洲各国环境法规的执行情况,确保成员国的规划机构和地方政府部门充分了解这些要求。环境控制能受到欢迎,主要是因为这会促使规划师具有环境警察的力量,更倾向公众利益。

欧洲议会由从成员国选举出来的500多名议员组成,负责讨论所有的议会政策建议,在欧盟理事会和欧盟委员会之间发挥检查和平衡的角色,具有监督欧盟委员会财政和预算的权力。政策是通过一系列法定程序推进的,包括法律、法规和指令等,后者与城镇规划最为相关。绿皮书明确政策议题,白皮书明确政策实施的细节。在欧盟文件中"城镇"规划一词并不多见,出现频率更多的是"空间"规划。

欧盟规划的力量

由24个总署制订政策指导、指令和法规,但之前必须在各个成员国进行公示,所有成员国总共有超过 3.8 亿人口,与北美相近 (Davis,1992;Ludlow,1996;Williams,1996 和 Williams,1999;ESDP,1999)。有关规划的具体理事部门包括农业、就业与产业关系与社会事务、能源、环境与核安全和城市保护、区域政策与协调、旅游和交通等。

欧盟已经形成一系列的区域规划、城镇规划和环境问题的政策,但大多是指导性的。而有一些欧洲经济委员会的指令则是必须执行的,并以超越英国法律的地位发挥作用。最重要的是欧盟指令,规定新开发条款中,环境评价的第85/337 条是必须执行的,这一条随后将被更新和补充为97/11条款。这一关于环境保护和实施"可持续性"的法规,比传统的英国规划法规更为严格,并且无疑更为"绿色"。将来会有更多的指令形成,而且欧洲层次的战略规划对英国城市所产生的影响将比英国城乡规划的影响更强大。规划申请体系与环境评价的协调将在下一章的开发控制章节中讨论。

欧盟的政策和法律在超越成员国家之上运作,包括城镇规划法规。1987年《整体欧洲法案》第一次详述欧盟环境政策的法律依据(Williams,1996),并加强与商业文化协调。欧盟统一市场要求有共同的环境标准来保证公平的竞争环境(Rydin,1998),这就意味着一个国家的规划控制不能比另一个国家的更严格——这是一个很难实施的准则。在内部市场发展的进程中,为保证公平的竞争环境,统一的环境标准所具有的重要作用将越来越明显,欧盟已形成高标准的环境保护要求。在欧盟运行机制中统一货币也具有直接的环境目标。

欧盟法律的"附属原则",意味着为保证政策的有效执行,必须以一个合适的和"较低"的水平为基础,促进并使之融入各个成员国自己的法规体系(Rydin,1998,p.131)。欧盟对城镇规划的指导性原则(Williams,1999;Ludlow,1996),只是在那些一定需要跨越国家界线的领域,或比各个成员国单独行动更有效的领域发挥作用,特别是超越国界的环境政策和具有很多分歧的城市政策。西欧现在超过2/3的人口生活在30万人口以上规模的城市中,城市化明显成为每个成员国共同关注的问题(Fudge,1999)。

欧盟政策已经对英国城乡规划政策和实践产生很大影响,在环境控制领域最为明显。但来自其他欧洲国家的文化思想、规划理论和发展趋势也对"规划"的定义和意象产生着影响,这将在随后继续讨论。可以说,对未来的规划和城镇特点而言,趋势和理论比法律和法规具有更深远的影响。

作业

信息收集

Ⅰ 当前环境部国务秘书是谁?助理部长是谁?他们负责管理环境问题的哪些方面?

Ⅱ 你所在地区的规划管理体制是怎样的,是一个大都市地区议会,还是伦敦自治区,或者郡县和区的体系,了解当前发展规划进行的阶段。

概念讨论

Ⅲ 讨论欧盟力量究竟能对英国规划体系产生何种影响程度的影响。

Ⅳ 规划的政治和学术应该在怎样的程度上进行划分?讨论当前中央和地方政府的权力划分。

问题思考

Ⅴ 对欧盟你自己的观点是什么?

Ⅵ 苏格兰和威尔士有独立的规划体系,分析其利弊,两者对英格兰规划有何启示?

深入阅读

进一步了解规划体系的详细资料，参阅一些规划法律的书籍，作者包括Heap、Cullingworth and Nadin、Telling and Duxbury、Moore、V. and Grant、M.等，还有 *Encyclopaedia of Planning Law*. 地方管理和变化的详细资料可以参阅 Municipal Year Book, *Housing and Planning Year Book* (Pitman, annual)。

Blackhall, J.V. (1998, 2000 forthcoming) *Planning Law and Practice*, London: Cavendish.

ESDP (1999) *European Spatial Development Perspective-Towards Balanced and Sustainable Development of the Territory of the European Union*. Brussels: European Commission, http://www.inforegio.org

欧盟规划参见Davis (1992); Williams (1996, 1999) and Ludlow (1996)。

苏格兰规划参见Collar (1999) and Brand (1999)。北爱尔兰规划参见 Johnston (1999); 威尔士规划参见 Tewdwr Jones, M. (1996)。

中央和地方政府的信息可查看以下网站：

PPG 25 开发和防洪

地方政府协会 http://www.lga.gov.uk

皇家城镇规划学会 http://rtpi.co.uk

包括环境交通和区域部等英国政府部门 http://www.open.gov.uk/detr

第3章

开发控制和开发过程

引言

第3章的目的，首先是介绍开发控制体系，规划师以此控制开发并进而对土地使用、设计和规划实施都产生影响。其次，本章概括了规划控制发挥作用的房地产开发更广泛的背景。读者应当注意的是，开发控制体系和规划法是高度复杂的法律领域。几乎任何一条规则都存在例外，规划决策也不断受到规划上诉的挑战，法规和案例法因此在不断改变。还存在一系列其他开发控制，不是从属而是平行于法定规划体系的，可能限定开发的本质。这些因素之间相互关联，尤其是农业、公众健康、建筑控制、供水、垃圾废物、噪声、无障碍设施、自然资源保护、酒类专卖、国防和环境需求等部门。一些特殊的措施放宽了常规规划控制的控制，如"简化规划分区"（Simplified Planning Zones）和"企业区"（Enterprise Zones）等；一些措施增加了常规规划控制的控制度，如历史保护地段和国家公园地区等。读者可以在阅读本书的同时，根据官方的资料，审视当前的状况。

开发控制

规划申请

土地所有者必须先获得规划许可，才能进行开发。正如前面的章节中曾提到的：

1990年《城乡规划法》第55条将"开发"的概念定义为："在地面、地下或地上的任何建设、工程、开采或其他行为，或者对任何建筑、土地使用进行的任何物质上的改变。"可见，"开发"的定义包括两种行为：首先是建造新的建筑或其他工程；其次是改变土地使用性质。"

来源：1990年《城乡规划法案》第55条

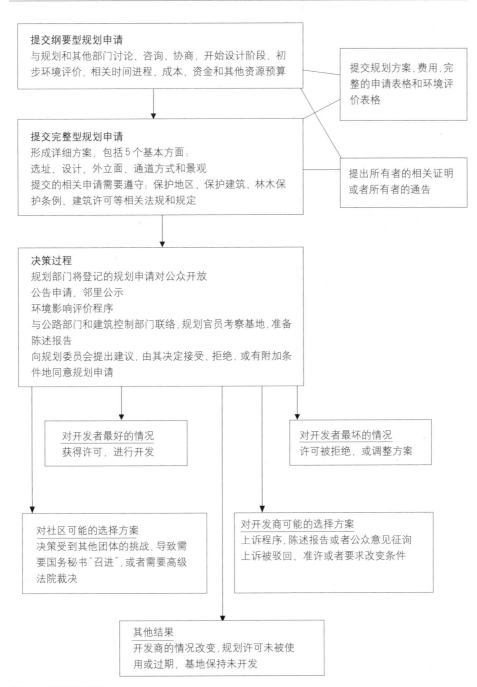

图 3.1 规划申请过程

申请者首先需要填写完成一份地方政府特制的表格，依据规定上交后会获得一份规划许可（或者是拒绝）。无论是规划许可还是建筑许可都需要缴费，经常会有上调，读者可以检查一下有关费用信息。如在作者写这本书的时候，在布里斯托尔一份居民的住宅规划申请要支付95英镑，如果是大型开发，费用则要高得多，最高可达9500英镑。目前存在两种规划许可，分别是纲要型和完整型（细节型）。纲要型的规划许可提出在特定地区允许开发类型的总体原则，而完整型的许可将各种细节都进行说明，一般像小型居住项目，如扩建厨房，就可以直接进入完整型规划申请。

对于规模更大，更加复杂和具有争议的项目，如建设新的住宅区，或者一个新的郊外购物中心，通常首先需要通过纲要型规划许可确定一些可认可的原则。在准备规划申请之前，规划师和开发商一般会花很长时间对相关问题进行讨论。一些所谓的"保留问题"很有可能留到完整型规划许可阶段再深入考虑。规划申请中通常的5个标题是：选址、设计、外立面、通道（包括机动车停车）和景观。但目前还不存在一个统一的公认的规划申请表格，不同地方有不同表格。在高级别的规划部门，区别于大型开发项目的规划申请，小型的居民规划申请有单独的表格是十分常见的。当前，一些地方在规划申请表格中增加"民族"这项内容，需要填写申请者或他们代理人的民族。这么做可能是基于以往少数民族的住宅或商业开发申请大部分遭到拒绝的考虑。

为提出一个住房规划申请，或者其他用途的完整型规划许可，申请者需要分别交4份当地规划部门提供的表格复印件和4份规划方案。《建筑规程（Building Regulations）申请》（也是必须提交的文件）和《规划申请》一起提交也很常见，但却是由另一个部门审批通过。所有的建筑工程都需要建筑规程的许可。需要强调的是，这与规划决策过程是各自独立的程序，尽管两者之间经常需要就一个项目的细节问题进行联系和讨论。正如将在第三部分讨论的，在规划控制和建筑许可之间不同的甚至是相互矛盾的目标，可能导致使用者，尤其是残障者的利益受到损害。一个规划申请可能在地方当局的不同部门之间"兜圈子"。一个住房开发申请，可能需要参考公路部门、负责提供该地区服务和基础设施的部门（例如教育和社会服务部门的计划）的法规，还可能需要遵守其他的法定文件，如依据1995年的《防治噪声法》的"噪声影响评估"（NIA）等。

地方规划部门在决定规划申请时并不能完全自由决定。在郡的地方部门（双层管理体制下），有关公路的事宜可能是由郡公路管理部门（County Highways Department）决定。在郡公路决策的某些管理领域，如涉及到诸如通道、交通量、新开发项目的布局和住房开发时，决定权属于地方规划部门，规划部门从1988年开始拥有这种权力。然而在其他领域，逐渐显示出一种现象：经过传统训练的公路工程师仍然试图寻求以小轿车为主导的道路布局方式；而地方规划师则希望获得更加人性化的城市尺度和更好的城市设计原则。因此，地方政府对环境可持续性、降低居住区的停车标准的重视，都反映在《规划政策导则》"PPG3 住房"的修订版中，这也可能在以后的管理条例中体现出来。

提交的规划文件包括基地规划总平面图，通常是 1∶1250 的比例，表示出基地内以及周边的建筑（规划和现存的），基地规划的范围以红线标示。可能还需要 1 份测绘局的坐标图，按如下方式表示：首先，（向上为正北方向）"向东"的数字（在上面或下面的页边）表示基地的垂直标高线；"向北"的数字表示基地下面最近的水平线（地图上的基地位置）。应首先读出地图底部的数字，接着读出地图顶部的数字。地方规划部门利用 GIS 软件（地理信息系统）将申请的详细数据存储到计算机，该软件可显示地图和规划申请的详细信息。建筑方案也是需要提供的文件，包括平面图和建筑的立面图，还有建筑的剖面，标明各种构造和材料的注释，通常是 1∶5 或 1∶100 的比例。以英制表示，分别大约是 1/4 英寸表示 1 英尺，和 1/8 英寸表示 1 英尺。每张规划图纸上都必须包括指北针、比例尺和地块位置索引图（参见单位换算关系，专栏 1.1）。

提出规划申请时必须提供一份地产所有权证明。这是根据 1995 年《城乡规划（一般开发程序）指令》第 7 条的规定。如果是单独的所有权人，填写 A 证明表格；如果所有权与他人共有，填写 B 证明表格，并发送注意事项 1 给每位所有者，这也是申请表的一部分；C 证明表格是在申请者不能提供全部所有权人情况下采用；D 证明表格则是在申请者不能提供任何所有权人的情况下采用。在运用 C 和 D 证明表格的时候，申请必须对公众进行公示。这个程序会被监管，目前一些规划机构正在进行"邻里公告"的实践。总体上看，目前地方当局通过地方报纸、基地告示等手段将一些类型的规划申请进行公示。如果公众对规划方案感到不满意的话，规划部门留出 21 天时间展示规划和让反对者们提出书面陈述报告。

在地方规划委员会（议员）对是否通过规划方案进行决策的时候，书面的反对陈述报告将作为考虑因素之一，同时还参考规划官员的专业意见。1990 年《城乡规划法》第 69 条规定，规划当局需要保持规划申请的记录以备公众查询，这项服务是免费的。这是与"地方土地登记收费"有区别的独立体系，"地方土地收费登记"提供一些其他相关地块信息，如道路拓宽和影响地块开发的规划事宜。也不同于"土地登记"，"土地登记"记录了几乎全部英国范围内的所有登记的房地产权属。

提交规划申请也有可能并不是为了获得规划许可。依据在《1991 年规划和补偿法》的第10条，申请者可以申请法定的证明，包括两种类型：对现状开发的《法定用途或开发的证明》；对规划开发的《法定用途或开发的证明》。这种证明更早的概念被称作"明确使用证明"，现在被前面所述的两种形式所取代。

规划当局在国家规划法的基础上进行规划决策，这些规划法包括规划法案、规则和命令等，如起源于1990和1991《规划法》的"用途分类条例"（Use Classes Order）和"一般开发条令"（General Development Order）等，还有其他各种指引、法定说明、通知、白皮书（指令文件），规划政策导则和指导说明等。所有这些都是国务秘书政策的反映。因此，针对特定规划上诉的规划决策，可能要考虑当时背景的具体情况来决定。除了这些管理文件外，现存的案例法和上诉决定也是目前关于许可制政策的重要内容，因此可能还不仅限于上文所提到的这些要素。地方当局也制订自己的政策，这是结构规划尤其是地方规划1991年《法案》的第26条）赋予的法律力量，或者至少通过规划委员会体现在非法定规划或声明中。

许多规划当局编制设计导则，制定出可接受的设计、停车、密度和土地使用布局等方面的标准，这些准则被接受后，作为政策对规划决策过程有重大影响。考虑到每个基地的不同特征，规划准则和设计原则不是绝对固定的，但应遵循协商、讨论的结果，并努力将各种因素都考虑到以获得针对基地的最好解决办法。在内城一些小块的基地尤其更难有固定的设计准则。规划师和开发商可能会发现他们的决定受到诸多因素的限制，如地下污水管道、不稳定的地基、受到污染的土地、严格限制的协议、邻里开发的高度和效果，甚至还有历史遗迹的保护等（PPG16）。

特定地点的较大规模的规划申请决策，可能会关系到这一地区的发展定位，因此在结构规划或单一规划政策中表达的城市整体层次的政策声明，就显得尤其重要。即使在提出一个纲要性的规划许可之前，开发商就可能和规划师进行初步的协商和讨论，表明他们的想法。任何一方都可以提出规划要点，制订该

图3.2　毁坏：海边的贝斯希尔（Bexhill）

曾将被视为过时的、令人讨厌的老建筑，由于占据高价值地段，现在很有可能被"登记"，并转变成豪华公寓或是高档商业楼。

地区发展前景的文本，用以讨论。对规划师而言，大型居住项目的选址可能对整个城市地区未来的结构、基础设施、公交系统、学校和其他方面有战略性的影响；规划师的决定可能会影响到开发商赚到或失去数百万英镑的机会。因此，开发商试图采用各种策略加速规划审批进程，包括讨论"规划收益"（参见下文章节）。

用 途 分 类 条 例	表 3.1

用途分类条例可以概括如下：

A1	各种类型的商店，包括超级市场和大零售店，也包括理发店、快餐店等，但不包括汽车展厅
A2	金融和专业服务，包括银行、建筑社团、房地产代理和赌场
A3	食品和饮料，包括餐厅、酒吧和外卖店
B1	商业用途，包括办公、研究和开发、不占地区主要地位的一般工业
B2	一般工业
B3-7	特殊工业用途
B8	仓储和物流，包括批发和搬运
C1	宾馆和旅舍
C2	家庭居住和居住服务机构
C3	住宅（a）一个家庭（b）不超过6人作为一个家庭共同居住（包括被监护者）
D1	非居住的机构，如宗教建筑、博物馆、医疗、公共礼堂、托儿所、保育室等
D2	集会、休闲、电影院、赌场、娱乐场、室内运动场等

地方当局需要在收到申请后8周内做出决策，但是实际上平均15周才能做出决策。因而，会有一些加快决策过程的努力，如设定目标、进行审计和创造更有效的办公系统等（审计委员会，1999）。在某些案例中，如果申请者不同意规划部门给出的规划决策，可以有6个月的时间向国务秘书提起上诉。申请者也有权在8周期满但还没有收到规划决定时提起上诉。一些大开发商有各种方法来对付小的地方政府，他们可以给规划师施加压力，让其通过对自己有利的决策。规划部门会考虑在有限的政府预算中节约用于上诉所需的成本。相似地，地方当局也能通过官僚体系过程来进行拖延。这是与普通住房所有者的申请截然不同的类型。规划顾问、规划律师为私有部门工作，知道如何"参与游戏"，为他们的雇主以最好的方式获得最理想的结果。

规划决策将是以下三个答案中的一个：同意、拒绝和有条件的同意。规划师有权去考虑"他们认为适合的条件"（《1990法案》第70条）。通告1/85制订6个关于规划条件有效性的原则，随后将融入到规划政策导则中（如PPG1）。基本原则是，所提出的条件必须是和基地有关的规划理由，而不是更广泛的环境或社会原因。地方当局可能原则性地接受开发，但需要进行一些调整，或者对发放的开发许可给予一定的年限限制。越来越明显的趋势是，允许地方规划部门在一些情况发生变动后，出于长远考虑重新进行决策。如果有新的建筑开发建设，那么诸如景观、停车和通道等因素都将随之改变。

公路管理部门关注的是交通量的形成、停车、通道、道路安全以及是否需要建设新的道路等。直到最近，开发商才认可了1980年《公路法》(Highways Act)的38条，允许开发商承担道路建设。作为回报，地方政府将收购并负责将来的运营；或者依据公路法219条和228条，开发商在基地还未开发前可以提供预付资金，依据38条和278条允许获得一些小的服务设施的开发机会等"公路收益"。1991年《新道路和街道工程法案》(The New Roads and Street Work Act)修正了这些方法的法律机制（第22条），但原则是一致的。1991年《水务法》(Water Industry Act)第104条规定，建设排水系统时，可以与开发商达成协议，采用新开发的污水管道。任何开发，即使是规模很小的，仍然需要连通主干道或者其他道路，这都需要来自郡公路部门的许可。然而，如果得到汽车通道的许可，地方规划部门可能允许改造路边缘石，形成基地通道。工程开始之前必须通告公路部门，相关的居民可能要求为此项工程付费。有等级的道路分为A级、B级和C级，这在地图上没有"特别"的表示。在测绘局的地图上，普通的非等级小路被填上黄颜色，大部分公交车行驶的道路是有等级的道路。

1906年《开放空间法》(Open Space Act)规定，开发商可以同意设计、种植和维持一个公共开放空间，并将其转交给地方政府。但现在新的住房规划中极少包含甚至一个很小的公园或开放空间，可能会包括当地管理部门并不想要的一小片剩余绿化空间。在开发商和规划当局之间还存在其他的协调，如关于市政服务设施的建设等。考虑到在开发之前的公共健康、建筑管理许可和环境评价等，双方之间还存在许多障碍。正常情况下，在获得许可五年之内，工程应当展开。在纲要型的规划许可中，在初始规划申请得到批准后三年内，需要提出完整型规划申请；在完整型申请获得通过后的两年内，开发活动应当开始。在有些案例中，还要求提供竣工通知，以防止建设开工后拖延开发进程。

特殊类别：一些开发用途不属于任何类别，构成他们自己的类别。如剧院、汽车租赁处、加油站、汽车展厅和各种新奇用途都被看作是特殊类别（一个总的类别）。这由规划部门在规划政策的基础上决定是否发生了用地性质改变。他们也必须考虑该地区通过的区划。如果所有的性质改变都在《用途分类条例》(UCO)中完全规定好，那么规划将变得机械并失去职业的判断。必须考虑改变的范围和强度，以确定是否是实质性的改变，或仅仅是临时的或附属的用途。

并非所有的改变都需要许可，一般的原则是：如果改变使"好"的东西转变成

"更差"的东西,这将需要规划许可。还有当建筑从住宅楼变更为办公楼,尽管没有增加新的建筑量也算有开发活动。一些微小的改变,比如粉刷房子的外部,规定为"被许可的开发",是不需要规划许可的。《一般开发条令》(GDO)列出"被许可的开发"所包含的内容(Grant,1990;1999)。读者需要注意的是,《一般开发条令》处于不断修订中,当前的情况需要仔细验证。

图 3.3 a 和 b 在新的和老的建筑上进行居住扩建
处理扩建问题是开发控制的一项主要工作内容,对一般人而言,这就是规划看起来在做的工作。

一般开发条令

1988 年的《一般开发条令》(General Development Order)在 1995 年完成修订,认定不需要规划许可的事宜。在 1995 年《城乡规划(一般许可开发)条令》[Town and Country (General Permitted Development) Order,SI1995,第 418 号] 和 1995 年《城乡规划(一般开发程序)条令》[Town and Country (General Development Procedure) Order,SI1995,第 419 号] 中更为详细。但是《一般开发条令》并不是到处都适用。在第 4 条中规定,国务秘书和地方规划部门,具有可以撤销一部分或所有一般开发条令的效力。同样,也可能减少一些强加的规划条件的作用,因为一些敏感的城市地区开发通常受这些附加条件控制。

国家优秀自然美景地区(AONBs)和历史保护地区的开发,不受《一般开发条令》限制。地方当局根据实际案例情况,当这些条令对恰当的规划造成妨碍,或是对地区的环境有破坏作用时,有权终止《一般开发条令》对开发计划中 I-IV 类用途进行控制的权力,但是这个终止的有效期是 6 个月,在得到国务秘书的赞同后生效,否则将自行消除,而《一般开发条令》的第 4 条仍将继续发挥作用。

根据 1984 年《城乡规划(广告控制)条例》规定,设置广告需要专门的规划许可,为保护地区环境时可采用此策略,执行较严格的控制,咨询文献《室外广告控制》（DETR，1999a）中包括当前的政策和对现状情况的修正。

　　《一般开发条令》列出的I类是不需要规划许可的各种小规模的居住开发。如建造一个门廊，当面积少于3平方米，高度低于3米，距道路边缘超过2米时，即可不需要规划许可进行建设。现在，允许家庭安装一个卫星天线，条件是直径不超过90厘米，当然具体大小是依安装的地区和部位而不同（一些地区规定是60—70厘米）。在一些区还规定高度不能超过屋檐（DETR，1998d）。阁楼的建设应当满足下面条件：如果是低层住宅，扩建的阁楼体积包括本身不超过50立方米；如果是联排住宅，则不超过40立方米，这一部分不是额外的，而要计算在允许扩建的总面积之中。阁楼的边界不应超过屋脊线，通常也不应正面对道路。

　　独立住宅的扩建采用半脱离或完全脱开的形式，共可扩建原体积的15%，或70立方米；联排住宅可扩建原体积的10%或50立方米。两种情况下，无论原住宅多大，扩建部分最多不能超过115立方米。值得注意的是，扩建量的计算依据必须以住宅最初建设的测量尺度为基准，或是以1948年7月1日的状况为准。规划法律规定，不允许在住宅前墙的前部进行扩建，除非原住宅距建设红线的距离超过20米。有些规定似乎更倾向于建设大型住宅。不管何种情况，扩建都不能高出屋脊线。扩建的任何一部分高度都不能超过4米，还必须在每个边界的2米范围内。新建部分包括外墙的体积不能超过庭院面积的50%。规划师十分关注某些地区的容积率指标，即关于基地实际建筑面积指标。

庭园和植被

　　在任何专门的法规中，如《一般开发条令》的第4条，任何数量的停车位或庭院的建设都是允许的，在庭园中也几乎能够种植任何植物，只要这些植物是"适合当地居民欣赏的"。但是仍然有专门的控制条例对诸如停车、植物种植等进行控制。学生们经常询问在庭园前面建设汽车棚的事宜，如果汽车棚是连接到住宅的，则任何情况下都是允许建设的。如果在住宅前面墙体的前部，或者超出建筑红线，那么一旦被地方当局发现的话将会有所干预。有些地方当局对于庭院前面建设有顶的停车棚有专门的控制条例，在居所的庭院内建设永久性停车棚的做法可能会受到当局的惩罚。在居住区内经营工厂或是从事商业活动可能被认为是使用性质"改变"，除非是居住功能的附属功能。判定的原则是看该用途的"强度"和是否处于"主导性"地位，如果只是附属或是次要的用途，则不被认为是改变使用性质。对规划师而言，更加关注使用性质改变可能引起的外部效应，如大量的停车需求、噪声和干扰。而对于商业如何运营或对家庭引起的干扰则相对考虑较少（Thomas，1980）。

另一个不易处理的问题是住宅庭院内的附属用房，室外建筑、汽车库、单坡小屋和贮藏室等。居住用地内的温室不应当等同于园艺上的温室，那是在农田和绿带地区建设的。储藏室如果与住宅相连或者在住宅周围5米范围以内，也算作是扩建，仓库也依据同样原则判定。但是，温室是作为居所庭院内景观的一部分，在《一般开发条令》中是允许建设的。在历史保护建筑的庭院内，任何建设都有专门的规划控制法规进行控制。此外，顶层伸出的阳台即便没有超出下层的范围，仍然可能被视为开发活动。

树篱不受控制，住户可以种植速生松柏（DETR，1995），这种植物不需规划许可自动形成一道高的"墙"。树篱和植物的高度不受规划法控制，但当其影响到公众使用街道时，地方当局可能用其他的控制条例对其进行管理。由于水土不服、高度、缺少景观、影响通风和不受喜爱等原因，一些国家禁止种植某些非本地树种。如加拿大一些州禁止种植桉树属和速生柏。在加拿大，对私人花园、边界和树篱等树木的使用采取的控制比英国严格得多。相似的还有澳大利亚——桉树的故乡，因为其生态环境的脆弱性，对异国树种的使用有严格的规划控制。

有各种要求加强对树木种植控制的努力，如私人团体和消费者团体的议案，尤其是对速生柏。更强有力的树木种植控制必定是受欢迎的，并且将很有可能成为欧盟对欧洲规划体系协调的产物之一。目前尽管平均大约有20%的人在经历"邻里纠纷"，但现在仍还没有"观景权"这一条。还有许多需要法规完善的侵权行为。树木"侵入"屋顶，树枝过于悬出等。控制邻里内的速生柏问题是一个全国性的话题，应由政府提出大致的协商框架（DETR，1999b），未来将出台更强硬的措施。

相对照地，本土树木受到《林木保护条例》（Tree Preservation Orders）框架的保护，砍伐需要规划许可证。一旦树木倒下需要用相似的树种替代。第4条规定开放的规划地区树木种植控制。在历史保护地区，有专门的控制条例对树木和树篱进行控制。篱笆和墙体的高度一般不能超过2米，如果旁边是等级道路的话则不超过1米（不包括在历史保护地区和其他专门保护的地区）。

关于《规划法》中哪些被允许，哪些不被允许，会产生许多混乱的解释。这主要是因为地方规划部门比其他部门有更严格的规定。的确，如果规划部门人员不足，注意不到不合法的开发，那么似乎是无所谓的。然而，应当指出规划部门确实有权力去消除未经授权的开发，如果不遵守强制性的规定是属于刑事犯罪。1991年《规划和补偿法案》增加了惩罚措施和相关的强制性权利。举例而言，只要住宅所有者申请规划许可，住宅变更会得到允许，也可以事后申请，获得准许。这是必要的，否则未经许可的修建会在房子被出售或是在转让中发现。如果"自己动手"的转让，改建未被引起注意，但是一旦碰上警觉性较高的规划官员追查下去，下一任主人将面临不利的结果。根据1991年的法案，对无许可的开发给予4年的豁免期（在当时并未受到挑战），现在修正为10年。

旅居车和露营地

对旅居车和露营地有一系列的控制条例。英国有超过50万辆登记注册的旅居车，大部分固定在一起。旅居车和流动家庭之间的差异常常是讨论点。一些旅居车露营地常常是临时的，相应地规划许可也是按季节来发放。但将这些季节性假日设施，如一般住宅一样常年使用，会有许多问题。流动家庭尤其明显。规划师对诸如展览会、集会场所、体育等有关的临时使用的设施和市场有控制权，同时地方治安官和公众健康部门的官员也具有这种行政控制的权力。现在相对传统的吉普赛人和流动性的假日市场，还产生一些关于"旅行者"的附加问题。旅行者的问题主要反映在像西部地区夏至聚会活动那样大量的人群集聚。这些因素与住房、流浪汉、吉普赛人定居点和反种族政策等相关的法规产生冲突时，产生的问题是复杂和深刻的，超出城乡规划的范围。这些法规现在也正在发生转变，值得从专业角度进行思考，促进未来的进一步发展。

环境评价

欧盟指令中规定，可能有害的大型工业开发项目，在申请规划许可时需要进行环境影响评价（Fortlage，1990；Grant，1998），在《欧盟经济委员会指令》85/337框架下生效，随后在《欧盟解决委员会指令》97/11的评价体系中更新。指令要求地方规划当局在城乡规划中执行这一程序（环境影响评价）。1988年的《城乡规划（环境影响评价）条例》第1199条规定，地方规划部门必须执行环境评价，而1991年《规划与补偿法案》将该条应用到法定规划体系。1990年《环境保护法》进一步强化这一过程。

如《规划政策导则》PPG12第2章中显示的，要求地方当局对自己的发展规划进行环境评价（环境部，DoE，1993a）。如表3.2所示，表格的列1列出所有强制性的、必须的评价，这种评价被认为是开发控制过程的一部分。表格的列2列出那些由于规模、选址等因素可能产生环境影响的项目。某项计划当具有"列2的豁免"时，可以不需要环境评价（Rydin，1998:238）。英国的规划体系中，需要环境评价的某些乡村项目可能并不需要规划许可，如表中列2的鲑鱼垂钓和城市密集建设地区更新中的森林项目等。

在英国城镇规划法中，农业（VI类）比城市开发受到更少的规划控制。如果农用建筑靠近机场（如果高度超过3米并在机场3公里半径范围内，或不管位置如何高度超过12米），也将受到规划控制。迫于环境保护的压力和整体上的绿化运动，对农业用地进行更多控制的趋势已十分明显。环境评价管理条例并没有在城市和乡村开发，或是工业和农业用途之间划定明确的分界线，而是关注规模、尺度和开发可能带来的影响。

通常当一项开发活动进入程序时，就应当提供一份《环境报告》(ES)（显示环境评价的后果），在大型开发项目中，开发商可能在计划的最初阶段就把环境评价作为其中一部分。但是必须提到的是，一些开发商甚至某些地方规划当局正放慢将环境评价应用于更大范围的进程，在某些案例中，这会引起法律上的纠纷。

列 1 和列 2 标明的环境评价目的　　　　　　　表 3.2

列1	列2
可以概括为21种开发类型	可以概括为列1中未包括的内容，看起来似乎环境影响并不突出，但因规模、强度或生态因素需要专门考虑。下面13种分类中每个都包括很多开发类型，仅列出一些提示性说明
1. 原油提炼	1. 农业、林业、水产养殖业，包括渔场
2. 热电厂、核电站	2. 提炼业，包括地下采矿
3. 核燃料或核废弃物的运行装置	3. 能源产业，包括风力发电
4. 钢铁冶炼厂	4. 金属加工，包括造船厂
5. 石棉加工厂	5. 矿业，包括陶瓷类砖瓦生产
6. 化工厂	6. 化工厂，包括颜料生产
7. 铁路、机场、公路和高速公路建设	7. 食品生产，包括饮料生产和啤酒酿造
8. 港口、码头和航路	8. 纺织业、皮革业、木业和纸业，包括纤维
9. 废弃物处理，包括焚烧、地埋、危险品和化学品处理	9. 橡胶工业
10. 每天超过100吨的非危险品处理	10. 基础设施工程，包括面积超过0.5公顷城市开发项目，比如商业中心或综合影城开发
11. 地下水提取工程	11. 其他项目，包括屠宰厂
12. 水资源输送工程	12. 旅游和休闲项目开发，包括主题公园
13. 大型污水处理厂	13. 以上1-12项的任何改造和扩建工程
14. 石油和天然气开采工程	
15. 大坝和其他大型蓄水工程	
16. 输送气、油或化学品的管道	
17. 大型家禽或猪饲养厂	
18. 木材厂、造纸厂、纸浆厂	
19. 采石场和露天采矿场	
20. 架空电力线敷设	
21. 石油和化学产品储藏	

历史保护建筑与保护区

历史保护建筑也需要开发许可，除普通的规划申请以外还有专门的申请形式。在历史保护地区，地方当局会通告这种申请方式。如果有保护建筑，必须提交完整型的申请，因为规划部门希望了解计划实施后的景象，如立面、街道景观和停车位、通道等信息。建筑物的变更需要申请保护建筑许可。保护地区非保护建筑的拆除等也需要申请保护地区规划许可。在一些敏感的案例中，开发商除申请表外可能还需要提交一份小报告，包括图表和规划的注释、图片等，以便更深入地解释实际想法。例如，如果要拆掉一堵具有重要历史意义的墙，则要说明拆除后的景观效果。规划师和开发商在完整性规划申请阶段，不定期地开会，讨论关于建筑材料等问题，在这个阶段还会讨论其他问题，如不同材料的样本等。

环境交通和区域部（DETR）为地方规划当局提供导则，使公众获益，通过保护历史建筑，防止因不注意和所有者的疏忽对其造成破坏或变更。"英格兰遗产"，在环境交通和区域部的所属下，是保护建筑的一个部门（英格兰）。早期的皇家历史纪念馆和历史建筑委员会曾扮演这一角色。英格兰遗产在保护建筑、资金、保护地区和城镇开发计划上，为环境交通和区域部提供建议。环境交通和区域部与相关的政策，如内城复兴、城市拨款补贴、住房改造基金等处理"老"建筑的政策共同合作，完成保护的任务。私人开发公司内部通常有保护部，并会努力与环境部、英格兰遗产和相关的地方当局就一些大型的项目进行联络，以给规划师和许可证颁发者以积极保护的"好印象"。

建筑一旦被认定具有突出的历史或建筑意义，将会列入保护名单。所有1700年前建造的建筑，1700—1840年间建造的大部分建筑，1840—1914年间建造的一些建筑，1914—1939年建造的少量建筑甚至在此后建造的某些建筑，都作为保护建筑。在某些国家，有些建筑一建成就被当作保护建筑，因为被认为是具有无与伦比的建筑特征，尽管可能极少面临受到破坏的危险，但仍会被保护起来。建筑成为保护建筑后自身价值会增加，但也会限制所有者使用的自由度。在英格兰和威尔士，保护建筑分为三大类。I类：在任何情况下都不允许拆除，具有国家甚至全球性的重要意义。如果该处要建设公路，则公路绕行。II类：分成两小类。II*类（加星号），在保护名单中旁边将加上星号，在没有不可避免的理由下不得拆除。通常如果不是具有国家级的重要意义就具有区域性的重要意义，包括像在巴斯（Bath）这样的城市里，在联排住宅中的几处乔治时期的独立住宅和一些广场等。

目前，大约有50万个保护建筑，10000个保护地区和16000个历史性的纪念馆。保护不同于保存。保存是将建筑变成博物馆和放进一个保护壳内。而保护包含这种

图 3.4　a 和 b　a 伦敦丽晶公园保护地区；b 巴斯附近的比尔顿村庄（Bitton）
保护地区从一些地标性遗产旅游地区如伦敦的丽晶公园项目，到乡村街道，对新建设都十分敏感。

理念，即该建筑仍是城市日常生活有机结构的一部分，如仍然是住宅和办公楼。保护不应当被看作，也不应当仅仅被应用为国家级的住所、宫殿和旅游景点，或纯粹是市场上私人住房的一种"乡村生活"类型。一些工人阶级的住区和联排住宅也值得保护，因为这也是遗产的一部分，在这种领域，保护政策通常与城市更新项目联系起来，城市更新需要更加合作的方法（Punter，1990）。

　　II 类（不加星号）是指更为普通的建筑，像典型的乔治时期或维多利亚时期的城镇建筑，更具有地方性的意义。III 类是非法定的一类，实际上这一类并不存在于中央政府的保护名单中，而是由地方规划部门列出。这一类是属于建议性的，但当受到外部威胁时，有可能升级成为 II 类建筑。保护控制尤其注重建筑外表面的保护，但是 I 类和 II* 类对内部特征也有附加的控制。英格兰和威尔士保护建筑总共约有 50 万个，其中约 5800 是 I 类，15000 是 II* 类，还有超过 6000 处的保护地区（资料来源：DETR 网页）。

　　在没有获得保护建筑许可的情况下，对保护建筑不可以拆毁或改变。但在过去，有些人任凭他们自己的建筑"自然地"衰败，尤其是当他们的建筑处在新开发地区内时。为防止这种行为，如果建筑没有受到恰当的维护，规划部门将向建筑所有人发布《维修通知书》。在收到通知书两个月后未维修者，将收到地方规划部门强制购买的通知书。另一方面，如果建筑拥有者认为该建筑的维护费太高，也可以向当地的规划部门发出《出售声明》。消极的保护策略很多，但也存在有限的积极性策略，如金融激励机制来促进保护。虽然一般认为建筑物保护后将增加价值，但实际上并非在全国每个地方都如此。然而地方部门根据协议还必须摊上额外的维护费，保持真正的石板瓦片屋顶，传统的，坚硬木质的，有绶带装饰图案的窗框，而不是采用铝框或是塑钢的双层玻璃窗。

随着越来越多维多利亚时期和爱德华七世时期的建筑处于保护政策的控制之下，低收入的人们可能发现他们因为过高的维护费用，除了搬出原住区外，没有其他选择。而且，对保护建筑的某些设计控制，实际上与《公众健康条例》和《建筑管理控制条例》等互相冲突。如顶棚的高度和窗户的设计都有保护和现代化的问题。基本上，如果开发商努力重现建筑最初的设计，就要有更大的灵活性。一处建筑可以不经主人同意就被保护，且不存在上诉机制。当保护成为保护城镇视觉景观的有效途径时，有人提出了反对意见，认为保护比普通的规划法对个人自由处置财物造成更大的侵权。如果要改变、扩建或拆除一个保护建筑，有《保护建筑许可》，是规划申请中专门的一类。如果方案包括更多的规划因素，如改变使用性质等，正常程序的规划许可也是需要的。

在1953年《历史建筑和古代遗迹法》（Historic Building and Ancient Monuments Act）中，极少有资金上的援助，该法案授权部长对具有国家旅游意义的财产维护和保护拨款。在该法案下，部长也能指定《城镇规划方案》，通常是一些小规模的开发，如城镇广场、街道或是乡村的绿化设计，这些项目的资金来源为以下几个部分：25%来自中央政府，25%来自地方政府，剩余部分由财产所有人出资。最近整理的保护法为1990年《规划（保护建筑和保护地区）法》[Planning（Listed Buildings and Conservation Areas）Act]，其中第77—80条阐明了当前城镇项目中，有限的保护补助金和贷款使用情况。

《1986年住房和规划法》（Housing and Planning Act）的第3部分规定，一些情况下可以得到城市补助金，并且是"为城市而行动"项目的一部分。在1962年《地方部门（历史建筑）法》[Local Authorities（Historic Building）Act]中，地方部门可以向保护者提供补助和贷款。但现在，由于地方政府财务状况和削减，这种情况却很少。一些保护建筑也用于居住，因此人们可以依据住房法案（1969年以后）申请住房改善补助。在1970年代，更容易获得也有更多的资金用于一系列的建筑改善和改建活动，这应当归功于当时的"中产阶级化"浪潮，尽管最初的目的是去帮助那些贫穷的工人阶级。"中产阶级化"的概念描述的是这样的一个过程：中产阶级搬回中心城，更新房产开发，由此引起土地和房产价值的增加。在有些案例中，值得保护的区域也被指定为"一般改进地区"或是"住宅行动"地区。由于保护建筑数量众多，仅仅因为保护这一原因，人们并不认为该建筑很"特别"，应得到金融上的支持，住房补助金也仅适用于有限范围的改善活动。另一个争论的焦点，是对保护建筑的维修和/或更新征收增值税的问题，这是一个税收和立法的细节问题。

1990年代产生了各种形式的针对保护建筑的基金。保护地区合作者补助基金

（CAPS），在彩票基金组织下，提供基金给经过挑选的建筑保护。地方当局层面能够提供一些辅助的资助，如在布里斯托尔，"城市家庭征集工作组"将空置的房产或亟需修护的住房带入房产交易市场。并与房屋协会、教育安置机构、代理机构和慈善机构协作，提供各种资金方式，尤其在历史保护地区。

　　当一个地段有单幢保护建筑时，似乎将该历史性地段作为一个整体进行规划更为明智，这样可以增加控制，不仅对保护建筑，也包括对周边城镇环境、树木、街道景观等的控制，并且使相邻的非保护建筑一起融入到保护建筑所在的整体背景中。1967年《城市宜人环境法》（Civic Amenities Act）建立"保护地区"的分类体系。这些地区由地方规划部门指定和控制，目的在于保证地区的整体视觉品质和特征。在保护区内可以建造新建筑，但必须符合该地区的历史性特征。因此，出现大量新乔治风格的办公大楼，现代的、模仿的、有带绶带的窗框和斜屋顶。

　　1974年《城乡宜人环境法》（Town and Country Amenities Act）对保护地区的控制力量进一步增强，防止拆除任何建筑，并且对保护地区内的种植、树木和城镇景观、街道特征要素的控制进一步加强。地方规划部门可以依据《林木保护条例》（TPOs）保护任何地方的树木，在没有规划许可的情况下砍伐或者修剪树木都是不合法的。《林木保护条例》在1990年《城乡规划法》的第198条，以及最近修订的1999年《城乡（林木）管理条例》[Town and Country （Tree） Regulations]（1982号法定文件）中得到加强。

　　所有的保护立法都被整合到1990年《规划（保护建筑和保护地区）法》中。这个法案本身并没有介绍任何重要的新手段，但是将现有立法加以整合。一些规划部门发现指定保护地区（经常试图保护勉强要的建筑）是增加开发控制和减少《一般开发条令》（GDO）权力的一种方法。旧建筑的拆毁迄今为止还没有被认为是一种"开发"。1990年《规划和补偿法》第13条规定，在一定的复杂环境中，旧建筑的拆毁可能

图3.5　街道外停车

对很多人来说，住宅前的花园提供了足够的空间，可以用来停放汽车、旅居车和船，而将车库用作储藏空间。现在的提议是限制居住地区的停车，这可能意味着人们即将失去这些"额外空间"。

被当作是一种"开发";应在合适的时候查核当时的情况。现在部长已经有一些超越《一般开发条令》规定的额外的权力,能够推行专门的规划控制。1990年《城乡规划法》第102条有一系列的专门控制。条令第4条可以用于增加一个非保护地段的建筑和地区的控制水平,往往通过保护建筑特征、房屋布局或保持宅前花园的开放空间等手段来实施。也可以用于增加保护地区的控制力,尽管随着法案(案例法程序)近年来加紧控制,这种必要性降低。还有许多"专门开发条令"(SDOs),保护乡村地区和其他专门的地区。依据一般开发条令,在某些案例中,失去开发权可以得到补偿。

当设定一个保护地区时,地方规划部门需要考虑地段内的交通流量、停车和步行道。在有些案例中,对保护街区实行整体交通限行,或通过单行道来组织交通。必须考虑现代交通的环境影响,包括对建筑结构带来的压力和对整体视觉的影响。大部分保护地区是人们生活和工作的地方,必须在保护和满足人们工作和居住之间达到平衡。在有些案例中,开发规划将保护地区作为地方规划的一部分,使地区的法定综合规划通过书面报告和土地使用规划等形式表达出来。对于在保护地区限制小汽车使用和进行交通管制存在着许多争论。这样做毫无疑问会提升保护地区的品质,然而一些住在内城工人阶级聚居区的团体认为,这样的政策带有阶级偏见,将每天上下班依靠的公共交通挤出,并且将停车安排在那些不善表达意见机会的穷人住区。而且,对于那些来往于郊区和中心城之间的通勤者来说,中心城的停车空间减少了;对于在保护地区的居住者而言,他们努力保护自己的街区不受到附近中央商务区膨胀所引起的交通压力影响。但是必须再次重申,规划在满足某个阶级的需要时,可能就会削弱另一个阶级的利益。

除政府机构,还存在一些非政府机构在当前的保护中扮演重要角色,并且施加持续的影响力。这些志愿团体包括,"国民信托组织"(national trust),主要关注国家级、大型国家建筑和大型村庄房屋,1957年其伙伴机构"市民信托组织"成立。这些机构与国家政府是完全独立的关系。各种志愿团体分别代表不同历史时期的建筑保护需要,如(按照时间顺序)乔治协会、摄政协会、维多利亚协会等。最近几年,保护1920年代和1930年代期间建筑的协会数量增加,保护1950年代和1960年代期间建筑的协会也在逐渐建立。还有其他政府机构,如皇家艺术委员会和各种设计机构,包括设计中心都可作为城镇视觉景观的咨询顾问。

对历史建筑有一定分类,皇家和教堂建筑并不受普通保护政策控制,但是必定的,这些建筑的监护人在保护这些英国遗产时是最为仔细小心的。皇家土地通常有保护协议(1990年《城乡规划法》第293条),尽管法案并不"包括"这些土地。类似地,对于国防用地、警察用地和法定的殡葬用地,或者燃气、电力、水等基础设施用地都免受法案控制,其中有一些比其他的环境影响稍小一些。有些人认为应当对规划体系的权力与这些部门的关系进行彻底的检查。这些机构提供的废弃土地,在出售之前可以获得规划许可,而这将增加其土地价值,比如说绿带中的地产。

当涉及到美学问题时,专家建议和地方意见都是处于规划法的严格解释之上的。总体而言,保护地区的"宜人优美"目标是一些规划争论的核心问题。"宜人优美"是一个在规划中非常有弹性又经常使用的词,没有严格的法律定义,但是在规划决策中作为物质性的考虑具有重要意义。

图3.6　开发程序

电子化规划图

对开发控制的程序而言,具有重要革新意义的是引入基于记录和图示的电子化媒体方法,从而革命性地提高了开发控制体系的效率。越来越多的规划管理人员将所有规划申请、规划决策和规划政策,以电子化的地图查询系统存储起来。地方规划部门采用计算机的地理信息系统(GIS)已成为一种趋势(Maguireet al., 1992;Allinson, 1998)。通过具有强大数据处理功能的GIS系统,将空间数据绘制成地图,这是革命性的规划方法改进。这使规划官员能够更好、更快地获取想要了解的基地信息。不仅有关数量的数据能够更容易地登记、分析,技术上的进步还使有关质量的数据也能得到登记,如访谈的记录以及与基地相关的背景,视听数据和资料,如照片和视频等。

地理信息系统和计算机辅助设计的应用发展很快。测绘局也超越传统的角色,工作不再仅仅是制作地图,作为计算机空间数据的提供者,越来越多的公共和私有部门需要其服务。现在有很多国家GIS数据库,读者可以上网咨询这个不断改变和拓展的领域。电子邮件使用的激增和互联网的开发,也被城镇规划部门广泛运用。许多地方规划部门和中央政府部门都有自己的网站。在某些国家,甚至申请规划许可、参与公众讨论、投票表决具有争议的规划问题都可以通过网络"在线"完成。环境交通和区域部有自己的网站,人们可以在此下载许多当前的政策文献,就像政府出版物的附件一样详细。

开发过程

顺序

这部分将讨论开发过程的宏观背景。不局限于纯粹以规划师的眼光看待开发过程,规划师的角色与其他专业人员一起并置于世界地产开发的背景中,(Grover, 1989;Lavender, 1990;Seeley, 1997;Greed, 1997a),还将概括地讨论私有部门开发的阶段和商业开发公司(图3.6,房地产开发的过程)。不管开发者是私有部门还是政府部门,当开发政府住宅时,开发的原则和阶段是非常相似的。随着开发过程的进行,不同的人可能会一起加入到开发过程中,依据开发特征,开发阶段的顺序会有一些不同。

规划者是开发者吗?

关于规划师和开发商之间的差异经常是模糊不清的。广义上，他们是两个不同的群体，开发商主要是私有部门，负责发起、协调和实施新的建筑计划；而规划师则相反，是对这些计划进行控制以确保开发符合公共利益的（Ambrose，1986）。当然，这种划分是过于简单化的。实际上私人开发商和地方当局的规划师共同协作，有一些共同完成"合作项目"的案例，如大型商业开发项目，在专业实践方面他们并不总是相互独立的（Ambrose，1986；Ambrose 和 Colenut，1979）。地方规划部门自身也充当开发者，尤其在过去，曾负责进行大量住房和谐社区的开发。

凯曼和托平（1995）认为"开发者"的概念包括：将项目整合的房地产公司和在资金上支持项目的投资者。建造商拉文德（Lavender，1990）认为，"开发者"的概念通常是指房地产公司本身，或是代表他们操作的投资者。因此，"开发者"是作为一项建造计划发起者的个人或组织，但并不包括建造商、设计者、使用者和规划者。通常规划者被看作是扮演"开发控制者"的角色。尽管现在在城市更新计划中，规划部门可能扮演更加积极的、具有企业家战略眼光的角色。

查尔斯王子曾对建筑师和规划师有过许多责备，但许多人认为他更应当批评开发商，而这恰恰是他极少提到的（威尔士王子，1989；Hutchinson，1989）。尤其是建筑师在设计中受到很大限制，他们要满足委托人的需要，成本也必须考虑。委托项目的资金可能直接由养老金基金、保险公司、信贷公司或者将来的使用者提供。他们必然会使其共有者和投资者相信自己的投资很明智。现在许多保险公司都有自己的房产投资顾问，经常由估价师和评估师组成，他们保证房产投资的整体组合得以很好地平衡，对每个实际开发项目认真估价。在一个地区内拥有更好的设施是人类的实际需求，但是需求的范围不是主要标准，开发商的主要目的是从项目中获得利润。这是为何在接下来的图表中（"开发程序"，图 3.6）第 1 栏不是开发决策，而是房产投资状况分析。因为房地产（将到市场上的）就是商品的概念，正如赛马、石油一样。但是如果一项开发计划没有考虑并满足人们的需求，则不可能成功。

可行性

在进入开发程序之前，开发商可能已经进行过可行性研究。该研究是关于开发计划的潜在的影响和项目的收益报告，该研究由专业的开发估价师和房地产研究者完成，也可能会有伦敦大公司的专家特许估价师一起加入，主要负责房地产市场的分析报告。开发商还需要向地方规划部门咨询，以获得该地区的区划和总体政策。

在大型和充满争议的开发项目中，规划顾问将为开发商确定规划要点、设定规划目标，作为协商的基础。地方规划部门可能已经制订出该地区的开发规划或有关的政策公告，明确在这一地区什么是可以接受的，尤其是在像伦敦这样的有巨大开发需求的地区。而"地块搜寻者"四处寻找每一英寸土地，寻找开发潜力。规划部门和开发商最初的协商，不可能是完全信任的互相交流，但随着协商不断进行，他们对开发方案的看法会越来越接近，并最终得到一个双方都接受的方案（Grover, 1989）。

规划收益补偿

像前文所陈述的，开发商可能愿意给出部分规划收益以获得规划许可。"规划收益"是个非法定的概念，是地方规划部门与开发商协商过程中，从开发商处得到的附加"赠予物"，为社区提供一定的更好的设施，规划部门在规划许可中对开发商给予回报。《规划协议》和《规划义务》融入到1991年《城乡规划法》第106条。《公告16/91》（更新为22/83）明确环境交通和区域部需要考虑的"合理"规划收益尺度。"规划收益"不是行贿，因为它是出于对社区利益的考虑，并直接与处于讨论中的规划相关联。典型的例子可能是提供宜人美化设施，如商业中心的托儿所、景观设计、座椅设置和街道的改善等。伦敦一些区的开发投资很高，规划部门可能会努力获得开发商之外的捐赠，用于建设社区中心、地方学校和运动设施。现在，考虑到地方政府财政削减的现实，这是地方当局能够利用"规划的社会方面"的少数方法之一。

规划申请

当考虑是否给某个开发计划发放许可时（第3栏），规划当局不仅考虑开发本身的特征，还要考虑开发可能引发的额外的交通和停车问题。规划师不是孤立地看待一个基地，而是将其置于整体环境进行考察，并注重新开发与现状用途混合的影响：是否该地区已经有太多的办公楼？基地作为商业用途是否会阻碍今后建设更多的该地区所缺少的社会设施？特定地段的开发是否将妨碍今后进行露天采矿和提炼？规划师要考虑地区内所有用途的平衡和调整。对开发商有利可图的开发，从城镇规划的角度来看未必都是可行的。

获得规划许可的过程受到延缓，将使开发公司多花费百万英镑付贷款利息，所谓"时间就是金钱"。在某些案例中，一项开发计划可能要开公众意见征询会，以讨论来自公众的反对意见；或是因为项目被拒绝而上诉，开发公司向国务秘书上诉。规划师和开发商并不一定是敌对的双方，在有些案例中，他们共同合作开发项目。地方部门的规划师拥有的权力，能够帮助开发商整理安排土地和强制性购买，而开发商则有将方案的落实经验，这些方案对规划部门是有利的。合作能否达成，在某些程度上取决于位置，可能更确切的说是地区，某些地方热衷于吸引开发，而在东南部存在许多开发商为不同地段的开发权相互竞争时，规划师能提供更多的选择。甚至有人认为，规划师应当采取行动，将开发权公开出售，以获得最高的利益，就像加利福尼亚那样。

设计考虑

当涉及到一个方案的设计和建筑时，各种专业的人员共同参与（第4和5栏）。首先是建筑师参与设计方案，现在已经很少是单个的建筑师，而是一些熟练的建筑师组成的设计小组。室内设计师可能也扮演重要的角色，尤其是大型商业中心这种类型的开发，要为消费者创造出恰当的生活方式意象（Fitch 和 Knobel，1990）。规划师，无论是在公共部门还是私有部门，都应当考虑总体布局和与周边建筑的关系，尤其是开发活动位于或临近保护地区时。停车位、货车通道、公共交通和总体的交通流、通道，总体道路布局都需要在方案设计中进行整合。这需要专业的交通规划师加入，最后还需要公路工程师。设计过程可能持续数月，因为有各种因素制约，还要考虑"成本"。工料估价师专门负责计算建筑物的"成本"，材料和建造的费用仅是建筑建成后最终价值的一小部分，土地成本，最初的基地获取费占整体投资的大部分。开发一旦完成，其价值受市场支配而非建造或土地的价格。公众参与和社区咨询是法定程序，通常对大型项目公众反对的比例可能要大一些。

房地产律师处理在他人土地上的通行权（道路的权利）和私人土地用途法律规定的严格契约。永久产权的和有限年份的产权之间的差别可能令人困惑。相对独立地，专门负责建筑合同法的专业律师需要与许多人打交道，订立契约者和供应商的合同、标书和其他各种法律文件等。

当建筑师完成设计时，工料估价师必须算出费用，负责的工程管理人必须订立合同，让承包商招标，设计和法律上的大量细节必须要考虑。实际的建造将包括大量的专业人员，像市政和结构工程师，供热和通风工程师等，还有很多建筑工人。参与者包括劳动者、管理者和行政人员等。土地估价师在开始测定基地和开发完成时都扮演重要的角色，当项目完成，测绘局派人对新开发进行细致的测量，输入他们的数字地图系统，以备下一步使用。他们不是将已有的新布局方案复制出来，而是认真取得实际测量数据。

处置和管理

开发项目完成后将出租或出售（6栏）。接下来，建筑和基地需要运营和管理，这又需要估价师的工作（Cadman和Topping，1995；Scarrett，1983；Stapleton，1986）。建筑不仅是砖和灰浆，而是一项持续的投资，必须考虑一些要素，如租金、现状的房客（比如连锁店或商业办公）和后续的出租等。在大型项目中，需要利用专业化的设施和管理人员。如果项目被改变或再开发，或者初始业主和拥有者希望出售项目，到另一个地方投资，大多数的办公和商业开发不是被使用者所拥有，只是租赁来的，永久业权的不动产和初始租赁的不动产一般由不同的财团所拥有，如保险公司、养老金基金、投资财团或一些富人，这时新的循环又开始了。

作业

信息收集

Ⅰ 找到你所在地区的一套规划申请表格，仔细研究一下，是否感觉清楚易懂？

Ⅱ 在你所在的城镇或地区的地图上标出保护地区或其他特殊规划控制地区。

概念讨论

Ⅲ 说明规划申请和批准程序的主要阶段，指出这一过程中可能遇到和出现的困难、拖延和冲突。

Ⅳ 开发控制体系主要关注的问题是什么，你认为面对当今的各项议题这一体系是否足够？

问题思考

Ⅴ 你是否有与规划师打交道的经验，或者规划申请、上诉或申诉？描述你的经历，建立相关材料和程序的文件。一些规划申请会经过几年才能解决问题，所以不一定能够等到一个最终结果。如果这种问题不会在你身上发生，选择一个所在地区当前的规划建议，建立一个文件跟踪记录进展情况。

深入阅读

为了避免分散注意力，本章包括的参考文献很少，本章的主旨是对这个易使人迷惑的领域提供一个简明的陈述。那些希望了解得更深的人，将会发现在本章介绍性的文字中没有提到的一个庞大的规划法律法规体系。可以参看专门的规划法教科书，例如，Blackhall，Grant，M.；Heap；Denyer-Green；Telling and Duxbury；Moore，V.；Cadman and Topping；Ball and Bell；Ratcliffe and Stubbs；Speer and Dade。读者应检查这些书的修订日期，以确保读到的是最新的版本。

The Encyclopaedia of Planning Law 以活页装订，提供最新近的法规修订信息。但在入门阶段的读者没有必要看得这么深，更重要的应是搞清楚规划法规体系适用的一般原则。希望了解有关城市开发控制法规的更多细节的读者，可以查阅期刊得到有用

的信息，如 *Journal of Planning Law*、*Planning Law Reports*、*Property*、*Planning and Compensation Reports*、*All England Law Reports*——但需要提醒的是，这些期刊充满十分细节性的信息，可能会让这一领域的初涉者不知所措。读者应该首先问自己，我为什么需要查阅这些极其细节性的资料？是因为需要了解更多这方面的信息，还是因为我还没有了解更基本的东西？如果是后面这个原因，那还不如去查阅一些法律导读或者简单阅读一下当地的报纸，或者在当地图书馆去查找一些规划审批的案例和正在进行的项目。网络上也有大量关于法律法规报道的服务，如 LawLine and Lexis，但这些要通过密码才能进入。

第二部分

规划的历史

第4章

历史发展

引言

本章将追溯从早期到乔治时代，即19世纪初期的英国城镇规划历史（表4.1）。第4章的目的是纵览这一时期城市规划的主要问题，并找出与现在相关的因素。主要参考文献和资料将在其后的"深入阅读"中列出，并控制在最少范围内。插图的选择以能更好地说明重要细节和规划事件为标准，而不是对著名建筑的导游性介绍。

了解规划历史十分主要，包括规划的视觉要素方面，例如城市设计和建筑风格等，因为现在城市保护受到极大重视。本章以英国城镇规划和西欧建筑发展的广泛背景为重点，也包括这一时期重要的国际影响。涵盖以下历史时期：古代时期（古埃及）、古典时期（古希腊和古罗马）、中世纪、文艺复兴时期和乔治时期。

古代时期

从古代延续下来的建筑风格和城市规划原则，一直是设计师们取之不尽的灵感源泉。人们可以看到"新埃及"风格对1930年代建筑的影响，而且这一风格在当前的后现代主义建筑中又出现了。在古埃及，城镇规划师和建筑师担当着强化统治精英们权力意志的角色。按照现代标准，公共建筑的神秘性往往多于实用性。规划可以被运用到政治、宗教和意识形态目标中。相比较很有趣的是，后来希特勒和墨索里尼都喜欢把厚重的古典主义建筑风格应用到公共建筑上。无论是政治上的原因还是其他方面的极权主义，都热衷于尺度庞大的巨石建筑。很多大城市的规划，如底比斯城（Thebes），都设计有几条壮观的宗教游行线路和几何形式布局的大街，这主要是为迎合其国家宗教或政治角色的需要。当时的规划没有社会福利功能，也不需要与公平和民主的概念有任何关系。

许多早期的居民定居点都选择在水源充足、交通便捷而且土地肥沃能养育大量人口的地方，因此河流宽度最窄的河谷地带是最理想的城镇选址。而现代城市的选址，只要有足够的技术手段和足够的财力支持，就可以克服自然不利因素，超越这些限制。在英国，国家电力、燃气、上下水和道路等基础设施的网络化布局，已经可以极大地降低城市选址在地理上的限制。

在多数的古代文明中，人们用石头或者其他当地材料建造主要公共建筑。工业革命之前，世界各国各地区的建筑都各具特色，应用当地的建筑材料，有自己的建筑风格，适应地方的城乡文化和当地气候特点，地域性很强。这引发对经典的"地

建筑风格和城市发展纪年表   表4.1

年代	时期、风格、文明	典型代表
公元前		
5000	远古文明	美索不达米亚，底格里斯河－幼发拉底河流域
3000	埃及时期	开罗，金字塔，尼罗河
1000	希腊早期	克诺索斯，迈锡尼
500	希腊时期	雅典，帕提农神庙，柱式
400	罗马时期	罗马，方格网城市，道路
公元后		
400	拜占庭时期	君士坦丁堡
500	黑暗时期（中世纪早期）	盎格鲁－撒克逊
600	伊斯兰时期	穆斯林，清真寺，防御工事
900	诺曼王朝，欧洲	法国，教堂，防御工事
1066	诺曼王朝，英国	征服者威廉，城市，城堡
1200	哥特时期	有机城镇，中世纪，教堂
1450	文艺复兴初期	意大利，威尼斯，佛罗伦萨
1550	文艺复兴高潮	罗马，古典，艺术
1666	伦敦大火	伦敦重建，雷恩爵士[1]
1700	乔治时代	巴斯，伦敦，爱丁堡，亚当[2]
1800	摄政时期，古典主义	布赖顿，殖民城市
1820	维多利亚时期	工业革命，新哥特式花园城市，艺术和手工艺
1900	现代建筑时期	美国，国际式，功能主义未来派，技术革新
	爱德华时期	新艺术主义，新古埃及风格
1945	战后重建时期	新城，规划体系
1960	高层建筑	城市中心开发，公寓
1970	反思，历史保护	保护地区，新本土化
1980	后现代时期	跳出城市中心区，符号装饰建筑
1990年代	绿色环境运动	可持续性的建筑

1. Wren，伦敦重建主要设计师。——译者注
2. 18世纪英国建筑师。——译者注

英国君王和各时期人口变化纪年表　　　　　　　　　　表4.2

人口	统治时期	人口普查	英格兰	伦敦
威廉一世	1066 — 1087			
威廉二世	1087 — 1100	1100	1500000	17850
亨利一世	1100 — 1135			
斯蒂芬	1135 — 1154	1150	1750000	20000
亨利二世	1154 — 1189			
理查德一世	1189 — 1199			
约翰	1199 — 1216	1200	2000000	22500
亨利三世	1216 — 1272	1250	2500000	25000
爱德华一世	1272 — 1307	1300	3300000	30000
爱德华一世	1307 — 1327			
爱德华二世	1327 — 1377	1348	4000000	40000
理查德二世	1377 — 1399			
亨利四世	1399 — 1413	1400	2500000	35000
亨利五世	1413 — 1422			
亨利六世	1422 — 1461	1450	3000000	50000
爱德华四世	1461 — 1483			
爱德华五世	1483			
理查德二世	1483 — 1485			
都铎王朝				
亨利七世	1485 — 1509	1500	3500000	65000
亨利八世	1509 — 1547			
爱德华六世	1547 — 1553	1550	4000000	80000
玛丽一世	1553 — 1558			
伊丽莎白一世	1558 — 1603	1600	4500000	150000
斯图亚特王朝				
詹姆斯一世	1603 — 1625			
查理一世	1625 — 1649			
联合王国	1649 — 1660	1650	5500000	400000
查理一世	1660 — 1685			
詹姆斯二世	1685 — 1688			
威廉三世	1689 — 1702	1700	6000000	600000
安妮女王	1702 — 1714			
汉诺威王朝				
乔治一世	1714 — 1727			
乔治二世	1727 — 1760	1750	6400000	750000
乔治三世	1760 — 1820	1800	8900000	950300
乔治四世	1820 — 1830			
威廉四世	1830 — 1837			
维多利亚女王	1837 — 1901	1850	18000000	2300000
爱德华七世	1901 — 1910	1900	32500000	4500000

续表

人口	统治时期	人口普查	英格兰	伦敦
温莎王朝				
乔治五世	1910 — 1936	1930	39750000	8000000
爱德华八世	1936			
乔治六世	1936 — 1952	1950	43700000	8350000
伊丽莎白二世	1952 —			

理决定论"的讨论:是环境的地理特征造就了人们不同的生活方式,还是不同生活方式的人造就了不同的建成环境? 但20世纪以来,随着建筑材料批量生产和建筑国际式风格的蔓延,各个国家所使用的建筑材料变得越来越趋同,甚至还可能由同一个跨国建筑材料供应商提供。

现在,要找到用于古建筑修复和保护的材料通常十分困难,这成为历史建筑保护领域世界范围普遍存在的主要问题。现在历史保护工作的重点,已经从仅仅保护有纪念性的历史建筑物,扩大到保护历史建筑物周边的城市环境。这些周边的城市环境通常形成主体保护建筑的幕布和背景。如果是稍近时期的历史建筑(不是古代时期),保护目标是将历史建筑作为现在城市生活中的一部分,而不是作为古董来保护。

古希腊时期

古希腊文明是西方文明中许多理念和哲学思想的来源。希腊古典建筑的艺术风格集中表现在柱子的使用,而三种主要希腊柱式的形成使得这一艺术形式达到高潮。多立克、爱奥尼和科林斯三种柱式至今仍然被很多人看作是"真正"的建筑。多立克柱式看起来像是柱子顶着备用轮胎;爱奥尼柱式则像有"两只眼睛"在柱头上(卷曲的公羊羊角的形式表现);而科林斯柱式则在柱头上点缀很多卷叶形装饰物。古希腊人发展出许多城镇规划理论,并在城邦和殖民地的建设过程中将这一些理论付诸实践。大多数的古希腊城市以方格网布局形式(街道以直角交叉)为主,同时结合不同场所特征进行灵活的设计。古希腊城市通常以市场(Agora)为中心,周边布局主要的公共建筑,如市政厅等。古希腊人不仅在城市中建造雄伟的街道和建筑,还考虑公共卫生设施、给排水系统等市政设施。刘易斯·芒福德(1965)指出一种文明的优劣应该根据人们如何处理废弃物来判断。雅典的建筑一直是一代代建筑师们学习的楷模。屹立于阿克罗坡里斯山(位于雅典城市中心的一座自然山体)上的帕提农神庙体现完美的比例与和谐，一直以来吸引激励无数的旅游者。18、19世纪"大欧洲旅游"成为时尚，为给新兴的工业城市添加一些"优雅"，古希腊建筑上的许多特征被英国人所摹写，伯明翰市政厅就是一个例子（Briggs，1968）。帕提农神庙及其周边的一些建筑正被逐渐修复，这引起许多争议，因为人们经常对一些修复状况感到惊异，如古希腊神庙的红瓦"罗马"屋顶、被刷成明亮颜色的墙面和雕塑等。

古罗马规划

古罗马建筑的重点转移到更加注重装饰和华丽的风格上，使古典风格走向

图 4.1 被游客膜拜的金字塔
与大量电视纪录片中的金字塔相反，现在的金字塔已经不是被壮观的沙漠风景所环绕，而是成为全球大规模观光旅游业和开罗城市发展侵蚀的牺牲品。

图 4.2 a、b、c 多立克、爱奥尼和科林斯式柱头，希腊雅典
人们通过有关的保护政策正进行着一场持久的保护古代遗产的斗争。这些古代遗产的影响遍及西方整个建筑界。如古典柱式可以在英国乔治和维多利亚时期的建筑中找到踪迹（比较图 3.4）。

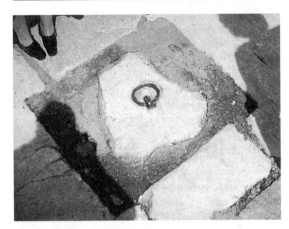

图4.3 以弗所（Ephesus）的排水井盖
根据芒福德的说法，一种文明的伟大之处可以通过如何处理
污水和废弃物来判断。许多古希腊和古罗马城市都有排污设
施和排水设施，这些"街道下面看不见的建筑"比其他地区
的发展超前几个世纪。

极至。相比而言，古希腊建筑更加纯粹和简洁。纵观历史，可以看出建筑风格的发展呈现一种循环状态，在简约古典和繁琐装饰之间轮回演变，从而经历装饰主义、混合、新奇、过分装饰、反装饰，然后又回到简约古典风格的循环。有些人说现代建筑的平实抽象是对维多利亚时期过分装饰风格的批判行动。而现在对历史遗产保护、新本土主义和一般历史风格的重视，则可能将导致另一阶段的建筑装饰运动。

大罗马帝国的领土曾经扩张到整个欧洲大陆，甚至涉足遥远的当时属第三世界的古代英国，使其迅速成为罗马帝国的一个农业殖民地。古罗马帝国就好像一个城市建设企业，"每一个罗马士兵的背包里都有一份城镇规划图"，军队承担大部分的建设工程，许多城市的规划师、土木工程师和建筑师都是军人。古罗马城市比古希腊城市更标准化，大多是简单的方格网布局，城市中心有一个广场（Forum），一些标准的公共设施环绕在周围，如浴室、公共厕所和竞技场等。土地利用分区更倾向于考虑居民的社会阶层和职业差异等因素，有专门为商人划定的零售区和为工匠划定的手工业区等。居民人口中奴隶占很高的比例。希腊也类似，希腊人所讲的理想城市规模为5000人，不包括奴隶、女性和商人。

罗马建筑最伟大的技术成就是拱券和穹窿的完美与成熟。古罗马角斗场就是拱券建筑，这一技术应用于遍布整个帝国的输水道和高架栈桥等。良好的给水、排水排污设施和完善的道路系统都是古罗马城市发展的特征。从很多方面来看，在直到工业革命前的许多世纪里都保持着最先进的地位。罗马城在帝国时期成为一种殖民工具，是军事要塞和管理中心，压制和驯服地方居民。防御性城墙是许多罗马殖民地城镇的重要元素。城市规划是军事训练的一个重要部分，以训练和保证防御措施的效能。古罗马的城镇和城镇之间的联系道路为英国以后的发展确立了全国范围的土地使用和城市分布的结构基础。现在英国的许多主要道路，如A1，沿袭的就是古罗马时期的线路。很多主要的城镇和城市（特别是那些以"chester"和"cester"结尾的城市），都起源于古罗马时期。有人认为罗马人是沿袭更早期的道路（史前与地球力量有关的地貌线），城镇也以更早期的宗教中心或部落中心为基础，是这些内在的复杂成熟和占支配地位的乡村社会孕育了早期的城市文明。

图4.4 印度斋浦尔（Jaipur）的建筑
除西欧建筑以外，对英国建筑有影响的还有许多来自其他文明的传统建筑。如印度建筑的许多元素，从印度（Hindu）和莫卧儿（Mogul）时期开始就已经影响到英国建筑。

图4.5 a和b a查特教堂；b查特镇
中世纪的主要建设投资都用于主教堂和教会建筑的建设，但通常这类建筑隐藏在混乱的周边街道肌理中，它们是为上帝的荣光而不是为凡人的眼睛而设计的。

图 4.6 萨默塞特格拉斯顿伯里修道院
英国教会的建筑在城市中占统治地位,教堂、修道院和城堡都是重要的建筑。注意图中的拱券,有诺曼式的圆拱和哥特式的尖拱,这些要素在维多利亚时期的世俗建筑中被大量模仿。

图 4.7 意大利北部有机的街道格局
经过规划的城镇一般都是以方格网布局为基础,而自然生长的城镇则更倾向随意性,在尺度上也更宜人。

中世纪的发展

在古罗马以后的几个世纪里,英国又受到一系列的入侵,如盎格鲁人、撒克逊人、朱特族和丹麦人等,但其中的任何一次都没有带来大规模的城市建设文明。英国城镇又恢复到乡村社会的市场和行政中心作用。1066年征服者威廉把诺曼帝国的领土扩张到不列颠,对英国的土地使用模式产生重要影响,也影响到社会阶级结构和封建制度基础。教会成为国家主要的统治力量。修道院建设和大教堂建设的大量捐款,引起新的建设高潮,同时也带来新的市场、广场和与宗教政治统治有关的建筑的发展。爱德华一世时期建设一些新的城镇和防御城堡,但总体上看多数城镇都是以一种自然的、未经规划的、有机的方式发展(Bell 和 Bell, 1972)。一些小的居民点可能会沿着河边扩展,马车轨迹逐渐变为道路,沿着河谷蜿蜒而下直抵河旁的桥边。当居民觉得需要的时候,可以在靠近道路的任何地方建造住宅。渐渐地,出现了一些其他设施、手工业作坊、住宅和马厩等,还有交易市场,这些通常会在水井或道路交叉口旁边形成。道路依据人行尺度，形成典型的不规则的中世纪小镇风格。这与古罗马城镇和以后其他历史时期的城镇相比非常不同，典型古罗马城市都是经过预先设计和规划的，而其他历史时期的城市规划和设计都反映出强大的统治者或军事力量的意图。

中世纪时期主要有两种建筑风格：一种是官方的教堂建筑，先是诺曼风格（有一个圆形拱券），然后是哥特式风格（尖的拱券），其发展经历许多不同的阶段，从最基本的简洁风格演变为极具装饰意味的夸张风格。哥特式建筑在后来的几个世纪里经常被复制，特别是在维多利亚时期；另一种是本土地域风格，这种风格体现了不同地区的建筑材料和当地的气候条件。茅草屋顶的木构建筑并不是普遍的形式，一些地区最常用的材料很可能是板岩和石头，而另一些地区还可能是圆石。现在新本土化是一种流行的潮流。仿都铎式或伪都铎式风格即是新本土化建筑的一种，虽然常常会受到建筑师的批评，但却受到大众的欢迎。

城镇总是倾向于自然发展，这种自然的发展可能会有些混乱，而且也不能照顾到所有居民的利益。近年出于对"过度规划"的一种逆反，出现了一种回归有机自然城镇模式的热情。矛盾的是，现在要达到这一目的，也需要对一些新建住宅布局进行大量的预先思考和规划，以创造出一种真正精巧的城镇风貌。另一种影响是当今的规划都很重视过去的优点，特别是历史保护，反而阻碍了那些应有的会自然发生的变化。一般的历史街道通常会包含不同历史时期保留下来的、彼此挨得很紧的建筑，既有相互冲突，也有相互协调。强调设计政策控制可能会导致新的人为的街道景观质量的下降。

本土建筑

在19世纪，砖还没有大规模生产和全国性铁路运输产生之前，英国各个地区的建筑都各具特点，反映出当地可以获取的建筑材料特点和气候特点。如在西威尔士等降雨量较大的地区，住宅有坡度较大的屋顶，而且屋顶材料会使用当地的石板而不是茅草。在东南部和中部地区最常见的风格之一是木构架建筑，这种形式最早由盎格鲁－撒克逊人传入，起源于木材充足的中欧地区。木材之间由编织的枝条、抹灰和其他地方材料如粉状石英等材料来填充。在石头多的地方，石材就成为主要的建筑材料，这与建筑物的质量和所使用的建筑材料有很大关系。如坚硬的花岗岩彭尼斯石（风化以后呈黑色）建筑，就与西南部一些地区较软的黄色石头建筑有很大差异。建筑所用材料的色泽和纹理是营造城镇景观和氛围的重要因素。在德文郡

图 4.8   萨默塞特的乡村景色
许多村庄会成为小镇甚至城市，但有一些保持住了乡土特色和本土风格，尽管有些被乡村绅士修饰过。

(Devon) 等地方使用的材料，是一种捣碎搅拌的黏土、沙和泥浆的混合物，这里石材和木材都不充足，墙将近 2 英尺厚，可以凭自身的重力直立，形成更具有灵活性的结构。多塞特 (Dorset) 也有，山墙是夯土的，半木构架和抹灰装饰，有民族艺术形式的"粉刷"线脚。

黏土中含有白垩块，白垩的作用类似石头，是多孔渗水的，所以用时通常要先填充一些防潮

图 4.9   a 威尼斯的一个小广场；b 文艺复兴时期广场的要素模型
文艺复兴时期的城镇规划，从房屋内部的"天井"到公共空间的"露天市场"的各种层次中，开敞空间是最关键的元素，是社交和功能的焦点。

的硬石或砖块，而在英国南海岸地区则使用来自造船业中的柏油。外墙防护板（weatherboarding）是一种吸引人的外部装饰形式，通常在沿海地区比较普遍，看上去显然"拷贝"自轮船的设计。英国尤其是英格兰，护墙板通常由横向木板条夹住枝条编成的外墙构成。而在北美，特别是在新英格兰，木板条和木墙板本身常用作结构材料。英国经常在建筑迎风一侧的墙上覆盖瓦片，成为防护构造，常和护墙板结合在一起。尽管有早期罗马时期的建筑遗迹，但砖不是英国本土的建筑材料，而是从荷兰引进的。砖材料通常用于昂贵的公共建筑和皇室建筑中。很著名的例子在伦敦泰晤士河上，金斯敦的汉普顿法院（Hampton Court）就是都铎时代的砖构建筑（部分曾被烧毁过，后修复）。工业革命时期造砖厂急剧增多，很快砖就取代了大多数传统的建筑材料。同时，大规模生产的瓦后来代替了诸如茅草、板岩等传统屋顶材料（Prizeman，1975；Munro，1979；Oliver，1997）。

文艺复兴时期

中世纪末，欧洲教会的社会支配地位逐渐动摇，在许多繁荣发达的城邦里，尤其是意大利当时发展中的城邦，有很多手工业商人掌握了比传统世袭封建主更多的权力。人们产生了对古希腊和古罗马文明的复兴思潮，认为古典文明比中世纪的神秘主义更加符合新的价值观，开始热衷于在新的公共建筑和宫殿中运用古典的建筑元素来显示商业巨头的财富，如佛罗伦萨的美第奇家族。壮观的新城规划被引进到意大利的城市发展中，直接的效果是引起城市主要中心地区的更新与发展，重点是一种社交型的城市广场的建设（广场或市场边），即所谓的露天广场。大多数地中海城市都有被称为"城市公共客厅"的露天广场，人们在周围的咖啡馆聚餐，在傍晚的凉爽中散步。意大利许多中世纪后期建设的城市都是高密度的，这是因为城市周边需要建设防御性的城墙。如果因为城市人口增长而不得不使城墙扩大，那将非常危险而且昂贵。城市布局的形态是为了防御。在城市规划书本里可以看到许多意大利城市的例子，大多是因为地形需要布置的军事要塞，通常呈八角形、星形或是圆形等。露天广场提供重要的安全的公共交往空间、军事阅兵场和狂欢节场所。文艺复兴后期，露天广场通常还有沿广场的古典风格的人行柱廊，以及位于广场中心的喷泉和雕塑。

城市规划利用绘画中的透视技术来创造空间感和纵深感。在狭长广场的消失点处设置雕塑和街景小品，会使得视觉在三维空间里有更大的纵深感。建筑的窗户从下到上逐层变小，虽然每一次变化感觉不出来，但逐渐的就增强了近大远小的感觉，使人产生建筑物更高的错觉。当时的城市规划和建筑设计，比起现代注重实用性、功能性的土地利用规划来，更像是在公共的舞台上所进行的设计与艺术创作。

威尼斯作为文艺复兴时期的城市特别能引起城镇规划师们的兴趣。它既具有露天广场规划的全部特征，同时又是一个人车完全分离的典范，因为威尼斯没有道路只有运河。最初威尼斯境内都是沼泽湿地和小型岛屿，后来建造排水渠道排干沼泽，使岛屿得到强化。这些人工建造的岛屿都以露天广场上的一口水井为中心，这些水井里可以涌出海底自流盆地的淡水，围绕水井自然形成一个"邻里单位"。威尼斯另一个与众不同的特征是建筑风格，融合了古典主义、哥特式和东地中海地区穆斯林建筑的影响。这种建筑风格经常被人们模仿，特别是在维多利亚时代。

文艺复兴风格发展出一种更为宏伟的规模，即所谓的文艺复兴盛期（High Renaissance），随后，巴洛克和洛可可风格继之而来。众多不同的罗马教皇联合当时最前沿的艺术家和建筑师，如米开朗琪罗和伯尼尼等人，建造宏伟的广场和游行大街，对罗马城市中心进行再开发。圣彼得大教堂以一种类似异教的罗马神庙风格重建，取代原来毁于大火的哥特式建筑。巴洛克风格的规划和建筑很好地利用了建筑周边和之间的空间。方尖碑（尖的石柱状纪念碑）通常在广场中央，作为几条大街布局的几何中心，建筑物依此辐射布置开来。这种城市规划并没有过多的花费，但目的并不是为给更多的穷人提供住房和空间，也没有工业分区和解决交通问题；事实上，当时的人们并不是很在意这些问题。文艺复兴风格的宏伟规划逐渐传播到整个欧洲，是一种表达统治者和国家权力与庄严的理想形式。许多欧洲城市都被重新规划过（有些城市还规划了好几次），加入林荫大道、广场、喷泉、雕塑和胜利纪念碑等城市元素。城镇规划发展成为迎合新崛起商人阶级和富足资产阶级需要的一种艺术形式。

乔治时代的规划

乔治时代的规划和建筑源于文艺复兴对英国本土的影响，但风格和尺度与欧洲大陆的辉煌宏大迥然有别（Summerson，1986）。之所以称为乔治风格，是因为当时（1714—1830年）在位的国王都属于乔治家族（从乔治一世到四世）。乔治风格是古典的意大利文艺复兴风格和北欧风格的混合体。特别是荷兰（伴随着他们一贯热衷的节俭、清洁和拘谨）发展出一种与众不同的本土（住宅）建筑风格，如阿姆斯特丹干净、拘谨、比例匀称、带有推拉窗和山墙立面的砖墙城市住宅。砖一般从低地国家（荷兰和比利时等）进口，对于英国来说是比较昂贵的建筑材料；虽然在伦敦、卢顿和布里奇沃特等地区有少量使用，但通常只用在重要的建筑物上。伦敦在1666年大火以后，使伦敦获得一次以宏伟的总体规划作为指导的重建机会，但不可避免地遭到土地私有者的反对。英国的君主政体不像其他欧洲大陆国家那样强大有力，能够自上而下地将一个规划执行到底。土地私有和国会民主权利的增长，意味着宏伟的重建规划不可避免地破碎了。

后来出现一系列的个人投机项目，很多项目沿用城市广场的形式，很多乔治风格的房屋朝向广场中央的草坪和树木。而房屋设计为迎合新出现的城市中产阶级的喜好，是一种结合荷兰风格和古典风格特征的混合形式，把重点放在对称布局、带窗线的窗户、古希腊山墙和柱式等方面，而不是延续英国传统的尖顶山墙。城市广场毫无疑问受到意大利露天广场的影响，但却用柔软的草坪取代硬质表面的铺地，这种对树木和草坪的热爱预示着田园城市理想的到来。在私人住宅前面，花园被认为是像郊外乡村人的做法，并不受欢迎；但住宅通常都有围着围墙的后花园，后部还有单独的厩舍安置马匹和仆人。贝德福德（Bedford）广场、格罗夫诺（Grosvenor）广场、斯劳恩（Sloane）广场等名字证明这些拥有公爵爵位的土地所有者财富增长的能力，这些人拥有现在的伦敦西区、肯辛顿（Kensington）以及切尔西（Chelsea）的地产。城市的主教堂和圣保罗大教堂是克里斯托弗·雷恩爵士在1666年伦敦大火之后重建的。圣保罗大教堂的风格模仿罗马的圣彼得大教堂，而雷恩设计的其他教堂虽然更加英国本土化，但仍然是古典风格的。

在大火之前，皇家的土地估价师伊尼戈·琼斯（Inigo Jones）在伦敦城外修建了"女修道院花园"。这个花园沿袭意大利风格的露天广场的设计，周围有步行柱廊和朝向广场中心的住宅。有一家为城市居民提供休闲和娱乐场所的剧院。广场上不时会有小型集市。几个世纪以来，这个集市变成整个伦敦的一个主要果蔬交易市场，而这个地区却衰落了。1960年代早期，果蔬交易市场搬迁到沃克斯会堂（Vauxhall）的九棵榆树地区（Nine Elms），这里险些遭遇拆除的威胁。后来这一地区被划为历史保护区，成为高档旅游胜地。许多原来住在这里的工人阶级失望地发现他们已经不再"适合"住在这里，因为他们很难再负担这里的费用。伦敦城市在整个乔治时期持续发展，成为英国繁荣昌盛的首都，19世纪发展成为世界范围的大英帝国的首都。这一角色直接反映在乔治和维多利亚时期的建筑单体上。然而，对整个伦敦市来说，一直缺少一个总体意义上的综合的重新规划。19世纪初的摄政王时期，紧挨着伦敦市中心北部的一块皇家地产，即"摄政公园"，被约翰·纳什开发成一系列高档城市住宅。并沿着摄政大街进一步开发，延伸到克拉伦斯宅邸（Clarence House），成为索霍区（Soho）和梅费尔高档住宅区（Mayfair）交界的一条南北轴线。特拉法尔加广场（Trafalgar Square）、摩尔商业街（the Mall）、繁华的皮卡迪利商业圈（Piccadilly Circus）、牛津商业圈（Oxford Circus）和白金汉宫都是这一总体设计的一部分。实际上这个方案的实施经过很多年，维多利亚女王时代的方案在是以摄政时期的方案为基础上，针对各种因素进行修改和扩大。

图4.10　巴斯的后街
巴斯不仅由宏伟的广场和宗教建筑组成，也拥有小街道和不经意之间附带的特征，这使其成为更加"真实的城市"，并可以容纳各种社会阶层和城市功能。

图4.11　伦敦特拉法尔加广场（Trafalgar Square）
"旅游者的伦敦"由一些乔治时期、摄政时期和维多利亚时期的建筑组成，也是这个城市现实生活的构成。

图4.12　爱丁堡城市中心
爱丁堡以地方石材体现文艺复兴风格特征，赋予自身特有的坚韧和粗犷宏伟的风貌。

在乔治和摄政王时期，为迎合新兴有闲阶层的需要，大量的各地城镇和度假胜地发展起来。起先这些度假胜地大部分在英国内陆并且以温泉为中心，在那里人们可以"在温泉中沐浴"，如巴斯（Bath）、切尔滕纳姆（Cheltenham）和哈罗格特（Harrogate），还有拥有赛马场的爱普生（Epsom），有温泉井的布里斯托尔（Bristol），以及南伦敦的布利克斯顿（Brixton）等。后来海水浴成为时尚，又开发出第二批度假胜地，包括布赖顿码头（Brighton）的摄政亭、斯科格尼斯（Skegness）和韦斯顿（Weston super-Mare）等。到铁路发展起来，这些地方在广大工人阶级中流行起来。巴斯（Bath）是最著名的温泉疗养城镇之一。其地位是由于1720年代时安妮女王曾为治疗风湿病在那里"泡温泉"而确立的。后来富家子弟纳什被任命为巴斯邮政局长，他把这个城市确确实实地进行一番推广和宣传。与比利警长（Billy Butlin）相比，他的贡献是创立假日旅游产业，鼓励有钱人来享受"季节性度假"。巴斯包含一系列联排住宅、广场和逐渐增加的经过设计的乔治风格建筑。甚至是一些较小的住宅、背街和马厩也按照类似的风格设计，营造出似乎是由一个"设计师"设计的整体协调氛围。那时住宅会按照建造的最大规模征收不同等级的税费，并常常作为在住宅设计和密度规划时需要加以考虑的制约因素。在巴斯主要有6个等级的不同税费。有条习语，"这只是次等房"，最初的意思是房子不是最好的类型。纳什和两个建筑师——老约翰·伍德、小约翰·伍德（父子俩）一起工作，营造一种高雅而古典的乔治风格城市住宅。

所有这些都是私有企业完成的，没有来自政府或其他权力机构的干涉。虽然在城市建设方面有一些相关的法律和建筑法规，但对建筑风格的影响都很小。毫无疑问，巴斯在城市美学方面取得伟大的成就，尽管被轰炸过、被规划师和房地产开发

图 4.13a　方格网布局的城市
通常为了军事或殖民目的，如罗马时期的城镇。

图 4.13b　自然生长的有机城镇
城市中心通常围绕着桥梁或市场，如中世纪从村庄发展而来的城镇。

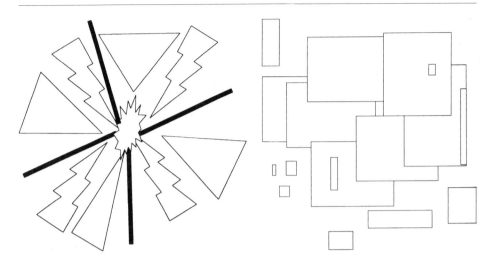

图 4.13c   基于铁路和道路的放射形城市
通常是 19 世纪或 20 世纪早期的城市。

图 4.13d   现代城市的特点是受城市规划、分区规划和分散发展的共同影响
美国城市是这种模式最典型的范例，如洛杉矶，以汽车为主的发展，使步行距离毫无意义。

图 4.13e   带形城市
像项链上的珠子一样成串排列，每个"珠子"有中心和邻里单位，通过带形交通线路串联起来。也可以通过两端首尾连接而形成环形城市。

图 4.13a、b、c、d、e   城市形态主要类型的简明图解

商破坏过，直到今天巴斯依然保持着高雅和理想的居住地的形象。

这一章集中讲述英格兰的城镇，但需要注意的是都柏林和爱丁堡，作为新城，也是古典发展模式非常好的案例。第 4 章主要讲的还是城市发展，更多关于郊区发展的问题会在下一章中体现。

作业
信息收集
Ⅰ你居住的城镇或熟悉的城镇主要是哪个历史时期的风格？画一张地图说明城市不同发展时期及其边界。
概念
Ⅱ相对于那些没有经过规划的有机生长的城镇，方格网布局的规划过的城镇有哪些优点和缺点？以你所熟悉的历史城镇为例来说明。

Ⅲ "规划以人为本"，讨论这一论点对文艺复兴和巴洛克时期城镇规划的意义。

思考

Ⅳ 你那里有没有一个历史地区、纪念碑或历史标志物已经变成旅游景点？从你的观点来看，是怎样管理和向公众展示的？你认为其形象是纯正的，还是已经成为一个受到多重影响的产物？

Ⅴ 你喜欢哪一种建筑风格？怎样看待本土的传统建筑风格？

深入阅读

有关规划历史的书籍包括：Bacon，Bor，Benevelo，Betjeman Bor，Burke，Cherry，Dyos，Hall，Morris，Mumford，Oliver，Penoyre，Pevsner，Prizeman，RTPI（1986），Ravetz 和 Summerson，这些书可以在后面的参考书目中找到。更多关于前工业化和现代城市的社会学书目可参见 Sjoberg 和 Mumford。

第5章

工业化和城市化

物质性变化

导言

19世纪初期，英国正在经历巨大的经济和社会变革（Ashworth, 1968；Briggs, 1968）。在这之前，城镇规划已经具有悠久的历史传统，可以追溯到古希腊和罗马时期为西方文明提供的建筑和城市设计的古典风格（Burke, 1977；Mumford, 1965）。但是工业革命之前的城镇规划，目标是相当狭隘的，例如是为创造优美的建成环境等。19世纪的城镇规划更加实际，关心公共健康、卫生设备，以及满足工业和运输业的功能需要。乔治时期的城镇规划主要以服务中上层阶级为目标，而19世纪的规划主要是为满足工人阶级的需求，特别是在提供住房方面。现代城市规划在三个主要因素的综合影响下产生，即工业化、城市化和人口增长，以及由此带来的过度拥挤和疾病流行。"工业革命"一词正如字面所表明的，使英国从一个以乡村农业为主的社会转变成为一个现代工业城市社会（Ryder和Silver, 1990）。18世纪耕作方法的改进，能够以更少的农业劳动力生产出更多的产量，因此使有些地区出现剩余的劳动者，并导致向城镇的移民，为工业革命提供了必要的劳动力。

工业化

新技术的发展，特别是生产产品比手工制品快得多的机器的发明，引起劳动性质以及劳动力职能的巨大变化。例如，最初的纺织品是用手工生产的，每个人在各自的小屋里，坐在织机前摇纺车进行生产。但可以同时驱动多台机器的机械力量的发明，要求大量工人（所谓的"要素"）和机器聚集在一幢称为"工厂"的建筑里。最初工业发展的规模相当小，对周围环境几乎没有干扰，因为早期的纺织品作坊和工厂是依靠水车提供动力的。早期的工业一般选址在相对偏远的山村里，湍急的河流旁。

后来煤用于燃料蒸汽机，通过工厂里那些联系在一起的传送带，蒸汽机可以同时驱动更多的机器。新发展起来的工业城镇选址靠近煤矿，特别是在北部、中部和南威尔士地区。由于技术进步，工业发展的重点从乡村地区的纺织品生产转向钢铁生产，以及后来在高度城市化地区的工业产品生产。工业产品以国内市场为目标，并且由于19世纪大英帝国的扩张，日渐扩展出巨大的海外市场。人们向新兴城市化地区聚集，导致乡村人口减少，以及人口在从南到北、从西部乡村到南威尔士的广阔区域中的完全重新布局。

工业化后期，发明出了其他形式的能源，而且可以传送到英国的任何地方，如天然气和电力等。理论上，只要足够的财力支持，在任何地方都可以进行任何类型的开发。这就导致了"选址自由"的工业发展现象，工业可以在任何经济上最可行的地方选址建设。但事实上工业发展还是不可避免地被吸引到成熟的商业中心地区，因为这些地区能提供大量的熟练工人、必要的基础设施、经营人才，以及销售产品所需要的市场。现在，由于有遍布英国的公路网，因此为方便产品销售，工厂一般选址在接近交通线，特别是公路交叉口地区和著名高速公路沿线，如M4公路沿线等，这比接近能源产地更重要。现代高科技产业在教育水平和技术要求上都与传统工业不同。企业家们往往发现合适的职员更可能来自传统的办公室和南部、东南部地区的"四人一组"的工人（见下文），而不是北部和中部地区的熟练或非熟练的手工劳动者（Massey 等，1992）。

交通革命

生产出来的产品必须运到英国国内和海外的市场去。18 世纪晚期出现的收费公路系统，在工业革命早期发挥了支持和服务作用，但对于运输工业产品来说，是既昂贵又颠簸的运输方式。运河系统的发展很快就超过并取代了这一方式，运河系统是斯塔福德郡（Staffordshire）陶器生产者为保证在途中减少破损而特别支持建设的。

在运河交通的鼎盛时期，运河提供了一个覆盖广泛的系统，联系起全国的主要工业中心、市场和港口，但是其风头很快就被发展起来的铁路系统占领。现在运河系统成为颇有价值的休闲和环境资产，在很多地区得到人们煞费苦心的保护和恢复，开始主要依靠志愿组织的努力，后来才得到政府的支持，如联系伦敦和布里斯托尔的肯尼特埃文运河的情况。由于蒸汽动力的发明，铁路发展成为一种可靠的运输形式。瓦特发明的蒸汽机是固定的，对工厂生产产生彻底改革，推动了机器；而乔治·斯蒂芬发明了沿金属轨道运行可以带动火车的蒸汽机。从前马

图 5.1   有蒸汽火车的工业城镇
工厂以及为产品销售服务的铁路的发展，共同改变了城市和
国家的结构。工业革命和交通革命是密不可分的。

拉的轨道交通只是用在煤矿区等非常有限的范围。第一条主要客运铁路是1825年通车的从斯托克顿至达灵顿的铁路，铁路继续发展，到1870年代的发展高峰时期，全国有将近16000英里铁路。

19 世纪的英国有强大的海上力量，是海上贸易强国，这影响到国内的城镇布局模式和城市化特征。不列颠帝国广阔的领土提供了原材料和现成的市场，因此新的码头建设成为发展的重要部分，正如在今天的伦敦、利物浦和布里斯托尔大量的码头区所见到的那样。英国保持了近1000年的海上强国地位。在工业革命很早以前的布里斯托尔和利物浦等港口，就有大量的外国商品贸易，包括名声不佳的在非洲、西印度群岛和欧洲之间的蔗糖和奴隶的三角贸易。今天很难想象有着小游艇码头和高档住宅的伦敦码头区曾经是工业和仓库区，码头沿岸曾分布着工人阶级的住宅和社区。

城市化

工业化的推进伴随着城镇的扩张和人口的增长。

表5.1a和b显示，新的工业城镇人口规模以惊人的速度增长，规模甚至达到原来的两三倍。

城市人口全面增长，从区域分布上看，出现从一个地区到另一地区的大规模人口迁移，以及从乡村到城镇的人口迁移。这个变化可以概括为两句话：

1801 年——80% 的人口在乡村。

1991 年——80% 的人口在城市。

不仅城镇人口数量有变化，而且由于疾病和过度拥挤，他们的生活质量有很大下降 (Ravetz, 1986)。当时城镇的设施条件和水准与乡村地区区别不大。农村人可以以这样的标准生活在小村庄里，以非常原始的手段处理废弃物，但是在新兴城市中人群高度密集，在拥挤的街道和住房中产生疾病的可能性增加。这些问题靠个人是没有办法解决的，而是需要城市的主动行动和国家的解决方案。

英国人口增长，1801 — 1901 年		表 5.1a
时间	总人口	
1801 年	890 万人	
1851 年	1790 万人	
1901 年	3250 万人	

详情见 Ashworth，1968，第 7 页。

英格兰：城市增长，1801 — 1901 年（单位：人）			表 5.1b
时间	伯明翰	曼彻斯特	利兹
1801 年	71000	75000	53000
1851 年	265000	336000	172000
1901 年	765000	645000	429000

更多城镇的详情见 Ashworth，1968 年。

维多利亚建筑

　　维多利亚时期的建筑在风格上是富于装饰和"厚重"的，也是折中的，融合一系列的历史风格特征，特别是哥特式和古典式。但是随着不列颠帝国的扩张，来自全世界的很多风格也融合进来，包括印度的、埃及的和中国的。当现代建筑运动占统治地位的时候，强调干净利落的线条和建筑风格的"诚实"，于是这种类型的建筑便不受欢迎了。现在人们认识到，正如包括这个时期的许多经典建筑那样，维多利亚时期的建筑和城镇景观为城市肌理作出很有价值的贡献。

　　维多利亚时期人们喜欢使用石头。通常用大量的大理石来建造坚固耐久的公共建筑，通过火车将波特兰石从多塞特运往伦敦。对市民引以为傲的建筑和公共建筑进行整体改善，通常采取所谓的"燃气和水的社会主义"，就是投资公共工程，建设必要的基础设施（Dixon 和 Muthesius，1978）。大量的投资投到"城市街道下面"，建设下水道和排污管（Bell 和 Bell，1972）。城市的领导者和捐助者，利用从工业革命中获得的新财富，为新兴的工业城市增加荣誉和声望，如曼彻斯特、利兹和利物浦等，建造庄严宏伟的市政厅、博物馆、图书馆和艺术画廊。社会被清晰地划分为不同的阶层，各个阶层生活在城市的不同分区，使用不同的交通路线。工人阶级劳动者可能从来就没有参观过新的城市中心商务区，即使他们去了，也未必能进入那些画廊。

　　许多工业建筑特别是仓库都经过精心设计，在普通的工业环境中有很多精彩的建筑，但在今天衰落的码头区和工业区仍可以发现，其中许多建筑已被纳入新的旧城改造计划。火车站和其他公共建筑、厂房、警察局、救济所、公共厕所在设计上尽管不宏大，但仍然赋予其具有建筑风格的装饰。厂房和监狱的建筑设计风格，试图给工人和犯人一种极强大的堡垒的感觉，如同这些建筑的坚固和生活环境的严酷一般。同样，由于在铁路初建时期人们对乘火车旅行没有信心，有人认为如果火车站看起来像大教堂，那么人们就会不那么害怕，而是认为自己是在走进教室。19世纪末期出现针对维多利亚建筑过度使用的反叛行动。在工厂、桥梁、仓库和机车库（由 Isambard kingdom Brunel 等人建造）的建造过程中，精彩的新结构看起来依然是"工程技术的"，尽管这是现代建筑的真正起源。

有多么糟糕？

通过一些暗示，人们形成一个虚假的印象，就是工业革命时期人们都在工厂里工作，住在北方破旧的住宅里。实际上，根据人们不同的社会阶级和生活地区，生活条件也有很大的差别。

相对而言，国家总体上财富增加。有相当数量的商业房产、市政厅、图书馆，并伴随着林立的一家家商店和早期公寓楼，开始了现代商业大街的开发：所有这些

图5.2　伦敦法院
维多利亚和爱德华七世时代建造了一系列华丽的公共建筑，以及下水道和排水管体系，提供了展示在显要位置的基本公共设施和基础设施，使现代城市能在这一基础上发展。

图 5.3　布里斯托尔市伊斯顿的小型联排住宅　　图 5.4　布里斯托尔市红地的维多利亚时期的郊区小住宅

建筑共同创造出现代商务中心区（CBD）的雏形。同时也很重视公园和室外运动场的建设，这些在今天通常被开发商和地方当局双方都看作是奢侈品。因为通常处于地价很高的中心区，所以很多此类开放空间面临被开发的危险。

也并不是所有的居住区开发都是较差的工人阶层住宅和贫民窟房产，也有联排住宅和城郊别墅。19世纪是住宅建筑建设最为集中的时期，包括中产阶级的郊区住宅和联排住宅，以及后来占重要多数的紧凑型联排住宅。也有品质更好的、艺术家和高级工人阶级住宅区，由数英里的方格网布局的联排住宅组成，其中许多即使到现在仍是理想的建筑地产。很多维多利亚时期的居住区被中产阶级重新占领（中产阶级化）。一些从前的伊斯灵顿（Islington）和伦敦等内城的"贫民窟"住宅，现在已成为英国房产价格最昂贵的地区。

19世纪的住宅问题，主要集中于工厂周围的汇集大量工人的拙劣住宅地区。他们之所以在那里选址，是因为在工业革命初期，工人只有极少的金钱和时间可以花费在通勤交通上，道路交通系统也不发达，人们只能在工作地点附近杂乱地生活在一起。起初是对现存住宅的改造。如较大的内城住宅被分隔成独立的公寓，有时候一家人就住在其中一个房间或地下室里（Ashworth，1968）。一些工厂主为劳动力提供廉价住宅，当然可能从工人的薪水里扣掉了房租；但有善心的工厂主不太多见。

很多地方投资建造等级稍差的不合标准的廉价公寓和联排住宅，是"偷工减料地建造"（jerry built， 得名于一个特别糟糕的叫 Jerry 营造商的名声）。住宅通常是"半砖厚"（很薄，不合标准）和"背靠背"地建造的。外观看起来是普通联排住宅，实际上可以容纳两倍的住宅数量，因为房子从屋脊处分开，互相背靠背，形成两"排"住宅，一排面对街道，另一排面对后面的小巷。

郊区化和交通

几个世纪以来，城市都是布局紧凑的，因为城市的范围以及不同用途的土地和设施之间的距离，限制在人们轻松步行或骑马可达的距离范围内。随着机械化交通方式的发展，人们可以比步行走得更远更快，城市也开始水平蔓延开来。随着铁路系统的发展，比较富裕的人们将住宅搬得更远，到城镇中心通勤上班，出现郊区化和分散化的趋势，这是英国最近 150 多年以来城市发展的主要特征。因为铁路的发展，火车站的设置会带来地方产品和服务的潜在消费者，许多小城镇因此获得自己的地位和繁荣。一些城镇作为铁路系统的中转站，如克鲁（Crewe），或铁路车辆的主要生产者，如斯温顿（Swindon），更直接地参与铁路运营。1923 年铁路运营商分化成四个公司，大西部铁路公司（GWR）、伦敦中部与苏格兰（LMS）公司、伦敦与东北铁路公司（LNER）和南部区域公司（SR）。直到 20 世纪中期才国有化，合并在一起，每个铁路公司都开发有相当类型的建筑，各有各的风格，就像斯温顿保存完好的铁路村所反映的那样。随着 20 世纪后期的私有化，不同的铁路公司再次将不同的风格发扬光大。

有轨电车系统促进城市分散并流行过很多年。英国 20 世纪中叶将这一交通方式取消，但有些欧洲城市仍保留有电车系统。伦敦 1963 年开通地铁系统。随着内燃机的发明，公共交通进一步扩大，特别是 1918 年以后，公共汽车不再受固定的线形轨道限制，可以去任何地方。公共汽车以及随后的私人小汽车发展，导致名副其实的郊区化爆炸，因为在历史上第一次只要有可通行的道路，人们就能以可观的速度到达任何想去的地方。19 世纪后期自行车变得流行，今天这个潮流正在恢复。这些交通技术上的变化进一步促进城市的增长，并分割成明显的土地使用分区，特别是工业区和居住区（工作和家庭）被分离出来。与此同时，传统的商务中心区，包括所有办公、商店和市政建筑的中心，保持着中枢的地位并继续扩张，由于工业革命的发展，对贸易和金融的需求增加，在为不断发展的贸易和金融需求服务的过程中，中心商务区的重要性不断提升。

图5.5　伦敦内城住宅

住宅包括大量的内城住宅和郊区住宅到更加普通的联排住宅。很多面积很大的维多利亚时期郊区住宅,后来变成"内城"住宅,到战后时期被分隔并渐渐衰败,但是后来经历了中产阶级化和重新整修。

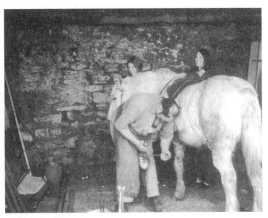

图5.6　萨默塞特温福德（Winford）的布莱克史密斯（Blacksmiths）,最古老的交通方式

直到19世纪城市的增长还受到以马为动力基础的旅行范围和步行距离的限制。现在马已经成为"宠物"和奢侈品,但是在过去被看作交通工具和必需品。

　　从获得最大效率的角度,逻辑的结论是放弃传统的放射和环状的城市形态,沿着主要交通线进行线形开发,住宅相对高密度地集中布局在每个火车站或有轨电车站周围。为使人们每次不必经过两次交通换乘,让足够多的人居住在每个车站步行范围内是十分重要的。如西班牙的索里亚·伊·马塔（Soria y Mata）提出的"带形城市"概念——他想像横跨欧洲,从西班牙南部的加的斯（Cadiz）延伸到俄国西北部的列宁格勒（现在的圣彼得堡）(Hall, 1992)！带形城市形态可以首尾连接起来,形成圆形的"环状"城市,或者向内弯曲形成"8"字形,如1960年代利物浦附近郎科恩（Runcorn）新城规划。索里亚·伊·马塔只成功地将马德里向外建造了几公里（Hall, 1989: 70）。

　　由于小汽车数量的增长,公共交通开始衰落。现在有些地方,没有小汽车的人在交通方便程度上比19世纪的先辈处境更糟。由于亨利·福特的廉价大规模生产方式,在美国,即使在相对低收入的群体中,小汽车也能很快流行起来。20世纪规划师们关心的主要问题之一,就是小汽车的规划问题。

　　美国建筑师弗兰克·劳埃德·赖特（1869—1959年）,提出完全为小汽车时代的城市规划思想,理想的机动化城市,"Autopia",1930年代发展成为了"广亩城市"(Broadacre City),建立在非常低密度的网格基础上,每一幢住宅占一英亩的基地,像是一个宅园,可以在里面种植自己所需的食物。城镇没有传统意义上的中心,

图 5.7　苏格兰佛斯桥
铁路工程和建筑可以代表当时最先进的技术,很多火车站设计成哥特式教堂建
筑，可能是为减少乘客的恐惧。

但是每个地区以加油站为中心。这种景象正是一些美国城市现在的状况,如洛杉矶,
人人开车而不是步行。那些没有车的人，如穷人，不能驾车的人，如儿童和老人,
都处于严重的劣势，不得不依赖有限的公共交通或他人的仁慈。

乡村和区域的前景

　　受铁路发展的影响，英国"缩小"了，因为旅行容易得多了，几乎没有离火车
站特别远的地方。城市和乡村的划分被迅速打破。一些围绕工厂或矿山的工业城镇,
看起来已经非常城市化，实际上离乡村很近。在威尔士河谷（Welsh Valleys），或
者德比郡的一些地方，从工业化环境走出很短的距离就是开敞的乡村。工业活动特
别是采矿业在某种程度上侵蚀着周围的乡村，排出熔渣堆和大量污染物，留下大量
的工业废弃物的负担。这种土地依然在被处理、改善和开发，如威尔士开发机构
（WDA）在南威尔士的活动，以及 1992 年埃布谷（Ebbw Vale）的园艺节。这不同
于南英格兰的情况,那里在内城区发展大量的制造业，通常位于原来居住区的后街。
许多主要街道边的住宅改造成店铺和商行，从双层巴士顶上向下看建筑的时候，可
以很容易看见一些店铺的前部是后来加建的。城市几乎不间断地在各个方向上向外
蔓延，自伦敦区内向周围绵延出很多英里。

一些工业化和城市化程度最高的地区，与英国南部的商业化地区一样，集中在伦敦内部的自治市镇，并有相应的大量工人阶级人口。在南部地区，办公和商业革命紧随着工业革命而产生，出现由职员、打字员、服务业工作者和店员构成的新"无产阶级"，这些人通常被理解为中产阶级，因此尽管收入低、工作条件差，却没有引起特别注意。

社会变化

就业结构

工业革命不仅改变了城市结构和城市性质，城市社会本身和日常生活结构也发生了巨大变化。下面讨论社会阶层分化、家庭和社区特征的变化，家庭与工作、男性和女性以及人们日常生活的变化。所有这些都可由城镇布局和土地使用区划的特点来说明。

"阶级"一词定义起来很复杂。20世纪对社会阶级的具有代表性的定义是："在经济秩序中社会地位相同的人群"（Chinoy，1967）。对于本章的目的来说，"阶级"的划分是根据人们的工作和生活方式来认识其社会地位的。工业革命改变了社会结构。新技术发明产生新的阶级划分和职业类型，并引发经济体系本身更广泛意义上的变化。过去的传统乡村社会，是一个相对封闭和静态的社会秩序，一个典型村庄的居民由地主和农业劳动者构成，在中间有一个教区牧师和几个老练的商人，但是没有中间阶级或大量在工厂里而不是在土地上工作的工人阶级。人们本身是没有诸如此类的阶级划分的，但确实在一出生时就会被赋予一定的地位，而且所有的社会关系都由此决定。这种前工业化社会中静态的和恭顺的特性被概括成下面的歌谣，

> 上帝保佑地主和他的亲戚，
> 只是让我们一直保持在原来的位置。（佚名）

随着工业革命到来，社会结构发生巨大转变，大量的人口从乡村迁移到新兴的工业城市，壮大了新兴工人阶级的行列。现在，人们更容易接受的是按职业而不是出身来划分阶级。值得注意的是一个新兴工人阶级，多种工作阶层的发展，因为他们数量多而且情况差异很大。然而，尽管有这些变化，但社会仍然是极少数人拥有大部分财富和土地（Norton-Taylor，1982）。

现代工业社会劳动力被定义得很清晰。工人可以分为：第一产业工人——受雇

图5.8   1960年代朗里特的 Mungo Gerry 音乐会
虽然19世纪的工业革命和20世纪的"波普文化"(pop culture)都被看作具有更伟大的现代性和平等性，但英国的房地产仍然包括物质的土地使用和权力结构两个本质要素。

于基础产业如农业、采矿业、重工业等；第二产业工人——从事制造业；第三产业工人——从事办公室工作和服务业。人们也认识到一种新的类别的出现，就是从事研究和开发、高级专业工作和知识创造的第四类产业。关于社会经济阶层分类的用处有很多争议，用于政府人口普查的职业分组最近也修正过（ONS，1998）。19世纪男性制造业雇员是增长最快的类别。20世纪后半叶，专业人士、办公业职员和服务业从业人员是增长最快的人群，特别是大量的女性进入办公部门。根据1841年人口普查记录，英格兰和威尔士的1600万男性和女性居民中，有接近100万人从事家务劳动。整个19世纪，实际上直到1914年，家务劳动是英国女性最主要的工作，在数量上成为第二大群体。在整个社会中，传统的"主仆"社会分级与新兴的产业阶级社会结构共存。

"工作和家庭"关系

工业革命不仅改变了职业结构和相关的阶级结构，而且随着更多的人在家庭以外工作，工作性质本身也发生改变。工作不再像传统手工业那样，如在农舍里生活和工作的纺织工人，每个人在自己的工作间或家里单独工作，在纺织村舍上有大窗户让最多的光照到织布机上，这仍可从现存的这类住宅中看到。而工厂则是将工人和机器集中在一个地方，人们每天按时出现在这里。主要原因是利用蒸汽机驱动大批机器。相反，传统农业工人的生活受到季节和日照的限制。对于女人来说，"工作"没有被严格地区分为家里的工作和出门在外从事被工业化了的工作。如纺织，最初是在家庭里（或者在他们自己家里，或者在别人家里当仆人），可以同时完成烹饪和照看小孩等其他工作。但所有的工厂都依靠同样的动力来源驱动机器，通常聚集在一起形成独立的工厂区，住宅群拥挤在工厂周围。早期的规划师致力于把不同的土地用途分开，形成独立的工业区和居住区，居住区逐渐离工作地点越来越远。

越来越多的女性在工厂里工作，和男性一样到"外面"工作，由于家庭服务业的衰落,女性更加受到土地使用趋势的影响。虽然区划是有组织和有效率的,可是这种分割女性生活的趋势,使她们很难兼顾工作和家庭,这对男人们同样是困难的。早期城镇规划的手段强化了这样一种情况,即社会是根据工作来限定和组织的,和传统的乡村社区相比,城镇成为单一实体。乡村工作则受自然季节和宗教节日的约束,或者受到手工艺人的灵感或者工作情绪的影响。

由于工作逐渐和家庭分离,社会等级分异越来越大,导致大量郊区住宅出现,尽管很多人仍然住在内城,但通常是住在被分隔的老房子里。电子技术革命使人们能在家里用调制解调器通过电脑终端工作,这一技术的部分影响是,更多的人(男性和女性)在家里工作,看来主导了近200年的工作/家庭分离的模式即将再次瓦解。

家庭结构

前工业化社会的传统乡村家庭,用现代标准来看是非常大的。大多数家庭被称为"核心"家庭(nuclear family,与核战争或者家庭关系紧张毫无关系。),指由父亲和母亲以及直系后代的核心组成,一般平均有2.4个孩子。这种景象更多是基于假设而不是实际的统计,最近几年情况发生很大变化(Hamnett等,1989)。在前工业化社会以及现在的第三世界农业社会,家庭更可能像"大家庭"(extended family),意味着家庭不仅由父母和子女构成,垂直地可能包括祖父母和孙子,水平地可能扩大到叔叔和阿姨,以及侄子外甥和堂兄弟姊妹们。实际上大家庭的概念和部落,以及村民都是亲戚关系的村庄,三者的界限只是程度不同而已。

工业革命期间年轻人移民到工业城镇,留下老年人是很普遍的事,尽管有时也送钱回去接济他们。工业城镇的出生率很高,许多家庭有6个甚至更多的孩子。虽然当时住宅是那么小,住宅通常是上下各两个房间的两层连列住宅,但当时婴儿死亡率也很高(Whitelegg等,1982;Lewis,1984)。随着时间推移家庭变得更小了,但是,工人阶级的住宅反而变得更大了一些。

现在的人口增长率不同于过去,不过人们需要更多的私密性和更高的标准,同时也因为有了更多的单身家庭,这些形成更多的住房需求。区域性的人口迁移,特别是向东南部的迁移,造成伦敦周围日益增加的住房需求压力。然而在一些不发达地区和从前的工业化地区,如东北部,住房空置卖不出去,由于上述原因据估计有大约100万套住房空置。有些可能正处于向新房主转让的过程中,但是很多住房在很长的时期内没有人居住。区域不平衡明显反映出19世纪城市化和工业化遗留下来的特点和长期影响。

景观的历史发展

现在探讨乡村的同期历史发展（Hoskins，1990）。由于对乡村加强规划控制的要求日益迫切，特别是保护那些被认为具有传统自然特色的地区的要求增加，对理解那些塑造现存乡村景观要素的历史特征极为重要。

人们通常认为乡村是自然的而非人造的，其实英国的乡村几乎没有任何地方没有被某种方式的人类活动所影响，通常比城市地区还要多。许多人抱怨传统的旷野模式和灌木树篱被移除，但是实际上那些树篱并不是一直在那里的。大量的土地，无论是森林还是荒野都已经被耕作。由于排水设施使萨默塞特的湿地和东安格利亚（East Anglia）的沼泽地干涸，很多人关注野生动物的自然栖息地受到破坏的问题，但这只是现在发生的问题，那些人造排水设施早已建设，动物们已经适应了那样的居住环境。

英国在罗马人到来之前只有相当有限的耕作，聚居地趋向于集中在地势较高的地方，留下低洼地没有进行开发。到现在还可以发现许多山上的堡垒、矗立的石头、古代的小道（通常沿着草地边线），以及较早时期的土建工程等，有些被当作古代遗迹保护起来。罗马人对土地使用、城市化、道路建设、排水装置以及耕作模式都有过重大影响。罗马帝国衰落后，紧跟着是一系列欧洲部族的入侵，每一次入侵都对耕种方式、地名和地方文化产生了影响。

1066年诺曼人来了，建立起一套殖民化和种植园开发程序。土地和社会在封建制度的基础上被分割和组织起来。中世纪有超过80%的人口生活在乡村，大部分分布在小村庄，农业活动以三田轮作制度为基础，典型做法是三年一个周期，分别种植小麦、大麦和休耕。在这种组织下每个农民在每块地里都有自己的数"条"土地。渐渐的，更遥远的地区也在僧侣们的影响下得到开发，他们在奔宁山脉引进绵羊，修道士们还带来其他进步，例如，萨默塞特郡格拉斯顿伯里（Glastonbury）的修道士使塞奇莫尔（Sedgmoor）安装上排水设施。英国是相对平静和统一的，所以允许农业活动扩展到更遥远的地方，而许多欧洲国家还没有统一，城市都有提供掩蔽的防御工事，居民如果开垦邻近的农田则需十分小心谨慎。

在意大利，富庶的城邦为文艺复兴提供了温床。根据古典建筑原则，花园尺度宏大，布局整齐，这纯粹是为了主人欢心，作为"惹人注目的消费"（财富）的标志。这些花园里几乎不种植鲜花和蔬菜，这些种植被转移到仆人区。这一观念传播到英国，但是与已经形成的英国传统花园形式竞争发展，传统花园的尺度更亲切实用，以方形树篱、草皮、花卉和蔬菜构成莎士比亚风格设计精致的花园为代表。

17 世纪更倾向"宏大风格"（Grand Manner）的造园运动，在英国的表现形式是景观美化运动，侧重于大尺度的地形模拟，开设湖泊和林荫路，种植大量树木。这一发展过程与乡村住宅联系在一起，乡村住宅坐落在自己的土地上，没有防御工事，也看不到庄园、菜园和佃户。人们一直热衷于造林（树木栽培），为造船并作为狩猎公园而培育的皇家橡树林就是一个证明。1664 年约翰·伊夫林完成一本关于树木栽培的著作《森林志》（Sylva），这本书具有超乎寻常的影响力。艺术和文学也影响着人们关于景观的观念。弥尔顿的诗《失乐园》（Paradise Lost）描述一片美丽自然的荒野。法国艺术家如克劳德、普珊、洛兰等，描绘出"自然主义的"景观，表现生动质朴的田园生活景象。这种浪漫的乡村景色主要属于上层阶级，与普通人耕作生活的残酷现实毫无关系。1720 年布里奇曼在白金汉郡的斯通（Stowe）设计一处乡间庄园，建造的时候在其中加入"少许温和的混乱"，以此来冲击古典原则，有意设计一种更"自然"的布局。

从乡间"宅第"的窗户看出去，视线延伸到远处，可以看见奶牛草场和"风景中的形象"——独特的村民劳作场景。为防止村民在住宅周围游荡，布里奇曼发明了一种称为"ha-ha"的隐藏壕沟。这一时期的景观建筑师包括威廉·肯特，被说成是"跃过篱笆表现整个自然的第一人"。最著名的景观园艺家"全能布"（Lancelot Capability Brown），负责设计布伦海姆宫（Blenheim Plalace）、威尔特郡（Wiltshire）的朗利特（Longleat）花园等项目。汉弗莱·雷普顿结合人造洞穴和废墟，创造出一种更契合地形的方法。在所有这些庄园中，重点都是草地、树木和景观要素，而不是花卉和色彩的细节。在这些景观开发的范围之外，圈地运动发生之前，乡村仍然由村舍花园、公共田地和开放林地拼凑而成。

农业革命发生于工业革命之前，并且以人们发明的许多农业革新为基础，如改进轮作方式的杰塞罗·托尔（1674—1741 年）、汤森德、被称为"农夫乔治"的乔治三世等。这些改革可以既增加产量同时又节约劳动力。为提高轮作效率产生更大的耕地需求，加上牧羊业的扩大，导致19世纪初的《一般圈地法》（General Enclosure Acts），进一步削减乡村人口对牧场和公共土地的权利，迫使他们逐渐向城镇移民。工业革命和城市化，以及伴随而来的水运和铁路建设、采矿和工厂开发，对于土地使用模式产生重大影响，并形成大量弃置的土地、挖出的土石堆和污染。

维多利亚时期的人们是热心的园艺家，发明了很多园艺技术和杂交技术，并从帝国的各个角落引进外来物种。植物园和温室大受欢迎，如皇家植物园邱园（Kew Garden）。维多利亚时期的公园是建在新兴工业城镇供人们享用的，这些公园的特征是有原色的花卉、整齐的植床，像爱丁堡的花钟一样，以及周围用于娱乐的运动游戏场地。大多数人不再在土地上劳动，因此独立住宅的家庭园艺也流行起来。那些背靠背的高密度住宅没有花园，但可以在附近租一块菜地。田园城市运动的发展为每幢住宅提供独立的私家大花园。

为那些社会上比较显赫的富裕成员精心设计的别墅花园成为时尚，并经格特鲁德·杰基尔（1834—1932 年）的作品广泛流行（Massingham，1984），她和著名建筑师勒琴斯一起在上个世纪设计出几个大乡村住宅的花园。杰基尔的特点是使用精致的蓝色、银色和白色的花卉和叶饰，如思辛赫思特（Sissinghurst）和萨默塞特的赫斯特库贝（Hestercombe）等。与此相对，20 世纪初也有景观建筑师，如宏大风格的设计师杰利科，杰利科甚至承认他对花卉根本一无所知，但他却是景观设计师协会的创始人。

随着20世纪的发展，对独立的私人家庭花园，特别郊区住宅的家庭花园的重视一直在持续。虽然有很多体育设施和公共娱乐区，但是新的大型公园开发并不常见。在战后时期，景观规划关注的是市政和公共地区的美化，而不是私人项目。如1960年代新的大学、新城和现代高速公路的景观美化成为战后景观规划的主要工作，而不再是大型独立住宅的景观美化。

最近几年，人们对环境和"自然"、乡村地产管理、绿化和乡村的娱乐休闲规划的关注，都对乡村景观留下深刻的影响。大多数大型开发项目都进行过"景观设计"。大众园艺的兴趣也有极大增长，体现在现在的电视节目、书籍和园艺中心的增加中。然而，由于环境运动以及绿色问题意识的提高，人们对乡村政策、使用农药和所谓的科学的"现代"园艺实践的批评也增加了。总之，从本章可以看出，不论城市还是乡村地区，都不是完全自然的，都是数个世纪以来人类活动和影响的结果。

作业

信息收集

Ⅰ 找出附近的19世纪城镇规划和城市发展的实例，可以是模范工业社区、新高层商业街、投机住宅开发、维多利亚时期的花园和博物馆等。

Ⅱ 调查你附近的交通网络受19世纪发展的影响程度，现在或者曾经有火车站吗，什么时候建的？也调查一下道路、运河和有轨电车系统的情况。

Ⅲ 本章着重讲述社会阶级，考察当前人口普查资料（ONS，1999）采用的社会—经济群体划分，并留意目前政府（ONS/ESRC，1998）采用的社会阶级分类，找出增长的职业以及产生社会影响的相关技术变革（如看护产业、电子产业和银行业等）。

概念讨论

IV　分别根据阶级、行业、性别和家庭生活讨论 19 世纪社会变革的性质。

V　参照你熟悉的地区实例，讨论人类影响乡村自然状态的程度。

问题思考

VI　你对 19 世纪的个人印象和概念是什么？如果你生活在 1890 年，你会"是"什么样的？想象你的生活是什么样？更好还是更坏？（例如，虽然工作更艰苦，晚上也没有电灯或电视，你却可以在发达得多的铁路网上到更广阔的地区旅游，经过更有吸引力的乡村）？

深入阅读

关于 19 世纪城镇规划的书籍有很多，在前几章的深入阅读中已经提到一些。更详细的资料见 Ashworth，1968；Bacon，1978；Bell and Bell，1972；Bor，1972；Burke，1977；Mumford，1965；Morris，A.，1972；Cherry，1981、1988；Ravetz，1986；第二章的 Hall，1992；Morris，E.，1997；RTPI，1986；Penoyre，1990；Service，1997。

乡村和景观的历史参见 Hoskins，1990，有详细全面的叙述。Shoard 的关于目前乡村有争论的问题的书很有价值（1980，1987，1999），包含农业实践，散步通道和权利，以及乡村的视觉和社会等问题。来自地球之友、乡村委员会和国民信托组织等团体更新的资料将会提供更广阔的视野。

社会变革的资料可以在 Ryder and Silver，1990；Joseph，1988；Haralambos，1995；Hurd，1990；Bilton，et al.1997 中找到。

第6章

19世纪的回应与改革

引言

现代城市规划兴起于19世纪，是对第5章讨论的问题和情况的回应。本章的目的是考察这种反应行动。首先介绍立法改革，早期的改革只是设法防止疾病、人口过密和贫民窟发展带来的糟糕结果，与现在第三世界城市采用的"场地和设施"（sites and sevices）手段相似：通过建立完善的下水和排水基础设施来解决。后来重点从这种必要的消极控制转向更积极的努力对全新生活方式的创造中来。其次，本章将讨论不同的空想家和慈善家提出的模范社区实例，重点讨论对20世纪城镇规划本质产生重大影响的"田园城市"的概念。

立法改革

地方政府改革

霍乱和其他由饮用水引起的疾病传播使干预成为必需。1832年和1849年有两次大流行。霍乱是由饮用水传染的疾病，可以殃及任何人，可能在工人阶级居住的地区产生，但沿着不卫生的城市给水系统可以传播到任何地方。1954年，斯诺博士发现霍乱大爆发和伦敦苏荷区（Soho）一个被污染的给水泵站之间存在的关系（Hall，1992：18）。因此迫切需要增强国家干预，提供下水道和排水管网系统（Briggs，1968；Cherry，1988）。

实现改革需要有效的行政组织，通过一系列的议会法案，主要法案列在政府出版物的附录中。1835年《地方自治团体法》（The Municipal Corporations Act）为建立地方选举的城市政府奠定基础，即地方管理当局。城市政府有权向家庭和企业征收税费，将这些费用花在雇用专业人员和管理人员、实施改革和建设项目上。

公共卫生

1840 年选举出的，由埃德温·查德威克领导的委员会，负责"城镇环境"，并在 1842 年形成《劳动人口卫生条件报告》和《改善方法报告》（Chadwick，1842）。接着 1843 年成立了"城镇健康皇家委员会"，同时成立了"城镇健康协会"。1847年《公共卫生法》（The Sanitary Act）要求所有新建的居住区都需建设下水道和排水管网。1848 年《公共健康法》（The Public Health Act）更进一步，成为第一部对住宅"如何"建造进行干预的法案，并将会潜在地增加开发商的成本，这个法案要求所有的顶棚净高不得低于 8 英尺（现在顶棚净高只需 7 英尺 6 英寸或 2.3 米，比这稍低）。低顶棚会关系到健康，因为会减少射入建筑的光线和空气流通的可能性，最重要的是，人们认为在通风不好的房间黑暗角落会孳生细菌和疾病。

很多房地产主（特别是不合标准的劣等房产的房产主）憎恶这种全面的立法趋势，因为这违反了几个世纪以来一贯的私人不动产法的法则，就是个人有权按自己的意愿处置自己的土地，英国人的家就是他的城堡。公共卫生运动的发展，以及同时激起并遭受的各种反应，反映出城镇规划自身发展过程中根本的、尚未解决的两重性，即通过把物质标准强加于建成环境中来，解决那些本质上的社会问题，如贫困问题。毫无疑问，如果有足够的薪水，人们首先就不必住在不合标准的住宅里。城镇规划往往被谴责为只设法处理城市衰落的"后果"，而不研究其"原因"，注重"控制"而拿不出"解决办法"，因此并不解决问题，只是把问题转移到另一个地方而已。

19 世纪逐渐发展并持续到 20 世纪的城镇规划部门和公共卫生部门的权力划分对情况改善毫无帮助。通过控制建成环境的设计和布局，城镇规划师保持着对"外部问题"的有力控制，但对建成环境"内部问题"几乎没有控制，那些致力于获得更好的建筑内部使用和设施的人们关注这一问题（Greed，1994a）。现在当确定规划当局向开发商提出某些设计要求是否合法的时候，需要考虑负责建成环境管理的各专业机构和控制机构内部、以及之间的权力分割关系，这成为一个关键因素。

关于住房的题外话

工业城镇的许多新移民的住房条件很难达到规定水平，在他们有能力立身并租借到联排住宅之前，都只能居住在小宿舍或其他形式的临时住所里。由茨伯里勋爵发起，1868 年通过了《普通宿舍法》（The Common Lodging Houses Act）和《劳工阶级宿舍法》（Labouring Classes Lodging Housing Acts），以检查和保证出租小旅馆提供较好的条件。从一开始，城镇规划就和住房发展管理紧密联系在一起。1868年的《手工艺者和劳工住所改善法》（the Torrens Act，托伦斯法案）使政府控制作用进一步加强，随后在1875年和1879年通过同名法案，增加处理不卫生建筑的权力（Ashworth，1968）。

所有这些改革都是以公共健康的名义进行的，并主要针对工人阶级（Smith，1989）。一般认为，对中产阶级的住宅进行设计控制在政治上是难以接受的——实际上这些住宅顶棚够高，房间够大，不需要控制——尽管卫生条件还不理想（Rubenstein，1974）。不过这些早期的法案为后来城镇规划部门对各阶层的住宅和所有土地使用类型进行更广泛的规划控制铺通了道路。自1666年伦敦大火以后，已经有一些针对中产阶级住宅和商业建筑的有限控制。发挥一定限制作用的私下约定也在"高级"居住区中广为流传，目的是保持社区的品质，如阻止把住宅转变为店铺，阻止花园的再开发（这会提高住宅密度），禁止饲养猪或家禽等。19世纪末曼彻斯特、利物浦和纽卡斯尔等许多北方大城市，在20世纪初主要国家城镇规划法出现之前，已经有自己的议会法案，加强对城市开发的控制。良好的城市布局和城镇规划被人们认为可以促进商业繁荣并有益于居民，这一重要性被广泛接受。

很多私人改革努力协助了政府的行动。很多住房团体在关心工人阶级居住处境的改善，如美国慈善家乔治·皮博迪于1862年创立的皮博迪信托公司，现在他资助建设的建筑在伦敦的很多地方还可以看到，如在伊斯灵顿（Islington）、白教堂（Whitechapel）、沃克斯霍尔（Vauxhall）和拜什那尔格林区（Bethnall Green）等；其中大多数是无电梯的公寓。还有很多其他项目，大多以商业原则为基础，项目的赞助者通过投资获得当时合理的利润率：即"5%慈善事业"。以现在的标准来衡量，很多项目看起来条件非常苛刻，但在当时还是比其他情况要好。

对为工人阶级提供住房这一问题的认识和态度，经历过很长时间的发展，根据19世纪上半叶的《济贫法》，不鼓励人们主动寻求帮助。官方的态度受马尔萨斯理论（1798[1973]）的强烈影响，持一种不文明的看法，认为人口过剩是由穷人本身造成的，不应采取任何措施缓解穷人的处境，因为这只会促使他们"繁殖"得更多，进而使问题更糟。贫困的原因通常更倾向于被认为是由低工资和失业引起的——而在维多利亚时期，富人也有大家庭，但是并不贫穷。

自从1662年的《定居和移民法》（Law of Settlement and Removal Act）颁布之后，无家可归的人和"顽固乞丐"（sturdy beggars）被视为教区的负担。随着工业革命引起的人口迁移，问题更加严重。现代耕作方法使只有更少的人靠土地谋生，如1801年等的各种《圈地法案》加剧了这种状况。1832年负责《济贫法》的"皇家委员会"

通过调查总体状况，制订出《济贫法修正案》，实际上是不顾需求增长而降低救济水平。为减少指望教区救济的人数，人们认为济贫院的环境应该足够严酷，使人们把这里当作最后的解救办法。这种态度仍然存在于提供廉价住房等方面，即使今天的住房救济金制度也是如此，与"田园城市"思想的创立和现代城镇规划发展的价值体系大相径庭，在后者的价值体系中，人们更可能被认为有权获得更好的住房。

后期的发展

1875 年《手工艺者和劳工住所改善法》加强了地方当局对整个地区的管理权，而且不仅限于单幢建筑，在建设为工人阶级提供住所的项目时，有对一个地区的土地进行强制收购的权力。这是向今天地方政府的强制收购和控制建筑项目的权力目标迈进的第一步。1875 年《公共健康法》对住宅设计和街道布局提出最低标准，也是第一批真正的城镇规划法案之一。这些标准能够得以实施推行，是因为赋予地方政府制订自己的地方法规和章程的权力，控制新建街道和住宅的布局。这些标准要求每幢住房都要有后门通道，这是有意解决共用界墙的背靠背住房的问题。概括地说，通过这些法案地方当局行使三种功能，拆除现有的不合标准的劣等住宅、自己实施建筑工程、控制私人营造商和开发商的建筑活动性质等。

通常根据地方法规的规定，街道的宽度必须不小于建筑沿街面从地面到屋檐的墙高，这形成一种相当"封闭的"、重新赋予的人性化的街道尺度。随着 20 世纪初小汽车的发展，更宽的街道和更宽敞的宅前花园出现，居住区这种近人尺度感逐渐消失。1890 年《工人阶级住房法》(Housing of the Working Classes Act) 增强地方政府自己建造新住房的权力，形成地方政府建造政府住宅的雏形。这时开发商对建造工人阶级租用的廉价住宅渐渐失去兴趣，更愿意转而关注更富裕的、新出现的、业主自住的中产阶级的郊区住宅开发。地方政府建造的政府住宅成为 20 世纪城镇和城市的一个主要特征。只是到 1980 年代以后，受一些消极的

图 6.1　伦敦皮博迪建筑
根据现在的标准，很多慈善家建设的住宅都相当简陋，但在当时仍被视为进步。虽然租住公寓和公寓街区在欧洲其他地区都一度流行，但从未在英国流行过。

住宅法案和鼓励人们购买自有住房趋势的推进，这个部门才开始衰落。

模范社区

私人的努力

立法是对19世纪问题的一个重要回应，但改革的进程也有个人推动的作用。很多工厂主，通常是贵格会会员（Quaker）、英国国教徒（non-conformist）、社会主义者，他们自己掏钱试图进行社会改革。同时一些批评家谴责他们方法上的家长式作风，还有一些人会说没有人强迫他们改善工人的处境。在19世纪的许多时候都有工人过剩和高失业率状况，所以，推测起来，从好的方面看他们的意图，是在履行一种公共责任感。不过有些人也可能受更实际的"功利主义"原则驱动，这一原则可以总结为快乐的工人才是好工人，更忠于企业。

新拉纳克（New Lanark）

罗伯特·欧文（1771—1858年）是早期的"城镇规划师"和社会主义者之一，他有很多新思想并致力于付诸实践，包括人们社会生活的各个方面，如教育、住房、健康、工会甚至节育等。像许多其他改革家一样，欧文出身卑微，他从布料商店店员逐步晋升为兰开夏棉纺厂的经理，后与苏格兰的新拉纳克工厂主大卫·戴尔的女儿结婚。当欧文到那里的时候，新拉纳克已经是一个自给自足的经过规划的工业社区，第一幢建筑于1786年竣工，1790年时人口达到2000人。1800年罗伯特·欧文从创建者大卫·戴尔的手中接管工厂。

在接下来的25年中，欧文致力于实践他的社会生活和教育计划。成立"性格培育研究所"（Institution for the Formation of Character），包括护士学校和成

图6.2　苏格兰新拉纳克
这幅照片摄于1970年代，当时新拉纳克比较接近最初的形态。现在已经变成一个苏格兰主题公园，游客可以在里面"体验社会历史"。

人教育，也有儿童学校，在这个城镇成立英国第一个合作商店。不过提供的住房是多户分租的住宅形式，有最简单的水管装置、共用厨房和厕所。这种住宅用今天的标准看是相当简陋的，而且管理也很严格，欧文甚至亲自定期检查住房是否有臭虫。新拉纳克坐落在一个狭窄的河谷中，靠着一条湍急的溪流，这条溪流可以提供驱动机器的动力。新拉纳克并没有工业城镇的"外观"。欧文希望通过建立"协作村"来传播他的思想。他的追随者建设了几个欧文主义社区，包括在英国和北美，如美国的"新协和村"（New Harmony）。后来1813年他完成著作《新社会观》（New View of Society），1821年完成《致拉纳克郡的报告》（Report to the County of Lanark），他的思想广为传播。

布拉德福的哈利法克斯学派（Bradford Halifax School）

下一个阶段的模范社区建设发生在快速工业化的英国中部地区。富有的工厂主阿克莱德建设了两个模范社区，第一个建于1849年，位于科普利，在哈利法克斯附近的考尔德河谷（Calder Valley）；第二个建于1859年，在阿克莱德恩（Akroydon）。著名维多利亚建筑师乔治·吉尔伯特·斯科特受雇设计阿克莱德恩，由非常朴素的工人阶级联排住宅组成，阿克莱德自己的家庭主要大厅坐落在山坡上，因此他可以向下俯视观察他的实验工作（常见的维多利亚式嗜好）。现在这个模范社区被后来发展起来的城郊开发所包围，看起来也并不特别富于想像力，但是其布局和设计在当时被认为是很有创新性的。

阿克莱德不希望他的工人一直租借他的租住房居住，于是他和哈利法克斯地区其他慈善的工厂主一起，1845年建立了"哈利法克斯建造协会"，具先锋性质地提倡工人自己拥有住宅所有权的观念，但是与此同时给予正在向工厂主租赁房产的工人以优惠。在当时人们认为这即使不是社会主义，也是很激进的，而后来的建筑界和拥有自有住房都和"资本主义"有更多的联系，因为工人阶级住房直接转向由国家提供和租赁，而不是鼓励工人通过补贴买自己的住房来满足他们的住房需求。依靠国家补贴拥有居住产权的住房政策在其他国家很受欢迎，特别是在美国，对抵押付款的减税被看作是社会平等政策的重要方面。

哈利法克斯学派的另一重要人物是提图斯·索尔特（1803—1876年），他于1851年在艾尔河边（River Aire）创建了索尔泰尔村（Saltaire），他的职业是用海外进口的羊驼毛生产衣料。现在索尔泰尔被保护区政策保护起来。索尔特在工业关系史上很有名，因为他是第一个提出工人享有茶点休息时间这一正式规定的工厂主。人们普遍认为索尔特是个慈善的老板，但是他严格按照工人工作资历来分配住房，工头得到坚固的双开间住宅，工人则分到普通的联排小住宅。不过在建筑细部上是不计工本的，所有的建筑包括厂房都被建成一种被称为托斯卡纳式的意大利古典风格，所有的建筑都用和巴斯石一样的软石建造。

索尔特并不完全理解人们在完成必要的家务劳动上的难处。他禁止家庭主妇把洗涤的衣物挂在后面的小巷里，如果她们这么做，他会骑马在小巷里疾驰而过，挥剑砍断晾衣绳。他提供公共洗衣房，以及图书馆、餐厅、副业生产地、学校和救济院等社会生活设施。索尔泰尔是一个相对比较小的开发项目，只有800套住宅，但是有很多公共建筑和生活设施。并有与其规模不相称的强大影响，体现在许多后来的模范城镇中，包括北美的和欧洲的，特别是德国埃森（Essen）的克虏伯模范城镇（Krupps）和美国的普尔曼（Pullman）铁路城镇等。

图6.3　a和b　哈利法克斯附近的索尔泰尔（Saltaire）
这个城镇由小尺度的街道和小巷组成，以优雅的工厂建筑为主，为不同层次的雇员提供不同大小的住宅。

田园城市运动

思想

从19世纪初相对高密度的、功利主义的开发，到19世纪末相对低密度的、更奢侈的田园城市计划，有一个显著的风格变化，即住宅群由有山墙端面和宅前花园的传统小别墅组成，而不是租住公寓或平淡的联排住宅（Cherry，1981；Hall，1992）。为工人阶级设计理想的住宅成为建筑学一个非常流行的分支，尽管有些设计非常昂贵，更适合时髦的中产阶级家庭建筑开发，而不是提供廉价的大规模生产的住宅形式，如伦敦的贝德福德公园（Bedford Park，Bolsterli，1977）等。在大型乡村庄园的设计上，一直有为农业工人设计精巧小屋的传统，通常是别致的风格，以便从宏伟庄严的住宅窗户看出来的时候，这些小屋本身就成为风景的有趣要素（Dresser，1978；Darley，1978）。

　　著名建筑师如乌恩、帕克和勒琴斯等受雇设计田园城市和田园式郊区，这些都是在将接近19世纪末开发的（Service，1977；Dixon和Muthesius，1978）。特别是雷蒙德·尤恩，他支持有花园的低密度住宅，并提出"拥挤无益"的格言（Unwin，1912）。并设法在他的规划里证明，高密度网格布局的联排住宅并不一定是节约空间的最佳途径，他推荐每英亩12幢住宅（每公顷30幢）是最好的解决方案（Hall，1989：55）。著名的文艺名流和上层社会成员都卷入到了改善环境的运动中，如比阿特丽斯·韦伯，罗斯金，威廉·莫里斯，查尔斯·狄更斯，卜威廉，曼宁主教，查尔斯·金斯利，以及亨利·乔治等，都与田园城市运动和早期城镇规划事业有关。很多女性在早期住房运动中表现积极，最著名的要数奥克维娅·希尔，她于1875年完成了《伦敦穷人的家》这本书，并建有许多住宅，影响到整个现代住房物业管理的职业性质（Smith，1989；Macey和Baker，1983）。

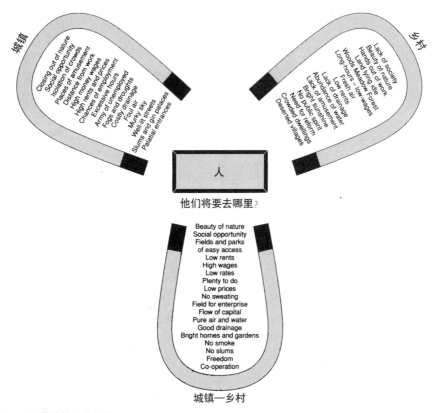

图6.4a　霍华德的三磁体图

三个磁铁图表达出霍华德规划的区域和国家战略，邻里和城市设计以一种可持续方式体现社会、经济和环境要素的整合。

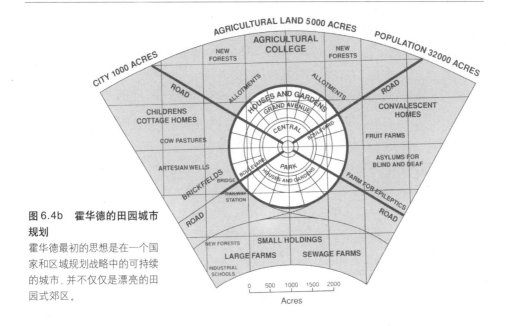

图 6.4b　霍华德的田园城市规划

霍华德最初的思想是在一个国家和区域规划战略中的可持续的城市, 并不仅仅是漂亮的田园式郊区。

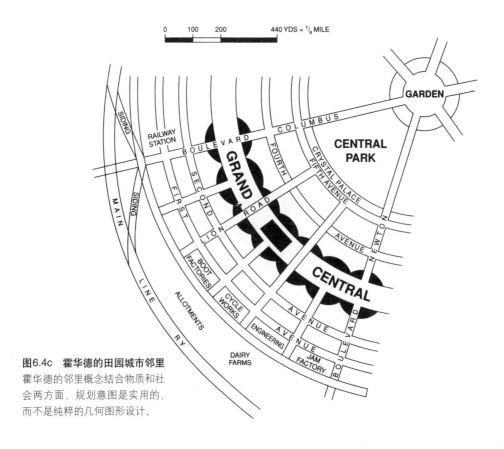

图6.4c　霍华德的田园城市邻里

霍华德的邻里概念结合物质和社会两方面, 规划意图是实用的, 而不是纯粹的几何图形设计。

　　埃比尼泽·霍华德1898年完成《明天——一条通向改革的和平道路》这一著作，1902年改名为《明日的田园城市》，在书中提出，创造一个理想社会的主要城市规划思想（霍华德，1974年版）。霍华德认为虽然工业革命带来过度拥挤、住房条件差等严重问题以及环境问题，但也带来很多好处。因此他想办法在"城镇—乡村"或者"田园—城市"即他所谓的理想社会里，把现代城镇和新兴工业社会的精华，与乡村和传统农村生活方式的精华结合起来。这种思想用图形表现在三磁体图上，在图中田园城市被看作是有力的"反磁体"，吸引人们远离过度拥挤的工业城市和落后的乡村。

　　霍华德是工业革命之后出现的关注城市环境的一群人之一。他曾去美国参观过欧文主义社区，在这片自由的土地上有各种宗教社区，如盐湖城的摩门（Mormon）教徒聚居点和各种门诺派教徒（Mennonite）社区，这些人努力创造地球上的天堂（Hayden，1976；Kanter，1972）。霍华德设想的田园城市创意，是每个城市大约30000人口，划分成较小的5000人的邻里，作为现存的有卫星城的大都市的反磁体，在遍布全国的复杂区域网络上，共同联结形成巨大的"社会城市群体"，设想这个网络通过最现代的公共铁路交通联结起来（他的确生活在火车时代的维多利亚时期的英国），当人口进一步扩张的时候就建立新的城镇。

　　这带来全国尺度的城镇规划，城市间的联系网络覆盖全国，现存的城市将恢复到更便于管理的规模和更舒适的环境。霍华德经常被曲解为支持一种以"绿色"原则为基础的、逃避现实的低调生活方式。实际上他是通过建设完整的田园城市网络的方式，倡导改造英国经济和社会的非常现实的途径，田园城市将成为现有大都市的反磁体，并重建被工业革命破坏了的城乡平衡。

　　因此，霍华德不仅要在宏观层面上规划城市，而且有一套完整的区域和国家土地使用战略，还思考城市如何在微观层面上划分。把城市划分为5000人的邻里的想法在邻里单位中体现出来，邻里单位是从1946年开始的战后英国新城开发的基本结构元素。5000这个神奇的数字被看作是一个能产生社区精神意识和居民群体意识的理想规模；回到古文物研究者所怀疑的希腊城邦时代的城市概念（第5章）。

　　从图中可以看出，霍华德提出很多在田园城市里划分不同土地用途和活动的创新性想法，如他把所有的工业放在外圈，处于城市的外围，这是许多战后新城规划遵循的又一特色。他提议在居住区里密度相对较低，有许多树木、开放空间和公共停车场，以及每幢住宅周围有宽敞的私家花园，都是形成田园城市布局的基本要素。但是他并不像一些批评家想像的那样，仅仅是在随意地布置美丽的场景和道具，因为一切都有科学的目的，如减少疾病，鼓励人们在花园里种蔬菜，以及建立一种幸福、和谐和社区精神意识等。

他提议围绕城市应该有一条"绿带"用作农业生产——不像这个词现代具有的在城镇和乡村之间纯粹的缓冲区的意思。他致力于在田园城市的经济制度、劳动力划分和人们拥有的工作选择权中，重新建立城镇和乡村之间的联系。实际上他希望创造的是现在所谓的一整套的生活方式。为在日常生活和规划中使城镇和乡村结合为一体，他设想城镇居民既影响和控制着城市周围的农业用地，又控制着现代工业活动（霍华德，1974，最早于1898年）。

很明显，霍华德不仅关心他所发展的物质的城镇规划，而且有关于社区的各个层面、从全市到局部邻里，再到家庭层面的社会和经济特性的想法，这些想法是和人们如何生活以及土地和房产如何持有等相联系。他不认为自己是社会主义者，只是出于更宽容的传统，提倡公有制而不是共产主义。他设想最好的方式是大多数土地都合作拥有，但是也允许店铺和商行有私有权；即现在所称的混合经济方式。

把城市划分为独立的邻里社区的想法不仅是对城镇分期建设的解决方案，同时也是出于以合理的方式提供必需的福利和设施的考虑。希望居民产生一种社区意识，并认为通过把田园城市划分为可识别的邻里社区，拥有自己的学校和商店，就能最好地达到这个目标。这一观念在英国战后的新城中重新出现。他对"社区"的兴趣也反映出当时社会学家的影响，关注传统社区衰落的"问题"，以及冷漠的大城市里潜在的社会割裂，这些将会在关于社会方面的章节里，结合现代新城的邻里单位概念进行讨论。

霍华德和许多现代城镇规划师不同，视野没有局限在公共生活领域的"重大问题"，他不认为家庭和私人领域的问题细微而轻视其存在，可以看出整个田园城市概念就是对喜欢家庭生活的"小资产阶级"美德的颂扬。他知道家务劳动和家庭照管工作的负担问题，因为当时的女权主义者都曾宣扬过。于是他试图把合作的家务管理与田园城市的布局和运作结合起来（Pearson，1988）。当时许多人都在寻求在家庭以外，以与生产工业化一样的方式，来提高家务劳动的效率。由于女性获得更大的解放，这个问题在许多家庭变得很迫切。

"佣人问题"本属于中产阶级，但是合作的家务管理也会减轻工人阶级女性的辛劳，不论她们是在自己的家里做家务还是在别人家里当佣人。人们提出很多其他想法来缓解家务问题，特别是在北美。例如，有人提出可以有传送带围绕着城镇运转，每个家庭从上面领取膳食，然后把他们需要"洗涤的餐具"放在同样的装置上，在城镇中心的公共厨房清洗（Hayden，1981）。

工人阶级是现有过度拥挤城市人群的大部分，田园城市思想希望为工人阶级提供一种居住选择,尽管自相矛盾地反映出很多中产阶级对如何解决佣人问题的态度。正如所见,后来田园城市一般被认为主要考虑的是中产阶级人群,具有费边式的(Fabian)知识分子形象,以及在大众新闻里看见的骑自行车的解放女性,仿佛是这个高尚社会的主要居民。

图6.5 田园城市风格的工厂城镇
建于19世纪末的阳光港和伯恩村(Bourneville)都利用仿都铎式风格,后来成为20世纪初私人郊区住宅的主导风格。

霍华德不仅是个理论家,而且是个实践者。当时没有适当的国家城镇规划体系,不论要做什么都必须通过私人投资和开发才能实现。他在第一次世界大战之前成立了第一个"田园城市有限公司",并于1903年在莱切沃思(Letchworth)启动建设,随后1920年在韦林(Welwyn)进行田园城市开发,都是当时伦敦的边缘地区,现在则完全在通勤地带内。这些事业后来都陷入营业困境,但是他所建议的花园城市环选址后来被1946年《新城法》的规划师所采纳,作为英国第一阶段新城的选址。

霍华德著作的影响远大于实践。他工作的很多方面继续影响着现代城镇规划的发展,包括把将城镇划分为邻里、在中心和地区分级建设公共设施和基础设施、城市绿化带、土地使用区划、公共交通方式,以及对新发明(当时)的自行车的热情。以后许多战后新城都建有自行车道。可能在田园城市运动的所有方面中,最有影响的是对乡村住宅的重视,这种住宅有花园,以中低密度建造,是田园城市中居住区的主要形式。这与早期英国内城以及欧洲大陆中的多数慈善组织的开发和某些模范社区形成鲜明的对比,那些社区重视劳动阶级的普通租住公寓,如伦敦南部皮博迪的租住公寓等。

随着时间的流逝,霍华德思想的很多其他方面被遗忘。如合作的家务管理很快就被后来的规划师遗弃。建立一个以合作和城乡协调为基础的新经济秩序的各种想法,在国家规划制度中有所反映,但是很少,因为国家规划制度的重点在于规划控制和土地利用区划。许多田园式郊区仿效他的想法,大多数喜欢仿都铎式(木构架,有山墙端面)田园城市的建筑风格。这种住宅风格到1930年代更加流行,并逐渐代表着新兴中产阶级的住宅模式,被当时投机的住宅建造商和房地产代理广告广为宣传。以至于现在仿都铎式半独立和独立式郊区住宅被视为正常的和本来的开发形式。

1990年代这种伪都铎式风格又大为流行起来。许多建筑师认为这种风格很虚伪,品位很低,但是现在大多数人都住在郊区。这一风格经受了时间的考验,证明比所谓现代运动的冰冷的、实用的玻璃和混凝土好得多,后者从未在居住建筑里流行过。

社区

霍华德从很多观点相近的人那里获得鼓舞,也影响了许多后来的模范社区建造商的工作,在建设中采用田园城市风格。如乔治·卡德伯里(1839—1922年)于1879年把他的巧克力厂从伯明翰搬到伯恩威勒(Bournville),1895年在工厂周围建造主要居住区,与霍华德写书发生在同一时间。W·亚历山大·哈维受聘为设计师,他认为在设计布局中应尊重地形——"利用基地的等高线,缓和弯曲的线型总是比直线好"。这与许多早期居住区拘谨整齐的"井字形"布局形成对比,并成为英国城镇规划"商标"的先驱,这就是蜿蜒曲折的道路和通常较为"自然的"面貌。住宅密度很低,每英亩7—8幢住宅(低于每公顷18幢住宅),有很大的用于园艺的私家花园、很多树木和开放空间、宽阔的道路以及充足的学校和商店。最开始有些住宅向普通公众出售,但是整个居住区主要是为工厂的劳动者提供住所。设计是深受改革者欢迎的仿都铎式的老式乡村住宅。乔治·卡德伯里是埃比尼泽·霍华德思想的支持者,而且是霍华德在伦敦东北部的莱切沃思建造的第一个田园城市的第一届董事会的董事(Gardiner,1923;Hall和Ward,1999)。

阳光港是肥皂制造商利华建造的,从利物浦横跨默西河(Mersey)。利华(1851—1925年)(及兄弟们)从自制肥皂和蜡烛的杂货商起家。利华在默西塞德郡(Merseyside)购买了52英亩土地,1888年开始在那里建设工厂,然后1989年

图6.6 田园城市的设施
学校之类的社会设施是此类开发的要素,就像伯恩村(Bourneville)的这所学校一样。

图6.7 纽约附近朗特里(Rowntree)的新伊斯维克(Earswick)
这一形式是20世纪初都铎·沃尔特政府住宅标准参照的基础。

开始建模范村，1934 年完成。这个方案也是低密度的，每英亩 5—8 幢住宅。住宅主要围绕划拨出的花园组合成街区，但受到以后很多代居民一直抱怨的是没有私人的后花园。虽然他请了很多建筑师，但他自己对建筑和城镇规划仍然发挥主要影响，并资助了利物浦大学城镇规划系首任讲座教授（Cherry，1981；Ashworth，1968）。

约瑟夫·朗特里（1836—1925 年）在纽约附近的新伊斯维克（New Earswick）建设一个模范社区。他请尤恩和帕克作为设计师，围绕尽端路组织田园城市式住宅。这种住宅的风格和空间后来成为 1909 年和 1919 年地方政府部门制订《住宅和城镇规划法》（Housing and Town Planning Act）中建设政府住宅的标准，尤其是都铎·沃尔特的政府住宅设计标准（后来被帕克·莫里斯标准所取代）。新伊斯维克村的建筑风格受汉普斯黛（Hampstead）的田园郊区、曼彻斯特的怀森修（Wythenshawe）以及莱切沃思的第一座田园城市开发的影响，虽然是以稍具吸引力的高档方式。全国范围还有一些比较小的田园郊区型建设，但到 20 世纪初，这些开发通常仅仅是开发商用来向新兴中产阶级出售住宅的建筑外壳，许多最初具有的公有制社会的理想早已被遗忘了。

建设模范社区不一定都是因为慈善的或理想化的动机，北美有几个纯粹以盈利为目的的田园城市类型的实验，1980 年代英国有人提议在伦敦绿化带中建设完全私有的高档新城，这是由深受田园城市思想传统影响的开发团体联盟提出的。他们的提议受到中央和地方政府的强烈反对，以及"英格兰乡村保护委员会"（CPRE）的压力，因此放弃了这个想法。

田园城市运动在整个 20 世纪取得巨大反响，影响了两次大战之间的"半独立式住宅郊区"的风格和布局——尽管是有争议的形式，促进了战后的新城开发，把私人开发商的观点体现在居住区房地产开发中。田园城市思想在世界各地广泛传播，在日本、澳大利亚、北美、德国以及其他一些国家都有开发。实际上，有人认为在英国田园城市运动之前德国就有类似的运动。

有人把田园城市的原理看得过分简单化，认为只是重点放在以建筑学和物质规划领域的手法解决复杂的社会和经济问题。其实霍华德与其追随者所不同的，就是他试图提供一种综合空间和非空间问题的整体规划方法。虽然这一思想产生于工业化和大规模自然资源开发作为法则的时代，他的设计仍然可以证明在环境上是可持续的。

传统风格

田园城市设计师和后来的半独立式、木构架的郊区住宅投机建造商再现英国乡村的愿望，导致许多居住建筑的传统风格重新流行（乡土建筑学，详情和例证见Munro，1979；和Prizeman，1975）。田园城市运动思想和建筑影响并不局限于城镇规划领域，而是影响到更广阔的回归传统乡村生活和建筑的流行文化上，这无疑是对快速工业化和城市化的回应行动。以深色木材和白色山墙面为特征的木构架建筑在新郊区住宅房地产开发中特别流行。有些风格在最近几年开发的房地产开发中创新恢复。然而不论在 19 世纪还是 20 世纪，很多这些风格都是不"真实的"，也不能使用大规模生产的替代材料。

作业

信息收集

I 选择一个容易找到资料的田园城市或模范社区。从物质空间布局、建筑、社会和经济结构以及行政组织方面认识其关键特征。

概念和展开

II 人们往往指责田园城市运动提倡的是一种过于简单化的、家长主义的、主要是物质的（基于土地使用和布局的）城镇规划观点，并不解决根本的经济、社会和政治问题，对此展开讨论。

问题思考

III 哪种本土建筑风格你更感兴趣，为什么？

深入阅读

城乡规划协会的月刊，*Town and Country Planning* 很多都是关注田园城市、新城和可持续发展的文章。也可阅读Howard的*Garden Cities of Tomorrow*，Hall and Ward，1999。

Peter Hall 和 Gordon Cherry 的著作提供从 19 世纪乌托邦规划转变到 20 世纪法定规划制度的宝贵背景资料。大量权威的住宅教材论述了住宅的演变 (Murie, Smith, 及其他)。

有大量关于古典和本土建筑风格的著作，特别是Pevsner的英国不同区域的指导，可参考 Betjeman, Pevsner, Oliver (1997)。

现代建筑的实例参考 RIBA 期刊，包括 Architects Journal，也可以仔细阅读各种建成环境专业机构出版的建设和建筑期刊。

第7章

20 世纪上半叶

新的世纪

第7章的第一部分讨论城镇规划中高层建筑的发展，与英国低层建筑的田园城市发展道路形成强烈对比。第二部分回顾了英国城镇规划立法的发展过程，战后重建时期的 1940 年代后期是立法发展的集中时期，并为现在的规划体系奠定基础。

理念家

新技术

城市发展和特征的一个主要限制条件是可利用的建筑技术和交通运输技术的发展水平。城市可以向上生长，也可以向外生长，或者集中在步行距离以内紧凑密集地建设。田园城市采用传统的低层仿都铎式乡村住宅风格的住宅形式，但是结合使用最新发明的交通方式，利用有轨电车、火车和自行车，使城市向外水平扩展。人们可能认为田园城市运动是回到过去，唤回传统价值观，并重建与自然界和乡村的和谐。而另一个思想派别——欧洲的高层建筑城镇规划方法，如勒·柯布西耶思想所概括的，认为过去的观念已经过时，并试图创造一个新的、先进的、建立在科学和技术手段征服自然的基础上的时代。勒·柯布西耶试图利用现代建筑技术使他规划的城市能够向上垂直生长，甚至提出一英里高的摩天楼的想法。城市大众被认为是无知、落后和不经济的，不认为他们拥有值得为之努力的朴素价值观和家庭生活秩序；为更好地满足新兴工业社会的需求，需要以更严厉标准、朴实无华和最新型的生活观念进行再教育和再认知。

欧洲高层建筑运动注重轮廓鲜明，线条整齐，运用质朴的素混凝土、玻璃和钢，代表对传统城市无序状态的一次逆反行动 (Pevsner, 1970)。在 20 世纪上半叶，有很多其他建筑潮流，如"新艺术运动"，从美术和绘画潮流以及更广泛的"艺术和手工艺"运动中吸取很多思想，特点是注重以原始的方式运用传统材料，特别是华丽的铁制品。其他建筑师则重新采用拘谨的古典风格，例如，勒琴斯（Lutyens）设计的许多市政厅和公共建筑，喜欢引用传统的砖表现朴素的新乔治风格。他的建筑还明显受到印度文化的影响，在设计印度新首都新德里时，他开始对印度文化感兴趣。

20世纪初的建筑是对19世纪过度装饰、折中主义和城市无序状况的逆反和回应，努力形成一种"没有风格"的现代运动，完全以功能、科学与技术的应用为基础来使用新建筑材料和技术。

为什么表现为高层建筑运动的城市垂直伸展在本质上是欧洲趋势而不是英国趋势呢？直到20世纪，由于欧洲的政治形势远远不及英国统一，所以在欧洲一直需要在独立的城邦周围采取防御措施，特别是城墙，直到空战出现后城墙才变得多余。而田园城市运动反映出一种贯穿整个英国历史的趋势，就是不设防的开放式的城市，边缘是低密度的城市蔓延发展地区和围绕主要城市中心的郊区村庄。欧洲对防御设施的需求导致人们更赞同生活在高密度的城市里，建筑聚集得更紧密，由多层的单元住宅大楼构成（Sutcliffe，1974）。

人们普遍认为建筑垂直高度的自然极限大约是6层，因为这是实际生活中一般人们愿意爬楼梯的最大可行高度。随着新能源如天然气和电力的开发，以及新的技术和机械的发明，建筑造得更高一些成为可能。钢结构使高层建筑得以诞生，而从前大多数建筑靠重力墙支撑，这种墙靠自身的重力保持稳定。在钢结构建筑物中，墙和窗实际上是悬挂在钢骨架上的构件。机械起重机的发明，特别是北美发明的电梯，意味着人们可以住得更高而不必爬楼梯；事实上只有天空才是极限。这些发明的社会后果，一方面，在应用于廉价的政府住宅时，由于电梯常常不运行，人们不得不爬很多段楼梯；另一方面就是昂贵的私人公寓大楼的维护费用。

诸如功能主义、未来主义和现代主义等新运动在20世纪初开始出现（Pevsner，1970）。"形式追随功能"，"美就是功能，功能就是美"成为新一代建筑师的战斗口号，他们试图创造新的无装饰的、朴实的"无风格的风格"，即德国的沃尔特·格罗皮乌斯宣传的"功能主义"。他是世界闻名的建筑师和包豪斯的院长，包豪斯是一所两次战争之间很活跃的、影响力极大的建筑、美术和设计的先锋实验学院。第二次世界大战以后，一些欧洲的功能主义建筑师来到英国，在伦敦郡委员会（LCC）工作，进行战后重建规划和住房设计工作（Hatje，1965）。功能主义和包豪斯风格对室内设计产生的影响，今天仍可以在现在的希尔斯家具店里找到一些影子。

未来主义希望充分利用新技术和新材料，创造一个空间时代的社会。桑特埃利

图 7.1　a 和 b　莫斯科工厂化制造的住房
在莫斯科一个国家住宅供应工厂以及最终作为产品的共产主义时期高层公寓大楼。

亚（Sant'Elia）1914 年的多层城市看似科幻小说或星球大战电影里的东西，由更适合机器人而不是人居住的、巨大的单元住宅大楼构成。很多此类建筑后来证明运行得并不好，而且在建成后很短的时期内就需要维护：当然也不可能支持到未来。混凝土被污染了，加固构件坏了，窗框生锈了，电梯停顿了，屋顶漏了。传统的乡土风格建筑最后被证明更实用，但是被斥为感情用事、过时和资产阶级的，被先驱们摒弃。使用石头和板岩等地方材料的建筑风格，通过推导出不同的屋顶坡度来适

图 7.2　纽约公寓住宅的阳台
这些是中央公园附近的高价房地产，正是田园城市运动的对立面。

应天气状况，也就是说，在几个世纪里屋顶的坡度是由建筑工人和木匠根据试验和误差不断改进的。高明的传统建筑工人能保持精美的细部，如以窗台中充分外伸防止雨水从上面滴流到墙上导致变色，但是现代运动的新式建筑就忽略了这些。

勒·柯布西耶

勒·柯布西耶（1887 — 1965 年）（Pardo, 1965）是一位瑞士建筑师，主要在法国工作，以国际风格的思想为代表。参观纽约后对他产生很大影响。欧洲人最初抵制非传统的、殖民地的、商业化的、受到怀疑的美国建筑形式。他没有发明一种新的建筑风格；而是将北美建筑风格转变为一种可以被欧洲接受的新生的国际风格。勒·柯布西耶对亨利·福特的小汽车大规模生产方式印象深刻，相信住宅也可以在流水线上大规模生产，然后把构件在基地组装起来。

由于生活在法国，他的住宅概念有集中于单元住宅或公寓的趋向。他设想在高层公寓大楼里的多层楼的生活方式，其中每个独立的住宅单元都以科学计算出来的尺寸为基础——一个满足普通人需求的模数单元。他说，"住宅就是居住的机器"（Ravetz, 1980）。这是一种狭隘的住宅观，认为建筑师可以制造标准化的单元来满足标准化的人们需求。

他对过度拥挤和现代工业化带来的城市化问题的解决办法是全部推倒重建。他希望将巴黎推倒重建，但是幸运的是城市当局没有赞成他的想法。居住和其他土地用途，将在高层大楼里叠加，形成垂直城市，每幢大楼里都由垂直邻里构成。这些大楼立在柱子上，于是空出地面层来扩大草地和树木等建造美化的公共区域。他甚至建议通过将人们都赶进这些大楼里居住，可以把90%的地面空出来（勒·柯布西耶，1971[1929]）。对开放空间的重视与田园城市思想有相似之处，但是是以公共空间而不是私家花园的形式。在他的少数设计中，勒·柯布西耶也允许低层住宅存在，但不是所有的设计里都允许。因为他的观点，勒·柯布西耶通常被指责为极权主义者。他希望发起一个住宅大规模生产运动，"我们必须建立大规模生产的意识"。这完全不是参与性的规划，而是将建筑师看成某种专家神职人员，他们具有优越的智力，知道什么是人们最好的选择。

现代建筑一般被人们指责为从视觉和城镇景观方面创造出大量令人印象深刻的建筑，但是缺乏对个人和家庭实际如何在建筑里生活的敏感和认识，导致常出现在哪里晾晒衣物、在哪里让孩子玩耍、哪里铺开工具修摩托车不会被偷等问题，这些是现代家庭生活的普通功能。勒·柯布西耶的追随者会说现在的高层建筑纯粹是仿制品，和他最初的想法毫无关系。同时在

图 7.3 纽约的建筑使人显得矮小
传统欧洲城市的人性化尺度与北美建筑的庞大尺度完全不同。

英国，在"高层建筑运动"的顶峰，普通的塔楼最高大约达到 12 层，在世界其他地方，特别是北美以及在逐渐发展的东南亚（表 7.1），建筑就高得多。

勒·柯布西耶的建筑实践也很活跃，并且以大量的单体建筑闻名。高层建筑只是勒·柯布西耶提出的一系列城镇规划思想的一个方面。和埃比尼泽·霍华德一样，

世界上最高的建筑	表 7.1
电视塔，德里，1988 年	235m（776 英尺）
埃菲尔铁塔，巴黎，1889 年	300m（984 英尺）
帝国大厦，纽约，1931 年	381m（1257 英尺）
西尔斯塔，芝加哥，1974 年	443m（1454 英尺）
马来西亚电视塔，吉隆坡，1996 年	420m（1386 英尺）
油气公司双塔，吉隆坡，1996 年（最高的建筑）	452m（1483 英尺）
莫斯科电视塔，1967 年	540m（1782 英尺）
加拿大国家电视塔，多伦多，1976 年（最高的桅杆结构）	553m（1802 英尺）
伦敦的比较	
加那利码头	243m（800 英尺）
国民西敏斯银行（Natwest Tower）	182m（600 英尺）
英国电信塔	176m（580 英尺）
尼尔森圆柱	56m（185 英尺）

资料来源：The Concrete Society, 1997 年。

他赞成土地使用区划（当然垂直方向和水平方向一样）和交通集中，甚至提出在他的大楼之间为新发明——小汽车——建设早期的城市高速公路。虽然他的大多数规划思想停留在书本里而不是实现的开发项目，但他极大地影响了随后的几代人。他从未有机会在欧洲建成一个自己规划的城市。然而有点不合时宜，他负责印度旁遮普邦的新首府昌迪加尔的设计——一个非常传统的多层规划。西方建筑学重视科学的土地使用区划和为汽车提供宽阔的道路，这对欧洲存在的问题可能是理想的解决办法，但这样的城市在印度就显得脱离文脉，也不合适，因为这里小汽车交通很有限，生活方式也更乡村化。勒·柯布西耶常被提起，更多时候可能是因为法国南部的一个很小的规划，1947年在马赛附近的联合住宅大楼设计，是一个多层单元住宅开发，主体建筑结合社会和商业用途，包括住宅单元和一个托儿所、商店、公共休息室和一个屋顶运动场。

此时在英国，居住建筑由两次大战之间的田园城市仿都铎式风格占主导。有大胆的建造商尝试把现代功能主义运动的思想应用于英国居住建筑，建造"糖块住宅"，即现代风格的有屋顶平台和实用的金属窗框的混凝土住宅。可以在英国很多城市看到这种实例，但是这些从未像乡土风格如仿都铎式的郊区住宅那样流行过。

英国的规划发展

一个新世纪

城镇规划师的兴趣不仅局限于住宅或工人阶级地区，而是关注所有的土地用途和社会阶层的规划。但是相对而言，直到1960年代，英国城镇规划对"空间的（物质的）"特别强调一直占统治地位，1960年代规划变得更关心所提出的物质土地利用政策的"非空间的（社会的）"结果，因而少了一些自信，多了对其作用的批判。

城镇规划正被接受为是与测量和工程分开的更高一级的专业。1914年成立了"皇家城乡规划学会"（Royal Town Planning Institute，Ashworth，1968：193）。根源于田园城市运动"城镇和乡村规划协会"（Town and Country Planning Association）也成立，并成为重要力量。但是当时还没有实施规划的立法权，也没有成为地方政府的重要功能。

20世纪初人们认识到城市问题不可能"一劳永逸地"通过提出"规划"来解决，规划带来无穷尽的政策制订、控制和修正的过程。苏格兰城镇规划师帕特里克·格迪斯写了一本书，强调了可以概括为"调查、分析、规划"模式的科学工作方法的重要性（Geddes，1915 [1968]；Boardman，1978）。

图 7.4　印度旁遮普的昌迪加尔市 a 中心区；b 居住区
柯布西耶从未在欧洲建成一个城市，但是他设计了印度旁遮普的首府，女建筑师简·德鲁是他的负责居住区设计的助手之一。

1909 年《住房和城镇规划法》通过了，这是一个建立英国城镇规划的领域和性质的发展道路的议程。这个法案由自由党的改良政府提出，使大规模的政府住宅项目建设成为可能，同期伴随着私人出租住房的衰落。根据这个法案，地方政府部门拿出当时所谓的"城镇规划方案"，展示这些新开发项目的位置和设计。在安排这些独立的设计项目过程中，不可避免地会遇到关于整个城镇的布局和设计以及未来可能发展的各方面问题。事实上政府住宅房地产通常在土地最便宜的城市边缘，以及不大可能与中产阶级城郊居住区产生冲突或引起其房地产价格下降的郊区，但为以后留下很多交通问题隐患。

第一次世界大战

1914—1918 年的第一次世界大战是重要的社会和经济发展的分水岭。随着这次战争，并部分因为对社会动荡局面的恐惧，社会考虑到需要为工人阶级提供更好的住房和社会环境。社会被阶级和性别界线鲜明地划分为不同的阵营。许多女性被吸收进工厂工作，特别是战争期间的兵工厂。虽然战后很多女性不得不把工作交还给归来的男性，但是新的工厂和办公室工作仍逐渐向女性敞开大门。由于缺乏劳动力，1919 年的《性别资格剥夺（免除）法》[The Sex Disqualification (Removal) Act] 使女性第一次正式地走进职场（Lewis，1984）。以前女性主要参与一些住房、公共健康甚至城镇规划问题等相关的志愿者工作，在 19 世纪后期的改革之前，女性几乎都没有拥有自己财产的权利（Hoggett，和 Pearl，1983）。

1919 年的《住房和城镇规划法》针对为从大战中归来的军人提供"英雄之家"，特别提出大规模的政府住宅建设的计划。依据 1919 年法案，建造了 213000 幢住宅，随后第一届工党政府提出《惠特利法》（Wheatley Act，1919 年《住房法》），对国

图7.5　布里斯托尔靠近Trym的韦斯特伯里（Westbury）混凝土住宅

在英国这种"糖块"混凝土住宅体现出新国际风格的通俗化和郊区化。

家提供住房给予极大的重视（Macey和Baker，1983；以及Smith，1989）。1918年受到田园城市思想的影响的第一个重要住宅报告《都铎·沃尔特报告》成为标准。后被《帕克·莫里斯报告》（1961）所取代，后者又被一系列其他有关成本削减的标准所代替，超越了纯设计的内容。早期政府住宅的居住者主要是熟练工人及其家人。早期的政府住房并不特别关心无家可归的人，或者给穷人提供住宅，那是更早的慈善住房信托公司和奥克塔维亚·希尔的住房管理模式更关心的功能。不论是当时还是现在，与家庭住房相比，为独身者、单亲家庭、寡妇、残障者和老年人群体提供住房一直都处于次要的地位，是不能与前者相比的。

1919年《法案》要求地方政府制订城镇规划，20000人以上的城镇要制订总体土地利用区划和新住宅房地产开发的位置。与第二次世界大战（1939—1945年）以后的大多数规划法案一样，由于缺乏资源和熟练的人员，功能很弱，难以管理和实施。城镇规划只是提供建议或图示性的，通常只是表明哪里已经开发而不是为提出未来发展建议的土地使用区划图，但这是个开始。不同的地区规划的标准有很大差别，有些地方政府带头做规划，而有些政府事实上完全忽视规划。虽然从城镇规划角度来看，1919年的法案没有多大效果，但是为一系列后来的两次战争之间的住房法案奠定了基础，那些方案在提供政府住宅方面扩大了国家的作用。

两次大战期间和社会变革

1920和1930年代是比较繁荣的南部和中部地区大量建造私人住宅的时期。围绕城镇和城市建造了大量的私人投机房地产，人们逃离城市的拥塞，寻求乡村的新鲜空气和阳光。勒·柯布西耶等人的极权主义规划设计，看起来似乎更属于19世纪。当更多的人有财力想要根据自己的需要做出选择的时候，很多人选择了有花园的独立住宅而不是高层大楼里的公寓。如果可以认为19世纪的规划问题是与贫穷联系在一起，也就是说大多数人拥有太少的财富，那么20世纪出现的郊区蔓延和交通堵塞等新问题却是大量人口财富增加的结果。城镇规划开始关注保护乡村免受城镇扩张的侵蚀，以及控制现有的城区范围内城市开发的质量。

图 7.6　普通的郊区住宅
在英格兰和威尔士，20 世纪城市扩张的特点是广泛的郊区化。19 世纪末模范社区的乡村仿都铎式和木构架建筑的风格被大量模仿。你认为这种郊区是"真正的城市"的一部分吗？大多数英国人就住在郊区。

又一次的交通技术革命更加快郊区蔓延的进程，即内燃机的发明。随后机动化公共汽车和小汽车的大规模拥有带来更多更大的灵活性。但是战前私家车拥有者从未达到 200 万，战后再次下降。到 1950 年代中期经济复苏开始逐渐增加，今天行驶在道路上的车辆超过 2000 万辆。这个趋势开始于 19 世纪铁路建设的扩展，随着 20 世纪初伦敦周围大都市地区铁路的扩展而迅速发展，产生所谓的"大都市地带"（Jackson，1992；Betjeman，1974）。

又一次经济革命产生，其社会影响和工业革命一样深远，那就是商务和办公的发展。这次经济革命一直持续到现在。1920 和 1930 年代形成一个由上班族、行政人员和管理人员构成的新兴中产阶级。他们是生活在新蔓延郊区的新通勤者。1910 年，有 90% 的住宅是被出租使用的，拥有自己住房的人仅限于很少的更富裕阶层（Swenarton，1981）。即使在两次大战之间，绝大部分人也是或者向地方政府、或者向私人业主租房子住，只有 1/4 到 1/3 的人拥有自己住房，根据不同的地区而有所不同。但是现在拥有自己住房的人接近 70%。在新兴中产阶级中间兴起住房协会运动，这些"抵押者"可以用向住房协会抵押贷款来购买住房（Merrett，1979）。

这次发展主要集中在南部和中部地区，尽管在英国的老工业区，两次大战之间的特点是大萧条和高失业率，北部和中部衰落的重工业区失业尤其严重。因此需要良好的管理政策来应对失业的影响，也有必要使工作岗位、人口和住宅在整个国土上更平衡地分布，这有助于消除不断加剧的南北之间如"两个国家"一样的差别，1930 年代的大萧条使这一差别越来越显著。毫无疑问，廉价劳动力从这些萧条地区南下从事建筑业，是两次大战之间建筑业繁荣的有利因素。由于粮食从海外进口，农业土地也很便宜，于是郊区大规模扩张的条件成熟。

1930 年至 1940 年有 270 万套住宅竣工，而且绝大部分以城市蔓延方式扩展出去（Legrand，1988）。1932年《城乡规划法》（The Town and Country Planning Act）试图阻止这一发展洪流，要求地方政府制订区划图，划出有限的区域用作住宅开发，并要求开发商取得初步的规划许可。事实上，很多开发商根本就无视这部法规，因为处罚非常轻而且难以实施。如果许可被驳回，还要求地方当局做出赔偿，这自然阻碍了他们否决开发商的计划。在开发商想建设的时候如果没有有效的规划，他们就被赋予所谓的"临时开发控制"许可。实际上所有这些意味着规划师通常在开发商建设之后才画出土地使用区划图——几乎没有主动的城镇规划。

开发商为省钱往往选择沿道路开发住宅，在城镇郊区形成狭长的带形开发，并延伸到乡村地区。虽然住宅后面可能是田野，但是这些住宅开发在视觉上阻挡景观视线。从社会方面，伸展很长的成排的住宅也不利于学校、商店和社会服务设施的建设。从交通方面，因为拥有小汽车的人增加，一系列的汽车库和私用车道直接通到主要道路上，引起严重的交通问题。这种带形开发决不是带形城市思想的一部分，也不能和带形城市思想相提并论，在带形城市思想里，所有的邻里和土地使用都像项链上的珠子一样以线形形式展开。1935年《限制带形开发法》（The Restriction of Ribbon Development Act）试图控制这种不必要的带形开发，要求开发商以更紧凑的单元来建设，有远离主要道路的整体的居住区内道路。这部法案涉及土地使用和开发的许多其他方面，除名字不同，在某种意义上简直是另一部早期的城乡规划法。

第二次世界大战之前的规划法很难实施，在一些区要求加强控制的公众压力增长。出现令乡村舒适环境和保护团体担心的郊区扩张和损失有价值的农业土地等问题。横跨田野的电线杆和大量道路建设也意味着未受破坏的风景区越来越少。但是随着第二次世界大战的到来，所有的私人建设活动都停止。实用和功能成为毫不动摇的时尚，安德森的防空洞大概是当时最有代表性的建筑。在战争期间没有建过住宅。

战后重建

第二次世界大战

随着1939年第二次世界大战爆发，失业和很多其他社会和经济问题突然都暂时消失了，战争需要召集大部分男性劳动力，留下女性从事工厂和装备生产工作。政府在1934年曾在《特殊地区法》（Special Areas Act）中提出低层次的国家干预和区域规划。规定基本原则，针对战后重建时期对失业和经济衰退不景气地区的特殊政策得到进一步发展，这些地区包括东北部、南威尔士、坎伯兰郡和格拉斯哥地区，所有这些地区都经历过重工业的衰退。

所有政策都试图"把工作还给工人"，而不是相反的"为工人提供工作"。因为人口大规模移民到南部，为住房、公共设施和基础设施带来很大的压力（现在仍然如此）。由于北部有些地区人口迁出，逐渐成为废弃的城镇，留下空置的住房、废弃的工厂、被忽视的道路以及公共设施，有人认为这是不经济的，是这些现存设施的浪费。这些问题在直到今天的50年里一直困扰着政府部门。尽管数十年来有政府，特别是战后的工党政府的干预，形势仍然没有"平衡"。1934年法案之后，政府于1937年设立巴罗委员会（Barlow Commission），提出《皇家委员会工业人口分布报告》（Ravetz，1986）。经济稳定背景下更广阔的城镇规划和区域规划之间的关系，这是下一章着重深入讨论的话题。人们对两次大战之间的国家规划对城市与区域问题的解决方案越来越热心，特别在一些主要的知识分子群体。

第二次世界大战是英国城镇规划发展的分水岭。相对而言，现代城镇规划只有在1945年以后才成为值得重视的力量。战后需要比从前更高层次的更可接受的国家干预和国家规划，控制工业和农业生产，设立区域和国家机构。在战争的非常时期私人房地产市场暂停。人们变得更习惯于规划和控制。战后人们普遍接受为恢复经济、重建社会，需要和战争期间一样全面的政府控制和规划。一系列的短缺、寒冷的冬季、以及反对持续定量供应的政治行动，意味着战后当选的工党政府只能维持到1950年代初。继任的保守党政府只是废除工党政府的规划立法中比较极端的方面，加强对私人商业和房地产开发的限制，同时继续制订城镇规划和国家住房政策。

住宅和工业在更广范围的大规模发展，伴随着历史性城市中心和内城住宅区的衰落，使编制整体的再开发规划具有很大的必要性。规划师被赋予广泛的强制购买、土地置换和决策的权力：这些是和居民的愿望相悖的，他们认为规划师带来的痛苦比德国人更甚。很多原来规划师不可能推倒的地区，现在由于将规划理论付诸实践的机会而被爆破和夷平了。战后建筑供应持续短缺，实行限额配给，导致人们采用实用的"现代"风格。有一种人们感兴趣的特色是预制（预制住宅单元），一种经受了时间考验的完全临时的住房形式。一些预制的房产现在是保护区政策的保护对象。

1945—1952年的重建规划

战争结束之后，又出现了"英雄之家"的建设需求。和第一次世界大战一样，二战以后社会十分动荡不安，人们强烈要求一个更好的社会来补偿他们对战争的贡献。战后工党当选，以其强大地位使之可以进行深入改革，实施基础工业的国有化计划，建设福利国家。然而，在所有的政党中也有一个普遍的共识，就是总体上需要更合理化和规划，就像战时联合政府设想英国未来时那样，建立各种委员会。这种想法当时是很乐观的，因为联合政府并不知道战争何时结束、哪一方是赢家。

1942年斯科特委员会（Scott Committee）提交了《乡村地区土地利用报告》，与此相关的是1947年的《道尔报告》（Dower Report），以及由霍布豪斯委员会的（Hobhouse Committee）《1947年国家公园管理报告》。1942年"渥瓦特委员会"（Uthwatt Committee）提交了关于争论不休的《赔偿和增值问题报告》。1946年《雷斯报告》（Reith Report）则提出了关于新城的提议，在此之前有1944年关于住宅设计的《杜德雷报告》（Dudley Report）对新城开发有重要影响（Cullingworth和Nadin，1997）。1944年的白皮书《土地使用控制》，开启了未来规划控制的议程。也是在战争期间，1943年成立了"城镇和乡村规划部"（Ministry of Town and Country Planning），1951年被"住房与地方政府部"（Ministry of Housing and Local Government）取代，1970年成为"环境部"（Department of the Environment）。由于伦敦的问题比其他城市严重得多，所以伦敦已经有一套比地方城市更先进的规划制度。

其他值得注意的事件就是1944年由卓越的规划师帕特里克·阿伯克隆比提出的《大伦敦发展规划》，成为以后伦敦大量战后城市规划的基础（Abercrombie，1945）。战前伦敦已经根据《1938年绿带（伦敦与乡村）法》[Green Belt（London and Home Counties）Act]划定自己的绿化带。为解决未来的交通，阿伯克隆比也提出一系列围绕伦敦的内环和外环道路。40年后，这些独创性的想法的派生物之一以M25公路的形式出现。人们设想在绿化带外面进行一系列卫星新城的开发，区位接近霍华德的最初想法，并作为整个伦敦大都市和东南部战略的一部分。

城镇规划是更广阔的战后重建社会经济计划的一个组成部分，这个计划的目标是创造一个更好的、更理性组织的"福利国家"。尽管十分强调平等，然而这个目标并不是创造一个社会主义国家，而且这种愿望反映出建立一个"混合经济制度"的改革而不是革命的典型的英国式折衷，私人企业和国家干预都参与其中。大体上人们设法通过提供现代基础设施来创造更高的效率、更好的秩序和更大的进步，而规划在协调方面有重要作用。"规划"的确成为战后时期的哲学和时代精神，被看作所有问题的解决手段，包括经济上的产品过剩、人口过剩，当然也包括难以控制的城市蔓延和城市混乱。规划的目标是建立在严格意义上的"建立一个更好的英国"。英国的工业化比许多其他欧洲国家进行得早，现在却因拥有大量过时的固定设备、车间和机器，处于不利地位，在某种意义上过分依赖帝国财富的支持得来的

图 7.7　战后新城分布图

荣誉停滞不前，而大部分的荣誉在战后逐渐失去。其他欧洲国家也在建设坚实的国家投资的物质和社会基础设施，以满足经济发展的基本要求。

发展规划体系

根据 1947 年《城乡规划法》，所有的开发都必须得到规划许可（Cullingworth 和 Nadin，1997）。地方当局必须编制发展规划，用色彩分区来表达主要的土地用途。这种制度以"总体规划"或蓝图方法为基础。规划根据最早由格迪斯提出的"调查、分析、规划"的方法编制（Geddes，1968 [1915]）。根据这个法案，编制规划的主要类型以英国国家地图测绘机构（Ordnance Survey）提供的地形图为标准，比例是以1英寸代表1英里的国家地图；覆盖主要城市地区的、比例是6英寸代表1英里的国家自治城市图，以及表达小城镇的详情和特殊城市地区的补充城镇图。提出"综合发展地区"（Comprehensive Development Area，CDA）规划来详细地处理城镇中心的再开发。这些规划计划每5年修编一次，但是修正案制度证明执行起来非常漫长，而且人们认为这些规划对变化的响应缓慢而缺乏灵活性。

　　为发挥新规划制度的作用，需要有强大的控制力量。在某些情况下，如果规划驳回或剥夺了开发商的开发权利，政府会给予赔偿。更具有政治性的决定是向由于规划决策或土地使用区划而向在地价上升过程中受益的开发商征收增值税(一种开发税)。如果农业用地被规划成居住用地，将大大提升价值。最初增值税率为100%，但是后来降低，之后被1950年代的保守党政府取消。1947年的制度主张一种介于国有化和自由市场状态之间的不完全的住房。有效地将开发价值"国有化"，而不是将土地本身收归国有。由于工党普遍认为即使不把土地本身国有化，也应提倡对开发权征税，所以最近40年围绕赔偿和增值问题形成一个持续不休的传奇。例如最后一届工党政府1975年提出的《社区土地法》。相反保守党政府通常都取消这些政策。现在，任何从规划制度中获得的收益都被当作资本增值、通过常规税制处理。但是许多人会认为，在地方层次，目前的"规划收益"构成非正式的增值税或土地税，在地方政府精简的今天，当地方政府不能负担新的开发计划带来的道路、社区基础设施和公共服务的成本的时候，让开发商为实现他的开发计划付出更多的钱。

　　回顾过去，很多人认为，战后重建的各种城镇规划都是不切实际的，因为对每一个城镇而言，都没有理想的、惟一的、"一劳永逸"的解决方案或者完美的规划。规划师们还没有准备好面对战后阶段发生的急剧变化，特别是私人小汽车的增加，以及1950年代取消建筑许可证控制和"定量供应"之后私人建造住宅和自住房产的增加。保守党首相哈罗德·麦克米伦总结这次新出现的繁荣时说，"从未这么好过"。但是在内城区和萧条区都有潜在的和持久的大量贫困群体，这些地区根本就没有出现过新的繁荣。

新城计划

　　大多数战后住房和新开发都集中在新城里。1946年《新城法》在很多方面实现了埃比尼泽·霍华德的独创性梦想。新城由新城委员会来监督管理，单个的新城则由开发公司来运作，开发公司在地方政府的辖区内，但是脱离地方政府而独立存在。

新城开发分为三个阶段，第一阶段——紧随战后时期，主要是伦敦周围的卫星城，区位和霍华德最初建议的区位类似。然后是规模大大缩小的由1950年代的保守党政府建造新城的第二阶段，以及之后第三个大规模发展的阶段，是 1960 年代哈罗德·威尔逊的工党政府期间建造新城的阶段，这将在后面的章节讨论（Aldridge，1979）。

第一阶段大部分新城建在伦敦周围，但是战后也有几座建在萧条区，如南威尔士的昆布兰（Cwmbran），昆布兰的功能是作为威尔士河谷地区复兴的增长点。有人说在损害现有城镇的情况下集中向一个新城投资，并不是振兴某个地区的最好办法，实际上很可能会导致一些更贫困地区的进一步衰退。新城被政治家们看作进步的有形标志，他们可以指着它说他们实现了某些目标。虽然在现有市区内部和周围的零碎小规模开发更有社会价值，但是这种开发在政治上的吸引力就小得多。

区域规划

新城选址问题与战后规划的另一个基础有密切联系——即区域规划。不同区域的经济条件存在重大差异，东北部地区出现失业和人口减少问题，而东南部人口过剩而且拥挤。战争在某种程度上突然暂时地解决了失业问题，使政府获得了思考的时间。事实上战时的兵工厂往往是战后工商业区的基础。《1945年工业分布法案》提供准许、刺激和鼓励企业采取把工作还给工人的政策，鼓励搬到这些地区。有人会说这种做法使那些希望在更繁荣的地区发展和扩大的企业处于不利地位。即使在最繁荣的城市如伦敦，也存在明显的失业和贫困区，这些地区需要就业，也难以与占优势地区竞争（Balchin 和 Bull，1987）。战后规划的其他有关方面涉及在英国土地使用战略（Hall，1992）背景下 1949 年提出的《国家公园和乡村通道法》（National Parks and Access to the Countryside Act），这将在第 12 章中进一步讨论。

他们做对了吗？

回顾战后城镇规划的范围和性质，似乎漏掉了某些问题。如小汽车的问题，那时还不是主要问题，因为直到1960年代以后小汽车拥有率才显著增加，大多数人还主要依靠公共交通，1950 年代是自行车、火车、公共汽车、摩托车、机动脚踏两用车和单脚滑车的时代。1951 年 86% 的家庭没有小汽车（Mawhinney，1995）。

战后许多城镇中心再开发计划都完全低估了未来汽车和停车场的需求和影响。许多居住区的道路狭窄，没办法停车，没有车库也没有停车空间。事实上在规划政府住宅的时候，考虑到如果家庭买得起小汽车，就不必住政府住宅，因此只提供最低的停车标准。即使在缺乏公共汽车服务、区位偏僻的居住区开发也是如此。在带形延伸的居住开发以及小汽车拥有量更高的东南部地区也存在一些问题，特别是在伦敦，那里总是有交通问题。

不管是从建筑还是从社会的角度，对城市历史遗产的保护似乎都没什么热情。事实上存在一种倾向，蔑视维多利亚式建筑，并把早期住宅归为贫民窟和落后的建筑，认为进步的力量应将其彻底铲平。现在人们接受这样的观点，有价值的历史建筑可以因为太旧而被拆除。对过去的关注更多地表现在考古学的废墟和历史遗迹上，而不是在城市保护上。

战后规划的目标之一就是解决住房危机。实际上一些评论家认为，英国出现越来越多的无家可归者问题，或多或少与拆除贫民窟政策有关（Ravetz，1980；Donnison 和 Ungerson，1982）。有些地区有如此多的贫民窟要清理，但没有足够的新住房开发（因为地方当局缺钱），以至于造成住房短缺。所有这些行为都来自一个动机，就是清除所有的贫民窟，让人们住进干净的城外的政府住宅，但通常在这个过程中，工人阶级地区的社区感连同原来的住房一起被破坏殆尽。有人更进一步，认为这是明显的为政治原因而毁灭工人阶级社区的政策，还有一些人把很多这种住宅区视为"前进"路上的绊脚石，为保证中心商业区的扩展，需要铲除（Cockburn，1977）。

当时缺乏合适和称职的规划师，因此许多"规划师"可能来自测量、市政工程、建筑学或者公共健康等专业背景，很明显这些职业几乎都不重视社会问题，并且男性成员占绝对优势。这些"规划师"可能根本不了解城镇规划更广阔的经济、政治和社会复杂性。但这是事实，新的规划体系的确坚定地倾向城镇规划的物质的土地利用方法。规划师被指责为对社会问题的性质及原因的幼稚无知。如果政府不解决社会贫困和缺陷的深层问题，那么城市的某些地区变得贫穷、衰退、出现贫民窟，都是不可避免的；这仅仅是因为人们无力修复他们的住房。很多人认为1950年代的英国，可以用流行歌星比利佛瑞的歌词形容，"还在通往天堂的半路上"（Wilson，1980）。

作业
信息收集

Ⅰ找到一张1950年代规划的版本，基于简单的土地使用区划，地块涂有当时统一规定的彩色。对同一地区现在的现代发展规划进行对比，从城市地区发展的角度观察复杂变化和空间生长。

II 查阅当时的文字说明，和当前的规划相比，找出内容和格式的差异。

概念和展开

III 概述战后重建的主要方面，明确法规和政策的主要目标和目的。

IV 战后城镇规划中，住房规划占据多少成分，举例说明你的观点。

问题思考

V 你印象中的1950年代是怎样的？印象从何而来？电视、电影还是规划教科书？想像很多大城市曾经经历的被炸毁和重建的过程。你是否可以在当今世界找到类似的案例，城市因战争或政治动乱而受到严重影响，然后重建的过程。

深入阅读

主要的规划历史教材包括 Ashworth，Cullingworth，Cherry，Hall，Burke，以及其他一些在前面章节中提到的如 Mumford。

皇家城镇规划学会的 Distance Learning Package，Block I，*Planning History*，Unit 4 (RTPI，1986)，可以提供综合的背景。还有一些经典的历史书可以为了解城市问题提供很好的背景资料。

第三部分

领域扩展：现代规划

第8章

战后至1979年

1950年代

在战后初期的社会主义热情中,许多人都想像未来的大量开发将以政府为主体来完成,的确这也是事实。在1950年代初,取消限制性建设许可制度前,大部分新开发由政府完成,包括政府住宅、公共建筑、工业建筑和公共设施等 (Hall, 1992)。公共建筑和基础设施都需要重建,工业建筑也得到优先考虑。1950年代初期,被压抑的私人建设部门得到解放,建设大量新住房,也充分检验了新的规划体系。地方部门很快与开发商合作,共同开发城市中心。

在对战争中被轰炸的考文垂(Coventry)中心区进行再开发时,将小汽车停车场设在部分新建商业中心的屋顶上 (Tetlow and Goss, 1968)。购物者们抱怨许多这种新中心区设计不友善,因为有太多的台阶,自动扶梯常常出问题不开动,缺少公共厕所,缺乏休息和交流空间。当1950年代初保守党执政时,他们继续采用国家参与住房建设的政策,修订1947年《法案》中关于补偿和增值税的条例,但其他部分大体不变。

1960年代

高层开发

对高层建筑开发的重视 (Sutcliffe, 1974) 以及勒·柯布西耶和现代主义运动的影响增加,为1960年代的城市规划增添一种新动力,位于伦敦里奇蒙德公园附近的罗汉普顿大型政府住宅(Roehampton)综合体,在很大程度上是受到勒·柯布西耶思想的影响,是坐落在景观良好的绿色坡地上,由柱子支撑的白色公寓建筑群。高层运动逐渐在整个国家范围广泛传播,建筑的标准也趋向多样化。但只有不超过5%

图 8.1   伯明翰的圆形建筑
许多城市中心区在 1950 和 1960 年代得以再开发，这往往带来大量的破坏，增加机动车通道而减少购物者的步行道。现在一些如"以人为本的伯明翰"等规划，提出建设步行者的城市和城市中心区复兴。

的人生活在 6 层或 6 层以上的公寓楼房中。原来想像在现代建筑中通过建造高层可以容纳基地整治前拥挤的内城空间所容纳的人口，然而现实却是不可行的，因为已经实行了关于阳光和日照的法规，要求建筑拉开间距，确保住房获得足够的阳光，而且不过于遮挡影响其他建筑（DOE，1971）。后来需要提供（即使是不完全提供）游戏场地、更好的景观和不断增长的街区周边停车等法规出台，高层建筑开发的容量不会比低层高密度开发多出太多。

有人认为建造高层住房更经济一些，但是这取决于成本中包含什么。所有的服务设施包括管线必须在建筑中垂直布置，以提供水、燃气、电和各层的垃圾处理等服务，这些必然增加成本。研究表明，建到一定层数时将达到经济优势的临界点，再高则成本反而增加。这个临界值通常是 6 层，不能高于 10 层，一旦超过这个门槛，成本将会迅速攀升（DoE，1993b）。当时的工党政府给建造公寓建筑的地方政府发放补贴，鼓励建造高层建筑，认为这是解决国家住房问题的方法。因此高层建筑的发展难说是因为比传统住宅更经济。首相哈罗德·威尔逊是"科技白热化"的信仰者，对运用快速预制技术系统的建筑方法感兴趣。这个计划从来没有被居民广泛接受，特别是 1960 年代后期伦敦内城的居住塔楼罗南角大楼（Ronan Point）的倒塌更加剧人们的恐惧。一位住在顶楼的女士早晨起床打开燃气炉时发生剧烈的爆炸，建筑墙面像一包卡片似地崩塌。随之而来的民众抗议，使摇摆不定的政策选择重新回到传统的建筑结构上去（Ravetz，1986）。

生活在公寓里有小孩的年轻家庭有许多实际困难，没有多余的空间作为后花园用来玩耍、储藏和放置洗衣机。建筑结构本身也有问题，如不完善的结构、过分集中、薄墙公寓之间的噪声干扰，发臭的、低效率的垃圾管道以及昂贵的中央供热系统。还有人们对高度的心理障碍等。从社会学角度来看，人们会感到孤独，因为不再有可以出门散步的街道生活；只能沿着走廊溜进自己的小方盒子。居民们会感到不安全，无法对公寓周边有适当的监视，在公寓里看不到有什么人在走廊里走动，而且，许多电梯、公共空间和入口都被严重地肆意破坏，还有很多陌生人在走进走出（Coleman，1985）。大多数的这些公寓是地方政府以低成本建造的政府住宅。但是在某些情况下高层建筑可以运作良好，如伦敦中心区的上流住宅区梅费尔（Mayfair）以及沿南海岸的一些高层居住区等，那里以退休的年长居民为主。很多欧洲城市里，公寓生活对各个社会阶层来说都很常见。很大程度上，这取决于建筑结构的品质、保障服务水平、生活方式和居民收入等。

　　很多为取代19世纪贫民窟而建造的政府住宅建筑，后来却变成了贫民窟。有些地方政府采取激烈的措施，花费巨资改造回低层住宅或跃层住宅。有些政府住宅严重损坏，已经变得不适合居住。还有一些则重新整修并卖给个人。这有两个关键的社会问题，是居民们使这些建筑物变得更"糟"？还是这些建筑物把居民们变得更"糟"？有人可能认为这是高层房产的住房管理水平和房地产监管失误造成的，这些住房大部分都是租住的，没有人会产生拥有感和归属感（Roberts，1991）。

地产繁荣

　　在 1950 年代的建筑控制之后，1960 年代私人房产部门再次兴起，带来城市中心区再开发、新办公区和高层住宅等项目的开发。办公空间需求不断增长，高层办

图 8.2　伦敦的罗汉普顿(Roehampton)
1960年代，勒·柯布西耶的思想促进了伦敦郡议会的大型公共住宅计划，最初是在伦敦的里奇蒙德公园附近的罗汉普顿居住区。实际上这是一个中等高度的建筑群，与后来出现的开发相比，这里有精心的景观设计和开发。

图 8.3　布里斯托尔郊区的早期住宅
1970和1980年代，国家已经从战争中恢复，许多人感受到这种变化的影响，随着私人部门各种规模和形式的住房提供，各个阶层的私人住宅开始增长。

公楼被养老基金会和保险公司认为是有价值的资产，当时还不必为楼宇空置付税费，出于投资目的，办公楼经常被空置（Marriot，1989）。高层办公楼使城市历史中心区和教堂塔楼变矮了，就如曼彻斯特和伯明翰那样，城市中心被环路围绕，行人被赶到地下。这一时期社区不满增加，城市规划的压力团体对规划的反对增加（Aldous，1972）。抗议者包括早期的住房压力集团如"庇护所"（Wilson，1970）等，人们抗议内城正在发生的改变（Donnison and Eversley，1974）。各种各样的地方组织与开发商和规划师斗争，抵制对本地区的破坏，如伦敦托默广场（Tolmers Square）。形成称为"汹涌的60年代"（Surging，1960s）的更广泛的对市场导向开发的排斥运动，以及20年后成为主流的其他运动都已初露端倪，如环境运动（Arvill，1969）和女性与规划运动（Cockburn，1977）等。城市规划也倾向于支持机动车，似乎很少考虑其结果。土地利用和开发开始扩散，直到高速公路系统延伸开来，开发商们才被高速公路交叉点的城郊地区所吸引（Walker，1996）。

虽然规划师们掌握着巨大的权力，但他们不会把这些权力总是运用到为地方社区谋利的方面。相反，地方部门经常和开发商成为伙伴，利用强制购买权来获得土地，建设基础设施，方便房地产开发。很多人认为这是个不纯洁的联盟，规划师和开发商之间的复杂关系网，与城市规划的根本出发点是不相容的。因而需要更关注社会和环境的城市开发方式。房产的繁荣有利于土地利用相关专业的发展，创造出对更大范围的地产专业人士和不同层次专家的需求（Marriot，1989）。

随着时间流逝，开发变得更加成熟，到1970年代，集中的购物中心开始出现，这是对1950年代杂乱的商业设施的一种改良。从外表看就像中层办公楼，内部由多层的购物场所组成，是购物区发展的基本形式。问题在于许多这些购物区晚上要关门，有保安在周边巡逻，夜晚市民无法在购物中心附近漫步。许多购物中心缺少一般城市中心区的文化和娱乐设施。商业区和步行中心区看起来很危险，因为内部没有穿越交通，入夜几乎空无一人，也许在阴暗处有强盗在徘徊。普通人，尤其是看着

图8.4 受阻的政府住宅开发
在东北部等经济萧条地区，失业不断增加，贫困和社会问题随之而来。提供国家政府住宅的努力却遭遇到暴力破坏、拥挤、结构问题和衰退等问题。

自己的社区和住房在中心区开发时被拆掉的当地居民,要求规划师具有更多的责任感,为当地居民的利益而不是为大商业利益制订规划。

新城

1940 年代末第一代新城计划（Mark Ⅰ）开始的发展速度（如第 7 章所述）在 1950 年代保守党执政时没有持续下去。苏格兰的坎伯诺德（Cumbernauld）是惟一的第二代新城（Mark Ⅱ）建设,因为在 1952 年《城镇开发法》（Town Development Act）的指导下,保守党政府更倾向于"扩展城镇"的政策,即发展现有的城镇来容纳大都市区的过剩人口,如斯温顿（Swindon）和安德沃（Andover）等,而不是建设全新的城镇。无论是工党还是保守党的思想家都没有非常关注今天规划师所说的内城复兴问题,而是把重点放在将"不合适的功能"向绿色地带扩散。《1957 年贫民窟清除法》（Slum Clearance Act 1957）授予地方当局更大的权力进行拆除,遭到受影响的工人阶级社区的批评：这些名义上是被规划考虑的人们,很少能有机会为自己表达和决定什么是他们真正需要的。

1960 年代重新开始重视新一轮的新城计划。第三代新城（Mark Ⅲ）由工党政府建设,既担负起带动周边衰退地区增长和新的人口疏散地的职能。中部繁荣地区的新城试图缓解现有城市的人口压力并为投资和增长提供新机会。有人把第三代新城进一步细分,认为米尔顿·凯恩斯应称为第四代新城,因为更像一个城市而不是城镇,人口规模目标将达到 250000 人。在第三代新城中,邻里设计和整体规划结构更加完善。新城划分成若干个 15000 人规模的中等街区,再进一步细分成邻里单元和居住区。那种人们可以步行到本区的商店,出行主要依靠公共交通系统的设想已成为过去。米而顿·凯恩斯的基本设计可以概念化为一个交通网格,这和赖特设想的乌托邦"广亩城市"有些相似。提供发达的高速公路,步行者放在次要位置,反映出 1960 年代以小汽车为基础的规划核心情结。

1970 年代初期以后没有再构思任何新城。当经济萧条开始影响这些"人工"创造的定居点时,经济和社会问题更严重,特别是北部和中部一些更脆弱的新城。新城内很多工业部门是跨国公司,并没有"真正"的本地联系,因此可以轻松地迁往下一处有政府补贴的其他地方。在有些新城发展得越来越强大的同时,特别是南部地区,包括米尔顿·凯恩斯,一些其他新城的境遇却很不佳。政府的新城政策已经结束,近年来私人新城开发逐渐为人们所关注。

新城的启动资金是财政部给予的财政支持,一旦建立起良好的基础,也希望企业化和经济自立。新城还有强大的社会作用,大部分第一代新城的住房用于租赁。

然而这些逐渐在改变，到米尔顿·凯恩斯建设时，有超过70%的住宅是私有的，一些大开发商进入并建设实际上和其他地方完全一样的住宅，不同之处在于必须遵从新城邻里单元的原则和总体开发规划。如今就全国而言，新城的住宅绝大部分都是私有的，租住者可以从以前的开发公司那里购买住房的所有权。如果是很多年前建成的住房，需要维修和现代化更新的话，还可以以很便宜的价格购买，以拥有自己的住房。最近一些新城的"住房协会"开始着手整修计划，使原来的住房具有现代的标准。

图8.5 邻里单元的购物区
每座新城的邻里单位都有购物中心和学校。私人开发也依样行事。这张图片摄于布里斯托尔北面的亚特，这里不是根据规划建设的，而是一个私人企业为通勤者开发的新住宅区。

交通规划

1960年代规划师对私人小汽车增长做出反应，并以北美的交通规划为借鉴。小汽车自然被认为是好的，不久每个人都会拥有一辆。实际上当时不到40%的家庭拥有一辆车，当时城郊购物中心开发更少，一个人不使用汽车仍然能够进行正常日常生活。然而无论是在政府住宅区还是私人住宅区，公共交通始终存在不足的难题。1960年代的规划战略非常重视通勤人员"上下班出行"的便捷，开发体现出行生成、出行起讫点和出行分布的数学模型（Roberts, 1974）。对于这些模型有许多批评，特别是从来不使用小汽车的人们。

与此同时，自行车运动者对交叉口和主要道路的规划提出更好的建议（Hudson, 1978）。环境保护和社区规划团体的出现，对整个城市规划的基础提出挑战，声明需要"家园而非道路"（Aldous, 1972）。步行者被视为闯入道路妨碍交通的人，最好被转移到令人不悦的过街地道里或浪费时间的步行天桥上；这一观念的转变经过了很多年。虽然骑自行车的人的需要被重新给予考虑，但是相关政策力度很弱。有时，骑车人分配到步行道或地道上，和行人共处，分享他们的空间，对步行者来说是危险的，对骑车人来说也是不满意的，然而汽车仍继续占有绝大部分空间。1960年代，城市规划变成完全实用功能的某种汽车规划，满足城市发展需要的高速路、停车场和多层立交被建造起来，在这个过程中，城市的整个自然结构被改变和调整（Bruton，1975）。在许多方面，这种对机动车的重视，将很多不使用汽车的人们置身于一种比1950年代更糟的境况。另外还有一个影响就是1960年代铁路网大量缩减，废除正在发展扩大的郊区所需要的许多支线。

柯林·布坎南教授，一位苏格兰交通工程师和规划师，提出一份为政府所作的《城镇交通报告》（Traffic in Towns）。他提出对内城居民干扰最小的机动车规划方法（Buchanan，1963），建议每座城镇确定"环境区"，即在环境和社会方面可识别的一个整体邻里和街区。道路拓宽和新城市高速路应限制在这些地区的边缘，避免交通穿越居住区造成干扰。他设想在环境区内道路应是尽端式的，以阻止快速交通穿越居住区，给当地居民带来麻烦。这一设想在许多方面和作为众多新城邻里单位基础的雷德伯恩（Radburn）超级街坊概念相似。他的想法也受到另一位交通工程师屈普的影响。屈普是一位伦敦警察官员，他在1930年代已经提议基于交通分区的伦敦交通规划。

科学的规划

1960年代，英国第一次将计算机引进到规划过程中。随后，数学模型和科学预测方法被广泛应用于制订和评价政策等方面，特

图8.6　典型的高架路：侵犯性和强制性的交通规划？
新的城市高速路、高架路和停车场切入城市的居住建筑群中，在你所处的城镇或城市中有这样的例子吗？

图8.7　典型的步行地下通道：亲切的环境？
规划师颠倒乾坤为汽车提供畅通无阻的道路，行人却被驱赶到地下，穿过有异味的、阴冷黑暗的、弥漫着尿味的地下通道，上上下下数不清的踏步，走在不平坦的、破碎的铺路石上。

别是交通规划，那些数字化的出行和汽车很好地适应了"计算机化"。零售引力模型十分普及——现在仍然运用于有些私人地产开发部门。根据周边地区的人口、购物者到达中心的出行距离，以及其他现有中心的吸引力来预测购物中心准确的新建楼面需求。这样的做法招来许多非议，而且不只是来自占购物者大多数的女性。不是所有零售空间都具有"相同的"品质，或对于一个具体的人而言具有相同的利用价值，其次，计算通常依据主要依靠小汽车出行的假设，而许多女性白天并不使用小汽车。方便的公共交通，以及便捷使用托儿所和公共厕所等设施更会让中心具有吸引力。但是，当时规划被视为一个理性的科学过程，强调目标和定量的思考，为定性和少数群体留下很少的空间。

数理和科学的事实也不可能是中立的。在资金和数字领域，难以衡量社会和美学因素，即使一个地区社会分裂的代价也许和交通阻塞一样严重。当时一些规划师所持的观点"如果不能测度，它就不重要"是不正确的。不顾来自社区利益团体和交通使用者团体的怀疑和批评，越来越多的数学方法不断涌现，作为决策辅助方法，如成本收益分析、门槛分析和网络分析方法等（Mishan，1973；Lichfield，1975；Roberts，1974）。这一时期的数学技术很好地为那些容易计量的因素进行定量衡量，但针对定性的社会因素，作用就很微弱。如今定性的方法不断发展（第15章），能够对那些能让一个计划比另一个更成功更有利的无法计量的因素进行评价。

1960年代规划师热衷于"系统"规划（McLoughlin，1969），显示出"科学方法"的卓越趋势。城市被看作综合的人类活动系统，可以进行计算和追踪变化，因而规划师可以控制城市的未来状态。因此规划编制程序发生变化，不再是传统的调查、分析、规划，而是先设定目标和目的，然后关注实现这些目标可以受控的途径。城镇规划师们曾经对此充满期望，但随后理想还是破灭了：虽然这些1960年代的方法在城市经济和区域规划的一些分支领域还在应用。如果把社会看作一个可以依照中立的科学法则操控的巨型系统，而不是看成有些无组织的、混乱的、存在各种利益集团和不同政治派别竞争的，那么将是危险的。

新发展规划体系

传统的规划制订方法主要是以简单的土地利用分区为基础，难以应付快速变化。规划师希望进一步发展规划理论，增加规划制订过程中的公众参与。因此，1960年代后期形成新的发展规划体系，首先只是试验性地介绍给一些地方政府部门，选举形成由少数权威机构组成的"规划顾问组织"（PAG），随后推广到所有的地方机构中。其结果是形成1968年《城乡规划法》，之后又完善为1971年《城乡规划法》，旨在引入一种更好的发展规划类型，称为"结构规划"（Structure Plan）。有些矛盾的是，对普通人而言，新规划的实质和专业术语比1947年版本的规划法更难以理解。

今天的"规划"由政策陈述文本和政策指示规划图组成，如第2章所述。这一体系希望建立在规划师对城市系统变化不断监测（用他们的计算机）的基础上，去了解诸如经济变化如何产生新的工业用地需求，或家庭结构变化如何影响住宅需求等问题。规划师们致力于确认希望达到的目标和目的，作为规划基础，而不是画出刚性的"一劳永逸"的总体规划图。这些目标可能与某些地区的空间扩展或设施水平有关，可以通过多种途径实现。结构规划试图协助而不是限制变化，并与那些设定的城市目标联系在一起。采用建立在谈判和协调基础上的更有弹性的方法，而不是预先构想的土地使用规划。所以是更"渐进的"，为达到长远目标所采取的逐渐推进的方法。具有讽刺意味的是，新体系比原体系更冗长和缺乏弹性。许多地方政府管理部门已经在制订新的地方和结构规划时遇到巨大困难，更不用说实施持续的监督。在这种情况下，编制规划一直得不到重视，因为现有规划和非法定规划的修订版都作为被规划委员会批准的正式规划而生效，在过渡时期具有法律效力。规划师希望将规划理论进一步发展，并在规划制订过程中有更多的公众参与（Skeffington，1969）。

梦想破灭

所有这些在建成环境、建筑和规划体系所发生的改变引起相当多的反对。历史保护组织更加关注"现代"高层建筑的视觉影响（以前最高的建筑物曾是教堂钟塔）和正在发生的肆意破坏（Esher，1983）。一些维多利亚时代的市政厅勉强躲过毁灭，而一些乔治时代的建筑则成为牺牲品。政府在1960年代末实施对旅馆建筑进行补贴，以促进旅游业的发展，导致美国风格的"整形过的"高层建筑泛滥。许多前来观赏古雅的英国建筑的观光者几乎无法相信现在的状况。整个国家的城镇变得越来越相似，都有一样的购物中心、高层街建筑和交通问题。人们感觉新规划体系使规划师们变得更加冷漠，而不是更有责任感了。

回归传统价值观的渴望，规划师与开发商们"勇敢的新世界"的理想破灭，引发对改善和保护政策的高度重视。1967年《城镇宜人环境法》（Civic Amenities Act）具有划定和建立"历史保护区"的权利，历史建筑保护成为主要议题。开发商们顺应这些变化。一个名为黑索米尔房地产开发公司（Haslemere Estates），开创性地专门从事城镇历史广场的整修，以及将有名的历史建筑整修改造为办公楼。很快出现一种趋势，人们认为在这些建筑里办公比在其他非人性化的混凝土建筑里办公更高档和时尚。

公众对现代建筑运动的抵制时代也开始了。传统价值观、建筑保护和对古典与历史的地方风格的欣赏重新成为时尚。出现在规划过程中引入更广泛的公众参与的压力。许多普通市民的住房被以进步的名义清除。房主的财产不经协商就被定义为"不适合人类居住"，即以贫民窟的名义被清除（如Ravetz对发生在利兹的一个实例的详细描述）。人们希望更关注住房改善和现代化而不是简单地拆除。1966年《多宁顿报告》（Denington Report）反映出公众的担忧，提出从清除转向对旧建筑和周边环境进行整体整治的建议。所有这些都集中反映在《1969年住房法》（Housing Act 1969）中，引入"一般改进地区"（GIAs）的概念，并增加用于内城旧房产更新的个人补助金的来源。

这标志着政府政策的一个转折点，也是对后来广为人知的对"内城问题"的关注与承认的开始。虽然法规造福了许多内城居民和工人阶级，但是也带来始料未及的结果，如过去的衰败地区的中产阶级化等问题，在这一过程中，地产价值上升，原来的工人阶级居民反而逐渐被赶走。

1970年代

经济萧条及其反思

1970年代中期随着石油价格上涨，地产繁荣的时代落入低谷，主要原因是中东冲突的影响，经济普遍更加萧条。但是尽管油价在上涨，规划师仍需更多地考虑汽车的需求。这与考虑历史保护和地方社区重要性的规划设想相矛盾。新的"绿色"环境运动开始；1960后期"地球之友"组织建立。由于社会贫困阶层的广大需求未被满足，为工人阶级的规划更被排在后面。1970年代中期，工党开始执政，其支持者是目标与环境运动完全不同的具有强大势力的汽车制造工会。1970年代早期，部分因为石油危机的原因，经济进入萧条期，失业人数增加。萧条地区的传统制造业，如钢铁和造船制造业更为严重，其他地区的第二产业也受到影响。矛盾的是，其他职业部门，尤其是服务业和新的芯片制造业却在发展。这些部门的许多工作是由女性担任的，她们具备所需的灵巧技术，相比男性来说，工资更低，而且结成工会的可能性更小。

1960年代曾预想一个新的休闲生活时代，每人每天工作3小时，其余时间可以踢足球（正如当时某些规划者所设想的），但随着失业的再度出现而成为泡影。然而仍有一些其他群体，特别是日益增长的第四产业管理阶层、专业和技术研究人员，成为中产阶级的主体，享受着高水平的富裕生活，有钱购买像私人游艇这样的奢侈品，停靠在由废弃船坞改造的游艇码头。但只有3%的家庭拥有这样的私人游艇（ONS，1999）。出现两种阶层——有工作的和没有工作的。在新的休闲和科技时代中，工作机会能够分配给每个人是十分必要的。"结构规划"是在经济增长和繁荣的时期产生的，但是针对经济衰退的战略应完全不同。规划制订过程中那些偏重"定量"数据分析的方法，不是处理敏感的"定性"的社会和社区问题的最佳方法。

区域规划

在战后数年里，通过区域规划使经济规划与城镇规划密切联系。下面列出一些关于许可和鼓励等政策的详细情况，因为其中许多政策现在已被废止。理解政策产生的原因比那些细节具有更重要的意义。

制订区域规划的一个主要原因是为减少东南部地区的拥挤，增加对衰落地区的投资，使区域发展更为平衡。区域规划立法具有两面性，一方面提出一些限制，限制工业在已经很繁荣的地区选址；另一方面提供补助，对迁往衰落地区选址的行为给予补助，包括建筑、机器、工厂、基础设施、培训及其他一些行为。这些补助平均占总开支的30%，但在保守党执政时，只有15%或更少，而当工党执政时又提高到75%以上。对从东南部迁到衰落地区的主要工人和管理阶层也给予奖励和额外补贴。政府建设贸易大楼、工厂单元、娱乐和住房等设施，把一些政府机构从伦敦疏散到像威尔士的斯旺西（Swansea）这样的地方，如驾驶和行驶执照中心（DVLC）和皇家造币厂（Royal Mint）等，还有一些机构被疏散到苏格兰的斯特斯克莱德（Strathclyde）。

上一章讨论过战前的情形。战后的"巴罗委员会"（Barlow Commission）报告和相关的1945年《工业分布法》（Distribution of Industry Act）做出更多限制，使更广阔的"发展地区"（高失业率地区）的人口占总人口的20%。与此相关，在1947年《城乡村划法》中，首次提出发放"工业发展证书"（IDCs），以限制在繁荣地区进行超过5000平方英尺的新开发，"鼓励"企业家们在衰落地区重新选址。这一体系忽视了这样一个事实，就是在东南部的繁荣地区也可能出现很多无业和失业问题，尤其是在内城地区。战后几年里一些先进的工厂在衰落地区很快建立起来，如南威尔士的翠佛瑞地产（Treforest Estate），结合废弃的战时军工厂旧址，加上充足的劳动力资源，工厂发展得非常顺利。

1958年制订出另一部《工业分布法》，增加对高失业率的非发达地区的开发。1960年的《地方就业法》（Local Employment Act）取代了现行体制，对占英国10%的发展区（很多很小的地区）给予更明显的帮助，对工厂和机器拨付20%的补助。

1963 年《地方就业法》对在"发展区"内的新工业给予 25% 的建筑补助,对工厂和机器也给予税收优惠和 10% 的补贴。加上对发展地区吸引基础设施和核心工人的特殊补助,这些为改善被忽视地区所采取的一系列补助比例达到总开支的 80%。

在工党执政的 1960 年代,非常重视经济和物质规划。为形成合适的区域规划层次,1965 年成立了"区域经济规划委员会"(Regional Economic Planning Boards)和相关的咨询组织。为那些慎重细致的区域政策的制订建构制度框架,虽然其行政力量还相当有限。曾经尝试制订一个国家规划(关于经济的、短期的),建立起一系列跟踪研究不同工业部门的国家经济发展规划团体。工党察觉到的一个特殊问题,办公开发集中在伦敦。1965 年《办公和工业发展控制法》(The Control of Office and Industrial Development Act)规定在东南部和中部地区,所有超过 3000 平方英尺的办公开发都需要有办公开发许可证(ODPs),这些地区工业发展许可证(IDCs)也更严格。1966 年《工业发展法》整理了日益复杂的政策体系,认清这一体系不够广泛的问题,重新划分 5 个大的"发展区",其总面积达英国国土的 40%,并实行一系列的补贴和奖励。

《1967 年特别发展地区法》引入另一层次的干预。无论边界划在哪里,无论这块区域的大小,总会有一些地区被划进、一些地区被划出的抱怨。根据 1969 年的《亨特报告》(Hunt Report),1970 年《地方就业法》进一步规定一些中等地区的补助和奖励等级。1972 年《工业法》根据地区的不同部门,发展出一套更为复杂的援助、控制的等级标准,分为开发地区、特别地区、中间地区和遗弃地区等(Hall,1992;Heap,1996)。另外,1975 年工党颁布了《社区土地法》(Community Land Act),是另一种利用地产开发利润为社区带来利益的尝试。在接下来的保守党政府里,区域规划坐了冷板凳,并缩小范围。多年的区域规划并没有解决英国的经济问题,但如果没有这些规划情况是否会更糟呢?

内城

传统的衰落地区是战后规划体系所在 1945 年《工业法》(Industry Act)的范畴下关注的地区,但并不是惟一的贫困和失业地区。值得关注的是,贫困和剥削程度的提高并不能完全解释失业率的增长。更确切地说,还有诸如种族隔离、家庭破裂和人口老龄化等其他社会问题的原因。"内城"成为一个流行词汇,描述邻近城市中心、广泛存在贫穷人口和社会问题的空间集聚地区,与传统的城市社会学家所称的"过渡地区"相对应(第 13 章)。

许多内城地区都出现过骚乱,包括伯明翰的汉兹沃斯(Handsworth)和斯帕布

洛克（Sparkbrook）、利物浦的埃弗顿（Everton）、布里斯托尔的圣保罗（St Pauls）
和伦敦的托特汉姆（Tottenham）地区等。有人认为，总体上是由于过于强调新城发
展和新开发，以及通过区域经济规划政策带来的区域性就业扩散，将发展核心转移
到城市以外，所以造成许多内城的问题。还有来自各种政治观点的群体，对内城地
区被剥夺的少数民族聚居的潜在问题的警告。埃诺奇·鲍威尔 1968 年在他的"血流
成河"演讲中，描绘出一幅具有煽动性的未来画面。"种族平等委员会"认为某些
种族主义地产代理，将少数民族群体的排挤在了白人区之外，某些有偏见的地方
政府住房管理者也促进了贫民窟的存在状态（CRE，1989）。许多房产代理商辩解
他们根本没有意识到，周围却这么敏感。

1969 年《住房法》（The Housing Act）为许多旧住宅区开创一种新的生活，但
并没有解决相关的社会问题，事实上这一政策的结果有时还使原来的居民不得不离
开自己的家园。1968 年，"内政部"开展了"城市计划"，选择 24 个地方政府部门
调查内城出现的问题。这一计划不仅关注犯罪率不断上升的问题，也关注更广泛的
社会问题。1969 年"社区发展计划"（CDP）建立了，工作首先在 12 个地区展开，
主要由社会工作者而不是规划师负责。当时流行将发现的问题归结为"空间的"问
题，可以在特定的地理空间范围内依据一定框架解决：不需要考虑那些使人们"陷
入"到这些地区的社会力量。1970 年代，"教育优先地区"（EPAs）在一些需要积
极歧视政策倾斜的地区建立起来，但政策主要是向白人工人阶级倾斜，而不是少数
民族群体，就像利物浦埃文顿的一个案例。

1971 年，《综合社区计划》（Comprehensive Community Programmes）被引入到
一系列地区，涵盖教育、健康、社会服务和住房政策的总体纲要。1972 年，重点更
多地转向城市规划领域本身的特殊政策，环境部开始对 6 个城市进行研究，主要集
中在伦敦内城南部的兰贝斯（Lambeth）等地区，让公众意识到身边存在的贫困。
1974 年《住房法》形成一种特别的新的居住区类型，即"住房行动区"（HAAs），规
模比"一般改进地区"（GIAs）小，重点集中在迅速吸引更多的关注。

这些计划通常看起来和地区的其他社会问题是分离的，或者说是不敏感的。
在伯明翰内城的一个失业率很高的黑人聚居区，政府安排地区之外的白人工人来
维修黑人的出租住房，导致社区关系非常紧张。1975 年，《城市援助计划》（Urban
Aid Programme）使资金有可能分配到其他的内城计划中，包括社区中心和后来
的法律中心。1977 年，关注内城就业改善的"人力资源服务委员会"成立。随
之而来的是 1978 年《内城地区法》（Inner Urban Areas Act），建立起针对特殊
内城地区的政策计划，这一次主要是由城镇规划师领导，因此，规划潮流从区域

主义方法转为更关注特殊城市区域，这一政策在整个1980年代的撒切尔政府时期被进一步延续和发挥。

回顾

自从1974年《城乡规划法》以后，规划师做出很多工作，也具有将全国的城镇都破坏的权力。但是他们却解决了很少的问题，事实上是增加了很多新问题。对内城问题也存在一些针对规划师及规划政策的指责。如1970年代的内城骚乱和随后1980年代的布里斯顿（Brixton）骚乱，从史卡曼勋爵的报告中可以看出对规划师的指责（Scarman，1982）。如果确实如此，那么规划师扮演的就是用"砖头拯救法"（salvation by bricks）来解决社会问题。确实，19世纪的思想家相信将人们放置到有充足的草地、树木和阳光的模范社区，就可以使他们改变。

作业

信息收集

Ⅰ 找出你所在的城市或城镇在1960年代发生很大变化的地区。

Ⅱ 调查你所在地区的高层街区，可以是居住的也可以是商业的。

概念和展开

Ⅲ 讨论高层建筑发展的利弊，包括住宅和办公建筑。

Ⅳ 是什么因素导致政策从清除和重建转为1970年代的改善和保护？

问题思考

Ⅴ 现在回顾起来，每个人都很容易发现1960年代关注清除、高层开发和道路建设的规划失误；你认为哪些1990年代的政策会在30年后被人们很容易找到失误。

深入阅读

这一时期的参考书包括 Ravetz (1986) *The Government of Space*；and Cockburn(1977) *The Local State*：*Management of People and Cities*；Hall (1980) *Great Planning Disasters*。都批评当时的规划体系赋予规划师如此大的权力进行拆除和重建。还可参见Hall (1980) *After the Planners*。第1到第8章的主要参考书都包括这一时期的问题。

第9章

1980和1990年代改变的议程

反映当前

第9章将把读者带回当代,描述那些迄今为止未经检验的新政策和手段,同时也是当代存在大量争议的议题。因此,展开的评论、现实的思考和批评将贯穿本章。

保守党的年代(1979—1997年)

自由放任还是政府干预?

到1970年代末,地方政府的规划部门继续将物质性的土地使用规划和开发控制作为主要职能,但对经济规划问题越来越重视。不论是下野的工党政府,还是1979年执政的撒切尔夫人领导的保守党政府,保守党政府的政策是鼓励私人企业投资而不是直接的政府干涉。倾向于一种"自由放任"(laissez faire)方法,字面上的意思是"完全自由(free for all)"(让"他们"去做),因此也倾向于不受控制的房产市场(Lavender,1990)。保守党政府认为可以发挥私人企业的力量,创造就业机会,根除贫穷和剥夺,而不像工党政府那样提倡通过"国家福利计划"来消除贫困(Thornley,1991)。尽管对经济和社会状况的构想完全不同,但两者都十分关注经济规划(Atkinson和Moon,1993)。

"老"工党政府的很多政策议程,都是以北方传统制造产业和工人阶级社区的需求为基础制订的,那里是工党的大本营。与之相比,保守党政府的"现代英国"理念显得更具商业导向。政策重点集中在城镇复兴、再开发和更新上,尤其是英国南部的城市,特别是伦敦。关注经济发展中不断发展的金融、商业和服务部门(Oatley,1998)。现在"工人"的概念不再局限于传统意义,更可能是指城市中的专业人员、商业人士、女企业家,以及所有在办公、零售和服务部门工作的人们

(ONS，1999，表4.14和4.15)。传统的区域政策被认为支持落后地区，削弱其他地区的发展。因此政策的重点从过去的第一和第二产业，重工业和制造业转向支持新的第三和第四产业的发展（见第6章）。

经济全球化、国际市场趋势、更多的女性就业、工业分散化、失业和老龄人口（930万人）比例增加等这些因素，重新定义了劳动力和经济部门的性质。在1980年代撒切尔夫人执政期间，受货币主义和美国经济学家米尔顿·弗里德曼的影响，城镇规划采用企业文化的价值观，认为"天下没有免费的午餐"，暗示任何事情都必须有所付出，即使是在一个福利国家。但在撒切尔夫人政府之前，历届政府基本上都接受这样的看法，即政府的政策应当对经济活动和建成环境有所干预；国家政策基本都以国家控制和自由市场结合的"混合型经济"为基础。因此尽管存在规划手段，但同时也存在个人产权和房产市场的繁荣。

英国20世纪的执政政府		表9.1
保守党	詹姆斯·贝尔福 (James Balfour)	1902 — 1905 年
自由党	坎贝尔·班纳文 (Campbell-Bannerman)	1905 — 1908 年
自由党	赫伯特·阿斯奎斯 (Herbert Asquith)	1908 — 1916 年
自由党	劳埃德·乔治 (Lloyd George)	1916 — 1922 年
保守党	波拿·劳 (Bonar Law)	1922 — 1923 年
保守党	斯坦利·鲍德文 (Stanley Baldwin)	1923 — 1929 年
工党	拉姆齐·麦克唐纳 (Ramsey MacDonald)	1929 — 1935 年
保守党	斯坦利·鲍德文 (Stanley Baldwin)	1935 — 1937 年
保守党	内维尔·张伯伦 (Neville Chamberlain)	1937 — 1940 年
联盟政府（国家政府）	温斯顿·丘吉尔 (Winston Churchill)	1940 — 1945 年
工党	克莱门·艾德礼 (Clement Atlee)	1945 — 1951 年
保守党	温斯顿·丘吉尔	1951 — 1955 年
保守党	安东尼·艾登 (Anthony Eden)	1955 — 1957 年
保守党	哈罗德·麦克米伦 (Harold Macmillan)	1957 — 1963 年
保守党	阿莱克·道格拉斯·霍姆 (Alec Douglas-Home)	1963 — 1964 年
工党	哈罗德·威尔逊 (Harold Wilson)	1964 — 1970 年
保守党	爱德华·希思 (Edward Heath)	1970 — 1974 年
工党	哈罗德·威尔逊	1974 — 1976 年
工党	詹姆斯·卡拉汉 (James Callaghan)	1976 — 1979 年
保守党	玛格丽特·撒切尔 (Margaret Thatcher)	1979 — 1990 年
保守党	约翰·梅杰 (John Major)	1990 — 1997 年
工党 英格兰和威尔士	托尼·布莱尔 (Tony Blair)	1997 年—
苏格兰，首席部长	唐纳德·杜瓦 (Donald Dewar)	1999 年

在英国，传统观念认为政府应当在提供非盈利性但十分必需的的公共物品，如城市环境设施和基础设施方面，以及那些难以依靠市场满足部分人口的生活需要方面，发挥重要作用。最近几年这一观念被打破，公共部门也开始向市场导向、强调获取利润的方向发展。然而，尽管富裕的群体是相对独立的个体，但也依然需要一些社会公共设施，如公路、下水道、消防服务以及一些地方设施等。这些商品被恰如其分地称为"社会资本"（Saunders，1979）。否则如果不由公共部门统一提供，那将是另一种景象，就像在北美的某些地区，人们拥有宽大的住宅，却没有公共排水系统，几乎每户建一个自己的化粪池。本来是可以更经济的，可以采取非赢利的方式基于社会的和产业的利益基础，获取长远的回报。现在保守党政府开始改变这一观念。

议会法案（除一些整合法以外）一般很少用于改变规划体系，保守党政府通常通过修正案、法规、命令和通告的形式，改变过去的法案，而不是引入全新的议会法案。换句话说，就是以"非规划"的方法对待规划（Greed，2000a）。这与保守党政府一贯不喜欢政府干预和官僚体系，以及倾向于采用"自由主义"的方法有关（Brindley主编，1996）。1975年《社区土地法》和《办公楼发展许可》（ODPs）同时在1979年被废止，取而代之的是《办公发展（停止）控制规定》[Control of Office Development （Cessation） Order]，1981年《工业发展许可》（IDCs）法案完全中止。1979年，47%的人口受到各种形式的区域援助。到1982年这一数字减少到27%的工人阶级人口。曾经建立起特殊开发地区、开发地区和中间地区的三级体系，视情况分别以22%到15%的比例对工厂和设备进行补助。但到1984年补助急剧下降，就像日后的工党贸易大臣约翰·史密斯形容的那样："果酱越来越少，越抹越薄"。1984年引入一个二级体系。在该体系内的"开发地区"，对新工厂和设备给予15%的补贴；而"中间地区"根据具体情况，依据自由裁定的原则衡量是否符合条件，这类地区数量大大减少。政策重点从区域规划转向内城更新。

与此同时建立起新的地区分类体系，对现状的规划部门以及他们所属的地方政府进行重组。如1986年大伦敦委员会（GLC）和第一层次的战略性大都市地区委员会（MCCs）被废除。其功能有意识地被下一等级的区和自治地区政府机构取代。因为大伦敦议会这样的大部门主要由工党占据席位，被视为在国会门前执行左翼政策。

为维护自由市场和与其相关的企业文化，非但没有减少政府控制，还必须有大量的政府干预和加强中央集权。随着时间推移，政府同样面临一系列需要干预和控制的城市问题和政策问题，如日益严重的交通拥挤、"过热"的房地产市场、绿色地带开发压力和需求日益增长等问题。后者需求激怒郡县一级的传统保守人士，他们不希望城市生活来冲击他们的领地。因此新的保守政府被世袭贵族们认为是房地产经纪人，贵族们尽管家长作风严重，但在政府对民众的责任方面没有商业气息。

其他的力量变化和新趋势正在对规划产生影响。这些因素包括环境（见下章）和欧盟（第2章有描述）运动等。激进的环境主义者和郡县保守人士正形成联盟，如针对绿色地带的保护和城市扩张的限制等方面（Shoard, 1999）。但是环境可持续发展的要求与1980年代的企业文化价值体系不太协调。

可持续发展的要求影响到建成环境和乡村环境设计。而所谓的现代建筑则遭到许多抵制。现在回过头来看，很多那些所谓的现代建筑，大多外观丑陋、技术低效、并产生诸多社会问题。1980年代的建筑主要有两种形式：首先，传统建筑不断增多——有人认为是反对现代建筑运动的新乔治风格建筑，主要是实行城市保护政策地区的办公与居住建筑；其次，一系列的"高科技"建筑发展起来，如理查德·罗杰斯的巴黎蓬皮杜中心、伦敦的劳埃德大楼和千禧穹顶（Millennium Dome）等（Rogers 1999）。虽然保护政策抑制"高科技"建筑在地方城市中心的进一步发展，但在城市边缘靠近公路的科技和商业园区，这些以技术和进步为名义的新建筑形式得到自由发展。

当前的后现代主义思潮（如果不是反现代主义思潮）催生出多种风格。"绿色运动"呼吁"可持续的建筑"。残障人士要求有更通达的、友善使用的建筑，即台阶尽量少。现在各种节能和生态的建筑正得到广大年轻建筑师的推崇，这种建筑很可能是下一世纪新的主流和时尚形式。总的来说，各种风格都似乎有更大的发展"空间"，不会再出现早期那种以一种风格为绝对主导的时代了。

企业区规划

政府制订了一些激励政策来促进内城的商业发展和城市更新。1980年《地方政府规划与土地法》（The Local Government Planning and Land Act）整合以前的法案，赋予了一系列相关计划和措施，如为吸引对落后地区的投资，划定"企业区"（EZs），在这一空间范围内，减少规划控制和不受一般规划法的约束。针对内城则成立"城市开发公司"（UDCs）（Cullingworth and Nadin, 1997:238—239），引入各种拨款、贷款、优惠和奖励机制，包括针对由于太过破败，开发商无利可图的城市地区更新和建筑修复而设置的"城市拨款补贴"（City Grant）。

"企业区"相对面积较小，由地方政府管理；而"城市开发公司"的规模则大得多，例如布里斯托尔城市开发公司区，以及伦敦道克兰地区开发公司区等（LDDC）等。伦敦道克兰地区的管理机构独立于现在的地方管理机构之外（这很让他们懊恼），聘用一支自己的规划师、估价师和建筑师等专业人员队伍。这些地区设立的目的并不是独立完成新开发，而是提供基础设施，如道路，如著名的"道克兰区轻轨"等，以吸引私有部门对该地区的投资。这是不同于"新城开发公司"的一种模式，"新城开发公司"常扮演十分积极的角色，自己建造大量用于出租的住宅和工厂。

"企业区"和"城市开发公司"这类特区都是具有时间性的，成立之初预计期限为 10 年，10 年以后如果需要继续存在还要再次确定，早期的几个特区已经遇到这一情况。建立这些地区的目的，是希望给予一些重点地区特殊的地位，为这些地区建立起必要的发展基础。因此大量的投资投入到基础设施建设中，如伦敦道克兰地区的轻轨建设和道路改善。尽管很多公司通过过时的区域规划而确实受益很多，但是否在"企业区"和"城市开发公司"内创造出新的就业岗位和繁荣，仍值得讨论。或者是否企业为了能够获得拨款补助，而简单地从其他地区搬进"企业区"和"城市开发公司"，但这样就剥夺了其他地区原有的就业岗位。

在"城市开发公司"的政策下，原来的伦敦道克兰地区和伦敦内城周边地区的大量用地被开发为高档居住和商业用途，吸引一些新的社会阶层迁到原来的"东区"，并且将该地区中产阶级化 (Smith and Williams，1986)。这一进程激起那些原来居住在这里的工人阶级的强烈不满。尽管最初的内城立法是以工人阶级利益的名义，但却使中产阶级受益更大。当地居民依然记得当初为向城市政府申请一条方便他们上下班的公交线路是多么艰难，现在却花费了大量的经费。因为房价高，缺少政府和廉价出租的住房，许多在伦敦中心工作（在地铁、医院、打扫办公室或商店）的工人们上下班往返的路程却越来越远。很多经理同时也发现，城市里不再有充足的、从事低级但却是必需的劳动力资源了。

1985 年政府制订出"挣脱负担"（Lifting the Burden）白皮书，重点强调把以前由规划控制带来的经济增长限制减小到最低。随后而来的 1986 年《住房和规划法》（Housing and Planning Act）引入"简化规划区"（Simplified Planning Zones，SPZs），作为"企业区"和"城市开发公司"的补充，其规模更小，但选址标准更灵活。雷丁指出这是向区划规划方法迈进的一步，在这种方法下，指定为"简化规划区"的区域将自动获得规划许可。在本书写作时，英国已有 13 个"简化规划区"和 35 个"企业区"。不会进一步指定新的"简化规划区"和"企业区"了，因为之后已引入一系列其他的旨在减少开发商负担的措施。为鼓励商业发展，对"用途分类条例"（UCO）和"一般开发条令"（GDO）的分类标准进行修正，在某些方面放宽要求，不同使用用途之间具有更强的兼容灵活性（尤其是 B 类用途）。

各种改革动议的原则是试图简化和提高规划体系的运行效率，创造一种为专门

图9.1　公共汽车的重要性

主要城市已经被小汽车塞满，但公共交通对不发达的乡村地区具有重要意义。1960年代的规划师通常认为1辆公共汽车等于3辆载客汽车单位；实际上，一辆公共汽车的承载力超过50辆小汽车。

图9.2　绿带的蚕食

在企业文化背景下，商业开发对土地使用控制带来很大压力，尤其是城市边缘地区的商业和居住开发。

地区量身定制的、不影响现有规划体系的组织框架。同时，非特殊区域的规划法反而变得更复杂；保守党在1970年代末将规划收费机制引入到这类规划申请中。增加特别团体的设置，作用只不过是削弱现有规划体系，加强中央政府的权利。

除了像"园艺节"这样的更新项目，还有各种形式的内城开发激励行动，但是城市内失业率仍在增加，城市内部问题仍在继续，地区性差异仍在扩大，因此许多人认为到重新引入"区域规划"的时候了。但新的"区域规划"需要较以往有更加多样化的标准，如重视男女就业平等，对地区存在的巨大社会差异有清醒的认识等，这种差异既可能存在于区域内部，如东南部地区，也可能是存在于衰退的内城与繁荣的郊区和城镇之间。

态度的软化？

随着时间的推进，保守党政府对传统城镇规划的态度逐渐升温，虽然在地方层面仍保持对满足开发商需求的重视，但在规划方法上逐渐出现一种从"开发商导向"到"规划导向"转变的趋势。尤其是连续的几任环境部大臣对环境部的发展做出显著的贡献。在核准规划申请时，开发政策作为物质考虑因素被重新重视，由此1990年《城镇规划法》第54条得到强化，如副首相迈克尔·赫塞尔廷热衷于提出一系列更重视环境的动议；与此成为对照的是，尼古拉斯·雷德利的几项在绿色地带中的开发项目受到很多批评。约翰·格默一般被认为对城镇规划问题持最关心的态度，他持续在皇家城镇规划学会的期刊《规划》上发表每周专栏，并引发很多城镇规划的转变。

　　保守党政府的成员也不是都具有相同的价值观。约翰·梅杰政府对撒切尔政府的许多政策逐渐软化（表9.1）。这一现象的原因包括，梅杰的新风格政府，希望创建"一个轻松自若的国家"；同时，保守主义的自由主义战胜了玛格丽特·撒切尔及诺曼·泰比的威权主义；获得"绿色投票"也是关键的原因，近15%的选举人属于绿色环境人士，对保守党继续保持多数占有率存在严重威胁。来自传统郡县的保守人士的要求，以及保护乡村地带的新绿色运动的压力，与欧洲环境要求施加的压力共同作用，最终导致约翰·梅杰政府的保守派制订一些"绿色的"政策。保守的"不要在我的后院"（NIMBY）的选民与"生态战士"结成并不和谐的联盟，就像发生在伯克夏郡（Berkshire）的纽伯里（Newbury）的道路建设争论一样。在国际层面上，英国加入和签订一系列关于减少污染和保护自然环境的条约和协议，如《里约热内卢协议》等。这使得更注重环境指向、削弱开发指向的城镇规划更容易被接受（Barton，1996，第 10 章）。城镇规划能够再次被接受基于以下传统原因，能创造公平的竞争环境从而帮助市场更好地运行；作为一种管制和控制方式，能满足建立房地产市场的需要。

　　1990 年代住房市场起起落落，经历一系列的繁荣和衰退，内城问题仍在继续。无家可归仍是一个持续性的问题，很多人露宿在街头。住房问题经常在电视记录片中反映出来。任何一个在城市主要商业街上行走的人都可能会被无家可归的乞讨者拦住。住房状况因 1980 年代政府不再提供政府住宅而日趋恶化。在保守党政府后期，给予生活问题越来越多的关注，这与撒切尔夫人采取的强硬路线形成鲜明对比。她那著名论断"根本没有社会这回事"，一把抹去数代社会学家和社会政策制订者的工作。

　　1980 年《住房法》赋予承租人有购买所租住的政府住房的权利。随后的一系列住房法，如1985 年《住房法》进一步削弱公共部门住房管理的角色，并减少政府住房的数量。在10年里几乎没有建设新的政府住房，然而政府却继续在经济上对住房协会的建设和管理提供资助（Smith.M.,1989）。这削弱了地方政府住房部门提供社会住房的作用。通常情况下，中央政府更多地寻找内城或经济和服务设施上存在问题的地区，实施特别的建筑和规划计划，并减少地方政府对地区管理的参与。1989年《地方政府和住房法》引入"更新地区"（Renewal Areas）的概念，类似于原来的"一般改进地区"（GIAs）和"住房行动区"（HAAs）（都被取代了），重点偏重于与私有部门合作进行城镇更新，并尝试向住房所有者的个人更新活动给予补贴。

　　1990 年代有一系列的城镇规划整合法案，主要集中于统一规划体系的格式和规划控制的实施上。但粗看并没有如过去人们曾期望的那样，制订出强有力的国家规划政策，特别是当工党试图证明他们实施政府干预的承诺时。但是规划的精神和目的正在发生改变（Ward, 1994）。1990年《城乡规划法》和1991年《规划与补偿法》对这一体系进行整理，但没有对发展规划体系引入任何新的激进改革。随着时间的推移，却出现了越来越多的国家干预，新政策的制订也越来越体现"规划导向"，这在《规划政策导则PPG1（修订版）》，被反复重申。尽管撒切尔和梅杰的保守党政府都曾减少政府干预和区域与城市规划，到1990年代中期，保守党政府已经创立很多新的重大动议和项目，形成具有重要意义的丰富的新规划体系，只是在名称上未有改变而已。

新的组织和文化

以上所介绍的许多政策改变，主要是更为关注地方政府及相关服务机构的结构和文化的重新组织，而不是政策本身的改变；对于规划体系而言，主要是程序上的改变，而不是实际内容的改变。新体系将市民看作"委托人"和"顾客"，而不是官僚主义规划体系下感激的恳求者。一种基于"审计"、"费用"和"评价"的新文化已经被所有的政府机构通过。1999年成立"审计委员会"，检查地方政府所提供的公共物品、设施和服务的标准，包括公厕、垃圾回收和住房供应等每个方面。

评论家认为社会开始进入到后福特主义时代，福特主义是指大规模集中控制的工业，而后福特主义，是指工业产品与相关商业活动的分散化、地方化和多样化（Rydin, 1998：118；Oatley, 1996）。后福特主义是一种新的管理形式（Taylor, 1998：144；Oatley, 1998:52）。在这经济环境不断变化的背景下，福利主义和国家干预都不再是可行的，自助和企业家思维占据主导地位（Hall和Jacques，1989）。传统的经济和政治结构以及"做事情的方法"已经被更具试验性的、企业性的行动和商业企业所代替（Thornley, 1991；Atkinson和Moon, 1993；Stoker and Young，1993：Rydin, 1998）。后福特主义的本质在城市更新活动中已经有所反映，努力鼓励多样性的小规模商业活动，促进第四产业部门的发展（专业的、零售和服务部门），而不是像传统方法那样，通过集中化的大型第二产业部门的工业企业（制造、生产、装配）来提供大量就业岗位。传统的"左派"和"右派"、工党和保守党、社会主义和资本主义的划分不一定还继续合适，各个政治领域都在致力于发展实施城市行政管理的新方法。

地方当局正在逐渐被排除在城市新经济动议之外，中央政府往往直接与私有部门合作或联系，如商业和房产开发商等。中央政府还直接运用一些超越原有城镇规划法规的新立法（Oatley, 1996，1998）。这时在房产开发中，在实施严格控制之外，重点是积极主动的引导和激励政策。依据 1993 年《租赁改革、住房和城市开发法》(Leasehold Reform, Housing and Urban Development Act) 的第 3 部分，促进成立了"城市更新机构"，以更具企业战略的方法制订地方政策。

1980 年代后期提出"城市拨款补助"(City Grant) 政策，除"城市开发公司"(UDCs) 地区之外，还有许多其他计划和动议，可以使私人发展商直接与中央政府打交道来获得资金支持。由于政府计划越来越复杂和多样，政府开始尝试协调各种政策，首先以"为城市而行动"和"城市计划和城市挑战"为"标题"，这些项目后来都在 1994 年 4 月的"单一更新预算"(SRB) 中得到整合和重组。"单一更新预算"最初组合现有 20 多个计划，如"房地产行动"、"城市挑战"、"城市计划"、"安全城市"、"科技挑战"等。"单一更新预算"试图形成一个整体的区域办公室，对不同的政府部门进行协调，包括环境交通和区域部，内政部，教育与就业部、地方当局，以及其他一些关心内城社会、阶级和空间环境更新的团体等。"单一更新预算"目前仍在继续发挥作用。政府发现要管理和执行这样庞大的行动，如果没有"规划"和"规划师"是难以推进的（只是名义上还不承认），因为现在这两个词被认为具有十分消极的意义，以至于经常使用一些替代词。如在英国《卫报》(*Guardian*) 每周三刊登的广告中，出现招聘"有资格从事城市更新工作的专业人员"的字样，而不是使用"规划师"这一词。

有一种担心，认为在内城地区房产开发中，以"单一更新预算"为代表的一些市场导向的行动，可能会在某些地区削弱和边缘化城镇规划的功能，并产生整体城市状态的不平衡。如 1999 年末，英格兰北部一些衰退地区建立起一系列的"社区规划"焦点群体，成员包括卫生和社会组织的员工、本地工业和商业领袖，但是令人惊奇的是没有城镇规划师。当然在当前的政治背景下，并不能认为"规划"一定是指"城镇规划"。在研究"城镇规划"时，研究政策实施需要的政府结构同政策研究本身同样重要。那些复杂的主题，如实施、代理、法规、管理、地方主义和城市管治等，作者曾在其他地方有过进一步展开 (Greed, 1996a, 1996b；Brindley 主编, 1996)

新工党政府

一个新的开始？

1997 年 5 月的大选，使连续 18 年由保守党执政的状况发生改变。相对而言，城镇规划体系并没有发生根本性的改变，将"环境部"更名为"环境交通和区域部"

DETR（第2章），并承诺进一步的政策改进和整体的现代化（DETR，1998c）。"单一更新预算"计划仍得到继续执行，但重点放在与私有部门协作，包括使用"私营融资方式"（PFI）建设公共项目。伦敦形成一个新的管理机构"大伦敦当局"（GLA），负责伦敦的战略规划，在第2章中曾已有描述。另一个是效仿北美模式，选举具有更多权力的"城市市长"的活动也在进行（Hambleton和Sweeting，1999）。但是，大多数这些改变都是关于城市管治、规划程序和组织的，而非与规划政策本身相关。

新工党政府沿用前任保守党政府的大部分议程，一些权威机构认为保守党和工党在许多政治问题上是选择中间路线的，因而获得更多一致。可能将当前的政府称为"新党"更恰当，在加上"新"字的同时将"工"字丢掉。老工党的规划政策，如赞助衰退地区发展的政策，没有成为新政府解决就业和相关社会问题的核心。但是政府建立一个"新政"，对全国的年轻人提供额外的就业机会，鼓励他们找工作、接受培训或做志愿者。同时高等教育用地大幅度增加。

政府在"内政部"成立一个"社会排斥小组"，试图协调各个机构和各个政策。存在争议的是，"排斥者"似乎等同于"失业者"，而并没有包括那些由于性别、种族和身体缺陷被排除在外的人们。如《社区新政计划》（New Deal for Communities Programme）（SRB的后继者）目标锁定为4000个衰退社区。很多政策措施都没有在空间上与特定地理空间相联系，如很多区域和内城政策就是这样，只考虑不同的人群，以年龄、不利条件和培训需要为依据，而不管他们居住在哪，这样造成规划政策上的非空间的、以社会学定义的方法。

引入更广泛的新行动、团体和计划，包括"城市工作组"（urban Taskforce）。创立一系列的特殊地区，制订针对特殊地区的健康、教育和住房等问题的政策。例如在伦敦各区建立了"教育行动区"（Education Action Zones）（LRN，1999）。在写作本书的时候，9个具有先导性的以步行者为核心的交通项目"家园地区"正在建立。一个在兰贝斯（Lambeth），一个在伦敦的西伊令（West Ealing），在这些区域内，可以在街道上玩耍活动，骑自行车的人和步行者具有优先权，车速被限制在15公里/小时（约10英里/小时）以内。这些政策产生不同的反应，当地居民担心没有外来交通穿越，像其他步行商业街所发生的那样，街道成为一些无所事事的年轻人帮派的场所。还有许多居民关注在街道上的嬉戏可能传来吵闹声，尤其现在有越来越多的人在家中工作。而一些私人开发商已经为职业人员和老年夫妇提供"没有儿童"的居住区。将工作与居住联系在一起的居住的新形式也出现，如私人开发商在南威尔士的布雷肯比肯斯（Brecon Beacons）开

发的电子村落（Crickhowell
Televillage）。

一个新的区域主义

英国的区域政策

随后的政府继续颁布出一
系列的咨询文件，但只是出于
分析和建议的目的，而非政策
制订的重点，如《东南地区的
住房、土地供应和结构规划》
（SERPLAN，1988）等文献。在
1980 年代保守党执政期间，不
同的郡县地方部门已经提出各
种相互之间加强合作的提议。
为确保各种规划政策协调，制
订出 15 个指导区域和城镇聚
集区发展的《区域规划导则说
明》（RPGs），如《泰恩 - 威尔

图 9.3 英格兰的新区划

战略导则》（Strategic Guidance for Tyne and Wear）等（RPG1，1989）。《区域规划
导则》（RPGs）现在正在修订和更新中。

区域

在前几章中已经提到，区域规划曾经是城市战后重建计划和随后的工党政府政
策的一个重要组成部分。1960 年代哈罗德·威尔逊领导的工党政府使区域规划发
展到鼎盛时期，并产生一系列重要的区域经济研究文献，如西南地区的"拥有未来
的区域"；东南区域经济计划委员会在 1967 年制订的《东南区战略》等（Ravetz，
1986；Balchin 和 Bull，1987）。

前保守党政府执政期间，区域规划一直在衰退。在第 2 章中讨论过，区域层面
的规划没有优先权，所制订的报告和政策也大多是出于建议的目的，区域规划主要
处理区域内部相邻地方政府之间的政策协调。但在英格兰仍然保留有战略性区域规
划的痕迹，虽然只是在"次区域"的层面。在大曼切斯特和泰恩 - 威尔这样的地区
性大都市地区，则制订区域规划指导文件。相对于其他地区，东南地区过度集中的

问题一直受到关注,在各种区域规划指导政策文件中都有所反映(政府出版物的附录,如RPG3和SERPLAN,1988)。在苏格兰,尤其是考虑到高地和岛屿的发展战略,更加注重区域整体发展的目标(Brand,1999)。在威尔士,由于在南威尔士矿业和重工业的衰退,导致"威尔士发展机构"的建立和强大的区域财政支持。

1997年在新工党政府领导下,出现了一个新的区域主义。1999年形成一个新的规划政策导则,即《PPG11区域导则》,伴随着另一份咨询文件,名为《区域规划导则的未来》明确未来的主要议题。区域规划部门被赋予重大的责任,与区域办公室和其他"区域利益相关者"一起工作,包括那些影响区域政策和投资的私有和公共部门。PPG11明确区域规划的目标主要关注区域的战略性重大问题,采用超越土地使用问题的空间战略层次,在区域层面整合交通政策。在1998年《区域发展机构法》指导下,曾在1997年白皮书《繁荣建设伙伴》中提议的"区域开发机构"(RDAs)建立起来。因此,"新"区域规划关注与私有部门的合作,以及与商业部门的联系。

当前区域层面的团体仍保持提出建议的角色,而不具备规划决策或开发控制权。建议读者考察当前的情况。从长远看来,仍需要探索区域层面的规划如何与现有规划整合的问题。皇家城镇规划学会(RTPI)将这些新的运动视为制订法定区域规划所需经历的阶段(Planning,4.6.99:20,unattributed comment)。

对英国区域规划政策的重点和本质的担心一直存在,尤其是一些社会少数群体。政策重点仍然关注经济问题,具体而言即失业问题,但似乎并没有直接关注到社会排斥问题,如无家可归者、社会福利和不平等问题等,特别是少数民族群体和残障者,所有这些都显示出区域的巨大差异性。有人认为对区域规划采取更加包容的观点可能会更好,就像欧盟其他国家那样,并且在不远的将来很可能要求英国取得和谐并发挥作用。可以认为,新的导则(如PPG11)在重塑和重新定义区域规划这一概念上走得还不够远,尽管与1960年代相比,最近的区域规划在概念和方法上都有很大的改善。

欧洲的区域背景

英国的国内政策现在需要与欧盟的区域规划战略联系起来。在欧盟政策文献中的"区域"一词指的是包括数个国家的区域,如一些欧洲南部贫穷的成员国。在当前的区域间计划项目中(Inter-Regional Programme),英国的土地面积分成3个区域:大西洋区、北海区和西北大都市区。作为整体区域Ⅲ(interreg Ⅲ)的西北大都市地区,为分配欧洲区域发展基金会的基金,共划分为11个区域(Williams,1999)。举例而言,在涉及到英格兰东北部地区规划时,英国国内的区域政策需要与欧盟的更新政策和欧盟社会基金会、区域发展基金会的政策协调。一些欧盟的项目有区域性的特点，如"欧洲 2000+"的基本概念是关于欧洲内部领土规划更加紧密的合作的。

《欧洲的空间发展展望》（ESDP）对区域规划具有十分重大的意义。为来自成员国的专家提供一个讨论政策和谐问题的论坛（Davies，1998）。它试图寻求环境可持续发展、经济竞争力以及各成员国之间的社会和经济协调的相关政策。伦敦和东南部是《欧洲的空间发展展望》所定义的欧盟核心部分"五边形地区"（Pentagon）的一部分，"五边形地区"是指伦敦、巴黎、米兰、慕尼黑和汉堡之间的延伸地区，占欧盟 20% 的土地面积，40% 的人口，以及 50% 的欧洲国内生产总值（Davies，1998）。

需要提到的是，也存在对欧盟政策的大量批评，对英国作为欧洲成员国的价值也有许多质疑。英国的许多地区已经从"欧洲区域发展基金"中获益，但仍有很多人对英国投入的资金数量是否大于从欧洲财政这个复杂的系统中得到的数量表示怀疑。从长远看来，欧盟的政策可以帮助减轻社会不平等。从近期看来，对许多普通人而言，区域层面也是他们生活的重要部分，如贯穿整个 1980 年代的住房价格起落就是受区域住房政策的影响。也许随着时间的发展，欧盟成员国在规划和财政系统上的协调将增加。一些地方不平衡问题将被关注，可能可以通过欧洲整体进行平衡。

全球区域和城市展望

在区域最佳规模这一问题上存在广泛争议。比利时、瑞典、挪威和荷兰等国家的人口只有几百万，伦敦的人口则要远远多于这些国家。实际上欧洲国家的人口从全球范围来看规模都较小。如加利福尼亚，只是美国的一个州，就有 3200 万人口，面积是英国的 4 倍；德克萨斯州则是英国面积的 6 倍。许多世界级的大城市甚至比某些国家都大。墨西哥城这座世界最大的城市，据估计有 2500 万人口（如果除去外围区域，则"只有"2000 万人），面积是 18000 平方公里。东京有 1900 万人口，如果把东京－横滨（Tokyo-Yokohama）都市区作为一个整体，则有 2500 万人口。巴西圣保罗也有超过 1900 万人口。纽约、洛杉矶和上海都属于世界前 10 位的城市，近年南半球一些城市的规模也增长迅速。

英国广播公司（BBC）新闻公告曾公布，全世界人口规模至 1999 年 10 月达到 80 亿人，然而在 1999 年由"国家统计局"出版的《社会趋势》中，估计世界人口规模为 59 亿人，英国人口有 5900 万人，仅仅是世界人口的 1%——在世界上所占比例太少了（源自：ONS，1999，表 1.2）。很明显，因为世界各国人口调查方式不同和流动人口统计的问题，全球人口的数据只能依靠不正式的推测和估计。

表 9.2

世界人口

全球城市人口增长	百万		百万
1950 年最大的城市		2000 年最大的城市	
纽约	12.3	墨西哥城	25.6
伦敦	8.7	圣保罗	22.1
东京	6.7	东京	19.00
巴黎	5.4	上海	17.0
上海	5.3	纽约	16.8
布宜诺斯艾利斯	5.0	加尔各答	15.7
芝加哥	4.9	孟买	15.4
莫斯科	4.8	北京	14.0
加尔各答	4.4	洛杉矶	13.9
洛杉矶	4.0	雅加达	13.7

一些欧洲国家的人口	
国家	人口（百万）
比利时	10
丹麦	5
芬兰	5
法国	59
德国	82
意大利	57
荷兰	15
挪威	4.5
西班牙	40
瑞典	9

通过比较，三个瑞典才等同于一个墨西哥城。

最大的英国城市	增长率（%）	世界上增长最快的城市	每年的增长率（%）
大伦敦	7.8	达卡	6.2
伯明翰 / 中西部地区	2.3	拉各斯（尼日利亚首都）	5.8
大曼彻斯特	2.3	卡拉奇（巴基斯坦）	4.7
利兹 / 约克郡西部	1.5	雅加达	4.4
纽卡斯尔 / 泰恩赛德	0.88	孟买	4.2
利物浦	0.84	伊斯坦布尔（土耳其）	4.0
格拉斯哥	0.66	德里	3.9
谢菲尔德	0.64	利马（秘鲁首都）	3.9
诺丁汉	0.61	马尼拉（菲律宾首都）	3.0
布里斯托尔	0.53	布宜诺斯艾利斯	2.5

资料来源：新的国际主义，1997 年 5 月和 1999 年 7 月，2000a，b；ONS，年度资料。

整体联合思维

当前的议题

最后这一部分将评论新工党政府在政策制订上尝试的"整体联合思维"（joined

图9.4 新加坡的城市开发
全球城市化迅速推进。东南亚的经济和社会发展变化
很快，以不同于西方世界缓慢发展的快速度产生大量
的新兴城市。

图9.5 随处可见的立交桥
交通规划的错误正在全球复制，这只是新加坡
城市中众多立交桥的一座(与图8.6布里斯托尔
的立交桥比较)。

up thinking)，旨在激发和鼓励读者思考英国规划政策的未来发展，分别从交通、住房、城市更新和环境等方面进行说明，其中最后一点环境问题将是下一章的主题。

交通规划

新工党政府针对解决日益严重的交通问题的政策给予充分的优先权。交通拥挤和日益增长的车流量不仅仅是由私人汽车拥有量增加造成的，还首先必须弄清楚人们为什么外出。20年来"以开发为导向"的城市扩张，带来不可避免的结果就是外围城镇的发展和城市中心的分散。类似北美的城市，英国城市的郊区发展十分迅速，现在有50%以上的城市居民居住在郊区。不断增长的郊区化进程需要更多的汽车以方便交通。英国和一些其他欧洲国家正在经历"美国式"的城市土地使用模式。这一趋势随着公共交通的衰退而产生，事实上同时也是很多公共交通私有化的过程。在很多情况下，似乎只有私人交通才能成为时间上能够有保证的出行方式。休闲娱乐需求的增长也增加了道路的使用和交通量。

前保守党政府制订出一些交通控制措施，如1993年《交通静缓法》(Traffic Calming Act)。在新工党政府，要求地方机构制订"整体交通规划"(Integrated Transport Plans)，使公共交通政策与规划政策紧密联系起来。修订的《区域规划导则12》(PPG12)强调必须使综合交通规划与对其产生直接影响的土地使用政策整合起来。在第2章中曾介绍过，原来的交通部(DoT)和环境部(DoE)合并形成了环境交通和区域部(DETR)，目的就在于使两者结合，以创造环境可持续的交通政策。但是，这些建议并没有考虑到实施时会遇到的主要障碍，在郡县地方政府层次高速公路部门和地方规划部门之间存在着十分突出的权力分割。地方政府颁发规

图9.6　传统商业的消失：拆毁

图9.7　普通的商业广场

现在都在讨论严格限制小汽车使用，惩罚那些出行太多的人，但是他们也别无选择。传统的地方商业被拆毁，或是改变用途。而今天那些想当然布局的商业广场，都是沿着主导道路排开。多年的分散化和郊区发展留给人们有限的选择。

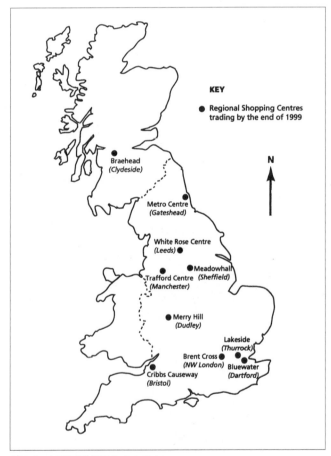

图9.8　新的区域性购物中心分布

划许可证，但由郡县的公路部门对主要道路、通道和布局问题作最后决策，而非地方规划部门，这些问题往往对地方政策区域和新开发地区的规划与设计产生根本的影响。虽然现在（自1988年起）已开始要求高速公路部门在执行高速公路建设的时候，需要首先咨询地方政府，但这两个部门之间一直存在很大分歧。1997年，环境交通和区域部公布一份文件《交通：发展之路》（DETR，1998e），建议将主要道路规划纳入到区域规划的指导体系，并制订超越郡和地区层面的区域战略交通规划政策。所有这些变化都记录在《交通新政》白皮书中（DETR，1998f）（见政府出版物）。

许多规划人士面对新工党政府这样致力于制订新的政策、动议和法案，而没有很好地将新的理念、政策和机构与现有的体系进行整合的做法，表达自己的担忧。现有体系中根本性的问题还没有解决，增加新的动议和机构只不过进一步增添混乱。因此，根据环境交通和区域部的精神实施对地方政府的整合，以上提到的问题迫切需要引起注意，尤其是在还需要考虑社会和经济的可持续发展，以及环境评价等问题的情况下。

住房政策

尽管致力于交通规划，但对巨大交通量产生的"原因"，即住房的建设仍然没有减少。1995年，政府预测到2016年全国需要新增440万套住房（DOE，1995；DOE，1996b）。这一数字引起许多争论，后来工党政府将这一数字降低为380万套，并预测60%的新住房将会建在"棕地"——即城市内部的已开发用地上，而不是城市边缘的绿色地带中。这些原则都在1999年修改的《区域规划导则》"PPG3住房"中，得到进一步明确。预测未来需求是一个复杂的过程。1999年英国已有2480万套住房（包括公寓）（ONS，1999，表10.1）。今后城市开发用地的70%将作为居住用地，无疑是用地中比例最大的一部分，因此对规划师而言住房问题仍将是一个重要问题。

许多关于住房问题的讨论主要围绕人们需要哪种类型和形式的住房，以及谁来居住和选址到哪里等。正像在白皮书《家庭增长：我们将在哪里生活？》中讨论的那样。由于人口发展趋势和生活方式变化，单身住房的增长速度预计将超过家庭住房的增长。1995年《全国家庭调查报告》显示，单身住房占总量的比例一直保持在28%以上。这一部分仍在增加，主要因为老龄人口增加和年轻人拥有自己的住房。以低密度形式提供家庭住房的规划模式现在已经有些不合时宜。有需抚养子女的家庭只占家庭总数的24%（ONS，1999），因此在考察政策背景时，不仅需要考虑包括土地使用等"量"的因素，对社会的和"质"的因素的考虑也十分重要。

至于人们应该居住在"哪里"，政策重点在"内城"的更新项目和鼓励人们住在城市中心。但是在"外城"，郊区仍在快速蔓延。未来城市扩张和土地可获得性这类传统城镇规划问题将可能仍是主要问题。也许城市规划在20世纪后期最大的失误就在于分散化，尤其是居住、郊区购物中心和就业等功能区的分散发展。许多环境上不可持续、社会学上也不可行的政策，增加了交通量，蚕食了乡村地区。在制订针对机动车的交通限制政策时，不发掘深层存在的缺少公共交通、糟糕的城市设计等原因，只会招致公众对城市规划师更大的不满。

城市更新

政策重点从新开发转到城市内部的更新和再生上，但仍然引起那些原本政策想要帮助、但实际上却剥夺了其权利的人群的批评。新工党政府继续执行"单一更新预算"，调整资金系统中存在的高度竞争性问题，给地方政府更大程度的参与。许多内城地区的社团和少数群体原本期望受益于城市更新项目，但不久他们就很失望，规划权力只控制在一些部门和委员会手中，很少能真正代表他们自己的利益。一些社团活动的积极分子发现，"单一更新预算"尽管表面上与地方组织形成"伙伴关系"，但似乎不过是大规模城市开发的一个借口而已。少数民族群体（Grant, 1990）和女性（WDS, 1997, No.24）尤其感到被排斥在外，有一个值得关注的问题，"单一更新预算"机构正有效地执行着"城镇规划"的职能（LRN, 1997）。很明显，法定的城镇规划一直关注的主要"问题"是制订"战略规划"，以土地使用规划与交通规划相互结合的名义，但背后隐含的，却是通过战略性的交通政策，限制具体的高速公路和公路建设，高速公路部内部的权力划分也加强了对此的约束。

同样，环境规划也有更综合的趋势，工党宣言称，将"把环境问题作为政策制订的核心"。环境因素将不再被看作是附属的，而是贯穿整个政府事务的核心问题，包括住房、能源政策、全球气候变暖和国际协议等（引自工党，1997）。中央和地方政府正努力将环境政策与政府其他政策整合。如在"新政"中，"工作福利计划"（Welfare to Work Programme）和"环境工作组"（Environmental Task Force）两者与"社会排斥小组"（Social Exclusion Unit）联合，"帮助所有人，共享可更持续的社区发展"（DETR, 1998g）。然而，引人注意的是，这些文件的重点看起来更多的是商业机会，而不是平等机会。

"寻求我们社会可持续的未来，已成为所有党派的共同目标"（Sewel, 1997:2）。新一届政府制订一系列跨领域的政策，如社会融合、工作福利、可持续发展和最优价值等。1997年6月，当时的环境部大臣约翰·普雷斯科特在一次演讲中，要求地方政府给予以下5点优先支持：融合、分散、更新、合作和可持续。这都需要跨部门的协作，以及新部门与原有部门的协调。目前环境和可持续发展运动组织会感到很不舒服，过时的以空间为基础的土地利用规划体系还是更加关注"土地使用"，而不关注"人们如何使用土地"。

　　人们对建成环境、对建筑和设施的使用是1990年代的另一些很典型的问题，很多使用群体的不满意是其中的原因之一。随着 1995 年《残障者保障法》的逐步实施，使现有建筑和环境的不适应和不友好问题更为突出。这个法案本身也是持续的残障群体运动的产物，但是一些他们最初的要求仍然没有得到满足（第 12 章）。同时考虑审美和功能问题的城市设计运动出现复兴趋势（将在 13 章中讨论）。

　　一些相关问题，如通道、安全、犯罪预防（Crouch 等编，1999）、可持续性、少数族群需求、美学要求等，都构成新的城市设计主题。正如第 2 章中所介绍的，前保守党政府设立专门的"遗产部"——随后在工党政府中成为"文化媒体和体育部"（DCMS）——与环境交通和区域部密切相关。这一部门的职责涵盖城市保护、旅游、城市文化和艺术等方面，因此文化媒体和体育部与环境交通和区域部之间存在很强的联系，尤其在设计和规划问题上。

　　第 9 章试图介绍过去 20 年规划的范畴和本质的变化，并且给予简要的评论。环境规划和城市设计都是内涵十分丰富的话题，将在第 11 章和第 12 章中分别讨论，社会问题将会在第 12 章和第 13 章中讨论。

作业

信息收集

　I 查找以下国家和地区的人口和面积资料，包括挪威、比利时、乌兹别克斯坦、荷兰、墨西哥、澳大利亚、美国，以及美国的爱达荷、加利福尼亚和德克萨斯州。

　II 查找以下城市最新的规模资料，伦敦、墨西哥城、洛杉矶、纽约、柏林、好望角、布鲁塞尔、博加塔、奥斯陆、孟买和东京。

概念和展开

　III 比较 20 世纪后期保守党和工党城镇规划方法的差异。

　IV 你认为新工党的"整体联合思考"在整合规划政策上能达到怎样的效果？

问题思考

　V 你认为规划理论和规划学术会议能对实际的规划政策产生怎样的影响，查看当前会议和学术热点问题，并于政府正在进行的工作进行比较。

深入阅读

在保守党时期，对城镇规划产生巨大的文化和思想转变，以下文献都特别关注经济规划问题。Stoker，G. and Young，S. (1993) *Cities in the 1990s: Local Choice for a Balanced Strategy*；Atkinson，R. and Moon，G. (1993) *Urban Policy in Britain: The City, the State and the Marke*r；Thornley，A. (1991) *Urban Planning Under Thatcherism: the Challenge of the Marke*r，Oatley，N. (1996) 'Regenerating cities and modes of regulation' in Greed，C. (1996b) (ed.) *Investigating Town Planning*；Oatley (1998) (ed.) *Cities, Economic Competition and Urban Planning*；Ward，S. (1994) *Planning and Urban Change*；Chapman，D. (1996) *Neighbourhood Plans in the Built Environment*.

关于欧洲规划的一个很好的转折点是Williams，1996 and 1999，CEC，还可以查阅欧盟的文献、网站，从布鲁塞尔可以得到大量的免费资料，欧洲各主要语言的资料都有。

不同规模和不同国家的、地区和城市的资料可以通过查阅任何比较好的地图册，以及微软公司的 CD ROM 电子百科全书 Encarta 1999，第三世界发展的文献参阅 The New Internationalist，经常出版城市问题的特辑 （如 No. 313，June 1999）。

第 10 章

环境、欧洲和全球趋势

提出议程

重复历史？

第10章追溯环境运动的产生，讨论环境问题的议程以及对"可持续发展"的相关需求，这种需求重塑了过去20年英国城镇规划的范围和性质(Blowers 等编，1993)。现在城镇规划政策的重点在于如何获得"可持续的发展"，而与之相比，"发展"被认为会对环境产生负面影响。本章的第一部分将在此发展背景下探讨乡村规划这一主题。值得一提的是，在环境主义流行的很久以前，英国的城镇规划多年来一直都在关注环境问题。第二部分将详细阐述城镇规划内容的扩展，形成广泛的城市、经济和社会的可持续发展观念。不仅仅是受欧洲和更广泛的全球议题与趋势的影响。同样，本章最后将对当前环境政策的不同观点展开评论。

可持续性的定义

在最广义的层面上，可持续性可以定义为，实现全球生态系统可以承受人类的全部影响但不受到损害的目标的进程 (Barton, 1996)。体现可持续发展重要意义有两个主要视角，一个是以人类为中心的：我们必须善待地球，地球才会善待我们；另一个是以自然为中心的：我们必须尊重地球，因为地球同其上面的生物有和我们一样的生存权利。生物圈的健康和人类的健康是不可分的，这就意味着规划一方面要注重自然导向，另一方面要注重社会特征 (Barton 和 Bruder 在 1995 年描述过)。

国际上，可持续发展通常包含三方面的含义，分别对应于社会、经济和环境三个维度。但在英国，重点通常放在最后一个方面，即绿色问题上。降低这一议程的政治性，导致在环境问题上主要采取以土地利用为基础的物质方法，这与英国城镇规划注重空间规划的传统很容易地结合起来 (Brand, 1996 和 1999)。

英国的环境主义，特别是"绿色问题"，往往与乡村和"自然"生态问题联系在一起，很少运用于城市地区的问题上，如过度的房地产开发市场，影响环境利用和开发的社会、政治和经济背景等。实际上，"为环境的规划"很自然地融入到现行"城乡规划"中的"乡村范畴"。这为当前的英国规划议程带来一定的"空间"，但也产生某些限制。

专栏10.1　可持续发展的定义

可持续发展，根据布洛斯(Blowers，1993)的观点，通常认为有四个认知因素：保存自然资源、避免对生态系统再生能力的破坏、达到最大的社会公平和避免危及后代的冒险和代价。

根据布伦特兰报告(Brundtland，1987)和《里约热内卢宣言》(Rio，1992)，可持续发展由三个主要的部分组成：社会总体公平、经济自我满足和环境平衡。布伦特兰把可持续发展定义为：可以满足当代人需要，但不会影响后代满足自身需求的能力。这一定义的注解参见规划政策导则《PPG1总体规划原则》。

更根本地，"绿色运动"对社会主义"红色运动"思想的基本假设提出挑战，后者强调"生产"，规划政策以经济增长和就业政策为中心。但是环境主义注意到"生产"和"消费"背后隐含的成本，以及"分解"的代价和收益。对储存自然资源和生态平衡来说，"分解"是接下来的重要一步，这是一个循环利用过程，即对自然物质的分解和合成。从整体生态系统的角度思考问题，关注这三个循环阶段的构成，已经得到那些生态、乡村规划和景观设计等领域的专业人员的重视(Turner，1996:30)。

可持续发展和规划的关系

随着汽车拥有量增长、郊区蔓延，城市外围的居住需求、以及对城市绿带和开敞乡村地区开发的压力增加，城市和乡村的界限变得越来越模糊。"绿色运动"关注这样一个事实，我们居住在同一个脆弱的星球上。从这个广泛的视角来看，区别城镇和乡村就变得没有什么意义了。尽管欧盟和国家这个尺度仍然是重要的，但是经济全球化为人们带来一种新的认知，就是意识到我们都生活在同一个"地球宇宙飞船"中。有人认为国家（例如英国）已经不再是规划的关键尺度。许多经济、环境和社会问题都需要国际合作和全球性的解决方法。

生态运动强调我们都是同一个生态系统的一部分，呼吸着同样的空气：大气层不能像土地那样可以分区规划。全球变暖问题的关注以及臭氧层空洞的发现，已经把跨越国界的人们联系在一起，例如对造成臭氧层空洞的主要因素氯氟碳化合物气体(CFC)的排放限制。这些深层看法引起城镇规划对环境问题更为全面的认识，也引发对狭隘和缺少启示的英国城镇规划的批评。但是很多规划师解释说，城镇规划其实一直在关注那些广泛的问题。事实上，现在所发生的事情，就像重新发明了车轮，只是新一代人以新的生态语言，去阐释一个久已存在和众所周知的问题，这些问题曾经激励过那些现代城市运动的奠基者们。如霍华德的田园城市的概念，其根本形式就是可持续发展的居住形态（第 6 章）。虽然持有这种广义的观点是很重要的，但是很多城镇规划问题最好还是在地方层次解决。

城乡规划一直同时关注城镇和乡村的问题，特别是保护乡村地区，免受城市空间扩展的影响。这种观点一定会带有更为广泛的环境视角。但是在贯穿英国城镇规划的很长过程中，一直存在一种反城市的主题，即认为城市和城镇（及居民）是"不好"的，乡村和农民是"好"的。现代城镇规划运动对这种说法提出挑战，对农业活动和农业土地的使用方法提出质疑。二战后的规划体系认为"农民知道什么是最好的"，没有必要对他们的活动进行控制。

最初，欧盟（那时的共同市场）并没有注意到环境问题。事实上，作为欧盟成立基础的 1957 年《罗马条约》，更注重持续的工业增长而不是持续的发展（Cullingworth and Nadin，1997）。欧盟最初的基本原则是商业性质的，目的是为发展一个共同的自由贸易区。但是随着时间的推移，一系列其他的政策开始发挥主导作用，特别是区域经济平衡和环境问题。这些在以前的"欧洲经济共同体"（EEC）支持农业利益的目标和名声不怎么好的《欧洲共同农业政策》（CAP）从未有所体现。

欧盟及其前身共同市场曾被一些消极的形象拖累，包括堆积成山的黄油、汇集成湖的红酒，以及对农民的不平等补贴等，这些都是非常不可持续的。所有这些因素导致对"食品政治"的关注，以及对乡村规划中农业政策实质的认识。英国一些主要的公

图 10.1　为社会的规划和为整个生物圈的规划是不可分的
疯牛病危机让人们关注这样的事实，人类和动物的健康，通过同一个食物链与更广泛的生物圈紧密联系在一起，正像牛排危机所表现出来的那样。现代农场生产方式向更有机方向的改革需要，带来对农业土地使用和乡村规划政策的新思考。

共健康恐慌引起广泛的对食品质量和生产的关注，包括疯牛病（BSE）、大肠杆菌、库贾氏病（CJD）和转基因食品（GMF）的生产等。

对食品问题越来越重视，引起对乡村规划中的农业活动的关注，对原来的观点"农民知道什么是最好的"逐渐产生怀疑。怎样在乡村地区协调保护、农业、休闲和发展的需要，成为规划师的主要工作（乡村委员会1990）。在过去的40多年里，无论是在欧洲还是在英国国家层次，在环境措施方面都已取得明显进步。

乡村保护的传统

对乡村的国家干预

国家公园

战后重建规划更关注使城镇远离乡村地区,保护偏远的风景区不受开发的影响,而很少延伸到对农民活动的控制。1947年《农业法》的制订是以"农民知道什么是最好的"这一假设为基础的，所以认为农民增加农业生产不该受到阻碍。城市人口和一些组织，如"步行者协会"，要求开放更多的郊区空间以供休闲。1947年《国家公园和开放乡村法》，如其名称一样，开放了很多国家公园和一系列贯穿乡村的步行网络。到目前为止，共有82000英里的步道和18000英里的马道对公众开放。

国家公园由特别团体管理，主要是联合理事会和委员会,由"国家公园委员会"（National Parks Commission）监督。1968年改为"乡村委员会"（Countryside Commission），担负更为广泛的角色，包括关注在其项目内的农业、休闲、娱乐、景观以及国家公园的所有事务。在战后的一段时期，汽车拥有量很低，很多地区还没有开通公路。因此在那个时代，当圣诞假期时，出现在达特穆山（Dartmoor）或湖区（Lake District）的交通拥堵景象是无法想像的。国家公园的目的是保护乡村地区的自然美景，依据斯科特（Scott），达沃（Dower）和《霍布豪斯(Hobhouse)报告》的精神,为公众提供通道。这也是第二部分描述二战后遍布全国的土地使用规划战略的一部分(Hall,1992)。国家公园自1940年代开始确定,1990年代,诺福克(Norfolk Broads)获得这一地位。预期2000年还将增加两个新的国家公园，苏塞克斯郡（Sussex）的南丘（South Downs）和汉普郡（Hampshire）的新森林（New Forest）。

国家优秀自然美景地区(AONBS)

1949年《法案》成立了"国家优秀自然美景地区"(AONBs)，与国家公园相比，

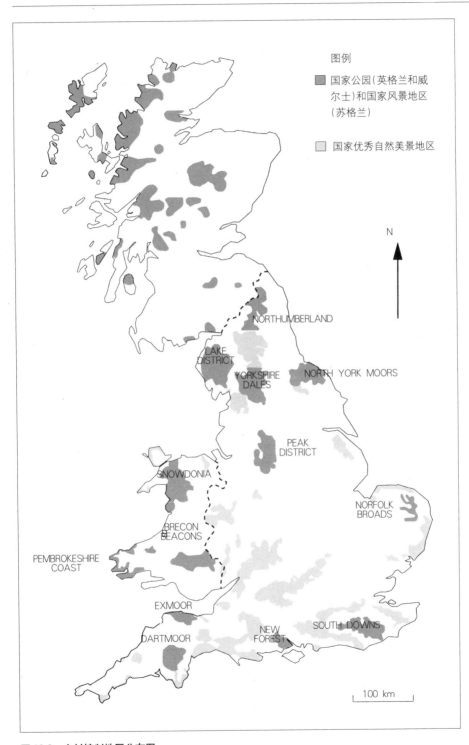

图例

■ 国家公园(英格兰和威尔士)和国家风景地区(苏格兰)

□ 国家优秀自然美景地区

图 10.2 乡村控制地区分布图

更小但更易到达，如萨默塞特郡（Somerset）的宽托克丘陵（Quantock Hills）。维护和改善这些景区的地方机构可以申请75%的拨款补贴。无论国家公园还是国家优秀自然美景地区，都对新开发和已有开发进行严格控制，类似于城市保护地区（相关的法律细节可参见Heap，1996；Cullingworth and Nadin，1997）。

乡村公园

持续增长的乡村休闲需求，以及小汽车拥有率上升，导致在1968年《乡村法》中形成一种新的特殊地区类型。在随后出版的白皮书《乡村休闲》中得到进一步论述，标志着一个重要的态度转变，即关注乡村地区生态环境和非农业使用功能。这一时期"地球之友"作为一个压力团体成立。环境问题第一次走到媒体前沿，如《生态学家》这类环境期刊创立和出版。1972年一个基础性的环境文件《生存蓝图》

图10.3 萨默塞特霍福德的山毛榉
对乡村问题很容易想当然，大量的维护和规划工作关注保护林地，高沼地和牧场。

（Blueprint for Survival）出版（Goldsmith，1972）。

1968年《乡村法》建立起乡村公园体系，使人们能够不用走太远就可以到达一个安静的地区享受乡村生活，同时缓解对乡村开发的压力，减少对乡村的破坏。实现的手段是在城市中心区周边建设小而精心管理的公园，提供充足的停车场、公共厕所和良好的服务设施，如野餐地、露营地和大篷车宿营地等。地方政府可以从中央政府得到75%的拨款来建造乡村公园，就像诱捕系统（Honey Pots）一样，吸引休闲活动，防止人们过于分散地使用乡村地区。

特殊科学意义基地（SSSIS）

政策重点也越来越关注乡村地区更小的"特殊"地区的保护，如野生花卉和蝴蝶的栖息地。1949年法案已经提出划定"特殊科学意义基地"（Sites of Special Scientific Interest，SSSIS）。但直到1980年代，由于环境运动，才引起公众和受影响的土地所有者更多的关注。这些地区由"自然保护理事会"管理(后来的"英格兰自然署")。许多这样的地点正好在农业用地内部，所以很难加以控制。实际上，这样的地点可能在人们还没有意识到的情况下就被开垦掉,在划定的特殊科学意义基地,农民由于失去这些地区的耕作权可以得到补偿。根据环境部的报告（1991）指出,这些地区也可能遭到粗心游客和不断增长的战争游戏的破坏。根据1981年《野生动物和乡村法》（Wildlife and Countryside Act）,对特殊科学意义基地、自然保护地区和一系列其他生态地区正施行更严格的控制。

绿带

城市周边地区还受绿带法的控制。1960年代,当时的保守党大臣邓肯·桑迪斯给予绿带新的发展推动力,之后的1962年《城乡规划法》第4部分明确城镇规划对绿带的责任,后来受到越来越严格的控制。绿带设置不只是为景观价值,而且是为防止在开发压力下的城市蔓延。更广泛地,绿带是城市的"绿肺",具有休闲和农业的价值。确定的绿带中很多地区并不是绿色的,更多的是一个"棕色"的多样性地区,包括砂石厂、玻璃温室、垃圾填埋场等,并保持着20%的农业用地。

在绿带地区也建设一些适宜的设施,如高尔夫训练场,酒店和休闲设施等,还有医院及类似的政府机构。霍华德在环绕着田园城市的绿带中布置养老院,但他仍是更多地把绿带当作农业用途,而不像现在的混合使用。虽然绿带被规划为永久性的,但在内部边界偶尔也有小块的蚕食,在外部边界,绿带也常有扩展(Elson, 1986; Herrington, 1984)。

白地

白地,根据格兰特（1982[1990]:309）的解释,是没有规定法定用途的地区,意味着依据原有的开发规划方式,是一块还没有设置特定用途的土地。常常出现在绿带内部,开发商把这种地区看作开发住宅的理想地点。在以往的某些案例中,政府也有这样的设想。现在大多数的白地将处在"结构规划"的控制范围内。除此之外,在城乡结合地带常有一些楔形的空白地带,如果开发,就会侵犯到乡村地区。在城市和过境的公路之间常常有形状奇怪的小块土地:如果附近有公路交叉口,就会成为开发的主要地区。如果公路穿过绿带,那么就会在沿线走廊地区吸引形成很多的开发申请。有些观点认为绿带并没有发挥任何阻止发展的作用。所形成的事实是,发展越过绿带形成第二居住圈,随之形成的还有深入到乡村地区的更长的交通距离(Pahl, 1965; Newby, 1982)。

国家干预引起的冲突和问题

不同的部

环境部(现在的环境交通和区域部)和其他各部之间常常存在很多分歧,如和农业渔业食品部（MAFF）。如第2章所述，1999年6月成立一个独立的"食品标准机构"，关注"从农场到餐桌"的食品安全，但并不是政府的一个部，有调整的权力，但不扮演决策角色。这一组织被看作是代表消费者即公众需要的机构，而不是仅仅关注农业收益。

1970年代，农业渔业食品部为开垦沼泽地和灌木地提供资金，这却与其他部的政策相背（Shoard，1980）。很多当时其他给予机械化耕作补贴的做法也引起很多关注，导致形成一些大牧场、低地平原化、最后使多样的野生动物灭绝。而所有这些都是在以增加食品生产的名义下发生。但是欧盟实际上已经出现食品过剩。规划对乡村地区几乎没有控制力，很多人认为应该控制农业设施的使用和开发，如农田的形式、水塘、与农业相关的商业，特别是机械化的农业设施，如谷仓和养鸡场等。规划以一种消极的方式进行控制，规划依据历史需要和保护农业地区的原则，禁止在乡村地区进行非农业开发。

乡村剥夺

1980年代是众多改变乡村的力量共同影响的高峰时期。1981年的调查显示农村的流入人口第一次大于流出人口。1960年代，因为农村人口下降，一些郡县的规划机构，如杜汉姆(Durham)，把一些乡村指定为将要"消灭"的D类乡村，认为资源最好集中配置在人口众多的A类乡村，不要再向D类乡村进一步投资。1960年代，随着榉树砍伐和许多铁路支线和车站关闭，乡村地区迅速衰败。

现在许多人搬到郊区居住，有的是因为退休，有的是因为高速公路的发展能够方便地为工作而长距离出行。具有讽刺意义的是，在居住人口增加的同时，许多当地的设施和店铺却在逐渐败落。另外许多乡村地区正经历"乡村中产阶级化"，大量的富裕阶层迁入。而对于那些在郊区没有汽车的人，因为缺少公共交通、本地商店和社区设施，正承受着"乡村剥夺"，这和城市的情况一样。许多乡村低收入阶层被迫搬离，特别是那些年轻夫妇，他们根本不可能与新来的人们在住房市场中竞争。

乡村住房

乡村不允许有新居住区开发，除了那些专门为与农业有关的农业工作所兴建的项目。另一方面，所有形式的农业建筑都是许可建设的。人们多年来试图寻求躲避乡村居住开发控制的方法。有一些假冒农业建设的例子，建造特大的马房，可以轻易改造为住屋，就可以避开农业土地上不可以建造住房的限制。另外一个更商业化的例子就是金字塔形式的中央舞台，数年来用于召开格拉斯顿伯里音乐节(Glastonbury)，这一金字塔过去用作牛舍，所以被归为农业建筑，而实际上更应归类为娱乐休闲建筑。

由于规划政策严格限制农村居民点的扩展，避免填充式发展，使得可获得的乡村住房减少。在规划法中，没有对乡村住房开发的期限和类型做出规定。在《通告7/91规划和可负担的住房》中，环境部第一次提出适应"地方"需要提供低价格房屋，作为开发控制需要考虑的"物质因素"。但这是不足够的，因为便宜的住房只是创造可持续发展的乡村居民点所需众多因素之一。即使人们在乡村地区能够获得低价格的房屋，但还需要商店、学校、工作和就业。如果其中有些还要在当地的鸡肉加工厂上夜班，就难以说是浪漫的乡村生活。之后有关住房的规划政策导则PPG3更详细地规定房屋持有期等问题，但这一问题仍在讨论中。

一系列的政策

保守党政府（1979—1997年）为保证发展，曾一直试图减少规划控制，在城市中如此，在乡村也一样。但矛盾的是，正是来自郡县的保守党选民反对这种政策变化，他们害怕自己的地区会被"城镇人"所淹没。有关绿带的《通告14/84》，有关住房土地的《通告15/84》，有关结构规划和地区性规划的《通告22/84》，所制订的政策，都放宽城乡过渡地带的开发限制。经计算认为，欧盟内已设定的农业用地有大量剩余，现在用于农产品生产的土地需求减少。英国有250万英亩农业用地被认为是农业剩余用地，相当于德文郡和康沃尔郡面积之和。环境主义者攻击这些数字，认为是由于"不可持续的"耕种和农业活动导致这些"剩余产品"产生。

保护乡村的重点从保护农业生产转变到自身作为环境资源而得到保护。农民的角色也正从农产品的生产者转变成公园的维护者。在需要保护的地区，越来越多的人签订了《土地管理协议》，为此他们将得到一定补偿。与该"被放置一边"的政策相关，讨论中的欧盟政策也允许农民把土地"拿出来"不作为农业用途，但是附带条款规定，这是暂时的使用性质转变，并不意味着长期否定把土地重新运用于农业。英国和欧盟的税收和补助政策影响农民们种什么，以及种不种。农民现在依据是否能够得到补贴来决定种植什么，因此今天乡村"绿色愉悦的土地"早已不是绿色的，如初夏的亚麻会形成蓝色的"海洋"，晚春的葡萄形成黄色的"沙漠"。

1980年代，为使农民继续留在乡村，对农民经营与农业相关的商业活动实行更加宽松的政策。《通告16/87农业土地的相关开发》和规划政策导则《PPG7农村企业和开发》反映出这一新思想，鼓励农民发展多样化的乡村经济。当然商业活动仍必须与农业相关，一家出售自家制作果酱的商店，和建造在农田上的工厂是有区别的，尽管也有人认为后者是合理的进步，这样的工业化运动可以缓解农村失业问题。

图 10.4   欧洲南部的一处山坡

现在英国乡村政策受那些应用于欧洲大陆乡村地区的欧盟导则和环境控制影响，在山区，"乡村"规划主要考虑冬季运动、水力发电、森林和放牧等问题。

乡村委员会

很多其他政府机构和志愿者团体对乡村发展产生持续的影响，虽然是"超越"或独立于主要的规划体系之外，但是仍然对乡村的房产发展、经济以及就业问题产生影响。

如在环境部资助下运作的"乡村委员会"，曾形成两个主要文件，反映乡村发展的一种新的企业化战略，一个是 1987 年的《塑造新乡村》，另一个是1989年的《规划一个更绿色的乡村》。委员会认为，过去由于农业土地缺乏的原因，对乡村开发采取消极限制的控制方法，但现在随着经济环境的改变，这个理由已不合适。提出在乡村发展的某些方面，需要一种更有建设性的控制方法。这种方法带来这样一个问题：能否在乡村开发过程中通过适宜的景观设计手段真正美化乡村。乡村委员会建议绿带地区应有更广泛的用途，更积极的态度。政府早在1991年初期已制订出一份指导性文件，对废弃建筑的再利用采取较少的限制，如绿带上一些的废弃的精神病所和医院等。如果再利用符合原有建筑和场地布局的"足迹"，也可以接受商业性开发。

乡村委员会还建议，应以积极的态度对待乡村地区的新住房开发。在某种程度上，如果有恰当的景观和设计保证，那么在乡村进行更多的"城市型"开发也是可行的。同时他们也强调"绿化城市"的重要性，将乡村引入城市中，打破城乡二元界线。建议在废弃的土地上建设新"乡村"景观，在城市边缘建设供马使用的新城市森林特殊地区，实际上城市边缘已经存在许多非官方的"马文化"地区，为马和马驹提供饲养和住所。新工党政府保留这些的建议。日益增加的环境团体压力、休闲需求压力、创建可持续发展农业和乡村社区的需求等，使这些问题进一步带有政治意义。1990年代后期，乡村社区、农民组织和赞成打猎组织等都致力于积极维护他们所认可的"传统乡村生活方式"。

森林委员会

森林委员会（Forestry Commission）拥有 200 万英亩的土地，因此在乡村保护中扮演强有力的角色。但是这个委员会现在已经因"私有化"而解散。森林委员会表现出喜好种植针叶树而不是本土的阔叶树的倾向，过去受到环境主义者的批评，因为本土的物种更能够为当地的野生动物提供合适的栖息地。对私有土地的税收激励措施，鼓励土地所有者种植针叶树而不是落叶树。许多重建的森林都是绵延数英里的非自然的标准化种植，只有被一些火灾偶尔打断。

法定团体

一些法定的执行机构，包括过去的电力公司和水务公司，都有在乡村保护地区进行建设的权利。水务公司曾经因用树遮挡水坝和将所有的东西漆成绿色的做法而名誉受损，对他们来说，开发更为重要。公共事业的私有化并没有使这种状况得到改善。如在北方的奔宁山地区（Pennines），对治理小水系的关注下降，萨默塞特低地塞奇莫尔对疏通灌渠项目的关注也在下降，缺少这样的维护，导致水库水位下降和非季节性的洪水。

电力公司目前在地下埋设管线，特别是在环境敏感地带，在国有化时期，电力委员会曾因在景观地区架设输电塔杆而饱受批评。第一部分已经提到，"国防部"（MoD）拥有 9 万英亩森林和大量土地，实际上，他们拥有威尔特郡（Wiltshire）超过 10% 的地产。

志愿团体和使用者组织

土地拥有者和农民

1926 年成立的"乡村土地拥有者协会"（Country Landowners Association）是个具有强大影响力的组织，维护其成员的利益，并由于与"英国上院"（House of Lords）及"全国农民联盟"(NFU)的历史联系，对立法产生影响。1986 年形成一份《土地获取利润的新方法——企业战略手册》，恰恰与许多政府建议吻合，文件重点更关注射击场和高尔夫球场，而不是小型的乡村商店和作坊。

国民信托组织

1895 年成立的国民信托组织（Gaze, 1988）(The National Trust，注：全称为"历史遗迹和自然景观国民信托组织"），是一个非政府的独立机构，但在郊区事务中发挥着巨大作用，包括对私人住宅和地区景观的保护。现在国民信托和其他一些类似的机构更加政治化，如针对禁止捕杀狐狸等问题。1999 年，很多乡村组织在伦敦举行盛大游行活动，包括农民和土地拥有者，目的是保护他们日益受到压力的生计和乡村社区。

"海王星计划"(Enterprise Neptune)是国民信托的一个分支机构,为超过 1/3 的海岸地区提供保护。1926 年成立的"保护乡村英格兰协会"(CPRE),致力于乡村地区环境和风景的保护。还存在许多地方志愿者机构,在影响中央和地方层面的政策上发挥着各自的影响。近年来,一些城市团体从消费者的角度出发,关注食品生产和价格,对乡村事务的影响日益加强,尤其是"国家消费者协会"(National Consumers Association,出版期刊 *Which*)。

通道组织

各类漫步者组织一直关注全国步行系统内乡村通道的维护和延伸。1965 年成立的"开放空间和步行道保护协会","青年旅馆协会",当然还有"漫步者协会"继续努力,以期获得更为便捷的乡村通道。另一方面,农民却担心从城里来的狗可能对家禽造成伤害,并考虑如何防止公众穿越生长中的庄稼地。

环境组织

许多环境组织,如"地球之友"和"土壤协会",关注于化肥和杀虫剂的使用。动物福利组织,包括久负盛名的"皇家防止虐待动物协会"(RSPCA)重点关注饲养厂内的饲养方法和动物们的生活质量,尤其对于孵蛋的母鸡。至于宠物,动物福利组织对在公园和沙滩禁止带狗的这一趋势表示关注,因为这一政策导致家庭外出时狗被拴在炎热的汽车中,而这是狗死亡的潜在原因。但另一方面这个做法也是可以理解的,因为这些宠物对儿童健康存在威胁,同时,减少宠物到达乡村的可能性,从而对家禽造成伤害的可能性也将减少(农民已经把更多家畜留在家中)。如果有多余的农业土地,就有较为合理的方法解决狗主人们在哪里遛狗这个日益严重的问题。像其他国家那样,提供专门供狗玩耍的场所和公共开放空间。规划必须考虑所有使用者的需要,包括人类和动物,通过提供不同种类的开放空间,满足潜在的互不相容团体的专门化需求,而不是仅仅提出一个空洞的"开放空间"或是"乡村"政策。

据保守估计,英国大约有 750 万只猫和 650 万只狗。但"只有"510 万个养猫家庭和 490 万个养狗家庭(ONS,1999,表 13.12)。在北美和澳洲(特别是维多利亚)一些地区,因为对当地野生动物的保护,夜晚不准家猫出来。在一些区划导则规定,猫只能养在室内,如果在街上发现猫,可以根据法律射杀,这个规定引发激烈的讨论。类似地,没有引发这样广泛争论的是英国出现的有关灰松鼠的问题。最初从北美引入,被认为是有害的,是本地棕松鼠的竞争者,但是它们却深受许多人喜爱,并且伦敦公园的游客主要是由于对它们感兴趣而来。同样的是貂和其他一些非本地的小哺乳动物，它们可能逃离了在毛皮工厂被制成毛皮的厄运，艰难地获得自由，却被认为是本地动物群的威胁。另外一个所谓的害虫——鸽子，受到那些致力于保护历史建筑的人们的注意。但是看鸽子是许多游客去特拉法加广场（Trafalgar Square）的目的，他们去那里观赏和喂食鸽子。这些都是当地政府必须面对的重要问题，城镇规划或环境主义者也会感到十分棘手。但是可持续发展的全面观，应该包括对人和动物的关注，也就是关心所有的植物群落和动物群落。

空地和荒地

转变中的土地

城市和乡村都有大量受到破坏和低效使用的土地，这些土地正逐渐成为一系列规划提议关注的对象。政府，特别是欧盟，似乎特别赞成利用城市内现存的荒废土地进行开发，而不是蔓延式地开发新用地，这点已在欧盟委员会绿皮书《城市环境》中得到表述（CEC，1990）。目前正通过一系列的政策、激励和拨款等，鼓励对荒废土地的再利用。利用"棕地"而不是在未开发的土地中进行开发，已成为政府的主要目标。棕地，主要由城区内废弃用地或者不再使用的工业用地组成，可以用于开发建设而不必占用新的未开发用地。正如第 1 章所述，修改后的《规划政策导则 PPG3》，建议 60% 的新增住房应在这样的土地上开发建设。

在 1980 年《地方政府、规划和土地法》（Local Government, Planning and Land Act）框架下，环境部对未充分使用和低效利用的国有土地进行公开登记，这个职能后来由环境交通和区域部担当。这不要与其他一些登记混淆，如规划申请登记（register of planning applications）以及记录土地所有权转变情况的土地登记（Land Registry）等。平均每年大约有 8000 个地块，面积约有 10 万英亩的土地处于未充分使用或空置，这个水平一直保持着（来源：DETR 网站），其中 25% 的土地已经空置 20 年以上。值得注意的是，很多这类土地是属于法定实施机构（statutory undertakers）或当地政府的。国有产业和随后的私有化对此负有很大责任，尤其是铁路用地周边地区。

1990 年《城乡规划法》的 215 条规定，当地政府有权要求私人土地所有者对土地进行恰当的维护，依据《公共健康法》还有附加的控制权利。但如果土地拥有者认为他的土地因不利的规划决策而贬值，根据《1990 年城乡规划法》第 150 条，有权向当地政府提出《损失通告》(Blight Notice)，并要求政府购买受损害的土地。一些地区因为缺少管理和关注，没有任何实际开采或工业活动，存在十分混乱的状况。

依据《1982 年废弃土地法》(Derelict Land Act)，可以筹集一些资金改善这些废弃地区。资金来源包括，1979 年《内城地区法》和 1980 年《地方政府、规划和土地法》中规定的城市开发补贴和城市更新补贴。1988 年这些拨款被一种"城市拨款补助"取代。在企业区，资金来源还可以来自城市开发公司、单一更新预算、城市保护和欧盟计划等，如前几章所述。

开采控制

地理学家达德利·史坦普爵士最早进行过英国"国家土地使用调查"，之后由艾丽斯·科尔曼教授的研究显示，尽管过去的 40 年引入了城镇规划控制，但是因为开发而损失的农业土地非但没有减少，实际上反而增加了。政府为使至少某些种类的废弃地数量不再增加，已经开始对某些采矿活动进行控制，特别是带来很多视觉和景观问题的露天矿。采矿被作为是一种开发形式，因此要受到规划法的控制。要求乡村理事会在结构规划中提出矿物开采的政策指导。规划师关注开采活动会对未来开发产生怎样的影响，例如，露天矿会造成广大地区在将来无法开发，当开采活动挖掘到周围的地下地区时，会造成地面沉降而不再适合以后使用。各类开采活动，比如采石场，也会造成大量的环境问题，载重卡车会破坏当地路面，并给当地社区带来危险。

规划师关心对开采活动进行长期监督。一个地方在开采活动停止之后需要进行重新恢复，可能需要 30 年的时间，这时规划条件应考虑不同的方式。过去，规划部门曾与"国家煤炭委员会"签订过一些富有成效的协议，这些协议后来得到遵守，对景观和环境控制发挥重要保证。1947 年《城乡规划法》第一次提出对开采活动进行控制。1950—1960 年代，原来的"住房和地方政府部"在被称为绿色系列的文件中提出矿业控制导则，这一影响现在仍然存在。1970 年代开始，矿业控制成为郡县政府和其他第一层级机构的责任。1981 年《城乡规划（矿物）法》增强了规划部门的权力。其中一个重要的特点就是强调需要对这些地区进行后续关注。

一些地方政府进行重组，例如威尔士政府于 1995 年重组后形成新的统一政府，负责管理矿业活动，这是 1994 年《地方政府（威尔士）法》所带来的变化。之后随着独立的"威尔士议会"(Welsh Assembly) 的成立以及相关政府机构的重组，引发了更深刻的改变。要求所有的矿业部门在法定发展规划下，还要提供《矿业规划》。1981 年《城乡规划（矿业）法》的权力增加，尤其是针对开采地区开采后的恢复和管理问题，以及带有效期的规划许可等。典型的矿业规划许可的"许可条件"比一般规划许可条件复杂得多，而且所需时间更长。1988 年形成《矿业规划导则说明》(MPGs，与 PPGs 相似)。同年，《欧盟指令 85/337》的推行使控制进一步加强，要求提出矿业许可申请时必须附有环境评价说明。

尽管对矿业开发的控制有很大进步,但仍有一些1947年以前批准的矿业,全国估计有1000多处。要求这些地区在1992年3月前,在当地的政府部门正式登记,政府考虑是否可以颁发新的规划许可,或者将其关闭。实际上尽管存在来自环境组织的巨大压力,这个过程也并不是一帆风顺的,因为在决定是否保留或者应当废除时,法律上有许多复杂性,尤其是有些案例的可靠记录已经不存在。今天这些基地分布在某些中产阶级化了的乡村地区,或一些环境敏感地区。在考虑要为工业和建筑业提供充分的原材料时,环境因素必须给予重视。矿业规划的详细情况见西尼尔(1996) 的文献。

不只矿业规划的本质在发生变化,而且参加矿业勘探和规划的人员也在改变。这个领域最早吸引的是那些工程科学界的男性,今天有更多领域的学生对环境问题开始感兴趣,包括许多女性,他们学习有关矿业的课程。如1980年代末的研究中,只有6名女性矿产勘探员,多数是学生 (Greed,1991)。1998年增长到36名女性勘探员,很多女性规划师也是学习矿业专业的 (Palmer,1997)。因为环境问题流行,女性开始进入这个行业,可能她们把矿业勘探员重新解释为地球的监护人和维护者,而不是以前的开采者和挖掘者。同样地,环境运动也影响了建成环境专业的角色和目标。实际上女权运动最初是在生态运动方面发挥先锋作用的,特别关注科学技术发展的消极影响,以及生产过程中潜在的污染和致癌问题等方面 (Carson,1962;Griffin,1978;Parkin,1994)。

环境运动

国际政策趋势的影响

1990年代早期,环境问题的重点从关注乡村问题扩展到关注整个生态系统。受国际趋势的影响,例如布伦特兰的报告《我们共同的未来》(Brundtland,1987),使可持续发展已经成为政府的首要议题。新“绿色”环境运动对城镇规划的范围和性质产生巨大影响。在英国,“地球之友”和其他压力集团开始注意到政府政策和立法上存在的欠缺,国际上一些类似“绿色和平”(Greenpeace) 这样的组织,提醒人们注意地球温室效应、臭氧层空洞、污染和环境资源衰竭等问题。到1990年代,环境问题走上政府工作的议程,最早的标志是1992年《规划政策导则PPG9自然保护》,现在所关注的领域已经超越地方、特殊地区等层次,关注更广泛的生态问题。

保守党对环境问题的关注首先体现在白皮书《共同的遗产——英国环境战略》

中（DoE，1990a），这个报告阐述不可持续发展将带来的问题，以及政府应该采取的行动(不是十分具体)。当时政府已开始注意控制污染，但这完全不能等同于采取积极措施去创造一个可持续的环境。1990年《环境保护法》将有关污染控制的各项措施加以合并和扩展，如有关公共健康法和空气清洁的1974年《净化空气法》等，增加对垃圾掩埋和废弃物处理等的控制。"女王污染巡视团"（Her Majesty's Inspectorate of Pollution）针对核废料实施特别的控制（见《PPG3污染控制》）。随后，1956年《净化空气法》在1990年代中期被取代，因为那时许多造成伦敦大雾的传统燃煤重工业正在衰退。但仍然没有一个对待环境问题的整体性方法，因为历史上，不同的问题总是由各自独立的部门解决，整合是非常困难的。

不断加强的对传统污染的控制引起对更广泛的环境议程关注。对开发带来的环境问题采取更严格的控制和罚款，使环境问题日益政治化，（Rydin，1998：第11章），采用"污染者付费"的原则，这一原则在撒切尔统治时期的企业化氛围中显得不和谐。根据《1990年环境保护法》，对污染罚收很高的费用。1996年对垃圾掩埋场征收环境税的做法，在开展商中非常不受欢迎。

许多人认为污染只是全球环境代价的一小部分。当传统经济学家们从生产和消费中认识成本和利润时，并没有认识到随后的分解回收阶段的经济价值（Turner，1996:第8章和第30页）。在过去的20年中，有更多的动议促使开发商为真实的开发成本付费。如1989年《水务法》规定水务公司可以对新房地产开发征收市政设施费。这一做法类似于一些早期试图向开发商收取的税费，如第8章所提到的二战之后的增值税(betterment levy)，和第3章所提到的规划收益费等。

这些法规受来自德国的"预防原则"概念的影响，试图从源头上防治污染，不管生产者的成本有多高，避免未来由社会和环境来支付其成本。预防原则可用一句感性的谚语来表达"及时一针省得以后逢九针（事半功倍）"(Cullingworth和Nadin，1997:170)。随后的1999年，欧盟《整体污染预防控制指令96/61》开始实施，进一步拓展预防原则。在这一过程中，传统英国规划师的角色得到进一步扩展，同其他欧洲国家一样，趋向成为"环境警察"。

同时，1992年在里约热内卢召开"环境与发展"全球峰会。会后英国政府发表了政策性文件《可持续发展：英国战略》（DoE，1994a），文件涵盖了一系列典型环境问题：全球变暖、空气质量、以及水、土壤、矿产等不可再生资源问题。制订出未来的议程——政府、商业、非政府组织(NGOs)、个人(包括男性和女性)——强调采取合作的途径（DoE，1994a）。这个政策和欧盟成员国的其他政策一样，都是在"欧盟第五次环境行动计划"的框架下制订的（CEC，1992）。

　　英国已经从欧洲其他国家和已经建立的欧盟环境政策计划中学到很多,环境合作在欧盟的各个成员国中形成和发展(CEC,1990;CEC,1991;Williams,1999)。欧盟制订的"第五次环境行动计划"旨在促使三大行为团体——政府、消费者和公众采取环境友好行为。欧盟的主要目的是"在尊重环境的条件下,获得持续的非通货膨胀式的发展……"。一些组织,例如欧洲空间发展展望(ESDP)(在第10章中讨论过)正在寻求发展欧盟内具体城市和地区的长远政策,从全欧洲和全球角度发展环境政策(Morphet,1997:265-7)。

可持续发展事件时间表　　　　　　　　　　　　　表 10.1

可持续发展事件时间表	
1900 年代早期	埃伦斯沃(Ellen Swallow Richards)麻省理工学院教授,发展了"生态学"的概念
1962 年	卡森(Rachael Carson)的《寂静的春天》发表
1969 年	从阿波罗宇宙空间站发回的地球照片让我们意识到地球是一个生态系统
1970 年	欧洲保护年
1972 年	《生存蓝图》(生态学家 期刊发表)
1972 年	《增长的极限》("罗马俱乐部")
1972 年	联合国人类环境会议,斯德哥尔摩
1973 年	第一个环境行动计划(欧盟)
1976 年	"联合国人居环境会议"(有关社区)
1980 年	《国际保护战略(物种和栖息地)》(WWF)
1980 年	"布兰特委员会",关注南北问题
1983 年	《我们共同的危机》(国际发展问题独立委员会 ICID)
1987 年	《我们共同的未来——布伦特兰报告》(WCED)
1990 年	《共同的遗产》第一个英国政府对环境问题全面的白皮书(DoE,1900a)
1991 年	《关照地球——一个可持续生存的战略》(IUCN,UNEP and WWF)
1991 年	"2000 年的欧洲"(欧盟项目)
1992 年	"走向可持续发展",第五个环境行动计划
1992 年	《规划政策导则 12(英联邦)》,包括对环境的关注
1992 年	里约热内卢:联合国环境发展会议(UNICED),(全球峰会)和21世纪议程和地区21世纪议程 1
1993 年	发展规划中环境评价的行动指导(英国,DoE)
1993 年	环境部,苏格兰事务部和地区政府管理委员会(LGMB)发布了生态管理和对当地政府的审计计划,以及地区可持续发展框架
1994 年	《可持续发展:英国战略》、《气候变化》、《可持续森林》、《生物多样性》(英国政府)
1994 年	《皇家环境污染委员会报告》(英国)
1995 年	柏林气候变化会议
1995 年	《环境法》
1996 年	联合国第二次人居环境会议,伊斯坦布尔
1997 年	《京都议定书》(必须最迟在 2010 年执行)
1997 年	工党宣布其政策核心是"关注环境"
1998 年	英国可持续发展策略修订(英国政府)
1998 年	我们更健康的国家(英国政府,绿皮书)

　　根据 Barton,1996 和 Barton,1999 扩展。

主要环境议题

表10.2

主要议题广泛记录的文件（尤其在环境部（1992c、1994a、b、c），可持续发展：英国策略，皇家环境污染委员会（1994）

认定的问题如下：

全球变暖和气候变化：主要由于石油燃烧以及土地使用变化而产生的（包括森林和沼泽地的消失）过多的温室气体排放，产生的结果是：海洋扩张和两极冰山融化导致的海平面上升，从而威胁到沿海城市和村庄。这将会减少可使用土地的面积，需要对海岸保护和城镇规划采取更为严厉的态度。

生物多样性：由于发展和人类活动的影响，导致在世界特别在英国范围内野生动物栖息地范围减少。濒危动物开始灭绝。地球的"基因银行库"遭到破坏。同时，科学家热衷于转基因作物的生产，人类和动物的克隆使事态更加严重。城镇规划不只需要考虑城市发展过程中对濒危物种的保护，也要考虑与自然保护区的联系。

空气质量：由于交通和工业污染的影响，导致城市地区空气质量较差，导致健康问题——增加哮喘、酸雨和大气污染。

水问题：地下水位不断下降，引起水源供应问题；水土流失增加，带来洪水危险；城市和乡村的水源污染问题。

在地区范围内，国家河流管理机构建议在肯特地区阻止城市扩张，因为地下水位和饮用水的质量正受到威胁。

由于侵蚀加快，导致地表土壤消失；有养分和肥沃土壤消失；土地污染和荒废。

对不可再生的矿产资源的不断开采，以及对潜在可再生资源的耗尽。

总之，可持续发展就是要保证生物圈的健康，节约重要资源，如空气、水、土地和矿产等资源（Barton，1996）

一些新的咨询性组织，如"英国可持续发展圆桌会议"（英国圆桌会议，1996）以及"英国上议院可持续发展委员会"（英国上议院，1995）在1990年代中期成立。当时许多半官方机构在环境问题政策上的法定地位得到提高。《1995年环境法》加紧并扩展对环境的控制（Ball 和 Bell，1999；Lane 和 Peto，1995；Grant，1996）。赋予地方政府更多的控制污染的权力，强化循环措施，并为环境保护提供更多的拨款补贴（Brand，1996，1999）。

1995年《法案》明确针对废矿和污染土地的新措施，对长期以来的矿业许可制度进行回顾和更新。法案明确"国家公园"管理机构责任变化，加强对水资源管理、洪水和污染的控制。在英格兰和威尔士建立"国家环境局"（NEA）、"苏格兰环境保护局"、北爱尔兰成立了独立的"碱性和放射性金属审查局"。"环境局"和以前的"国家河流管理局"（NRA）合并。

可持续发展政策在修改后的规划政策导则中也有反映。例如《规划政策导则PPG12》发展规划和地区发展导则——1992年制订，突出气候变化与土地使用和交通政策之间关系的重要性。大部分以后的规划政策导则至少提及"环境"这个概念，并且尽可能与获得可持续发展关联起来。《规划政策导则PPG 12》在这方面被认为是非常有力的。规划政策导则PPG 1、PPG 6、PPG 14 也都涉及可持续发展的问题。总的来说，规划的重点以前是满足更多道路、住房和商业的发展，遵循"项目和供应"的原则，现在则对新开发保持更为谨慎的方法，考虑更多可持续发展的因素。同样地，以往的"宣布和捍卫"的政策制订方

图 10.5　可循环使用的易拉罐能带来不同吗?
即使循环利用措施在购物者中普及，但并不能解决像商店选址、各种不可回收的包装等更为基本的问题。

法，也改变为制订更多合作和协商性的政策，尤其是针对存在大量不同意见的环境敏感地区。

　　然而政策中也有一些不一致的因素，并不是所有批准的规划和规划许可都体现积极的环境目标。因为可持续发展在法定的规划体系中是一个新要素，尽管在各类开发中都要求有环境评价的步骤，但很难决定其"具体形式"（法律关联）和在规划上诉中的"效力"。特别是在整个保守党执政时期（1979—1997 年），政府都鼓励郊区零售商业发展和城市居住点的分散开发。环境运动在公众中日益流行，新的"绿色消费运动"也同时出现。具有环境意识的购物者常常关心大型超级市场是否使用可循环降解的包装袋而不是塑料带，但却忽视分散式的商业布局和食品生产过程中可能存在的环境问题，这种现象令人困惑（FUN，1998）。

可持续发展原则的地方实施

　　环境问题的更大敏感性体现在地方政府和社区层面。1992年联合国会议所发表的《里约热内卢可持续发展宣言》，为形成"21 世纪议程"奠定了基础，要求所有的签约国制订国家可持续发展计划。21 世纪议程是一个很长的文件，共有40章，分为4部分，每一部分都被广泛分析和评价（Blowers，1993；LGMB，1993）。总体来说，其重点放在社会和经济领域，如战胜贫穷的需要、加强主要团体的作用（包括女性、地方机构和非政府组织）和包括协作在内的实施步骤等（Brand，1996:60）。

　　议程的第28章要求每个国家的地区政府都制订《地方21 世纪议程》。地方21世纪议程为综合规划提供基础，为政府和发展机构的 21 世纪行动提供框架

图 10.6   在东南亚的一条街道上堆放的木材
可持续发展是全球性议题，许多"发展中的贫穷"国家将可持续性作为发展必须考虑的问题。

（UNCED，1992； Keating，1993）。第28章要求每个地方政府和居民采取协商的方式，关注"规划"的过程。议程把设计和执行的任务交给当地的政府和社区（DOE，1994a、b、c）。通过21世纪议程，提出规划决策的新方法，更强调各个部门之间的合作、地方性的咨询和更广泛的民主。这被称为规划的"协作方法"（collaborative approach, Healey，1997，在16章讨论）。

随后一个"英国地方21世纪议程引导组织"成立，"地方政府管理委员会"承担起对英国全国进行指导的责任（LGMB, 1993）。在国家可持续发展政策指导的背景下，中央政府可以帮助地方实施可持续发展策略。由于21世纪议程的复杂性和实施的必要性，加之地方政府所必须的合作要求，很多国家团体对地方提供指导。

地方21世纪议程认为，根据自愿原则，在一个共同的"社区"内形成更高程度的协作，不但是理想的，而且也是可能的。十分强调参与的过程（协作规划），而不是规则本身，这是文化的建立和态度的转变。地方21世纪议程委员会包括公众、私人、志愿者部门，共同就可持续发展议题进行讨论，并形成共同参与的整体方案。英国政府要求各个地方政府在1996年底前制订类似的规划，其过程和要求对每个参与者都是一种挑战，而且这一过程是一个持续的过程，永远都不会全部完成。21世纪议程的整体方法对政府部门的文化和组织也提出挑战，因为政府一直是条块分割的。很多地方政府正在形成一些跨部门的新机构，担负起地区21议程协调者的责任，这些新机构最常见于行政首长办公室、环境与健康部门和规划等部门中。

希望通过不同利益群体的参与——地方商会、公用设施部门、环境压力团体和地方政府——能够产生更深入和更具协作性的战略。这是个理想化的探索行动，对参与者来说也是一次文化冲击，正如来自国际的"自上而下"模式对多元的英国城镇体系规划所产生的影响。如果很多深层的不可持续问题能够因此被关注，那么这就是成功。然而地方政府为追求可持续发展的目标，是否能够投入必需的努力，人们还拭目以待（Brand，1999）。

环境运动及其日益增加的影响，对常规的法定规划体系的运行产生越来越重要的影响，尤其表现在规划控制上。正如第3章所述，根据欧盟法规，必须执行说明《环境影响评价》的《环境声明》(ES)，这已经成为开发控制的一个完整组成部分。第3章已涉及，某些类型的规划申请，必须附带《环境声明》。这些措施自形成以来在整个1990年代得到积极推行，并逐渐发挥影响。此外，在1995年《一般开发许可条例》(GDO)中，对开发许可权增加了环境评

图 10.7 城市是属于各种生物的
城市是属于所有生物的，不论大小，因此需要相应的规划。尽管在北欧宠物猫很多，但城市中的主要群落是野猫。

价证明的内容。同样，开发规划也需要经过环境评价的支持，包括很多主要的规划政策文件，如结构规划和单一开发规划。换句话说，环境主义已经成为国家规划体系的主流。

结论：可持续发展能持续吗？

除非中央政府在公共交通、小汽车使用、污染控制、房屋设计、能源政策以及垃圾处理问题的态度、资金、法规上发生巨大改变，否则单凭规划师自身则很难有足够的力量去创造可持续发展的城市。要获得可持续发展的人居环境，规划师需要有更大的权力对土地使用模式、密度、交通管理、布局模式等方面进行根本的结构性的转变(Barton 和 Bruder，1995)。当前，环境原则对社会态度已经产生一定影响，但在某种程度上并没有给城镇规划和城市形态带来革命性的变革。现在重点已经从支持汽车运动转移到控制汽车运动，如1993年的《交通静缓法》等。对公共交通的重要性和价值已有更多的认识。难以置信的是，1960年代认为一辆公共汽车仅被等价于3个载客小汽车单位(PCUs)，所依据的是公共汽车的长度。现在众所周知，一辆公共汽车相当于约70个载客小汽车单位，根据的是节省出来的小汽车出行量。

很多地区如果公共交通难以到达，或者速度过慢、过于绕路或者过于复杂、时间上不准点，那么从个人时间管理、可达性和实用性上来看，人们会选择继续使用私人小汽车。据统计，只有平均不到1/4的汽车出行是和工作有关的，但是所有的出行对开车者来说无疑也是非常重要的，如去学校和超市等。相比较而言，北美的工作出行只占出行总数的不到10%，在那里人们讨厌步行。

图 10.8　一条空荡的公路：罕见的景象！

道路通向哪里？当前的道路项目可持续吗？20世纪的公路将变成空荡废弃的纪念物吗？

在全世界的6.5亿辆汽车中，1/3在美国，另外1/3在包括英国在内的6个主要工业国家。全球仅4.4%的汽车在英国，而6.9%在德国。因为英国是每公顷土地道路里程最长的国家之一，所以应该是世界上单位道路中汽车数量是最低的国家之一（新国际主义，1999）。英国的道路上共有2700万辆机动车（包括各种类型）。超过17岁的人中68%拥有驾驶执照。但是世界上只有不到1%的人口拥有或者使用一辆汽车，这和使用一台电脑，一部电话，或一个卫生间的比例差不多（《新国际主义》，1998）。

已有很多财政和物质措施控制小汽车的使用。例如，近年来燃油税和汽车税有所增加，但这类税收用于公路系统投资的比例有所下降。1999年中，无铅汽油的平均价格是3.18英镑/加仑(70便士/升)，其中82.2%用于交税。估计每年有320亿英镑的汽车和汽油税，但是只有20%，也就是80亿英镑投资公路建设。阿拉伯的石油生产者们因为抬高汽油价格而受到指责。高速公路收费、更多的公交专用线、对单独驾驶小汽车收取罚金等建议加剧了争论。特别的方法和互相指责不是解决问题的答案，更需要整合和细致地制订土地使用结构交通战略规划。显然，应该更有效地使用财政收入，包括整体交通基础设施建设，也包括提供恰当的公共和私人交通模式，让人们方便地上班、到学校接小孩、购物，以及满足很多其他社会和经济运转所必需的功能运行需要。

　　和大部分城市政策一样,这个转变将是一个长期和渐进的过程。改变城市结构、提供私人汽车的替代物、应付环境变化对社会和经济的影响,都不是简单的任务。然而,英国城镇规划面对国际可持续发展运动,即使算不上文化冲击,也已经导致文化转变。尤其是这一转变为在规划过程中采取更为协作的方法铺平了道路,并对传统的以空间土地使用为基础的英国规划形成挑战。

　　关于明确"城乡规划"真正需要考虑的问题的范围和边界,已经形成新的综合与联系。随着对城镇规划与在可持续发展中占有重要地位的健康与城市环境的内在关系认识加强,规划在新工党政府的政策陈述报告中也被越来越多地提及(Fudge,1999)。如"我们更健康的国家"(卫生部,1998)认识到健康和环境质量的关系,以及危害健康的社会和环境原因。为健康中的不平衡问题提供方法,为贫困和社会排斥提供策略,为城市政策和地区交通政策提供参考。

　　最初的 21 世纪议程已认识到贫困和健康问题,表明:"良好的健康依赖于社会、经济和精神的发展,健康的环境包括安全的食物和水"(Keating,1993:11)。之前,世界健康组织(WHO)成立了国际性的《健康城市计划》(WHO,1997),目的是推动健康,防止疾病,被看作是"对社区权利的合法化、培育和支持的过程"(Brand,1999)。值得注意的是,《1987 年报告》的作者布伦特兰夫人,现在担任世界健康组织的主席。世界健康组织覆盖 51 个国家,8.7 亿人口。重要的是,健康问题与社会公平一道成为 1996 年伊斯坦布尔联合国大会"人居环境 2"的重要议题。如同已经主导英国城镇规划的自然环境要素一样,人以及规划的社会性,在国际可持续发展议题中得到充分重视。如果"预测和提供"在城镇规划和交通政策中已经不再是主要的指导原则,那么,就要找出更好的方法来满足人们的日常工作,生活及其他基本的活动需要。

作业

信息收集

Ⅰ 调查你所在地区"地方 21 世纪议程"的推进情况,哪些机构参与到这一过程中。

Ⅱ 你身边的主要环境问题是什么?

概念和展开

Ⅲ 定义和讨论"可持续性"。

Ⅳ 英国的规划体系在多大程度上体现了可持续性?

思考

V 你个人对环境问题的看法如何？你依靠何种方式出行？如果你开车的话你能够放弃吗？

VI 你认为到2010年规划的领域和实质内容会发生怎样的变化？想像一下未来规划师的角色。

深入阅读

关于环境和后来的可持续性，有很多不同来源的参考资料，包括传统的关注休闲活动的(Arvill，1969)；农业活动的(Shoard，1980，1987，1999)；交通、自行车和公共交通的(Sustrans，Cyclebag and Earthspan publications)；生态和环境的(有数不清的书和组织，开始有Blowers，1993，接着的 Elkin, Glasson, Gore, McLaren, Meadows (2 books), Simonin, Theniral and Whitelegg。查阅当前的政府出版物，包括DoE/SS, DoE/DoT, LGMB, LRC, CPOS,CEC, WHO，包括生态管理(DoE/SS)，减少交通废气排放(DoE/DoT)，气候变化 (DOE, 1992c), Hall, P., 1997)，以及北美、欧洲和第三世界国家的女性和环境组织(Mies and Shiva, 1993; Braidotti(ed.),1994; Warren,1997,Parkin 1994)等。Rachel Carson 的 *Silent Spring* 是奠定绿色运动的最基本的著作。更广泛的欧洲、全球和健康问题参见Fudge, 1999 和 Brand, 1999，读者注意不要迷失在环境问题的信息查找上，因为这一主题的资料实在是太多，包括电视记录片、展览、报纸文章、期刊和书籍等。

布鲁塞尔欧盟委员会的欧洲空间发展展望，ESDP (1999) *European Spatial Development Perspective-Towards Balanced and Sustainable Development of the Territory of the European Union*，见 http://www. inforegio.org

第 11 章

城市设计、保护和文化

超越图纸

固定的标准还是弹性的政策？

第11章的目的是让读者熟悉地方规划在设计层面的重要主题、原则和变化。并不是希望提供"如何设计"和"如何进行建筑布局"的基础知识，这不是本书的范围，希望获得这方面详细内容的读者可以参考"进一步阅读"部分的书目(如Greed和Roberts，1998)。本章第一部分简述地方设计层面考虑的因素。其次讨论日益增加的社会意识对设计的影响，以及更多为满足使用者需求的设计尝试。第三部分讨论城市规划更广泛的文化议程内涵。

地方设计层次的内容是城镇规划的一部分，但一些新进入这一专业领域的人们可能会认为这才是"真正的规划"，想像规划师的工作是以画图板为核心，重点在于确定道路的宽度和住房的布局。规划学生在准备一项住房布局方案时，经常认为如何布局应该存在一个正确的技术性答案。实际上对于大部分城镇规划而言，"正确答案"取决于规划师的目标和开发所在的地区等因素。例如，如果在一项房产开发中设计一条可以加快交通速度的宽阔道路，那么同时也将降低这一地区的安全性。

一般来说不同的规划机构开发控制的标准也会有所不同。一旦被采纳，这些标准就是法定的标准。因为基地和环境会有很大差异，因此标准的制定就需要一定的弹性。一些地方规划机构制订设计导则，如艾塞克斯(Essex)规划当局制定的具有影响的《艾塞克斯设计导则》(Essex，1973)，多年来也一直受到批评。其中很多指导原则一直保持着，很长时间都没有修订，直到1997年才形成新版本，修订一些标准，特别是道路设计方面的内容(Essex，1997)。近年来政策方向出现很大变化，因此需要新标准。如环境政策寻求限制，而不是迎合交通流量的发展需求(交通部，1990)。

道路与下水道，还是艺术与设计？

需要明确地方规划的两条发展主线。首先是地方规划体系中功能性和高度规范化的房地产开发的规划。主要强调道路宽度、密度和建筑形式（DoE，1990b），并结合下水道、排水管和其他基础设施的提供等因素，以居住开发和传统花园城市的指导原则为核心。凯伯曾出版一部关于战后城市复兴规划的经典著作。这些著作为如何规划设计新城、新住房开发、城镇中心和工业房产提供直接的处理方法和布局方式(Keeble，1969)。下水道仍然是重要问题。许多公共的法定执行机构的私有化，导致开发费用增加，如1989年《水务法》（Water Act），允许水务公司对新房地产开发征收基础设施税。

第二个传统是更加偏重建筑学和美学的视角。植源于追求气势的城市设计历史传统，以及受欧洲大陆和北美重要影响，强调视觉和设计导向的规划文化。欧洲规划的"宏大风格"传统，表现在宏伟的广场、主要城市宽阔的林荫大道和商业大街中，审美性远大于实际功能需要。当然这种形式的规划也考虑下水道和排水管。如19世纪末，奥斯曼为巴黎街道所做的精彩规划，"对称地"同样在地下表现出来，规划有发达的现代下水道体系。同时也受北美城市设计运动中城镇景观和城市意象[Lynch，1960（1988)]的高度影响。

今天这两种发展主线在现代城市设计运动重建的背景下已经走到一起。在传统对城镇景观的美学和视觉考虑，以及对建筑的关注之外，已经逐渐出现更多功能性的考虑，这是一个新的以社会问题为核心的功能主义方法。

规划标准和设计原则

基本理解

在深入讨论更广泛的城市设计议程之前，了解地方房产开发层面的规划过程中需要考虑的重点和实际的情况十分重要。因此这部分以新居住区开发为参考，总结主要的考虑因素。住房开发在开发总量中占70%，在新开发中占75%。许多原则同样适用于其他类型的开发。本章在适当的地方，将提供一些有关其他类型土地使用规划的补充材料。之后是作者对城市设计运动复兴、环境评价的要求、可持续发展政策和社区考虑等方面如何改变规划进行评论。最后重点探讨影响主要规划标准的政府导则。

基地和委托方因素

私人住房建造公司以及一些地方当局的住房部门，现在仍然有一些标准的住房设计形式和布局形式，无论何时何地，都试图强加于人。但是一个好的设计应该考虑基地的具体特征，并满足住在那里的人的具体需要。首先，应该充分考虑开发的目标具体是"谁"。在私有部门这个问题直接关系到预测居住者的类型，即谁要来买这里的住房——考虑阶层、收入、家庭大小和年龄构成等因素。如在靠近高尔夫球场等一些非常吸引人的地区，建造少量低密度的高价住房，能得到很好的经济回报，是很可取的。在郊区的集中发展地区，最好的开发方式是抓准市场趋势，满足希望以较低的价格获得第一套住房的新婚夫妇的需求，可以以较高的密度开发建设更多的住房。在一个已经中产阶级化了的时尚内城地区，最好不要进行新开发，对原有建筑进行功能转换，可能会获得更多的回报。

私人开发商考虑如何从一处地块中获取最大利益，而规划师对此要有更加广泛的政策考虑。考虑交通流的产生、密度、可达性、社会混合、就业机会和可持续发展等。规划师可能会更赞许这些类型的规划许可申请，例如，开发时提供地方商店或酒吧，或是不对基地进行全部开发，留出一定的面积供以后建设宜人美化服务设施等。所有这些都可以经过协商，还可能会因规划收益而达成协议。至于一个开发商能够做到何种程度，取决于开发的决心，以及是否参照其他类似的较少受到规划部门干预的地块的开发模式。明显地，在规划的这一方面，通常是资金因素，而非美学或社会因素占主导地位，但好的设计会对潜在购买者更具吸引力。

无论开发或投资的本质是什么，最基本的"物质性"因素还是必须加以考虑的。当对一处基地进行方案设计时，需要对基地进行分析，包括主要的自然和人工特征。需要注意坡度和方位，不仅是出于对排水系统的考虑，还要看看基地内是否有值得利用的"向外看"的景观通道。规划部门可能更注重从基地外部对基地"向内看"的景观，因为不希望开发影响天际线或挡在半山腰，形成视觉污染。过去开发商一般不在坡度超过 1/7 的地点进行建设，但现在保留着的大部分可开发土地一般都是坡地，因此在这些地区出现错层式的建筑。还应研究一下水位，看是否会受洪水的影响。注意基地的小气候，特别要避免一些寒冷的山谷，最好将住房布置在阳光充足的地方。

通常认为，现在闲暇时间增多，或考虑到业主越来越富裕，住房设计应尽可能使卧室早晨能面对太阳，起居室和后面的花园傍晚可以感受阳光。事实上，如果采取住房沿路面对面布局的形式，那么一个住宅区内获得这种效果的住宅不会超过一半（除非在住房内部将布局颠倒过来）。然而还是可以争取最大的可能性，使阳光和日照达到合理的水平(Littlefair, 1991)。

风向是另外一个需要考虑的重要因素，尤其在地势较高的暴露的地区。风向会对住宅区内的道路布局和步行通道的方向产生影响，布局不合适很可能形成小的风道。风力在有高层办公楼街区的中心商业区更是一个大问题，会增加大楼周围风漩和气流的影响。大部分的步行者都有这样令人不快的经验，在一个大风天艰难地通过大楼底部的人行道。这种情况同样存在于政府高层公寓大楼，人们都不喜欢这里的强风和风漩，当这些项目被私有化以后，常引入一些风力缓冲设施，或通过精心的种植来解决这些问题（Roberts 和 Greed，2000）。

还必须检查基地的法定权属，包括所有权和地契。买家和开发商的律师之前应在地方当局进行"地方调查"。调查能够显示现存的任何"契约"问题，如未到期的规划许可和保护建筑等。"额外调查"将显示与结构规划有关的更广泛的规划问题，如可利用的下水道，道路拓宽等影响因素。

一块典型的基地都有一系列交叉的问题，如公共权利和私人权利、步行通道以及其他道路的通行权利等。一块基地的私人权利包括为人们、电缆和给排水管道，甚至为动物穿过这块地提供方便。必须确认土地的使用期限，究竟谁拥有什么样的权利，是否还存在某些规划部门的区划控制之外的限制性契约仍然有效。那些有很大后花园的维多利业式住房，看起来是新房产嵌入开发的理想地方，但由于有限制性契约，是不可能进行房产开发的，这些限制性契约防止密度增加，是在当初开发时为保护地区品质而设置的。开发商可以向土地裁判机构申请终止或修改该类契约。但即使申请获得许可，申请者也可能要给予赔偿。

对基地的技术性调查需要查明土壤的类型、承载力和沉陷可能性等。这对开采区来说非常重要。开发商可以向相关的煤矿部门进行专门的法定"调查"，确定老矿井的地道和通道所在。同时必须对周围地区的土壤情况保持警惕，因为一些难以察觉的土壤滑坡可能威胁到开发。"威尔士开发机构"就实施了令人称赞的绿化山谷的工作，包括许多目前大部分不稳定和不适宜建设的废弃地和矿碴地。在工业区中，布局应考虑来自周边地块的噪声和气味。电缆选址、给水管、排水管和下水道的铺设应咨询相关的公司或法定执行机构。

一块基地的开发潜力可能受污水和暴雨排放设施的能力限制，这些都需要投入资金来安装。通常开发商投资的很大一部分都用于这些服务设施的建设，即使这样，如果基地远离下一阶段的管道延伸计划，还是不可能建造的。类似地，水一定要使用泵才能流到高的区域。因此如果缺少外部服务设施，开发可能会受阻。当前，基地内拥有足够的电视接收和互联网电缆十分重要。

　　还需要调查基地及其周边地区的视觉品质，记录基地的植被情况。现在许多地方当局在进行新房地产开发时，要求保留现有的乔木和灌木，许多有意愿购买的人会对后花园真正的乡村树篱兴奋不已。大部分城市周边的绿地从前都是农田。树木有专门的《林木保护条例》(TPOs)，不能随便移动，如果有一些其他相似的树种需要种植在一起。

　　至于新种植方法和潮流不断变化，传统的规划原则，如凯伯（1969）书中的原则，在某种程度上仍然适用。桉树、榉树、山楂和云杉过去常被建议用来挡风（但是他们通常要花数十年生长）。桉树、榆树、栎树，紫杉和柳树适合种植于开放空间，但由于根茎较大，不适宜种在墙边。细达河、栗树、莱姆树和胡桃树栽种适合种植在城镇广场，但不适合小的花园。至于行道树，槐树、桦树、七叶树、悬铃木和金链花适合种植在宽的道路旁，而杏树、柏树、东青、钻天杨和花楸适合种植在窄的道路旁；而开花和结浆果的树木，尤其是樱桃树作为行道树通常被认为环境品味较低；落叶树木由于会在车辆和人行道上落满树叶而不宜使用。许多开发商喜欢速生型的、生长快、维护简单的树种。地方当局倾向于使用防破坏的树木，或多刺的灌木，使居民保持只在小路上行走而不进入花园，这些树木密集种植，可以阻止杂草生长和狗进入。另一方面，前面也曾提到的，女性团体和犯罪预防团体反对在步行道路旁边密植林木和设立高墙，这可能对可视性产生影响。

　　一个更广泛的议题，是保护可能生长在一些远离城镇开发地区的野生动物和花卉等。科学园区和其他的商业开发需要后退重新定位，让开一定距离，以保证蛙类和水蜥这些稀有的动物在水塘周围不受干扰。原来排水系统建设不进行生态分析的做法是欠考虑的。正如在第10章中提到的，现在所有大型开发项目都需要进行环境评价，包括一些住房开发项目。

　　另外，规划师不希望开发商在高产的农业用地进行开发，但现在这样的开发往往是无法避免的。农业用地按照从很好到很差分为五级，第一、二等级是最需

图 11.1　通道通透的重要性：围栏
围栏、花砖墙或街区的墙壁应在不减少其私密性的前提下尽可能在视觉上通透。

要保护不能被开发的农业用地。最高等级的土地是"蓝地",因为在英国农业渔业食品部的地图上被标示为蓝色。但是因为目前的农业衰退,农民渴望卖掉这些土地。

当地建筑的材料、风格和色彩等特点都应当仔细考察,确保新的方案可以融入到周围环境中,尤其是在已有城市建成区的新建项目或乡村地区的建设。在有些情况下,使用的材料也可能受到规划师的控制,特别是在历史保护地区。现状的大门、篱笆、墙壁和其他一些城镇景观因素在设计中应该综合起来考虑,以产生更统一的效果。

设计和密度

当所有以上提到的因素都可以反映到基地规划中,布局方案还将受到一些基地约束条件的限制(例如坡度或者保持被保护的树木)。开发商或者规划师需要的房型也决定了可能的住房的布局。为节省时间,在一个大规模开发项目实施之前,一开始就和规划师讨论,提供大概的想法和简单的草图是可取的。一些设计师认为,在设计过程开始时先勾勒路网草图(考虑与现有的下水道等的关系)非常重要,然后沿道路布局住房。其他一些设计师从主要住房分区入手,然后将分区细分,达到密度要求,并增加道路。少数设计师追求思维的"创造性飞跃",不能清楚地解释他们怎样得到最终的设计。

居住密度反映住所的数量,换句话说,反映了每公顷用地上居住单位的数量(或者每英亩),而不仅仅是建筑物的数量。这两个标准在郊区住房开发时可能同时使用,但在旧住宅改造开发中则不一定,因为一套住房往往被划分成更多的居住单元。实际上,毛密度不是一个能很好反映地块覆盖率的指标,需要其他指标来反映设计情况。如,规划师可能规定一个地块的开发面积不超过50%。这些因素在高层住房开发中很重要,因为住所被紧密地建造在一起,可能有很高的净密度,但很低

专栏11.1 密度

1英亩=0.405公顷,1公顷=2.471英亩。每公顷(pph)的人数[或者每英亩(ppa)人数]和每公顷(dph)的住宅数(或者每英亩(dpa)住宅数)都给出了,但是在最初几个例子之后为简单起见只给出dph。pph(或者ppa)通常是3倍的dph(或者dpa)。如果每公顷土地有30个居住单位(30 dph),那么就是每英亩土地上有12个居住单位(12 dpa)。住宅基地大约有12米宽(40英尺),36米深(120英尺)。这大约将有一个15米(50英尺)的后花园,10.5米(35英尺)的住房进深,6米(20英尺)的前花园,2米(6英尺)的人行道,距白色道路中心线3米(10英尺)的距离。宅基地通常包括一半道路宽度,有人行道。这些都是"典型"的尺寸,住宅布局很少是规则的,因为要考虑地块的尺寸,地形的因素和其他限制条件等。

的地块覆盖率。密度本身也不是衡量一个地区质量的指标，某些乔治时期城镇历史保护地区的城镇住房和马厩也可能是高密度的。

　　相对来说，对商业开发的控制更关注特定地点的开发强度，而不是总体密度。对商业开发而言，建筑面积指数（FSI）说明基地（通常将周边道路面积的一半计入）和总建筑面积之间的关系。建筑面积指标过去常在伦敦中心区使用，尤其是针对办公楼的开发。容积率（plot ratio）可以用在商业和居住两种开发中，确定一个地块的可以建设量。有多种方式可以获得同样的建筑面积指标，例如，利用基地的一部分建造一个很高的建筑，或许多建筑扩展到整个基地，还可以像纽约那样建造台阶式的"楼梯状"建筑等。很多地区有严格的高度限制。很多企业区都有限高。通常被称为摩天大楼的150米（500英尺）以上的建筑在英国又出现了，如伦敦的金丝雀码头（Canary Wharf）地区。在英国，高层住房与商业建筑不同，要求能获得一定量的自然日光，所以不能建造得太靠近。在《阳光和日照法规》中有详细的导则（DOE，1971），后被"建筑研究组织"（Building Research Establishment）的导则取代，用以指导高层和低层建筑的建设（Littlefair，1991）。

　　住宅密度主要有两种指标，净密度和毛密度。净密度是以住宅占地宽度乘以长度的面积为基础的，长度包括住宅的前后院加上小区到周边道路的中心线距离。如果所有这些基地加在一起的话，将覆盖整个住宅建筑地区。毛密度包括上述的全部，以及当地商店、学校、环境设施和支路等，换句话说，就是整个邻里的密度，因此很可能比净密度低。知道规划师对一个特定地块的密度要求的类型是非常重要的。

　　还有许多其他不同类型的密度，不单是居住密度，也可以包括从把整个城市作为一个整体的城镇密度，到非常细小的住所密度，可以是单位地区内的房间甚至是床位数，住房管理官员可以用其计算出一个地区需要安排多少政府出租房。密度，从广义上说，还可以指一定地区内的住所或人口的数量。假定平均每户3口人，尽管可能这户只有1人而隔壁一户有6人，据此计算，人口密度通常是住所密度的3倍。常使用"住所"（dwellings）一词，而不是"住房"（houses），因为这一词不仅包括住房，还包括公寓、简单的宿舍等。

　　对规划师来说，预测一个地区未来居住的人口数量十分重要，并以此为依据确定需要提供的相应等级的商业和学校设施。对那些有大型的爱德华七世时的住房的地区，这点尤其重要，因为这里每英亩可能只有4幢这种类型住房（每公顷10幢），但由于内部被细分，实际的住户数量可能会5倍于住房数量，达到50个居住单位/公顷（50dph），即20个居住单位/英亩（20dpa）的密度。一些规划机构采取密度控制方法，防止某些地区被过度建设，可能不允许对住房进行扩建，或对住房内部进行分隔形成两个以上的居住单元。这对有些想为亲戚提供一处小住所的实际居住者可能是十分不近人情的。规划师需要考虑一旦对扩建给予"准许",那么也就连带到"土地使用许可",意味着扩建是这一房地产的一部分,而不只是与该住户相关,当住户以后搬走时,不能将扩建部分带走。对此可能的解决方案是:在符合消防规定的前提下,确保扩建的部分"连接"到原有住房,不设独立的出入口,这样扩建部分可以不作为"新"的住所(开发)。《1998年人权法案》于2000年末开始生效,家庭权力增加,对家庭扩建住房给予一定的法律权利,目前依据判例法来裁决。

接下来一些插图表明各种不同类型的住房地区表现出的不同的密度情况。在城市外围的边缘地区,那些有大花园的独立式住房,一般住房密度为2.5—10个居住单位/公顷(2.5-10dph,1-4dpa),相当于人口密度为8—30人/公顷,(8-30pph,3-12ppa)。典型的两次大战之间的独立式住房一般密度为20个居住单位/公顷(20dph,8dpa)。半独立的郊区住房通常密度大约是30个居住单位/公顷(30dph,10-12dpa)。政府住房原来也以这个密度建造,但近年来的新建项目密度则更高一些。

再到城市内部,联排住房平均密度为37个居住单位/公顷(37dph,15dpa)左右,带小内院的住房基本是同样密度,这种类型的住房在新城和内城缺少花园空间的地区较普遍;围绕内部的院子呈"L"形布置。三层的联排住房和小型叠加住房密度一般是50—70个居住单位/公顷(50—70dph,20—30dpa),小型叠加住房(maisonette)每层是独立的一户,但与公寓不同的是每户有自己单独的直接出入口,在美国被称为复式公寓(duplexe)。6层公寓住房区的密度能达到90个居住单位/公顷(90dph,40dpa),根据英国的情况,这属于多层开发。10-15层的高层住房开发,如果大楼内的附属空间很少的话,可获得200个居住单位/公顷的开发密度。即便如此,英国与密度远远超过这里的香港完全不同,希望通过建造高层来获取更高的开发密度是不可能的,因为日照规定和采光要求很严格,需要在建筑周围留出足够的间距来满足要求,因此即使建得更高,收益却不多。城市旧区往往有很高的居住单位密度,因为住房往往被进一步划分成很多个部分,甚至划分成仅可容纳一个床位的空间或工作室公寓,这里的住房大多是多层建筑,如6层高度的功能置换过的维多利亚时期的公寓楼等。还可采用相互连接的成组的低层小内院建筑布局,不一定通过建造高层住房来获得高密度。因此,不要把高层和高密度两个概念想当然地联系在一起,因为两者都可以独立存在。

道路,停车和交通

相对于前面章节中提到的那些物质性因素的稳定性和权威性,小汽车的标准则经历了重大改变，尤其是在过去的 5 年里。当评价一个地块的发展潜力时，需要考虑地块的出入口和交通情况，与周边现状道路以及交通方式的联系等问题。有些地块的区位在地图上看似乎很理想，但进一步调查可能发现完全是封闭的地块（被周边其他开发包围）。有时由于周边土地拥有者索要的价格过高，一片狭长的带形地块可能仅有一个出口通道，这类地块被形象地称为"敲诈带"。现在地块缺少与机动车道路的联系，并不一定成为开发的主要缺陷，因为政府政策以限制小汽车使用为导向，反而更多关注是否能提供充足的步行道、自行车道等，以往受"每个人"都会拥有小汽车的想法影响，这些细节因素往往占次要地位（DoT，1990）。

前几章讨论过，过去开发商通常沿着可利用的主要道路进行带状开发，并且会有一条贯通的道路直接穿过整个住宅区，而今天，出于对道路安全的考虑不再这样布局。同样，规划师和道路工程师也不希望过多的来自支路或私人住房的小汽车直接汇入城市主干道，降低通行速度。现在，道路设计强调尽端式布局和保证步行者安全，这种规划形式起源于雷德伯恩居住区的规划概念，下面将谈到。

雷德伯恩布局

美国 1920 年代规划设计了雷德伯恩镇，由许多邻里单位组成，彼此之间通过一条外部切过的环路串联，从环路上伸出许多尽端式道路，如鱼骨般渗入到各邻里单位内部，既可使居住者能够到达，又防止想抄近路的外部交通穿越。这个概念类似于布坎南 (Buchanan，第 9 章) 在 1960 年代提议的，在英国现有市区内重新配置道路体制的环境区域的想法（Buchanan，1963）。雷德伯恩邻里单位内的步行系统是与道路系统完全分开的。人们开车到达住宅的"后面"，把车停在车库或者集中的停车场中，穿过"后门"进入住宅。步行的人则顺着住宅间风景优美的小路回家，从住宅的"前面"进入。当人们意识到人行道不必一定设在道路旁边，而且住房不一定要面对街道时，"前"和"后"的概念，就像一对"引号"一样，变得无关紧要。但这些住房外部出入口的变化，确实意味着应重

图 11.2　自行车道切割了公共空间：布里斯托尔的格林学院
自行车线路需要在视觉上加以整合，并与步行道分开。骑自行车者需要安全和明确的空间。

图 11.3　雷德伯恩的步行道

人车分行系统需要整体精心组织，以确
保创造高品质的城镇空间和功能环境。

图 11.4　对细节的关注：人行道铺砌

有创意和维护良好的人行道铺砌可以使行人感到自己在这以
小汽车为主体的社会里受到很好的重视，同时也有助于为城
镇树立起良好的城镇景观和旅游形象。

新思考住房内部的规划问题。

　　雷德伯恩的原则及邻里单位概念在战后英国很多新城规划中得到应用。但事实
证明这样的项目往往并不受欢迎，项目试图通过将步行道与车行道分离，达到保证
行人安全的目的。实际上，许多步行者对于偏僻、隔离的步行道并无好感，特别是
晚上独自走回家的女性。当一些城镇步行道与主干道相交时需要通过黑暗的过街地
道，尤其招来很多不满，这与雷德伯恩的最初规划概念相反，步行者的需要被放在
汽车驾驶者之后，处于次要地位。在雷德伯恩的规划概念中，通常希望骑自行车的
人与步行者共享步行空间，但这样的安排使双方都不满意。居民们对住宅没有明显
的前后之分也感到困惑和不快，家庭主妇们厌恶通过后花园，带着泥泞的双脚穿过
厨房地板进入室内。布局上也有不安全因素，孩子们经常在停车场踢球，倒车进入
停车空间时有时会出现意外事故，汽车也常被肆意破坏。

　　纯化论者认为，如果采纳真正的雷德伯恩设计概念，而非简单和拙劣的模仿，
成为"伪雷德伯恩"设计，那么就不会出现前面提到的许多问题。大多数地方规划
部门接受某种形式的"雷德伯恩化"（Radburnization）设计，或依此为基础的设计，
但会主要强调提供尽端式机动车道路形式和步行系统，但道路旁仍提供步行道。那
种把步行与车行分到住房前后入口的想法正逐渐自然而然地消失。

　　雷德伯恩外围环路的概念在一些大型开发项目中仍能看到。而在小型的项目中
通常是相反的，道路呈"树枝状"布局，主干道通到住宅区中心，其上伸出一系列
枝状次干道，又进一步分为许多更小的尽端路，服务成组的住宅，每条车行道上都
串联若干尽端路。战后不久，尽端路的收头形式发生改变，过去的道路尽端绕交通
岛环绕一圈，交通岛中间是绿化，形式像个棒棒糖。现在尽端路通常以锤头形状或

者"T"形的回转空间来结束，这样有足够的回车空间。在某些实例中，规划师试图"软化"这种安排，创造出更具庭院效果的尽端，例如对道路和入户通道采用不同的铺装形式等。然而，尽管在内城新建住宅的这种做法令人印象深刻，并能产生一种城市"氛围"，但很多行人发现这种布置方式不够清晰，并容易产生潜在危险。

当传统的街道模式被放弃，就出现各种新的不同的住房布局模式。举例而言，地方规划部门的开发项目常包含停车空间、游戏空间和社区花园等，而舍弃传统的花园、铺地和汽车库。一些建筑师认为这种自由布局能创造更大的空间感，也是对传统住宅严格控制的一种放松。这样的实验布局通常伴随着开放式的宅前花园，形成"无主之地"（no-man's land）的景观地区。但是大部分人还是更喜欢每所住宅前的一片私有外部空间，也即是奥斯卡·纽曼提到的"防卫性空间"（Newman，1973）。人们发现，通过明确住房前面花园的边界，恶意破坏和信手涂鸦的现象得以减少，因为在进入私有庭院前，即使是一个恶意破坏者也会多考虑一下。

在最初的《艾塞克斯设计导则》（Essex Design Guide）里（Essex，1973），建议每所住房最少应有100平方米（大约30英尺见方）的后花园，每边都有高墙，增强住户私有领域感，但对行人来说却很恐怖，特别是女性。在雷德伯恩原则下建造的人车分行系统中，人们将被迫走在高墙之间的小路上。在新的《艾塞克斯设计指导》中，可以发现更多细致的解决方案（Essex，1997）。有很多设计实例，如以小广场、林荫步道和游玩空间等形式，实现了公共空间与住宅空间的整体关系。设计标准综合考虑很多因素，如确保消防车能到达每所住房，使垃圾车能顺利通过，并按照工会的规定使清洁工收集垃圾的步行距离不超过25米（80英尺）等。

这只是指导性的原则，通常地方管理部门会根据容量、设计车速和功能，来确定不同的道路宽度。城市次干道和居住区主干道的宽度为7.3米（24英尺），最大设计时速为20公里/小时（30mph），更小的联系道路和尽端路宽度可为6米（19英尺），甚至更少。住宅组群的出入口道路宽度约4米（13英尺）左右，在新的《艾塞克斯设计指导》中，规定其宽度可缩至2.7—3.4米（8—11英尺）。这种减少支路路面宽度的做法，常与其他措施一起用于降低居住区内的车速，如将道路设计成曲折线形、局部变窄、设置减速带和其他静缓交通手段等。这些措施也被应用在相对较宽的分支道路上，减少车行道的有效宽度，从而降低交通速度。在《艾塞克斯设计指导》中，即使邻里单位的外环路或次干路，车速也不能超过50公里/小时（30mph）。

传统的步行小路和车道旁的人行道的宽度为6英尺，这个宽度刚好能同时通过两辆婴儿车。现在认为最小宽度最好是2米（6英尺6英寸）。骑自行车的人和步行者共用的道路常被设计成3米，中间划白线分割。但实际上，这种布置方式对两者都很危险，也不受骑自行车者的欢迎。较为理想的情况是，为这两者各规划一条2米宽的相互分离的小路。

有很多设计方法用来增加步行安全和步行空间，把步行者与行驶的车辆分开。包括使用特别的铺砌区分步行区域，限制速度的安全柱、倾斜的路缘石等。但是行人可能仍发现有汽车停放在公共区域。在一些新的住宅区中，设计"有趣的城镇特色景观"的微型"城镇广场"，提供无小汽车的区域，但行人还是需要与玩自行车和滑板车的孩子们争夺空间。的确，由于引进复杂的地面铺装方法，步行小径和车行道之间的划分日益模糊，变得不那么明确。引入路缘石和其他斜面装置，减少以往行人必须对付的台阶和高差，但如果没有经过精心的整体考虑，实际上可能会使小汽车爬上人行道抄近路或者寻找停车场地。此外，有时还会让行人分不清，特别是小孩，他们可能无意中走进车行道，还仍以为这是步行区域。

道路工程师制订有关道路转弯半径、交叉口、回转空间和锤形尽端空间等的规范，根据每个地方的实际情况会有所不同。锤形尽端的转弯半径内径采用6米（20英尺）和9米（30英尺）较普遍。但现在这个标准也在不断向下修订，以获得更高的开发密度，并且限制而非便利居住区内小汽车的行驶(Essex，1997:72；DoT，1990)。

相似地，数年来的政策都保证较大用地以提供较好的视距三角形。视距三角形是一块三角形的用地，内部没做任何开发，保证驾驶者沿主要道路的视线不被遮挡。如一个毕达哥拉斯（Pythagoran）三角形，三边分别为30英尺（9米），40英尺（12米）和50英尺（15米），就是非常典型的视距三角形。沿次要道路中心线从道路相交点伸出30英尺的边，与主要道路延伸出40英尺的边相交成一个直角，50英尺的斜边切掉拐弯处的一部分，就能保证道路的可视性。这在《城市地区的道路》中有详细描述（DoE，1990b）。之后有一系列更新和发展，如设计《通告32居住区道路和步行路设计》（DETR，1999a）和《艾塞克斯设计导则》（Essex，1997）等。建议在居住区支路采用更小的视距三角形，更注重步行者的安全，如《艾塞克斯设计导则》推荐居住区街道的视距三角形的边长分别为2.4米、3.6米和4.3米。进一步建议更小的视距三角形可以为1.5米、1.5米和2.2米的直角三角形，减少这一三角形空间，减少交叉口面积，可以增加步行空间和车行道面积，更小的道路上保证一定的可视性，让汽车直接转入住房组团中。

在视距三角形中，树木应种植在不影响视线处，地面以上部分不应超过60厘米。视距三角形的计算十分复杂，需要道路工程师与规划师一起协商确定，综合考

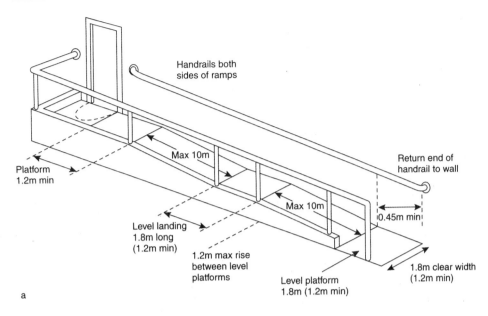

Handrails both
sides of ramps

Max 10m

Return end of
handrail to wall

Platform
1.2m min

Max 10m

0.45m min

Level landing
1.8m long
(1.2m min)

1.2m max rise
between level
platforms

Level platform
1.8m (1.2m min)

1.8m clear width
(1.2m min)

a

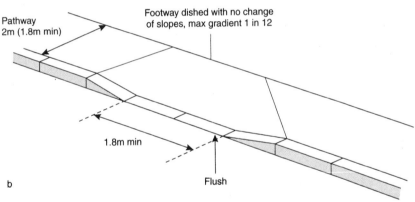

Footway dished with no change
of slopes, max gradient 1 in 12

Pathway
2m (1.8m min)

1.8m min

Flush

b

图 11.5　a 和 b　a 坡道；b 路缘石降低的详细说明
一些小的设计要素能使建成环境方便所有的人。因为收集人行道雨水的排水口安置在下面, 很多路缘石
没有降低, 排水格栅与路缘石垂直布局, 妨碍轮椅通过。

虑道路状况以及可能的交通速度等。在交叉口可以采用减速带等交通减速设施, 降
低行车速度, 从而减少视距三角形的范围。

　　修订过的规划政策导则《PPG3 住房》(DETR, 1999b) DETR, 1999b), 在设
计通告 32 中有详细解释 (DETR, 1998h; DETR, 1999a), 对停车标准也有具体规
定, 新住房开发, 每户街外停车位不得超过 1.5 — 2 个, 并且尽量降低。设计通告
同时也推荐住房密度能提高到 25 个居住单位 / 公顷以上。现在与 10 年前的情形大

图 11.6　提供坡道和阶梯
提供选择很重要的，不是所有的残障者都有相同的需要。许多老年人和残障者更喜欢阶梯作为处理高差的方法，特别是那些有关节炎的人。

不相同，当时的交通规划依据的是"预测—提供"原则。当然更加重要的是考察具体的情况，不同的开发地点和类型，需求也各不相同。

修订后的规划政策导则《PPG13交通》，形成于1999年，具体规定零售、办公等非居住用地更宽松的标准，依据具体建筑面积测算。《规划政策导则13》废除了最小停车标准，引入最大停车标准。规定总建筑面积在1000平方米以上的食品商店，按照每1个停车位/18—20平方米建筑面积的标准，确定允许建设的最

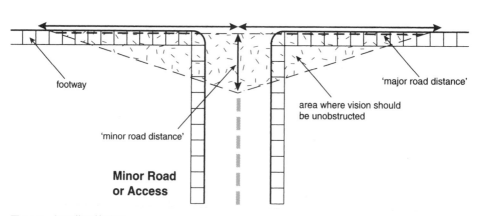

Major Road

footway

'minor road distance'

'major road distance'

area where vision should
be unobstructed

Minor Road
or Access

图 11.7　视距范围的说明
很多公路工程师在道路规划时制订的规则、标准和要求，依情况可以加速也可以减慢交通速度，虽然经常主观确定，但都会影响到城镇景观特征，这是案例之一。

多停车位。评论家认为这一导则削弱了最近修订的其他导则,如《规划政策导则6》的目标鼓励开发商在城市中心选址。但中心城很多商业开发地区都缺少理想的购物服务设施,人们仍每周到郊区购物中心区采购食品,因为这对许多家庭来说更便宜、快捷和实际。

在社会住房中,如住房协会提供的单身、老年人和残障者公寓,通常允许每居住单位最低 1 个停车位的标准。目前,每 1000 个人有 35 个橙色徽章持有者(表示是残障者司机)(ONS 年度调查,表 12.13)。普通停车面积是 2.4 米 × 4.8 米,大约是 8 英尺 × 16 英尺,残障者停车场地是 4.8 米 × 3.6 米 (12 英尺 × 16 英尺)。或者在标准停车位之间,增加 1.2 米宽的通道空间,但这样需要重新划线或损失一些总体的空间 (Palyfreyman and Thorpe,1993;3)。当计算大型城市停车场的用地面积时,停车位之间的通道和对外的联系通道都应当包含在内,所以停车面积通常按照每辆车 19 平方米 (200 平方英尺) 计算。

在非居住开发如办公、工业和零售等开发中,究竟建设多少停车面积取决于开发商。举例而言,在一个目标明确的商务园区,没有停车限制,可以采取规范按每 200 平方英尺 (19 平方米) 的办公面积提供 1 个停车空间,但这个规范无法应用,因为这样的话,停车面积将和办公面积一样多。

在城市中心区内,规划师努力缓解交通拥挤问题,土地空间也十分有限。因此,办公楼的停车配建运用每 3000 平方英尺 (284 平方米) 甚至 5000 平方英尺(475 平方米)配建 1 个停车位的标准。目前有人建议对工作场所的停车收费,这一措施,表面上是鼓励员工搭乘公共交通工具上班,但实际上,正像在前面几章提到的,许多居住地公共交通服务很差。

强制性的停车标准对开发商而言是个消极因素,他们不想将有潜在价值的土地大量地被停车空间占据,尤其在办公楼开发中,他们希望办公大楼的雇员们将车停放在其他基地或任何地方的路边。较理想的情况,是在停车严格限制的地区,最好有完善的公共交通系统,但现实情况却极少如此。过去规划师允许甚至鼓励郊区开发,现在很多普通老百姓不禁疑惑,为什么当初鼓励到郊区居住,现在却似乎在对他们这些除自己开车以外别无选择的郊区通勤者进行处罚?

前文提到的诸如密度、道路布局和总体布局等都是地方房产开发规划中的重要问题,还有贯穿其中的一些其他问题受到越来越多关注,如环境、社会和美学因素等,这些都不能简化成"技术标准",需要专业的判断。

"绿色运动",以及建设可持续发展城市的目标,正影响着传统的布局原则 (Barton,1996,1998)。现在,诸如控制小汽车交通和限制进入某些地区的政策,包括交通静缓设施，都整合成街道设计的一部分（Hass-klau，1992）。本章将环境问题与社会和美学方面一起讨论，再次提醒读者在新开发中必须有环境评价。

社会方面

使用者需求

设计的社会层面变得日益重要。很多传统的设想和原则，反映在基础性文献。如《艾塞克斯设计导则》中，正受到那些更关心居住区规划如何减少犯罪、增加安全性和便利性的人们质疑。一些设计者认为，穿过开放空间的小路、两旁伴有高高的篱笆和密植的林木，都是设计中"令人惊奇"和"令人振奋"的元素，但普通百姓却认为，这种设计减少可见性并带来被抢劫的危险。因此出现一个围绕"犯罪与设计"的设计行业，可以参见《通告9/94让设计超越犯罪》。同时，很多使用者，如女性、儿童、残障者以及其他步行者等，一直在为更具实际意义、更可达的规划设计进行不懈的努力，而他们的部分理想也逐步渗透进设计师的理念中。"女性设计服务"（WDS）的最新版本提供有各种可选择的设计方法。

图11.8　布里斯托尔的交通静缓措施
交通规划师和公路部门在30多年来以牺牲行人和骑车者为代价，拆除、扩宽和改变道路以加快交通速度的交通政策之后，情况现在正向相反的方向转变，但控制的原则是相似的。

残障者

残障者和其他一些建成环境未能充分考虑其需求的人们，对城市设计内容的重构产生很大影响（Feams，1993；Palfreyman 和 Thorpe，1993；Oliver，1990）。残障者问题成为城镇规划和相关城市设计议程中十分重要的问题，并改变了社会对残障者的看法。概括起来，对残障者问题有三种对待形式。医学的、慈善的和社会的，后者还需要行动（Swain，1993）。医学模型认为残障者长期患病，"应当"被送到"专门的"医疗机构，不应该冒险进入到建成环境中。但是因压缩开支实行"社区照顾"的政策，使一些原本被社会机构收留的残障者重新被"释放"进入到现代城市社会的严酷现实中，苦苦挣扎。慈善模型将残障者看作是一个需要同情的群体，没有能力照顾自己的事务或生活，因此不适合"单独"外出。

第三个模型则基于这样的前提：残障者是拥有人权的平等公民。他们可能本来是正常人，因为意外事故或疾病才变成"残障者"。考虑到残障者并不是一个统一的群体，残障者的范围和类型也比以前更广泛。重点转向社会态度的理解，由此认为是因为建成环境设计设置的"障碍"使他们失去自由行动的能力。根据这个模型，城镇规划师将担负主要的责任。残障者群体认为他们应当能获得和劳动者、购物者、看戏的人、学生或其他任何人一样，方便地进出建筑、街道和空间的通道而不会引来任何大惊小怪。有人认为整个城市、就业、教育和社会结构都需要重新思考。建议修改城市区划，提供公共交通的可达通道，更多地方中心、商店和就业场所，建议各种类型的建筑在室内设计上有相应的改变（Imrie，1996）。

一系列旨在增加残障者通道的法案在多年呼吁游说之后得到通过，并影响城镇规划和城市设计（Davies，1999）。1990 年《城镇规划法》的第 76 条，要求地方规划部门在批准规划许可时，注意残障者通道的问题。尤其是办公楼、商店等这类的公共建筑的出入通道问题，在环境部 1979 年制订的《建筑残障者通道实用规范》（BS 5810：1979）和设计说明 18《教育建筑残障通道》等文件中有明确规定。1995 年的《残障者保障法》规定新建筑需增加通道。根据这一法案，1999 年末新建的商店和公共建筑开始增加通道。但该法案对现有建筑没有追溯力，除非对这些建筑进行重大改造，否则实施力量还十分有限。

地方规划部门对规划布局中不必要的台阶、高差和路缘石等，通过规划设计导则，日益加大控制，以帮助残障者、老年人和推婴儿车的母亲们。他们都会觉得台阶是进入建筑甚至进出他们自己家门的难以逾越的障碍。导则规定坡道坡度不应超过 1/12，但最好是整个居住区内都没有陡坡。达到这个目标是极大的挑战，但即使在一个历史住宅区也能够达到，如伦敦多丘陵的城市保护区等（CAE，1998）。与此相关，现在认为好的规划应当能确保公共步行系统的照明和可视性。一些内城更新项目中建立和采纳很多这类原则，这些项目都十分注重与当地社区进行联络，协同参与规划。当前在新开发项目中也得到推广。特别是"终生住房"（Lifetime Housing，适合各种年龄阶段和各种类型的人们）的概念已广为传播（Rowntree，1992）。

1997 年，关于总体规划原则的规划政策导则 PPG1 修订完成，增加了专门关于残障者无障碍设计的一章（55 章），表明："土地和建筑的开发，确保为每个人提供都可达性更高的环境，包括轮椅使用者，其他残障者、老人和用手推车带小孩及婴儿的人"。因此地方规划部门在决定一个规划申请时，必须考虑这些因素（Manley，

1999）。来自外部和内部的压力正重新改变城市设计的本质，在城市新旧地区都创造可达的环境(Palfreyman and Thorpe，1993；CAE，1998）。

文化规划

城市设计的复兴

正如引言部分所介绍的，城镇规划中一直有城市设计的传统，吸收欧洲的城市设计传统和北美的城镇美化运动。战后美国新一代"城市设计师"出现，在美国现代的和崇尚个性的城市背景下，关注城市"意象"（林奇，1960[1988]）。这种对城市美学的观点，与战后在英美规划中流行的科学和技术视角形成鲜明对比。林奇提出一系列从视觉上分析城市的方法。例如，他强调确定中心、节点、边界、路径和意象品质作为城镇的重要元素。这样的分类与今天的计算机系统分析相比，显得十分简单，但林奇是在城镇规划领域内重新讨论"意象"问题和讨论城市视觉质量的开拓者之一。

城市设计议程还受到社区和弱势群体需求的影响，他们极力反对现在很多建成环境中存在的可达性不足和潜在的危险性问题，这无疑为全面改观做出了贡献。对残障者、女性、儿童看护者、文化差异和犯罪预防的考虑，都对规划产生很大影响(Fearns，1993）。因此，新的城市设计运动将美学考虑与新产生的社会因素和对实际使用者的考虑结合起来。1996年《残障者保障法》将重点放在创造更通达的环境。尽管城市工作组报告的重点在于城市设计和城市复兴，但仍遭到许多批评，因为显然在城市设计中没有对通道问题给予足够的重视（Rogers，1999）。

这些对城市设计考虑因素的重新组织，并没有导致对视觉因素的放弃。通常认为有吸引力、艺术性强的、令人愉悦的设计本身就能预防犯罪和阻止反社会行为(Crouch，1999）。一个地区的总体氛围和感觉（林奇，1960）、居民的满意度和安全感，以及一个开发的销售业绩和商业吸引力，可能会受到那些十分细微但重要的细节影响，如砖的色彩，红砖建筑就比易脏的黄色伦敦砖更有家的感觉。更糟的是，灰色石板屋顶在雨天看起来枯燥且寒冷（Prizeman，1975）。

传统的建筑细节、装饰、精心施工的结构能创造良好的整体感，而功能主义的混凝土厚板可能带来荒凉的、不友好的感觉，并易招来涂鸦。最初的柯布西耶想像的，在少雨的、有着蓝色天空的地中海地区建造纯白色的塔楼，在英国却是不合适的。勒·柯布西耶设计的公寓屋顶也适合那样的地区，但在英国就需要不断维护。建筑周边的空间也相当重要，富于"人情味的"规划能够软化过硬的布局，增加色彩和兴趣。树木可增加私密感和场所感，为建筑创造出与周边环境整体协调的"城镇景观"。

定义

20 世纪初现代运动所提的许多口号标语，如"形式追随功能"，"美既是功能，功能既是美"，在现代运动结束后，都被赋予新的意义。举例而言，"功能"这个概念现在的解释是满足使用者的需要，提供更加可达和可持续的城市环境。现代城市设计理论和实践十分重视综合性的方法，将社会、经济、政策等因素都整合到设计过程中。的确，由于法定城镇规划不能满足普通人们的需要，于是人们下意识地将"城市设计"当作是与可持续问题和社会弱势群体问题相关的"新规划"。罗伯特·科文将城市设计描述为"包含城镇规划法所未能覆盖的每个方面"（Greed 和 Roberts，1998:5）。

威斯特敏大学城市设计系在他们所开课程中对城市设计的定义如下：

城市设计是关于城市、建筑以及建筑之间空间的物质形式的学科。城市设计研究城市物质形态和产生这一形态的社会力量之间的关系。尤其重视公共空间的物质特征，以及对城市形态产生重要影响的公共和私人开发的相互关系。

（资料来源：目前威斯特敏大学，城市设计硕士课程说明）

现在，一般认为城市设计包括以下一些因素：城市设计、步行道和交通设计、硬质景观和其他被称作"设计"的一些过程。包含管理和组织的概念，需要了解土地组织和建筑建造的过程。既关注现状地区和老的建筑，也考虑新开发。对城市设计的社会的、环境的和美学的关心态度反映在很多书中，如宾利 1985 年的著作 (Bentley，1985)，1996 年修订。

专栏 11.2　英国城市设计组织的目标
城市设计组织（UDG）：高品质地区的辩论，思想和行动的论坛

1. 城市设计组织的目标
　城市设计组织促进高品质城市环境的创造。超越单个学科、机构、意识形态或风格的狭隘视角，显示城市设计类型的很多途径和类型，而不注重官僚体系的背景和决策过程。UDG 的目标是：

- 促进理解和欣赏城镇及其运作（城市主义）。
- 促进市民、专业人员和机构之间的研究、辩论和合作。
- 影响和指导各级决策者，教育实践者和公众。
- 鼓励城市设计的最佳实践。

2.城市设计的指导原则

城市设计组织提出以下原则:

授权:塑造在一个地区居住或者工作的人们的归属感,促进他们参与、关心或改变该地区的结构和特征。

多样性:鼓励一个地区提供多样性的兴趣或选择。

公平:使一些场所(包括设备和宜人设施)对所有人都具有可达性,不仅是拥有者和直接的使用者。

管理:对任何改变的投资和收益有更宽广和长远的认识。

背景:在现状基础上建造出最好的。

3.城市设计的方法

城市设计组织认为成功的城市设计取决于:

明确共同利益:考虑城市整体利益,不仅仅关注开发的直接委托人或使用者的利益。

合作:在整个设计和开发过程中将一系列学科、专家和技术人员结合在一起。

创新思维:吸收专业人员和市民的创造力和想象力。

图示化共享:使用图表、书面或口头表达以及三维设计来交流和分享想法。

学习:使环境变化成为地区每个人的学习过程,包括学校的小孩、社区成员和决策者。

4.城市设计的过程

成功的城市设计过程包括:

分析:理解并确定一个地区的特点、历史和发展、物质和社会结构、道路和标志性建筑物、优势和弱势。

展望:设定地区发展目标,包括三维物质形象和规划目标。

战略:在综合考虑广泛问题的基础上,为城市或地区制订城市设计策略,如交通、公共空间、建筑高度和地标建筑的位置等,确定地方设计的指导原则。

导则:拟定城市设计导则,说明地方行动如何支持战略性政策。导则将覆盖建筑高度、立面设计原则、通道、开放空间、树木种植、街道设计、地面环境、安全和防卫等问题。

城市设计师

"城市设计组织"(Urban Design Group)成立后发表了有关城市设计的理念。但他们仍然是博学的社团和辅助性的组织,并不是专业机构,也没有追求这种地位的努力,这可能和他们中大部分成员是建筑师有关,他们乐于保持这种状态。

新的文化议题

现在对城市设计的热情,可以看成是对当代对文化问题重要性的认识的加强这一大趋势的组成部分,尤其是城镇规划中的美学因素。具有突出意义的是,《规划政策导则PPGI》在1997年修订时(DETR,1997),专门增加一章城市设计内容,并且这部分随后又得到加强（DETR，1999f）。目前在决定规划申请许可时，城市设计作为"物质性因素"必须加以考虑。但是，关于什么是"好的城市设计"，应该考虑哪些"规则"，以及整个城市设计领域仍存在十分激烈的争论。

更广义地，城镇规划中开始关注"城市文化"取向和其与"艺术"的关系。近年来尤其对"公共艺术"产生了新的兴趣。这一趋势随着为千禧年到来的准备活动得到加速，为迎接新千年，兴起许多公共艺术、国家事件、节日、城市庆典和建造巨大纪念物等，如伦敦格林威治的"千年穹隆"。英国其他城镇也收到庆祝千禧年的照明项目资金。伦敦南部的克罗伊登（Croydon）筹集到超过 200 万英镑的资金，用于使用激光技术照亮其"迷你曼哈顿"建筑群。

毋庸置疑，很多这类活动都受到希望建造"欧洲城市"的影响。即出于对意大利广场和巴黎林荫大道的回忆，渴望创造由充满生气的广场、街道边的小咖啡馆等组成的城市氛围。与此相关的另一个时髦概念，如果不是存在于地方居民之间，至少是在规划师之间，是"24 小时的城市"（Montgomery，1994），在第 14 章讨论"时间规划"的背景中会提到。1990 年代伦敦被居民和旅游者认为是"最酷"的城市（Time Out：《1997 伦敦参观者手册》），充满年轻人的文化，城市时尚、服装、食物、媒体、夜生活和音乐等方面都表现出这一文化趋向。文化媒体和体育部，被戏称为"造作的演员部"（luvvy ministry），因为与艺术、媒体、演出等领域具有很强联系，试图与环境交通和区域部(DETR)合作，利用这些要素。但其实这个部的目标不是纯文化的，还具有很强的商业性，至少是在努力促进旅游业成为国民收入的一个主要部分。

旅游业发展的结果之一，是许多有历史意义的建筑环境被商业化。英国存在巨大的"遗产"旅游产业，许多遗产、皇室物品和古雅物品被卖给了观光客。主题公园和其他休闲娱乐设施也逐渐增多，带着它们自己"建筑舞台布置"风格。最极至的体现是迪士尼乐园的建设，一个"完全"人工的创造物，其中的建筑物吸收了数世纪的民间传说和童话故事中有关的城市、城堡、小屋和街道"应有的"形象，由这个自己没有任何历史的"国家"建造。迪士尼化，不过是欧洲文化中大量美国化浪潮的一部分，这种现象似乎已经无处不在，在电影、电视和快餐店等都能体现出来。许多建筑师开始呼吁，尤其是这些主题公园内的建筑物已经影响到人们对真正的历史建筑如何翻修的态度。然而，那些能够缓解生活无趣的事物，还是受到了试图摆脱英国城市单调氛围的普通民众的欢迎。

遗产产业与传统价值观和怀旧有关。由此可以对传统城市设计的概念进行回顾。长期以来英国有城市设计的美学传统，可以在第二次世界大战之前的爱德华兹，克劳德·威廉姆斯·埃利斯和兰开斯特的著作中反映出来(Edwards，1921)。这时的城市设计运动最主要的特点,是十分重视细节设计和环境问题。这个传统由于现代运动,也由于基于科技而非艺术的现代建筑和规划,多年来被蒙上阴影。

1980 年代,后现代主义阶段开始,何为"好的城市设计"又被再次提起。查尔斯王子(威尔士王子,1989)继续关注于现代城镇规划和建筑的缺陷。他在多赛特郡彭布里镇(Poundbury)的模范乡村规划中,关注规划的视觉形象,而非其功能和社会方面(Hutchinson,1989)。查尔斯王子提出城市设计过程需要考虑的十大原则:场所、等级、规模、和谐、包容、材料、装饰、艺术、标志、灯光和社区。而查尔斯王子对城镇规划中影响人类活动的一些诸如交通流、小汽车停放和步行道等问题保持沉默(Hutchinson,1989)。相反,他提出了一种兼有古典和当地特色的传统建筑复兴的新形式,但看上去似乎是时光倒流。

新的热情开始远离新开发和"现代建筑",倾向于全英国范围的对老建筑和城市保护区的重视,这在第3章城市保护区中讨论过,并成为城市设计议程的重要组成部分,新运动试图显示对建成环境中新老要素的平等重视。但另一方面,又似乎是为遗产产业服务,因而存在潜在的冲突。开发政策必须取得平衡,一方面需要为观光游客考虑,将城市作为建筑的人工制品进行保护;另一方面需要使城市具有充满生机的城市文化和现代生活。

规划控制和建筑控制过程的区别	表 11.1
规划控制过程	**建设控制过程**
地方政策和规划变动(对于使用者可能带来设施变化和不确定)	国家目标和标准(人们知道期望什么)
以各种标准衡量需要批准的规划	国家标准衡量
适合于大部分类型和年限的土地使用与开发申请	仅应用于新建设,重建和主要扩建活动不同的例外因素
开发者/建造者需要查明规划要求	开发者了解全国性的期望
工作开始前长时间的批准过程	一旦方案确定,工程就开始进行或从简单的通知开始
工作进程中极少检查	检查工程进程
公众可以检查规划和规划登记	方案不对公众公开
客户和公众参与思考他们了解的规划	决定被认为是技术性的,不太可能被理解
咨询和公众参与	没有外部的联络
地方议会议员批准决定	官员做最后的决定
规划者必须咨询许多团体	只和消防部门协商
关心物质的和多方面的社会、经济、环境因素以及其他地块内部和外部问题	结构因素,防火和安全
主要的土地使用控制和外部设计控制	主要的内部和结构上的设计控制
必须公告主要的(变化)	能够改变,宽松
能够批准规划阶段	必须批准整个方案
对将来设施或条件的一些控制	不能控制将来管理或通道保持

遗产和城市保护如今已成为整个西方国家的普遍趋势。值得注意的是，一个享有国际声誉的建筑师理查德·罗杰斯，而非公共部门官员或地方城镇规划师，被政府任命为城市工作组主席，负责伦敦城市复兴 (Rogers，1999)。城市设计已成为国际性的问题。每个国家的重要历史遗迹都被全球机构列入具全球重要意义的名单。例如，巴斯被认定为世界遗产地，世界各地的旅游者来此参观。现在旅游者的数量到急剧增加，在过去 10 年间，航空客运量增加 75%。很明显，城市设计、旅游和可持续发展都是全球性的问题，正在影响英国地方规划的传统概念。

规划的有限权力

近年来，创造更好的设计和更持续的城市环境正在不断发展，但进程缓慢。规划师和城市设计师并不能自由地对整体进行有效控制。在地方层面，道路工程师也有实质的控制能力。建筑规章（第 3 章）也影响城市环境的建设。当建造如购物中心这样的大型设施时，这个问题特别明显，它不受传统规划法的约束，但影响人们进入和使用城市空间。

和建筑师和开发商相比，规划师的权力十分不同 (Burke，1976)。规划师的主要职责是负责城市、地区的整体设计和形象，对单体建筑设计，只能利用有限的开发控制权力发挥影响。如果规划师试图对建筑设计的"创造性"有所限制，建筑师首先感到不快。开发商、建筑师和业主在建筑设计中，扮演远比规划师更重要的角色。对开发商而言，成本因素和获得尽可能多的楼面面积，比建筑的外立面设计重要得多。

具有积极意义的是，社区"被规划者"也对设计过程有影响。在城市设计过程中，尤其是内城更新项目，采取协作的、交流的和以社区为基础的方法。设计者所扮演的角色不再是"专家"而是"促进者"。当然，对于城市设计师的角色仍然存在许多争论，甚至还有人质疑这个职业是否有存在的必要。按一般认可的观点，城市设计师，特别是建筑—城市设计师，在为社区提供服务前，需要有 7 年以上的专业实践经验，对法定文件和对规划体系有全面的了解。普通民众和社区成员作为城市设计的接受者和使用者，必须参与到设计的过程中。如何使这个参与过程变得有意义，是个复杂的问题。重点是坚持和持续的参与，而非"打一枪就跑"的方法。培养人们自身的技能、提供规划体系和建筑设计的教育也是不容忽视的重要问题。不同的方式，如"为现实而规划"、"目标群体"等用以引导人们提出观点，制订社区性的策略。很明显，规划者和被规划者的合作将创造出更好的城市设计。

作业

信息收集

I 看看你所在地区能找到的设计导则、规划标准和指导文件。

II 选择一个你所在地区的新住房建设案例，调查其设计和布局要求。

概念讨论

III 比较新的城市设计运动和传统的建筑布局设计控制。

IV 你认为英国的城市设计和规划在多大程度上受吸引更多旅游者的目标影响？

V 残障者社会模型如何影响城镇规划和设计实践？这些要求能够和美学原则结合吗？

问题思考

VI 在你生活的城镇和居住区，你认为城市设计的质量如何？主要问题是什么？这些可以通过规划政策解决吗？

深入阅读

残障者的文献包括Imrie、Imrie and Wells、Oliver、Swain、Adler、Palyfreyman，通达环境中心制订的导则，地址：Nutmeg House，60，Gainsford Street，London SE1 2NY，Tel：0171 357 8182。

城市设计的问题和概念参见：Lynch，Greed and Roberts (1998)，Turner，and Punter (1998)，Crookston、Elkin，Greed and Roberts、Roberts and Greed，政府导则参见PPG1及相关设计文件(DETR，2000)，*Essex Design Guide*，以及其他地方规划机构的设计导则。

The Essex Design Guide (1997)涵盖了本章的很多议题，在深入阅读中也包括进来。读者对其政策应保持批判的视角，仔细考虑在其设计框架下，一般公众受到的影响。读者应查阅一下是否还有本地区的设计导则，研究一个规划和布局方案会得到很大帮助。

http://www.towns.org.uk提供了了解城市设计资源的窗口 (RUDI)，包括城市设计和城市保护。

规划以人为本？

第12章

规划的社会观点

引言

本章将探讨一些影响城镇规划政策的社会学理论,可以为规划的社会研究提供一个平台。研究依据时间推进,整个第四部分在题材和风格上更加发散,通过整合一些研究基础资料,向读者展示规划与城市问题的一系列理论观点。

工业化前后的视角

工业革命是现代社会和城镇规划发展的重要转折,带来一个新的研究学科即"社会学",社会学致力于解释事情发生背后的原因。法国学者孔德(1798—1857年)因提出"社会学"一词而获得广泛的声誉。许多早期的社会学理论研究都十分强调前工业化城市(常常被认为是好的)与工业化城市(常常被认为是不好的)的种种不同。欧洲其他城市当时也正经历着相似的工业化进程。例如一名德国社会学家腾尼斯(1855—1936年)研究"社群"(gemeinschaft)与"社会"(gesellschaft)的区别,将"社群"定义为建立在传统农村生活基础上的社区。在这一社区中,每个人彼此相识,社会联系基于邻里关系、血缘关系以及传统的价值观与义务;而"社会"(德语中这个单词代表商业)社区中的每一件事都基于正式的、非个人的联系,官僚机构及法律秩序,人们彼此不相识,每天的工作与生活都要面对完全陌生的人。

法国社会学家迪尔凯姆(1858—1917年)以"非典型"和"无名化",即"反常状态"(anomie)来描述这种新型城市化社区,从原来生活的乡村来到城市,很多人缺少自我认知和归属感。需要强调的是,这是一种社会状态,人们不会像患上贫血症那样变得异常,但会影响到个人的社会行为,因为这种状况可能会导致自杀率上升以及社会的不安定。对工业化前后生活方式的对比研究的热潮一直持续到20

世纪，比较著名的是一篇沃尔斯（芝加哥学派主要代表人物之一）的著作，《作为一种生活方式的城市主义》，该书出版于1938年。斯约伯格（1965）关于前工业化城市的研究也与之类似。

许多理论都认为在工业化进程中，人们丧失了一些重要的东西，特别是在传统乡村社会广泛存在的稳定感与安全感，失去传统的行为控制（犯罪与社会不安定），如乡村社会中的老年人在处理社区事务中应有的地位与作用等。田园城市运动流行的一个重要因素就是人们试图再造乡村社会，以及重塑被工业革命破坏了的社会结构的强烈渴望。早期城镇规划师的许多观点多少都带有一种消极的反城市态度，这种渴望重返过去田园乡村生活的态度可能被认为有些"保守"，甚至有些政治上的反动。过去城镇规划被认为是寻求和重建新城市地区秩序的一种手段，通过地区良好的规划和区划控制，可以降低原来较高的犯罪率、疾病和拥挤等问题。

即使是现在，城镇规划师也被看作为社会的"软警察"，因为他们在新城中通过"社会工程"来稳定人们的行为，而在内城中则采取环境控制的方法。城镇规划师也同时受到一些激进分子和革命性观点的批评，他们认为通过城市的再设计是不可能创造出一种更美好社会的，这些批评家认为要解决导致不安定、疾病与犯罪的社会不平等，更为强硬的政治与经济措施才是必要的。

那种认为社会变革能够通过对物质环境建设和再规划来实现的观点仍然具有一定地位，本章将结合新城规划继续讨论。城镇规划的确通过物质环境的改变为解决社会问题提供帮助，并发挥切实有效的作用，但并不排除同样需要其他诸如社会、经济和政治等措施。

新城的社会分析

社区与邻里

现在将讨论20世纪新城开发的理论和影响，接着介绍城市社会学理论的历史发展。许多新城规划都是建立在"邻里单位"理论基础上的，这种思路保证新城能够实现逐步分期开发，并在已建地区合理配置学校、商店等服务设施。40年前许多人还没有小汽车，因此规划取得了实际的作用。然而通过邻里单位创造"社区精神"，并解决社会问题的这一目标显得过于缥缈。佩里（1872—1944年）创建出"邻里单位"的概念，在1920—1930年代，邻里单位成为纽约地区新城与社区规划的有效手段。帕克将佩里的观点引入英国，在曼彻斯特（Manchester）设计出一个田园乡村威芬梭尔（Wythenshawe），与杜德雷报告（Dudley Report，1944）一起共同促进了新城发展。

佩里建议，如果大约5000—6000人以每英亩37.5人的密度居住在一个邻里中，按每户平均3人计算，每英亩大约有12户，这样一个邻里单位就需要160英亩的用地，即大约半英里乘以半英里或1/4平方英里的地域范围。这些数字从一开始就以英制出现，而且英制在美国仍然被使用。换算关系见专栏1.1。

在每个邻里中，每一件事都将基于0.25英里到0.5英里这一步行距离范围内来考虑，社区中心处于邻里的中心，商店则处于邻里的"四角"以便与周围其他邻里共享（Hall，1989）。一个当地的初级中学坐落在中心，5000人被认为是能够提供足够学生来源并在方便的空间范围内的适宜人口规模。邻里单位的概念有很多切实可行的方面，但是希望通过影响规范人们的行为、通过规划限制的手法来让内部的人们彼此融合，如设计步行道使每个人都能彼此经过家门以及在学校旁边设置社区中心等方法，以此达到再造社区感的愿望，尽管还存在一些问题。这些想法中许多都在英国的新城中有所反映。在大西洋两岸的各种研究都在开展，如观察居住区中人们行为的研究（Carey and Mapes，1972；Bell and Newby，1978）。不难发现，居住在尽端胡同中心或靠近公寓电梯的居民，比生活在交通干道末端的居民有更多的与邻里交流机会。

新城社区一开始就缺乏自然社区的实质，同时规划师也开始关注社区人口的内在失衡，因为这样的社区主要以带小孩的年轻家庭组成，都同属一个社会阶层。这种年龄的失衡，将随着小孩的长大、就学、工作以及退休对社区的服务设施带来压力。一旦这一代人长大，后一代人口变少，这些服务设施将出现利用不经济。因此，后来的英国新城发展中，鼓励大跨度的年龄和家庭混合构成。从社会学角度看，众多的工人阶级聚居在一起，在政治上存在"危险"的隐患，因此开始吸引更多的中产阶级，让雇主们居住在新城，成为社区"领导者"，在邻里单位层次出现通过房屋类型和土地使用的混合布局来实现社会阶层"融合"的尝试，但没有发挥出预想的作用。

社区形成还涉及一些其他因素，并不是空间的共享（事实上是居住在同一个邻里单位的人们），而是人们在其他领域的共同兴趣程度决定了社区认同和社区感。对新城来说，大都以有学龄儿童的年轻家庭组成，他们经常一起游戏，彼此认同，自然而然地会联系在一起。

社会学家已指出共同兴趣对社区感的重要性，社区是一个与空间无关的概念，社区的形成是基于个人的工作、兴趣以及体育爱好等，而不仅是居住的地点。而且一些人可能不希望与他人形成社区。许多居民认为社区发展不是由规划师所左右的。为从规划师那里争取到更好的设施和条件，或摆脱"规划"对自己不利的方面，得到自己真正希望的东西，全体居民会共同努力，据理力争，在这一点上，可以在这一过程中建立起团结整体的关系。

环境决定论

新城规划师因"环境决定论"的方法，超越邻里的设施供应、过分关注社会工程而受到批评。他们试图通过规划布局（建成环境）本身来寻求对人们行为（为他们自身的利益）的控制。环境决定论（又叫建筑或物质决定论），在规划上的验证形成一个持久的主题：规划布局是否真的能够帮助解决各种社会问题，带来"砖头拯救法"。这一理论的批评者认为许多社会问题多是来源于社会背后的经济系统，代表性的一句话就是"现代工业资本主义的发展是万恶之源"（Bailey，1975；Simmie，1974）。

还有一些来自左翼的批评者，特别是近年来流行的新马克思主义，认为规划师是一群"为资产阶级服务的人"，所做的工作都是在粉饰上层建筑，就像是在重新安排泰坦尼克号的甲板座椅。批评者认为应该像前苏联一样需要更激进的经济政策，彻底改革资本主义。然而这些批评就真的有助于建立一个更好的环境吗？许多与发展有关的土地使用、设计实践以及服务设施需求等问题，与规划是在资本主义还是在社会主义条件下进行并没有多大关系，就像道路的宽度不会因为一个国家从马克思主义变迁到资本主义而发生实质性的变化，下水道和排水设施仍然还需要。

同样，并不意味着激进的或新马克思主义的政府就可以对经济运行、社会不公等问题有"全部的答案"，政府领导者也不可能对影响城市生活质量的每一个细节问题都很敏感和有意识。那些没有城市和建成环境专业教育背景，对此了解不多的当权者则更是如此。

社会学家莫里斯·布劳迪显然受到以上理论的影响，他认为，"建筑设计就像电影音乐一样，是用来修饰而不是塑造人物行为的"（Broady，1968）。但并不是抹煞设计的重要性，其实需要的常常只是一些小的改进，而不是一大套的理论和复杂的思想。多数人会认同实际的改进是最重要的，例如在建筑周边再增加一些照明，减少一些种植，就能获得更佳的"可视性"，重新考虑步行道的走向就能变得更安全，潜在地降低犯罪率。有些更深入的研究，如科尔曼在她的著作《乌托邦城市的审判》（*Utopia on Trial*）中，对调整环境设计对当地居民产生的影响进行大量分析（Coleman，1985）。奥斯卡·纽曼（1973，《可防卫的空间》）也强调在大型居住区中明确划分私人与公共领地的重要性，使人们在穿越这些边界或进行破坏行为之前有所顾虑。住房压力集团"栖身之所"的创建者威尔逊在《我知道是场所的缺陷》（1970）一书中提出，糟糕的居住环境会给人们的生活带来不良的影响。环境决定论的确揭示出许多真理，但许多其他因素也必须加以考虑。

和谐或冲突？

背景

现在讨论关于社会本质的两个主要学派，即和谐观点和冲突观点。评介这两个理论是很重要的，因为对社会本质问题的理解和想像方式，引发城市社会问题，并决定改善状况的政策方向。如果社会问题被认为是压迫的结果，那么围绕城市规划的讨论将变得毫无意义，也许一场革命才是更现实的选择。相反，如果社会问题被看作是一种暂时的、可解决的社会变化结果，那么城镇规划可以发挥作用的渐进政策改革将是理想解决方法。在那些规划师社会兴趣较少和社会意识缺乏的社会中，他们的行动与规划肯定会带来城市社会问题的延续。

功能主义与和谐

回到孔德，他基本上属于功能主义者。功能主义认为社会就像一个巨大的可以操控的机器，其中不同的过程和人群发挥着不同的作用，以确保社会平稳运行，保持社会现状管理结构和社会秩序。功能主义与现代建筑学中的"功能主义"流派不同（第8章），尽管两种运动都有相似的出发点。工业革命被视为是使事物内在秩序发生混乱的主要因素，有广泛的社会经济影响，使社会系统暂时性处于无序状态，相信会被纠正过来的。如果社会体制的多样性与价值体系能重新建构，重新激发人们对于系统的信心，以至于商业信心、稳定、法律和秩序都能够得到保证，那么社会将自我调节回到平衡的状态。和谐的人们倾向于喜欢以渐进的改革、改善和调整的方式，把系统带回正常轨道和重建平衡，其中城市规划将作为"社会政策"发挥部分作用，认为这个目标是可以通过重建工业革命中明显失去的社区感、建设模范田园城市和新城等途径来实现。功能主义将社会问题看作暂时发生的问题，潜台词就是存在一种社会"应有"的状态，一种自然的和谐，是可以被培养而回归的。

其他功能主义者，一般来说都赞成社会和谐的观点，如著名的社会学家斯宾赛（1820—1903年）和20世纪近期的帕森斯（1902—1979年）、默顿（1910年— ）等。迪尔凯姆（1858—1917年）也是其中一位，还有韦伯（1864—1920年）也一定程度属于这一流派。在城镇规划书籍中时常可以看到对他们著作的参考和引用，证明需要强调规划要为社区服务，特别是韦伯的关于社会权力的理论。

社会和谐理论的主要反对者则认为，社会处于持续冲突的状态中，之所以成为一个整体，不是因为一致，而是因为一个群体对其他群体的压迫。经典的例子就是马克思主义理论，主要关注资本家（工厂主）与无产阶级（工人）之间的对立和冲突。此外一些其他非马克思主义者也持有冲突主义的观点，本章将广泛涉及。马克思主义将在本章后部分结合1970年代新马克思主义兴起一起讨论，这一理论对城市社会理论有多年的影响，并对城市规划一些分支理论产生重要影响。

功能主义者在其社会本质的著作中有"犬儒主义"因素，尽管意识到一个有序的、和谐的社会是本质的、天生的，但事实上，在那些处于社会顶层并控制社会的精英群体内部，在很多的"社会工程"中，在让现状看起来很正常的幕后操纵者们之间都存在着强大的冲突。新型的城市商业阶级已经取代旧的封建地主成为劳动阶级的主人。这些新的城市领导者必须设法对社会发挥控制力量，封建地主曾经与他们的劳动者建立起几代稳定的联系，现在那些商业管理者也要这样做。迪尔凯姆和韦伯都分别谈到需要对新出现的权力结构进行"合法化"。这里的"合法化"被定义为，"将赤裸的权力转变为正义的权威"。这一观念并不一定是压迫，而可以认为是对社会有益的对稳定状态的一种回归。注意，"合法化"一词也被一些规划师引用，用以将一些有争议的但是"服务"社会或劳动阶级的政策"合法化"。

功能主义接受有一定程度的冲突和大多数一致中的少数背离，作为保持社会良好状态的"功能上的"需要（作为一种安全阀）。默顿后来提出的"机能不良"也是一种健康的标志，只需要一些调整和社会局部问题的解决。但是，他们与马克思主义者不同，没有将社会分为对立的两派，而是看到社会各个"权力阶层"间存在的"良性竞争"。换句话说，这些人持有"多元主义"的观点。可参考比较巴托莫尔（1973）的文献。与之平行的理论还有19世纪自然科学的发展，如达尔文的进化理论，持续竞争的结果是，由于存在秩序的竞争，那些"正常的"和"实用的"东西将得到发展和进化。这些观点对城市社会研究产生深远的影响。

表12.1-12.6 社会构成的变化

从这些表中可以看到现在英国社会正在进入老龄社会，女性占多数，多样性在增加。

人口：按年龄：英国 表12.1

	所有年龄：百分比							
	低于 16	16—24	25—34	35—44	45—54	55—64	65—74	75及以上	=100%（百万）
年中估计									
1961	25	12	13	14	14	12	8	4	52.8
1971	25	13	12	12	12	12	9	5	55.9
1981	22	14	14	12	11	11	9	6	56.4
1991	20	13	16	14	11	10	9	7	57.8
1997	21	11	16	14	13	10	8	7	59.0
年中预计									
2001	20	11	14	15	13	10	8	7	59.6
2011	18	12	12	14	15	12	9	8	60.9
2021	18	11	13	12	13	14	11	9	62.2

资料来源：英国国家统计局（ONS），1999，根据社会趋势部分改编。

家庭人口规模：英国 表12.2

	百分比				
	1961年	1971年	1981年	1991年	2001年
一人	14	18	22	27	28
两人	30	32	32	34	35
三人	23	19	17	16	16
四人	18	17	18	16	14
五人	9	8	7	5	5
六人及以上	7	6	4	2	2
所有家庭（=100%）（百万）	16.3	18.6	20.2	22.4	23.6
平均家庭规模（人口数）	3.1	2.9	2.7	2.5	2.4

资料来源：英国国家统计局（ONS），1999，根据社会趋势部分改编。

经济活力因素：依据种族、性别和年龄，1997—1982年：英国 表12.3

	百分比							
	男性 年龄范围			所有 年龄	女性 年龄范围			所有 年龄
	16—24	25—44	45—64	16—64	16—24	25—44	45—59	16—95
白人	79	93	78	85	71	76	70	73
加勒比黑人	68	92	72	82	65	78	72	75
非洲黑人	57	85	76	77	—	62	—	56
其他黑人群体	68	85	—	78	—	71	—	71
印度人	54	94	73	81	53	70	48	61
巴基斯坦人	54	88	60	72	41	28	—	32
孟加拉人	58	90	—	70	—	—	—	21
华人	40	87	75	71	—	63	—	60
其他	54	84	83	76	49	58	63	56
所有种族	77	93	78	85	69	75	69	72

资料来源：英国国家统计局（ONS），1999，根据社会趋势部分改编。

最流行的体育、游戏和体力活动的参与：按照性别：英国　　　表12.4

	百分比					
	男性			女性		
	1987 年	1990 — 1991 年	1996 — 1997 年	1987 年	1990 — 1991 年	1996 — 1997 年
散步	41	44	49	35	38	41
台球 / 桌球	27	24	20	5	5	4
自行车	10	12	15	7	7	8
游泳	—	14	13	—	15	17
飞镖	14	11	—	4	4	—
足球	10	10	10	—	—	—
高尔夫	7	9	8	1	2	2
健身	7	8	—	2	2	—
跑步	8	8	7	3	2	2
美体 / 瑜珈	5	6	7	12	16	17
保龄球 / 九柱游戏	2	5	4	1	3	3
羽毛球	4	4	3	3	3	2
至少一项	70	73	71	52	57	58

资料来源：总体家庭调查，国家统计局办公室。

每人每年出行：方式和目的　1995 — 1997 年：英国　　　表 12.5

	百分比				
	小汽车	公共汽车	火车	步行	其他
社会 / 娱乐	26	18	18	20	27
购物	19	32	10	24	13
其他陪同和个人商务	21	11	8	14	10
交通	18	18	47	7	26
教育	3	15	6	11	11
陪读	4	1	1	8	1
其他	—	—	—	15	—
商务	5	1	6	1	4
度假	4	2	4	1	8
总计	100	100	100	100	100

资料来源：英国国家统计局（ONS），1999，根据社会趋势部分改编。
　　　　　环境交通和区域部，国家旅游调查。

社会生态学

20 世纪早期北美的社会学发展更多是受"保守"的功能主义理论影响，而没有受到在欧洲大陆产生主要影响的社会主义冲突模型理论的影响。在社会学中也反映出自然科学理论的思想，用来证实现状，特别是达尔文的进化论观点，认为人的不平等、阶级系统本身，以及美国市场经济（和相应的政治体制）竞争与掠夺的本质等人类社会问题，都能运用"科学的"理论加以证实。事实上，达尔文主义和 19 世纪进化论的发展并不是"没有价值因素考虑"的，而是反映出那个时代富于变化的政治、哲学和宗教观点：这是鸡和蛋谁先产生的问题。社会学的达尔文主义不反对变革与竞争，他们认为这些是不可避免的和进步的，反映出自由和市场的原则。社会达尔文主义赋予统治阶级法定的权力，证明这是一个"适者生存"的自然进程结果。

芝加哥社会学派与其城市社会生态学理论受社会达尔文主义影响很深，这些理论形成称为社会生态学理论的早期组成部分（Bulmer，1984；Hatt and Reiss，1963，Strauss，1968）。"生态学"一词经常运用到与自然环境和可持续发展有关的问题中。生态学是对植物、动物及其生存环境的研究，特别是对生存空间和领地的竞争过程的研究。经过最初的争斗，每一种植物和动物都将获得自己的一小块领地，因而形成一个稳定的平衡状态。接下来他们努力要做的就是一代代地保持后代的数量。

这些概念被运用到城市人群社会状况的研究中，也应用到城市中不同的群体保持自身的地位和邻里特征的研究中。社会生态学曾被地理学者和城市规划者广泛引用并加以调整，而这些理论的最初背景多年来却被遗忘了。最早的研究开始于1920年代的芝加哥，因为内城地区帮派冲突频发，引发公众恐慌（如在"阿尔·卡彭"那个时代的电影中所反映的）。研究的最初目的是考虑犯罪率与大批移民进入之间的内在关系，因为这些移民（主要是南部白人和中欧移民）来到贫困地区寻找住房，引发了对"空间"资源的激烈竞争。研究小组成员包括帕克和伯吉斯，两人都是功能主义者。冲突与犯罪被认为是在大量移民侵扰后，城市试图重新获得平衡的过程中出现的症状，并不是由于深层的阶级冲突。坚信随着时间的推移，这群人会逐渐被同化，进而"向上向外"迁向郊区，成功实现伟大的美国梦。

这一模型不是静止的，而是动态的，因为同心圆地带就像池塘的涟漪一样持续外溢（Chapin，1965:12 — 25；Chapin and Kaiser，1979）。每一环状地带都由于中心移民的压力不断扩张，压力不断向外围传递，城市就不断向外扩展。伯吉斯将居住地带向另一个地带的外移描述为"侵入与继承"，并认为这一过程是城市不断发展的原因之一。查宾描述这一过程为"次控制"与"控制"，其中外来群体逐渐占领原来居住群体的地域，这一过程可以被居民描述为"地区逐渐衰败"或者"地区

经常使用汽车的家庭：英国　　　　　　　　　　　　　　表12.6

	百分比			
	只有一辆汽车	两辆汽车或更多	没有汽车	总计
1961	29	2	69	100
1971	44	8	48	100
1981	45	15	40	100
1991	45	23	32	100
1997	45	25	30	100

资料来源：环境、交通和区域部。

近期的大幅改善"。

同心圆模型只是一个图示,芝加哥的建设是沿着密歇根湖发展的,从而形成半圆形的城市形态。这一模型的目的不是指明城市应该怎样进行土地使用规划,而只是以理论图示来描述城市被观察到的一种形态。中心商务区外围的过渡区是特别令人关注的。在这一区域中可以找到旧的荒废的廉价住房,而且同时随着中心商务区扩张,该地区的土地价格与使用性质将发生快速变化。很多英国城市都有一个历史悠久的城市中心和内城居住环,其中部分地区已经衰败而显示出过渡区的特征,但另一些地区,因拥有大批历史价值很高的建筑而被指定为保护区。这种区别可以通过对这一地区房屋价格的观察而很明显地确定和区别开来。过渡区与内城十分相似,现在常常是少数民族群体的集聚地。欧洲很多城市与英国和北美的城市有很大不同,中心区往往是各阶层人口高度集聚(较少的郊区开发)的地区,但是不同的"地区"仍有明显不同的阶级构成。然而北美的大城市,特别是纽约,仍然可以观察到竞争群体争夺"空间"的冲突。从近年街头暴力集团使用街头涂鸦标记不同的街区领地的行为中更明显地表现出来。

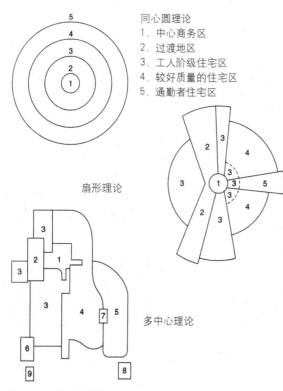

同心圆理论
1. 中心商务区
2. 过渡地区
3. 工人阶级住宅区
4. 较好质量的住宅区
5. 通勤者住宅区

扇形理论

多中心理论

图12.1 社会生态图示
同心圆理论产生于1920年代,1—5代表的地区如图所示。扇形理论随后产生,图例与前者对应,但其中"5"区位于地势较高和环境质量较好的地区,更晚出现的多中心理论表示中心扩展、现代交通系统和技术发展的影响。1—5地区与前两者对应,但是6、7、8和9包括一系列城镇内外的零售、工业和商业中心,这是现代城市分区的特征。

图上的其他都是不解自明的,并且很适用于英国的情况。工人居住带通常由靠近老工业区的联排住房组成。在英国,由于国家对住房与城市规划的干预,工人阶级的公共住房也分布在地价便宜或工业分散发展的城市边缘地区。较好的居住地带是一般正常家庭居住的地方,那是一些没有不正常情况的地区。事实上,住在郊区会造成很多问题，特别是对那些没有车的人。而且郊区住宅区会对中心区的公交通勤与停车形成压力。接下来的地带是通勤区，完全依赖小汽车（注意这一区域没有外部边界）。英国城市外围一般规划有一圈绿带，因此郊区跨越绿带形成一个次环。

伯吉斯与帕克的观点被接下来的一系列模型修正。霍伊特于1930年代提出的扇形理论，强调了交通线的重要作用，在同心圆结构上强调平行于交通线的发展。由于风向的缘故（美国为东风，英国为西风），较富裕的人们总愿意住在城市污染少的一侧，致使发展比较好的地区集中在城市的一边。工人阶级最大可能居住在工厂的下风向，即那些烟尘和其他污染物经过的地区。很多城市都有明显的东西差别，但现在城市的所有地区似乎都被污染了。其他地理上的因素，例如景观好的山体，或者一条河谷等自然因素，往往成为发展高级住宅区的理想选择。公路与铁路也可能成为一种障碍，在北美工人阶级常被描述为"住在铁轨错误一边的人"。最后，哈里斯和乌尔曼于1950年代提出了多核心理论，反映出当时大都市中心向外围扩展、土地使用区划以及国家干预的现实状况。如今这些理论出现更多的发展方向，被英国的曼等一些社会学家不断发展，并且这种发展也是无止境的（Bulmer，1984）。

英国的城市问题领域

经验研究与社会改革

在欧洲特别强调城市社会学发展的"大理论"的时候，英国19世纪却有其他两种较为强大的倾向。其一是针对穷人的经验性社会研究，是基于调查数据的研究，与社会学先驱贝尔女士广泛的调查工作类似，她曾经做过有关米德尔斯堡（Middlesborough）工人的研究，名叫《在那些工厂里》（At the works，Bell，1911）。郎特里，一位工厂主、城镇规划师以及新伊斯维克村（New Earswick）的建设者，是社会研究方面的先驱，并著有针对约克郡调查的著作《贫穷：城镇生活研究》（Rowntree，1901）。他还是当时许多为解决社会问题而成立的政府委员会的关键人物。查尔斯·布斯，商人慈善家兼一名业余社会研究者，对伦敦内城进行深入研究（Booth，C.，1903[1968年版]）。注意不要把他和救世军的创造者威廉·布斯将军相混淆，其著作也广泛涉及城市问题（Booth，W.，1890）。

其二是一系列的社会政策和改革运动，如奥克维娅·希尔和韦伯夫妇等人所支持的住房和城镇规划改革等。除这些著名的社会改良者外，还有大量的来自于以宪章运动（Chartism）、早期的工会运动和欧洲的革命的形式寻求社会改革的人们的政治压力。工人阶级不是理论或改革的消极接受者,而是积极投身于主动的改革之中。

社区研究

20世纪前半叶,英国的城市问题与城市社会研究常常在美国地区与城市两个层面上丰富的研究成果面前显得黯然失色。这体现在英国城市社区的所有层面上,从对内城地区的研究,到如怀特所著的《街角社会:一个意大利贫民区的社会结构》(Whyte,1981,最早版本1943)中描述的"黑帮"等"偏常群体"的研究,直到中产阶层集中的郊区地带的研究等。甘斯(1967)对列文顿(Levittown)的研究,是一个经典和出色的关于投机性私有住房发展的读物。一般来说美国城市内城问题好像更糟糕一些,有更多的暴力。在今天的电视节目中这一形象仍然很突出。郊区同样是远离城市、幽闭恐怖和单调的。与之相比,英国城市的尺度没有那样蔓延开来。

英国直到1950年代后期除了偶尔零星的研究,一直强调拆毁这些"问题"地区,而不是研究这些地区。对贫困的研究仍在继续,常与居住、教育和健康的管理相联系(但注意,不是城市规划)。在英国战后的重建规划中,内城问题并没有被认为是将来潜在的主要问题,而且主流社会学的关注点也有所不同。当时认为所有的平民窟都会被逐渐清理,因此那些社会问题也将在这一过程中得到解决,这是当时城市规划所持的观点。1944年的"大伦敦发展规划"已经确定和命名了内城地区(Inner urban,[sic,原文如此])以及重建地区。城市过渡区中的问题仍然被看作与种族冲突有关的美国问题。英国的少数民族问题或"种族问题",直到1950年代移民潮来临才变得突出,这次移民首先是来自西印度群岛,1960年代开始出现印度次大陆的移民。这些人被鼓励来到英国以弥补战后劳动力的短缺,在他们本国首先展开一系列招聘与培训计划。应该指出的是,任何人都属于某一种族,种族并不单指少数民族,例如大多数英国人属于盎格鲁-萨克逊(Anglo-Saxons)民族,然而盎格鲁-萨克逊民族在全球范围只有很小的数量,而且白人的数量也不足世界人口的1/3。

战后,规划师主要关注怎样在"新城"里建设"新社区",而没有致力于保留已有的工人社区,或者解决内城新增加的少数民族社区面临的困难。围绕把居民和新居住地联系起来这一问题,曾展开一系列环境决定论的经验研究,试图创造一种"社区精神"(Carey and Mapes,1972;Bell and Newby,1978)。

1950年代,出现了一些关于内城的社会学的研究。在美国不断发展的关注"偏常"地区的社会生态理论的影响下,对"犯罪区域"的研究成为时尚,如莫里斯对伦敦南部地区的研究(Morris,1958)。当时多数的城市社会研究都与清除贫民窟和把人口向新城疏散有关。大多数重建活动都以贫民窟清理的名义展开,很多人认为这是一种合法移除新建或中心区扩张障碍的捷径。在这一过程中,很多很好的工人社区被破坏了(Ravetz,1980)。

杨和威尔莫特（1957）在对伦敦东部拜什那尔格林区（Bethnal Green）的研究中深入揭示出这些问题，他们研究这些居民被"清理"至位于伦敦边缘新区政府住宅前后的情形。这些社会学者看到一个基于强大的亲缘和邻里关系的近邻社区，伴随着建筑的倒掉而毁灭。当这群人重新定居后，却没有试图凝聚在一起，更多人觉得，他们是置身于一个完全陌生的环境里。因此人们开始更多的关注工人社区的内在，法兰肯贝格的著作《英国社区》（*Communities in Britain*，1970）对当时的很多研究作了有趣的介绍。书中包括城市和乡村社区的研究，人们重新关注乡村社区的构成，以及为何现代城市社区与之存在如此多的不同（Rees and Lambert，1985，有更多的社会学的研究）。很多社会学者质疑从地区角度而不是从具体人群出发认识这一问题（受害者或入侵者），一些其他学者是认为"社会"本身的问题，而不是如建成环境的"空间问题"，是变化的起点。

少数民族问题

到1960年代，内城问题受到更广泛的关注，那里很多遭受着失业和贫穷困境的人们都是少数民族，如"黑人"。同时，城市中存在的种族歧视更是雪上加霜。少数民族通常被认为是问题人群，但很多人认为问题来源于作为多数群体的白人的歧视政策。俗话说："因为你们在那里，所以我们在这里"。英国几个世纪建立起一个强大的海外帝国，很多少数民族都来自早期的殖民地（伯明翰大学，1987）。

几个世纪以来，英国与其他欧洲国家一直推行将其多余人口迁移至海外领地的政策。经济学家马尔萨斯的著作，如《人口与殖民地理论》（Malthus，1973，最初版本1798）证明这一政策的合理性。理论认为，当英国人口的快速增长并超过土地承载能力时，就会产生许多穷人，需要形成具有惩罚取向的"济贫法律救济"（poor law relief）等一系列强制济贫政策（因为"施善"的惟一方法就是"鼓励他们"），强调向殖民国家移民（甚至强制迁移）。1871至1931年间，英国的海外移民人口平均每年有50万人之多。一战结束后规模有所下降，逐渐出现其他外来移民的趋势。1931到1951年间，平均每年有6万多人迁入，其中很多是来自欧洲的移民，他们到英国是出于各种经济和政治理由。不用说，这些欧洲移民多半都是欧洲白人，因此尽管在伦敦很多地方仍存在着种族冲突，但他们的移入并不太"显眼"。

在1951至1961年间，流入移民每年以3至5万人的速度增长，同时流出移民也在增长，净流出量保持在5000人左右。其中3/5的流入移民是有色人种（依据1960年代的《每日电讯报》）。战后由于英国劳动力短缺，很多来自西印度群岛的移民被"邀请"到英国，如伦敦运输公司在特立尼达（Trinidad）开展培训巴士驾驶员的计划，使他们做好移民准备，并保证他们来英国能找到工作。同样地，各种医院和其他公共机构也从西印度群岛引进技术人员，有的也来自印度和巴基斯坦。一些已经有公民身份的人主要是出于经商需要而移民英国，他们经常寄钱回家。后来更多的是大量的亚洲商人移民，被驱赶出乌干达及一些原英联邦国家。

"黑人"并不指单一的种族，而是很多不同的民族、语言及宗教分支的统称。他们来自不同的社会阶层，从城市专业人士到乡村农民，不能像一些内城规划研究的那样常常把他们归类为"工人阶级"（Smith，S.，1989）。近年，来自东欧的移民有所增长，他们乘火车途径法国来此寻求庇护。1970年代，寻求庇护的移民平均每年有1500人，而到1998至1999年代这一数字上升至68000人。

城市规划者开始更深入地研究"种族"问题，因为少数民族有很强烈的聚居在城市某一地区的倾向。70%的少数民族人口聚居在10%的城市地区，集中在伦敦内城地区和英国中部大都市地区，超过25%的莱斯特区（Leicester）人是亚裔人。在伦敦的一些区谈论少数民族问题时要特别小心，因为那里超过一半的人是少数民族。英国也有超过一半的非裔加勒比人（Afro-Caribbean）是在英国出生的，他们有时自称为"英国黑人"。

据估计约有5%的英国人是少数民族黑人。由于日益严格的移民立法出台，如1962年《英联邦移民法》（Commonwealth Immigration Act）、1965年《种族关系法》（Race Relations Act）、1971年《移民法》（Immigration Act）、1980年代《国籍法》（Nationality Acts）及1990年代的加强控制，英联邦的移民数量现在已经下降。政策不再鼓励人们在英国定居、取得公民身份和将家属带来，而转向将新的少数民族移民视为入境工作或"客座工人"的欧洲模式。的确，对黑人等少数民族群体来说，1992年开始的英国与其他欧盟国家的"协调发展"，对外来者，包括英联邦国家的人们，共同形成一个"欧洲要塞"（Fortress Europe，EC=European Castle）的心态。尽管"种族"和"少数民族"被白人社会学家共同运用于黑人群体，但每个人都属于一个民族，英国的盎格鲁－萨克逊民族从全球角度看也属于少数民族。在1990年代，欧洲少数几个国家出现过"种族净化"运动，出现人口的更替，新移民群体和需求庇护者。

英国在1999年大约有330万的少数民族人口，但超过一半是在本国出生的，而且其中可能有一半以上是女性。因此，未来的被规划者和潜在的规划者正发生着社会构成的变化。但如在第4章提到的，只有少部分的物质环境专业人士和学生有少数民族背景。因此可以说，许多排斥性的因素仍在发挥作用。同时那些包容性的因素似乎将人们引入某些被公认为"合适的"职业——两者都说明有种族主义倾向。

很多黑人没有进入专业领域的基础和背景，虽然现在随着受教育机会的增加，可能变得相对"容易"，但被建设行业接受还存在一些困难。

　　很多黑人的一个空间问题是感到在出行与就业时受到制约。种族平等委员会（CRE，1989）将地产商由于害怕房价下降而不鼓励黑人客户在白人区购置房屋称为"红线问题"。同样，地方住房机构也"鼓励"黑人客户流向"居住衰落地区"（如伦敦的布洛沃特农场地区，Broadwater Farm），试图保持他们住在"较好的"地区之外。1980年代早期，出现了一系列骚乱，包括布里斯托尔的圣保罗地区（St Pauls）、伦敦的布里克巷（Brick Lane）、诺丁山（Notting Hill）、布里克斯顿（Brixton）和索斯赫尔地区（Southall），利物浦的托克斯泰斯地区（Toxteth），伯明翰的汉兹沃斯地区（Handsworth）等。从此，"种族关系产业"出现。规划师和公共团体已经关注这一问题。像从前的诺丁山少数民族地区已经中产阶级化，成为白人的主要聚居地，虽然在此仍举行每年一次的欧洲最大的狂欢节。即使这样，这里还是只有很少部分的黑人城市规划师、估价师或建筑师（不包括海外专家），但很多少数民族聚居地却被永远地掠夺走了。

城市理论的后续发展

城市冲突理论

　　种族问题不能从更广阔的城市内部经济和社会背景中剥离出来，而且是城市政策的重要尺度。黑人和白人一样都会受到高失业率和公共服务质量下降带来的环境剥夺困扰。进一步地，都会为从郊区到城区的交通和街上停满的中心城区职员们的车辆感到头疼。不可避免地，冲突在被剥削的白人穷人和外来种族之间爆发。白人穷人指责外来者抢占了"他们的"房屋，外来者则感到被白种人歧视和没有归属感。其他弱势群体，如老年人和低收入者的单亲家庭都集中在内城地区，有白人也有黑人。种族危机存在于性别、年龄、阶层和收入等不同范畴，错综复杂。越来越多的城市社会学者开始关注和试图回答这样的问题："谁获得了什么？在哪里和为什么？"，这是一个在城市背景下社会权力精英对稀缺资源的分配过程（Pinch，1985）。

　　英国对种族之间因为稀缺资源发生冲突的问题研究开始于1960年代，最早见于英国学者雷克斯和摩尔1967年的城市社会分析之中。他们研究了伯明翰的斯帕克布洛克（Sparkbrook）的少数民族聚居区，借用韦伯有关权力精英对社会形态产生影响的概念，说明这一地区对房屋这一稀缺资源的分配导致冲突的过程，并且认为这是导致有房阶层分化出来和社会动荡的直接原因。韦伯在他的一系列有关"生活机

图 12.2 罗汉普顿的老年住宅

"为未来的规划"和柯布西耶时代的功能规划很少考虑老年人的需要。

图 12.3 座椅：受欢迎的休息场所

座椅是城镇景观的组成部分，也是老年人很好的休息场所，并会增加场所的视觉趣味性 (Gilroy, 1999)。

会"的著作中阐述了这样的观点（为清晰而简化起见）：不同类型的人们，按照他们在社会上的权力和地位水平，获得不同的资源、机遇和机会，而少数民族群体在这种秩序下，只能获得很少的机会 (Dahrendorf, 1980; Weber, 1964)。

雷克斯和摩尔 (1967) 定义出 7 种居住阶层，这可以看作是阶级地位或者生活机会水平的标志，从而得到各阶层享有的相关权力的信息。研究把住宅情况当作冲突的主题来看待，而不是种族差异，研究发现不同的人群在拥有某些住房上受到种种限制。例如，他们得不到抵押贷款，或者因为"点数"不够而不被政府允许享受政府住宅。少数民族群体在某些方面被判为不符条件，如低收入者、居住条件不合格者、缺少传统意义上的养家糊口的人或是缺少体面的家庭结构等，这些在技术条件上不构成种族歧视。

城市社会学家越来越多地从关注对少数群体，转向那些对内城居民命运产生决定作用的城市专业人士的政治角色的研究上。美国在"权力精英"角色理论上已经具有一个坚实的研究基础，如C·赖特·米尔斯 (C.Wright Mills) 在社会形态方面的研究（米尔斯，1959）。在英国，帕尔发展出"城市管理主义"(urban managerialism)的观点，提出城市管理者，如公房管理者和当地政府规划师充当政治"守门员"的角色，影响稀缺资源的分配，进而影响人们的生活机会 (Pahl, 1977; Dahrendorf, 1980)。在城市社会学研究中，不是把这些规划者和其他专业人士看作为公众谋利益的慈善家，而是越来越倾向于把他们看作是带有偏见的，与商业、政府和专业精英人士合谋，共同积极地控制和压制人们。正如研究所示，这也许并不是有意而为之，只是由于一些土地使用专业人士对社会问题知之甚少，因而总体而言并没有考虑自身行为的社会意义 (Joseph, 1988; Howe, 1980; Greed, 1991)。

图 12.4　布里斯托尔一家关着门的小店
很多城市因为交通发展的原因，交通静缓、步行和城市设计都在减少和降低，人们走过这些乏味的地区的危险性增加。

图 12.5　布利基沃特遭破坏的公共厕所
从破坏者的行为中，人们可以深刻体会到规划的社会方面的日常现实，这些问题不是后现代主义、后结构主义的学术争论，可能也不是理论所说的城市冲突的物质反映。

　　城市规划政策不可能没有偏见的和价值中立，而是会被许多已有的政策所束缚。虽然当代许多城市社会学家在自由多元的社会观点上达成共识，但不可避免地仍然兴起冲突导向的观点。1960 年代末期，学生、社区活跃人士和激进群体倾向于以激进的政治立场和社会主义理论解释所在城市的社会问题，包括城市规划问题。

新马克思主义城市理论

　　在接下来的 1970 和 1980 年代，城市社会学的发展受到马克思主义理论的强烈影响（见麦克莱伦，McLellan，1973，对马克思主义观点作了详尽的阐述）。马克思主义不仅仅是一种学术理论，而且被认为是影响历史进程并将带来一个崭新未来社会的政治行动。在这一点上，不同于绝大多数其他社会学理论。学术的马克思主义理论（有许多版本），不应与一些时候所说的"酒吧马克思主义"相混淆，甚至马克思自己曾经说过："我不是一个马克思主义者。"马克思主义者认为，社会的许多问题和不公都根源于构成社会基础的经济体系。特别是 19 世纪的现代工业资本主义的发展，往往被认为是一切罪恶的根源。基本上，马克思指出两个阶级，作为产品和工厂所有者的资产阶级，和作为生产者的工人阶级（无产阶级），这两个阶级之间存在着根本的利益冲突。这样的社会问题只有通过革命来解决。仅仅试图改变建成环境的性质是远远不够的。因此规划师被认为只是资本主义上层建筑的附庸。马克思把经济基础作为整个社会的基础，经济基础之上是上层建筑，包括社会和文化制度，建成环境及其相关领域是文明的组成部分。

　　马克思主义理论强调资本主义社会上层建筑注定会采取能够保证和维持资本家，

以尽可能少的工资占有尽可能多的工人劳动成果的那种"社会关系"和"生产方式"。所以如果人们不能承受环境的改善，那么那种改善的努力也就是徒劳的。如果人们的工资过低（社会环境使然），他们自然会迁移到其他地方，而不会去支付很高的租金享受更好的居住条件。正如马克思的伙伴恩格斯所说："不能解决居住问题，那你只好离开这里"，这就是说，直到人们有能力实现更好的居住条件时，贫民窟也许会消失。

因此解决问题的关键在于导致问题的原因，而不是问题的结果。也就是说，要改变这个社会，而不是改变现有的环境。马克思相信，只有消除一切私有财产及其所有权的社会主义模式，才能真正改变社会。如果人们自己拥有和支配整个社会系统（建立在各尽所能各取所需的基本原则之上），那么就不会再有贫穷。实际上，在真正的社会主义社会，最终将不再存在货币或利润。但就目前东欧的状况而言，这种设想由于"人的本性"的缘故实现起来很困难。马克思的追随者认为这种重要的社会变革不能由工人阶级来进行，需要由党的精英领导者来带领大家创建新社会（如同一些英国规划师）。像其他所有权力精英一样，随着时间的推移他们开始脱离群众，追逐私利，损害群众利益，甚至不再理会民主所赋予的责任要求（原文如此。——编者注）。

图12.6　斯温登一处自动取款机前的坡道
为残障者的规划在实践上和理论上都是可以实现的。

图12.7　各种轮椅推车的交通
这里展示的是芬兰一所中学的入口意识试验，各种轮椅推车集中在一起，读者可以思考推着这些推车在所在地区行走，有多少方便和不便。

后现代主义的发展

英国城市社会学进入一个新马克思主义思想复兴的时期，深受来自法国1970年代的城市社会理论的影响。有人试图把新马克思主义的解释运用到真实的城市环境中去，就像桑德斯（1979，1985）对伦敦最大的区克罗伊登，和巴赛特和萧特（1980）对布里斯托尔所作的研究那样。但是许多观点在理论上更为适用一些，实际上建成环境只是作为社会上层建筑的一个组成部分，更重要的是作为基础的经济力量。正如哈维（1975）早些时候指出的那样，这一理论把人们看作生活在一个真空中。城市社会学家陷入了困境，经济决定一切的观点受到许多批评，如不能充分解释作为平等的劳动力单位，黑人和女性为什么比白人男性在工作中处于更不利的地位。如果女性工人抱怨她们的需求被边缘化了，她们很可能会被告知"等到下一次革命吧"或

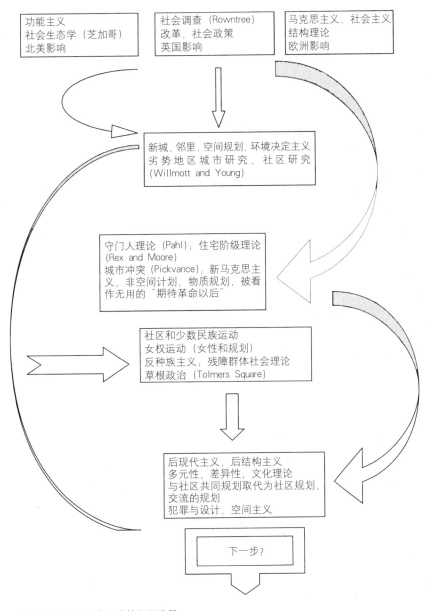

图 12.8　城市社会理论的发展阶段

者"泡杯茶吧"。新马克思主义（从其观点看）充分解释了什么是"错"的，却几乎没有提供解决实际规划问题的任何基础。

马克思主义强调工业化和生产作为社会转型路径的重要性，但在现代社会和技术变革的背景下似乎过时了。因为这一理论没能很好地解释社会领域中后工业化社会迫切需要解决的一系列问题，如绿色环境、第三世界和全球化等问题（如第11章所述）。马克思理论过分强调生产而不是分配和消费，导致对城市经济系统的片面观点。实际上，桑德斯（1985）和其他学者开始接受一个更为全面的社会观点，那就是从实际生活在某一地区的居民角度看待城市问题，他们"消费"社区的设施和服务，如住房，公共设施，学校和商店等，而不再脱离家庭仅从在工厂中从事生产的工人和资本家的角度来看待问题。

许多社区群体感到马克思主义和其他社会主义"大理论"不能够帮助他们，他们把整个这场运动看作是像传统的城市规划一样，是另一种精英阶层试图自上而下地旨在"帮助"工人阶级的尝试。正如即将在第13章中看到的一样，许多弱势城市群体开始思考并为自己所需要的城市和社会而努力，而不是仅仅接受关于他们"应该"去如何生活的学术和专业观点。实际上，他们的活动已经在城市政策中成为重要力量，并被那些想了解这些群体在学术理论中的作用的城市社会学家承认。新马克思主义最终过时了，其整个"范式"（研究问题的概念框架）转到称为"后马克思主义"－"后现代主义"的要素词汇，后现代主义也被用于建筑领域，以反映类似的追求更多传统价值的回归。有趣的是，韦伯的观点重新兴起，人们称之为"新韦伯主义"。当前学术和其他决策制订群体对这一理论研究兴趣的复苏，折射出新韦伯主义符合社会权力阶层利益的本质。这也反映出研究不同职业和专业群体文化的社会学的长期传统，因为传统的社会学更强调对人的问题"软性的"经验观察，而不是像马克思主义那样"强硬的"大理论分析，这些细致观察在新马克思主义时代被模糊掉了（Greed，1991；第1章）。

1980年代后期开始，对马克思主义重要决定论的强调已经逐渐平息，更接受超越经济和阶级因素的差异性和复杂性（比较Hall和Jacques，1989；Hamnett，1989）。事实上，如今"文化"、"对话"和"多元性"等词语频繁地被社会学家所使用，这是因为研究的重心已经从强调宏观、总体性的社会分隔转向社会群体及其之间细微的个体差异之中。同样地，人们更多地接受个人经历的差异和个体特征（种族，性别和居住地等）的差异，形成对城市"地位"和"权力"具有重要影响的观点。这直接促进包含各种利益集团、少数民族问题和各种学派观点的政治学的繁荣。

与之相反的经常被混在一起的是"新右派"价值观，在1980年代保守政府创立的企业化文化中发展起来，在城市问题上强调所谓的"自助"解决和私有部门的作用。与这股思潮相呼应，许多地区已经开始制订保证平等机会的政策，包括不同少数群体、女性和残障群体，不再寻求早在 1970 年代"新左派"激进的社会变革。在下一章，将讨论作为少数群体之一的女性群体的城镇规划要求影响，并引出一个小测验，从残障群体、种族和生活方式的角度谈谈少数群体的需要。

作业

信息收集

I 你所在的城镇或城市是否成为社会研究和出版物的主题？大城市可能性较大，如果没有，选择一项进行研究，发现更多的问题。

概念和展开

II 城市社会学对城镇规划政策会产生多大程度的影响？至少给出 3 个案例来进行说明。

III 对马克思主义和韦伯主义的社会学观点进行比较和对比。

IV 界定和讨论"社区"的概念，至少给出 3 个说明规划师试图创造和保持社区的案例。

问题思考

V 你可以从自身的角度体会到本章的理论和概念吗？例如你的日常生活中能体会到阶层和社区的重要性吗？

深入阅读

任何介绍社会学入门教材都会很有帮助，特别是那些关于城市和少数群体问题的书，如本书参考文献中提到的 Bilton 主编的书（查看最新版本）。

社会生态学见 Bulmer，1984；Hatt and Reiss，1963；Strauss，1968。充分阐述新马克思主义城市理论的 Pickvance，1977；Castells，1977；Harvey，1975；Dunleavy，1980。社会和社区规划见 Chapman，Frankenburg，Taylor（城中村）和其他社会学资料。有关社会阶层分类见 ONS，1998，ONS/ESRC，1998，调查政府人口统计资料、市场调查和其他有关这一复杂问题的当前分析和媒体观点。

有很多批评城市规划缺乏社会考虑的资料，如 Simmie，J.（1981）*Power Property and Corporatism*，London：Macmillan。城镇社会规划的政治背景的书包括 Simmie，1974；Kirk，1980；Healey 主编，1988；Montgomery and Thornley，1990。建成环境的种族问题见 CRE，1995；Grant，1996；Harrison and Davies，1995。Cockburn（1977）and Aldous（1972）描绘了城市草根政治。现在很难确定专门关于"城市社会学"的书，但有关于各种熟悉的主题的社会地理学的书，如 Sibley，D.（1995）*Geographies of Exclusion*，London：Routledge；McDowell，L.（1997）（ed.）*Undoing Place？A Geographical Reader*，London：Arnold。对城市社会政治议题有充分描述的 Brindley，T. et al.（1996）*Remaking Planning：The Politics of Urban Change*，London：Routledge。

第13章

女性与少数群体规划——下一步行动

引言

另一种视角

城镇规划没有完全正确的答案,而是完全都取决于你是谁和你要达到怎样的目标,为强调这一个事实,在第13章中,首先将重新考虑上一章中提到的"社会方面",然后从"女性与规划"的视角去重新评价城市的本质。近年来,随着越来越多的女性成为城市规划者,社区环境问题日益受到关注,这个视角也上升为对传统城市规划的严峻挑战。本章在风格上会更加松散,提供多种观点,形式上重视研究。呈现这些视角的目的,是希望在读者间引起讨论。城市规划是对社会内部稀有资源分配的政治过程,因此,在这种情况下,男性和女性都会对有关问题有强烈感受,特别是当政策限制了他们对建成环境的可达性和作为市民与纳税人应有的权力的时候。

本章将揭示有关"为女性规划"的问题,并在不同的土地使用和城市需要的情况下讨论这些话题。性别研究关注男性和女性两者的社会地位。尽管不能否认女性和男性性别上的不同,特别是大部分的女性能够生孩子,而男性却不能,但是当决定人们生活方式,应该由谁来看护孩子,谁去工作,谁应该收入更多的时候,这些生理上的差别不应该理所当然地决定文化差异。"性别"一词,是用来描述一系列男性和女性的文化差别和社会赋予角色的问题,而"性"才是用来说明他(她)们之间生理上的差异。

为什么是女性?

女性占总人口的52%(英国国家统计局ONS,1999,图1.4),既然规划以人为本,那么规划一半以上的重点就应关注女性的需要。以往,"以人为本"的规划明显地默认为是"为男性规划"。当大部分的规划师都是男性的时候,性别问题从没有被有意识地考虑过。然而,女性是否比男性更加需要"特别的"和"不同的"规划呢? 有观点认为女性在对城市的需求和使用方式上和男性还是有差别的。

概括来说,因为女性通常承担照顾小孩、购物和其他看护任务,由此就会产生不同的城市空间使用方式。相比男性,她们较少使用汽车,在很多地区构成公交乘客的主体。因为大多数女性需要将工作和照顾孩子以及其他事情联系在一起,她们的日常活动和出行方式看起来和男性不同,并且更加复杂。因此,许多交通规划政策所依据的经典的单一尺度的"上班"出行并不符合女性的生活习惯和需要(RTPI,1988,1999)。女性还构成大部分的老人、残障者、低收入者、单亲家庭、看护者、城市贫民和少数民族人口。

图 13.1 走过人生的廊道
对下一代的年轻女性来说,在机会平等方面是否有更可接受的未来? 是否有一个为所有年龄阶段的男性和女性设计的、友善的建成环境?

比忽视规划的社会层面更糟的事情是,错误地定义规划者所面对的群体的需求和本质。过去,涉及到清理贫民窟时,一些规划师热衷于认为他们是在公正地行使权力,为工人阶级规划,然而这些规划却可能没有咨询过当地的工人阶级社区,或者最多只与户主取得联系,而忽视了家庭中其他人的需要,类似地,将女性视为"家庭主妇"的传统观念也是过时的。

在新兴服务行业和高技术领域工作的人数正在增加,其中许多人或是自由职业者、兼职者或短期合同工。举例而言,在任何部门中,看护业具有最高的投资和雇用增长率,工作人员大多是女性(Gilroy,1999,RTPI,1999)。这种增长是源于照顾老龄人口的压力和不断增加的看护儿童服务的需要,以及政府减少为残障者所提供的服务。创造便利的、可供所有年龄层次群体友善使用的环境,是城市规划的重要目标。超过80%的单亲家庭、靠养老金生活的家庭是没有汽车的,这些没有汽车的人中75%是女性(Age Concern, 1993)。比较来看,只有40%的靠养老金生活的家庭拥有全自动洗衣机,普遍缺少其他人认为"日常生活"必不可少的东西

(Gilroy，1999)。很明显地，"被规划"的群体是一系列复杂和多样的人们。

女性与规划

社会层面文献的再评价

在19世纪的大部分文献中很少看到女性。如果提到了劳动阶级女性，常会被看作是那些因为品行和卫生问题而带来"人口爆炸"的人（Richardson，1876）。如果提及中上层阶级的女性，那么或是被当成天使来崇拜，或是有些神经质和带来社会破裂的人（Durkheim，1970）。在新工业社会里，女性和她们的需求被当作配角，而不是拥有自身问题和需要的人。在19世纪的大部分时间里，女性没有拥有财产的权力，因此她们接近房产和规划的领域受到限制，尽管她们在早期的住房改革运动中表现突出（Atkins and Hoggett，1984）。

滕尼斯不管是在定义他的社群还是社区这两种新老社会模式时，都把女性置于一个很尴尬的地位，她们不属于其中的任何一种。女性的生活和工作活动不能按照男性的方式分为"公共"和"私人"领域，特别是当她们是全职的家庭主妇时。马克思看起来也忽视了女性，或者他假设她们包括在"劳动者"里面（Hartman，1981）。马克思所有的世界观都是重点建立在有争议的、有性别歧视倾向的、以男性为主的劳动和生产上（原文如此。——编者注），很少考虑女性作为主妇、母亲、购物者、护理者在生产、再生产过程中的作用和消费过程中的地位（Kirk，1980；Markusen，1981），而所有这些对生命自身的产生和维持都是必不可少的。这些态度在规划上有一定的效用，因为过去在许多"社会主义者"的规划领域，女性的需要常被看作与生产无关，因此不值得成为制订规划政策的一个议题。

上个世纪之交的第一波女权主义重点在建成区（Gilman，1915；Boyd，1982；Greed，1991），这在典型社区中和由女性倡导的合作住房尝试中有所反映（Hayden，1976，1981；Pearson，1988）。"物质女权主义"过去经常与乌托邦的思想、新教会的改良主义和公共卫生与住房运动绑在一起。具有讽刺意义的是，在这一波女权运动中著名的、富有个性的女性，如奥克维娅·希尔（Hill，1956；Darley，1990）现在常被轻蔑地看作是一个房屋管理者。实际上她的观点影响到很广泛的土地管理问题领域，包括乡村规划和区域经济政策等（Cherry，1981:53），并且她在国民信托组织建立过程中发挥了很大作用（Gaze，1988）。

早期城市社会研究有一些是由女性来做的，但后来随着城市社会学日益定型，女性更有可能成为助手，就像在莫利对斯巴布鲁克区（Sparkbrook）的研究一样

（Moore，1977），只有少数的例外（Stacey，1960；Aldridge，1979）。在这个问题上，北美女性的影响多少强烈一些，很显著的就是一些芝加哥社会学者考虑到女性既是就业者又是母亲的可能性，这在研究者佐尔博使用的城市问卷调查中有所反映（Bulmer，1984:103）。在英国，女性出现在工人阶级社区研究中是几种过于简单化的、固定的典型形象，这些研究基点都是把她们看成紧密联系所在地的、单维的居住者，而不是在这之外拥有工作、兴趣和激情的人。杨和威尔莫特在他们的研究中对女性有所重视，但是他们把女性"母亲"的作用看成像沏茶机器一样具有实用功能，甚至是生命中主要活动的布景，这个观点容易招来非议，他们后来关于和谐家庭的著作被城市女权主义者认为只是一个良好的愿望（Little et al，1988:86）。

英国的芝加哥学派在对城市"犯罪区域"偏常行为研究中（e.g.Morris，1958），对年轻女性有极端的责备，并趋向于把青少年不良行为归罪于母亲的影响和假想的缺乏责任感。有所不同的是，在北美的郊区研究中，女性即使作为尊敬的象征，看起来也是无所事事的，这些研究又强化了男性普遍认为的女性"愚蠢的家庭主妇"的形象（Gans，1967，这可与贝蒂·弗里丹1963年写的早期的女权著作比较（Friedan，1982版））。弗里丹的著作是第二波女权运动的一本早期基础著作，她谈到美国郊区女性，她们对生活和环境感到深深的不满，承受着"无名的烦恼"。

城市中心区通常被认为是有危险和冲突的地方（Lawless，1989），给人造成中心区"男性化"的印象，其实超过52%的中心城居民是女性。种族研究倾向于关注黑人男性，同时对犯罪和偏常行为的研究，经常对入侵者，通常是年轻的男性的关注超过对作为受害者的女性、儿童和老人的关注，儿童是另一个"少数群体"，他们在建成环境的感受常被忽视（Adams and Ingham，1998）。

新马克思主义社会学说的重点在于强调非个人的、巨大的社会力量，加上偶然提及的抽象的"工人阶级"，经常会给人一种印象，就是在新城市主义中，作为真实存在的个人和家庭是没有位置的。城市社会学家卡斯特尔（Castells）给人们的感觉是，仅仅把城市看成"一个劳动力单位"（卡斯特尔，1977），而不是由家庭和生活构成的。在这些争论之中，女性的地位有点含糊不清，因为她们既不算"土地问题"也不算"社会问题"。有时从文献上看她们是"土地问题"，只是因为在许多新马克思主义的住房分类中，这些郊区家庭主妇看起来是伴随着洗衣机，一直关在室内的人（Bassett and Short，1980）。

在这种背景下提出社区问题会被认为是资产阶级的和琐碎的，更不用说提到"女性"问题，当前这一问题普遍的重点是政治问题和城市结构，而不是个体的人。

1960年代，左派的男性人士对女权运动感到相当反感，女性常会被告知她们是"自私"的，她们应该多考虑些严肃的话题，如工会运动等。1960和1970年代，一些先锋女性进入城镇规划领域，但遇到高度的敌意、性骚扰和公开侵犯，她们当然成为不受欢迎的人，或不被认为是有价值的人，或对女性在建成环境中的感受有独特视角的人。少数民族规划师——其中一部分是女性——遇到了同样的问题。然而，逐渐地对所谓的少数团体的需求给予更多的容忍，平等机会的政策也开始发挥作用。即便是在城镇规划部门，这些观念性的问题也无法得到完全解决（Mirza，1997. Faludi，1992）。

后来的新马克思主义更加强调消费，虽然是以"男性"来定义的（Saunders，1985:85）。这不仅为女性把注意力转到城市政策开通了道路，特别是那些有关家庭领域和居住区的政策，也让她们可以从女权主义的视角去重新定义生产、消费及其内部之间的关系（Little et al.，1988:第2章）。

可以这样说，男性城市社会学家仅仅是在"追赶"女性城市社会学家，如已经出版的一本关于社区政策重要性的关键著作的库克本（1977）。有人认为，城市女权主义的第二个浪潮伴随着1960和1970年代早期的激进政治分子成长起来，城市女权主义被认为是后马克思主义理论的分支。但是更多变化的动力来自普通的女性，她们参与到多种多样的与规划师抗争的基层社区团体中。一些女性考虑的是与她们作为儿童看护者这个传统角色相关的设计问题。1960年代，当更多的女性接受更高的教育，她们不禁要对规划院校所教授的许多东西提出疑问。

北美的女建筑师和社会学者还没有完全失去第一次城市女权运动浪潮的传统（Jacobs，1964），伊莲·摩根1974年的著作可看作是英国从"新"女权主义视角去看待城市问题的早期著作之一。北美出现一系列有价值的、涉及女权主义的过去和现在等广泛领域的著作（Torre，1977；Hayden，1981，1984；Wekerle et al.，1980；Keller，1981；Stimpson，1981），这些著作在致力于那些仍未解决的问题方面显得特别及时。

城市女权运动研究正走向国际化，英国女权主义地理学的观点和流行文献集中在"女性与地理学"研究团体的著作中（McDowell，1983；WGSG，1984，1997）。一本名为《女性与环境》的加拿大期刊创立于1970年代，现在仍发展强劲（WE，1999）。女权主义学派对内城的社区研究，挑战一些早期男性的经典著作，如坎贝尔（1985）关于女性劳动者的研究把阶层、区位和性别密切地联系起来。

正如第14章所讨论的，1980年代更多的女性进入专业领域和商业领域（Spencer and Podmore，1987；Greed，1994a），这给专业实践和政策重点带来实质性的影响。

"规划中的女性"——女性作为同样的专业人士，和"女性与规划"——怎样的规划在能满足男性需要的同时，关注女性的需要，这些问题引起了足够的关注。看起来，在为"特别的"群体制订"特别的"城市政策的立法过程中，最初的时候少数民族、残障者在某种程度上比性别弱势群体更有力。"平等机会"问题在地方政府中明显突出，影响他们作为雇主和政策制订者的角色，特别是在伦敦。尽管已经有明显的进步，但是黑人城市女权主义者仍指出，她们常被排挤在争论之外，许多人仍然认为（正如谚语所说）：所有的黑人都是男人，所有的女性都是白人（SBP，1987；Mirza，1997）。尽管在提供公共服务时种族歧视是不合法的（S20 of Race Relations Act 1976），有研究表明，歧视仍然存在（Graft-Johnson，1999）。

　　到了 1980 年代早期，女性和规划运动的关系更为明显（Foulsham，1990）。这个势头遭到许多男规划师和估价师的误解，他们认为女性问题不是土地使用问题，女性的视角已经超过界线，在规划法律的范围之外了。与此同时，大伦敦议会女性委员会正在制定一系列的"女性与规划"的报告（Greater London Council，1984），其中包括最综合的"变化的场所"（GLC，1986）。女性委员会在一些城市实施这些政策的过程中开始发挥主要影响（Taylor，B.，1988；Taylor，J.，1990）。"女性和建成环境"成为时尚的话题，几本主流期刊为这个话题出版特辑（*IJURR*，1978；*Built Environment*，1984，1996；*Ekistics*，1985，TCPA，1987）。到 1980 年代后期，举行一系列的会议，多个建成环境专业团体成立工作小组，关注女性作为同行、顾客和城市社会成员的需要。

　　一些女性开始以个体或者团体的方式参加活动。一个全部由女性建筑师组成的团体"矩阵"（Matrix，1984）在伦敦白教堂区（Whitechapel）建立了"Jagonari 亚洲女性中心"（Jagonari Asian Women's Center）。英国皇家城市规划学会制订出关于"为女性的规划"的"行动建议说明"（Practice Advice Note）（RTPI，1995），这份建议书流传于所有成员之中，并对政策和程序提出建议。从那时开始，有相当大的压力促使在实践中关注这些原则，还举行过一些会议（RTPI，1999）。不过，那些传播这一观点的人常被告知："哎，我们已经解决了女性问题，你们应关注环境问题了。"第二次女权运动浪潮中的著作、会议和文章关注"女性和规划"的需要，常与环境、欧洲和残障者等问题联系起来。1996 年《建成环境》期刊的特辑（Vol. 22，No.1，editor Dorie Reeves）回顾评价了 1990 年代中期的情形。学生常对"为女性规划"应该包含什么感到不解，因此在下一章中将会讨论主要土地使用的含义和开发的类型。更广阔的关于"空间"中的性别问题地理学视角，在麦克道维尔和夏普（1997）的著作中可以反映出来。

女性和土地使用

背景

　　这一部分的目的是从"女性与规划"的视角重新考虑城市中主要的土地使用问题，并对未来的趋势和选择提出建议。然而目前许多"女性和规划"问题仍被一些传统的问题所预先占据，如儿童设施，或"安全"问题和当地的设计准则等，为女性的有效规划，需要从长远的角度对整个城市进行重构，目的是为重新组合不同土地用途之间的关系，并在交通系统中产生更大的变化。

　　规划理论学家如格迪斯、阿伯克隆比，和勒·柯布西耶把城市看成主要由"居住、工作、休闲"等用地组成，这种传统仍然影响现在的观念。相反，许多女性会认为这些观点犯了最基本的错误，就是平等地对待家庭以外的事情，却忽视发生于家里和邻里内的家庭事务和照顾孩子等事情。基于这种观念出发，会产生一系列有缺陷的城市规划方法。规划师通过土地使用区划，进一步促进工作和居住分开，这种做法看起来具有逻辑性，因为从公共卫生的角度出发，能带来更高的效率和更少的污染。

　　然而，这种规划方法忽视了一个事实，那就是越来越多的女性选择兼有家庭主妇和职业女性的两种角色，现在已有60%以上的已婚女性在家庭以外工作，工作和居住地点的分离，加上相关的土地使用和服务设施等商业活动与家庭活动，如食品店、学校等与社区设施之间的分隔，增加了女性出行的负担，况且她们白天很少会使用汽车。许多城市地区的交通规划都是基于高峰时刻小汽车为主的"上班"交通，使问题更加复杂化。在一些地方的实际情况是，主要出行是由女性产生的，而且时间分布更长，不仅限于高峰小时，并且主要是通过公交和步行的出行，正如大伦敦议会所做的"在行进中"调查所显示的（1983）。以下将从女性与规划视角，讨论居住、工作、休闲三种用地功能的规划。

居住地区

　　二次大战期间的特征就是单一土地使用用途的、相对低密度的郊区住宅的增长，既包括新兴中产阶层投机性的个人地产，也包括外迁的政府住宅。这里有适宜的绿色空间，更便宜的土地，也有方便的公共交通系统和城市生活，适应了少部分人拥有汽车的事实。交通工具主要是公共汽车、电车、自行车和郊区铁路，相比而言，那时没有汽车的人们比今天的人们享有更好的服务。许多食品供应可由肉店、果蔬店、面包房送货上门。然而，现在保留下来的送货上门服务就剩下牛奶和奶制品了。在新的房地产内部，分布着相当数量的地方商店和连锁分店等社区服务设施，通常是开发商为吸引购买者而建设的。

在紧接下来的战后重建时期，地方政府继续建造低层住宅的传统，这是一种分散的政府住房，前不着村后不着店。许多家庭主妇更喜欢在被炸废墟上、在中心区临时基地上建设的预制房（"pre-fabs"）。这些预制房有现代化的生活设备、适中的碗橱和现代化的厨房设备。到1950年代，私有住房建设再次兴起，许多人希望拥有自己的住房。建房互助协会（building societies）在提供财政帮助和延续拥有自己住房的"意向"中发挥重要作用，通过针对"养家糊口的人"的宣传，促进了"每个英国人的家就是他的城堡"的概念。然而，只有少数妻子可以共同"拥有"自己的住房，后来成为令人心痛的事实，当1960年代新的更加自由的婚姻法带来离婚率增长，接下来造成更多的"无家可归"的妻子和单身家庭。"住房基金"和规划政策都没有考虑为这些团体提供服务，还包括战后逐渐增长的寻找住房的单身年轻人。

1960年代，那些没有车子的人到达城市和郊区的方便性和可达性进一步减少，因为规划师过于重视机动车交通。这时铁路的城市支线和农村线路都有所减少，而外围的郊区房地产却在增长。新兴大型连锁市场的增长把当地的小商店挤出市场领域，使得没有私人汽车的人就近购物更加困难（Bowlby，1989）。新的卫生、教育、社会服务设施的选址和布局有朝着更加"有效率"（为谁？）的集中发展趋势，这是有害的，城镇之外综合性的校园和医院综合体的时代已经到来。汽车驾驶者或许会喜欢这样扩散出去的新城，有高质量的道路和停车场，远离城镇中心，但对那些步行者和依靠公共交通的人而言，如果城镇能够更紧凑一些，服务设施更集中一些，在容易步行到达的距离之内，生活会更加美好。这又再一次回到了"你希望怎样生活？"（DOE，1972a）的问题。

当公共交通恶化和必需的社会设施变得更分散，一直到提供当地社区标准的服务和商店被认为是不经济的，于是更多的人购买了汽车。1960年代，消费者和女性团体对此提出了许多批评（即使在"女权运动"上升之前），批评规划者在为新项目提供规划许可的时候，很少考虑人们怎样往返。

许多人认为，由于很多土地使用不再是"有害的"，比以往更有兼容性，所以认为对不同的土地使用功能进行分割便显得有些过时了，特别是办公楼已经可以轻易地分散到居住区中。为疏散城市和降低拥挤，将商业和其他社区设施分散布局在城镇以外的做法成为过时的城市土地使用观念。因此，毫不奇怪的是，今天许多女规划师强烈呼吁，在当地的居住区提供更多的小商店，对城镇外围的购物中心加大控制，鼓励发展中心商业区的小食品店，使职业女性能够利用午饭时间去这些小店里购物。

许多女性认为，近来那些为了城市的可持续发展而采用收费的方法限制交通流量和减少到城镇中心交通的做法都是错误的，缺乏性别视角而造成性别歧视，因为最可能和不得不使用城市中心购物设施的人们往往是女性。女性会发现，她们一天之内要经过几次收费线。很有必要从性别等更多的视角进一步研究什么是可持续发展的交通模式，包括交通政策、废物回收、购物、自行车路线和住宅设计等。

建筑设计和住宅设施的变化对女性也很不利，因为她们大部分时间都在家里费力地从事家庭杂务和儿童保育工作。1960年代，以相对短暂但又灾难性的高层住宅运动而著称，虽然一些这样的住宅只集中在中心区，但高层运动比传统住房更糟糕。女性，特别是带孩子的女性不喜欢高楼，也不喜欢高楼的小房型。如果住宅单位远离底层的话，包括看护小孩子、处理垃圾、烘干衣物在内的各种问题就出现了。正如罗伯兹（1991）在她关于伦敦乡村政府住宅一书中所言，满足女性需要的政策不应该只考虑儿童保育和家务劳动，这些活动可能只会占用一定的年份，到孩子离家就会停止，更多的"女性和规划"政策还要考虑包括工作、旅行、安全和环境等外部活动。

许多既要工作又要做家务的女性会感到住宅和公寓都远离工作地点，一个"差的"住址可能会降低被雇用的机会，即使他们首先不是那些做过坏事使这个地方名声变坏的人（这一点男性也一样）。通常认为带孩子的家庭应该迁出高层公寓，因为这些住所更适合于单身人士。但许多独自在公寓中生活的单身女性会感到特别容易受到攻击，因为公寓里除了走廊和危险的电梯之外没有其他的出口。

近几年已经采取一些相当强烈的建议和措施去"解决"高层住宅的问题，包括清除少数的居住区，砍掉一些高层楼房，使之回归到更加人性化的尺度。通过环境社会学、社区建筑学和强有力的设计等共同努力，现已经发展出一套完整的方法来解决这些"问题地区"。相对应地，一些女性建筑师和规划师提出一些能真实地、简单地解决问题的办法，如增加照明度、改善可视性等，都可以发挥很大作用。在所有的一切中，最重要的是听取居住在公寓里的住户的意见，他们每天都会碰到这些"小"问题，按照他们建议去做，不需很大的变动，就可以解决一些问题。即使在水平向扩展的低层住房地区，许多女性仍然对街区的单一居住功能和环境状况感到担忧。

值得肯定的是，勒·柯布西耶最初在他的联合居住街区中设计有一个完整的游戏区、社区中心和托儿所。在一些其他国家常见公共大堂，业余活动室和自动洗衣店整合在居住项目开发中。北美有许多高档的高层居住街区，通常结合有为居民服务的饭店、体育设施和儿童保育设施，特别是在私有的共管公寓。如果没有可供居民活动的社区设施，没有可供他们碰面的地方，那真的很难使居民紧密联系起来。很多女性喜欢有管理者、保安和看门系统，如法国那样，有人能收起他们的邮包，看管居住小区，"鉴别"访问者。一些女性也希望在低层的住房中有更多的社区设施，例如，每20套住房有一个公共场地，包括托儿所和社区中心，那么这个设计将会是很好的。多洛莉丝·海登（Dolores Hayden）在她的著作《重新设计美国梦》中（海登，1984），展示通过这样的方式改善现有住房的办法。此外，强调零售业、给予单个建筑多种使用功能和改进房屋内部设计，都可以形成更有效率的城镇规划。海登的思想地预示着女权主义视角的"新城市主义"思想（Rothschild，1999）。

　　从"女性和规划"角度出发，新城开发已经屡被指责（Attfield，1989；Morris，1986）。有许多问题都是和"邻里"概念联系在一起的。新城被认为主要是女性的地域，是从"真实"的工作世界分离开来的，只是社区和小孩活动的世界，在新城里男人被假设出去工作，白天很少参与到社区中。实际上，在新城里也有许多女性就业。廉价的女性劳动力是吸引轻工业和装配工业到这些地区的一个因素。尽管规划师会在邻里单位中把商店和学校放得很近，但他们习惯把工厂放在外围，这样的话就会产生很重要的交通难题和不同用途土地间的交通往返联系（正如Attfield所描述的）。

　　邻里概念中的安全问题和将步行系统从主要道路中分离出来的做法也饱受批评。例如在密而顿·凯恩斯，有许多女性不喜欢在夜间使用步行道和自行车道（Deem，1986）。许多步行道被设计成起弯曲的形状，使得人们或抄近路，或冒着在偏离忙碌的主要道路的地方行走的危险。许多女性喜欢笔直的、周围有良好视野的步行道，最好是在住房和其他的建筑的视野内。这个问题不是新城所特有的，也是许多设计导则的特征（第12章）。建筑师和规划师为创造"有趣味"的城镇景观，无意中创造了一个对女性有威胁的环境，包括盲区、狭窄的小路、远离房屋的步行道、人行过街通道、昏暗的回家路线和多种材质的地面铺砌（这些铺砌常会扭伤女性的脚，使得推椅和轮椅的移动也有困难）。

　　从1970年代后期开始，伴随着中产阶级化，对历史保护和开发的重要性又有所重视。讨论历史保护和开发中的性别问题是有点远了，在这个主题中，"阶级"将是一个更重要的因素，因为工人阶级（生活）的地方已经被殖民化了，住房价格已经超过原有居民的承受能力。然而，许多女性仍把以城市更新为重点的规划行为看成是性别歧视。在码头区复兴过程中，对码头和船主协会需要的关注没能够悄悄地获得通过，特别这些需要是以把岸边的土地拆平为代价，将这些用地更新成为公共娱乐设施。有些女性也会参与滨水开发活动，复兴计划也会吸引游客，其中一半也许会是女性，码头也可以作为滨水休闲开发出租。但许多女性会更希望把中心区建筑重新利用为托儿所和食品店，而不只是时髦的商店和俱乐部。

工作地区

在工作问题的讨论中，不管是关于工业厂房或办公楼开发，工作与居住地点分离的非逻辑性对女性来说变得很明显。然而，这种划分通过区划和一系列其他相关的公共卫生、建筑、办公、生产法规而得到强化。大量的女性在零售店工作，然而她们在讨论中常被忽略，或者把她们的工作归入娱乐领域，是闲暇时挣些"私房钱"而已（无视她们每天站着8个小时，工作特别辛苦的事实）。大量的女性在工厂和日常办公室岗位工作，还有的在电话中心工作，然而在社会学的文献中，她们常被排除在官方数据和工人阶级的形象之外。战后城市规划进行重新区划，把工厂从城市中心分散到绿色地带的趋势，给在其中工作的女性带来更大的问题。这种趋势今天还在延续，因为工厂都寻求位于城市边缘的高速公路交叉口，这种趋势还影响到高科技园区和更多普通的轻工业和仓储业的选址。

在英国，女性上班族成为最大的职业群体已经不止10年（Crompton and Sanderson，1990；ONS，1999；*Social Trends*，Table 4.14；Bilton et al.，1997），规划师是否还沿用老套路为劳动者规划呢？这些又将怎样影响到交通政策、土地使用和选址意见、还有那些规划为新开发建设区的可达性呢？许多人考虑到办公室工作正在发生的本质变化，特别是由于技术变革带来的"无产阶级化"（proletarianization）。职业病和与使用电脑相关的工作能力丧失数量有所增长，特别是女性常常还要因为显示器辐射和低劣的装备、设施和办公化学物品而冒着流产、眼炎和心理错乱的危险。

工作和居住地点的分隔给带小孩的女性带来很大的难题，实际上整个工作环境的气氛就不是很欢迎她们。许多交通政策仍基于从住地到工作地点的出行，这些政策假设出行都是通过汽车来完成，是不间断的从家到工作地点的出行。但是女性就业者常常要采取间断的行程，而不是直接来往市中心的放射状行程。如果她们做的是兼职工作的话，这些活动通常发生在高峰时刻之外。一个女性的日常活动线路可能会是这样的：家——学校——工作地点——商店——学校——家，并且可能不都是使用私人汽车。那些全职工作的、有车的女性也喜欢用相同的方式中断她们的行程，还不得不冒着交通高峰的压力去完成这些事情。

许多女性会因为缺少看护小孩的人，或仅仅因为上班时间与上学时间和购物行程冲突而遇到难题。虽然办公室里的工作人员平均60%是女性，中心区80%的工作人员（包括商店员工）是女性，但是不管在办公建筑里面还是在中心区以外，很少提供看护小孩的场所（Avis and Gibson，1987；Gale 1994；Law Society 1988）。许多女规划师认为，相对停车位而言，需要有更多的看护小孩的场所。一系列其他政策将从重新分配空间和进一步整合工作与居住的关系开始，其他的土地使用将会由此转换功能和重新布局。

不过，中心商业区和中心商务办公注定会走向失败，中心区在变得更加拥挤和不便，许多办公已经从中心疏散出去。传统的观点认为做生意必须面对面交谈的看法现仅存于年长者中。在未来保持一个核心区，把办公从中心分散到其他地方将是大势所趋。现在是提出建议的理想时机，这些办公应该迁到郊区，而不是那些城镇之外没有汽车交通就难以到达的地方，以及远离商店、学校、其他设施的地方。

零售区既是大量女性工作的地方，也是她们购物必需的地点。但是规划师和开发商常给人一种印象，他们把购物看成"有趣"和"休闲的"事情，而很少考虑到女性遇到的困难和在实际运作中时间压力。著名学者芒福德在他关于城市发展史的巨作中（1965），非常强调在历史的开端男性是卓越的捕猎者和采食者，芒福德还在另外的场合提到，现代都市的女性进行着同样的猎取和采集食物过程，"日常的购物是趣味的一部分"（芒福德，1930）。当前在郊外的购物中心附近建设休闲设施正变得流行，如杜德力（Dudley）的英国最大的玛利山购物中心（Merry Hill）、靠近伦敦达特福德（Dartford）的蓝水购物中心（Bluewater）等。

商业政策被过于强调零售业引力模型扰乱，该模型强调数量因素，如大型购物中心对开车购物者的"吸引"，而不是重视质量因素，如公共厕所等设施的提供和方便使用，这些都可能对带小孩的女性和残障者有更大的吸引力（BSI，1995；BTA，1999）。

休闲游憩地区

与投入到主要供男性使用的运动场所和体育中心的大量土地、金钱和措施相比，对女性休闲娱乐需要的考虑就显得特别缺乏。女性的需要通常被包括在她们孩子的"游戏区"之内。男性规划师为"女性和儿童"设计的设施受到很多女规划师的批评。为新老邻里所有的人提供一般性的草地开敞空间和游憩区这种固定模式也受到多年的质疑（Jacobs，1964）。"开敞空间作为免费照看者"反映出社会自身深层的问题，事实上，英国是欧洲提供儿童看护设施最低的国家之一。

城乡规划认为，大量的草地和树木对改善地区环境十分重要。一些地方政府把有问题的居住区的单元楼房刷成绿色，自认为这样可以联想到乡村地区的环境。通常认为对小孩的活动场所而言，"街道"是不好的，而"开敞空间"是好的。事实上，开敞空间如果得不到有效的管理，很快就会遭到破坏，会成为成帮成群的年轻人和那些会惊吓小孩子的狗的潜在汇集地点。在居住区内为儿童提供游戏区或者可以玩耍的街道可能带来一些问题，一般观念中经常会认为母亲或其他居民除了"照看孩子"不需要做些别的什么。为此，一些规划导则建议厨房窗户可以看到街道或游戏场地，从来没人考虑过孩子制造出多少噪声和干扰，可能会干扰到那些希望在家中工作的人们。有个假定就是看孩子是一个女性作为母亲在家的工作，尽管男性也是双亲之一，却不需把看孩子作为他们的角色之一。

　　为解决这些问题，许多女性规划师建议，更清晰明确地界定不同类型的开敞空间和引入更有力的管理。相比那些暴露在风雨中无人看管的活动区，有人看护的传统公园和在其中的一系列活动会更有益。人们希望看到更好的配套设施，如公共厕所，以及明晰界定管理的活动场地（WDS，current），这些场地有适宜的、安全的表面，而不是在活动设施旁坚硬的沥青地面和泥泞的草坪。顺便提一句，公共厕所也是全国性的难题。如"为了您方便"（At Your Convenience，WDS，1990）中所讲述的，为女性和儿童提供的设施相对较少。事实上，根据伦敦一个官方调查（WDS，current），男性设施数量是女性的3倍。许多男性规划师并不把这当成一回事，因为他们常可使用酒吧或俱乐部，不会有看孩子的责任。提供更多的托儿所等儿童设施在全国都有必要，包括居住地区和远离住地的工作地区（BTA，1999）。

　　按照每1000人拥有6英亩活动场地的标准，那么女性需要的是怎样的公共空间呢？首先，多数女性并不带有小孩，带有需要照顾的小孩只是女性中相对较少的一部分。尽管独自行走的女性自身对公共开敞空间有所提防，但仍欢迎公园和绿地。然而，在任何景观或公园设计中都得考虑安全和可监视的因素。例如，使用开敞的步道比用树篱围绕的内城公园好得多，有助于女性可以看清她们要走进的地区。公共厕所和座椅区应布置在最显眼的地方而不是藏在树丛后面。虽然"体育场地"

图13.2　"她们一直可以使用夜总会"
现代城市中有繁多的俱乐部和酒吧，使用者主要是男性和单身年轻人，但是有没有相应的为女性和儿童提供的设施，是否接受有幼小儿童的男性？

常被认为是男性的特权，但运动场需要提供托儿场所，游戏场所要有足够的更换尿布的设施，适应女性和男性两者的需要。许多女性对新型"美体"休闲中心，对混用设施可能会有出于宗教和道德考虑的反对。还不能说这些中心可以满足每个人的需要，因此还需要更详尽的计划和组织，像对待男性那样满足女性的需求。

研究表明，相比男性，年轻女性和少数民族群体对郊外公共空间的休闲活动兴趣不高 (Greed, 1994a)。在乡村规划与乡村房地产经营领域中存在着一种更加男性化的年轻文化，重点在于一些如攀岩、探险、体验式步行等的活动，尽管一些女性也参与这些活动，但是大多数更容易被边缘化。乡村规划政策常浸透着对开车的人和为城市旅游者提供设施上的轻视和蔑视态度。事实上，许多去郊区观光的女性都是乘家庭车出游的，她们带有看护小孩的任务，会把他们放在后座上。老年人也是这样，乘长途汽车或小汽车，他们希望透过车窗看看郊野风光，不过没有意向去步行20英里，尽管在他们年轻的时候也可能是一个徒步旅行者。所有群体的需要都应该得到尊重和重视。

规划社会层面的实施：问题所在

因为不同的生活方式，日常活动和交通模式，也因为一系列文化、阶层、种族和年龄特征差异，女性对建成环境的使用有别于男性。为寻求改变建成环境的属性和影响建成环境的规划政策，少数群体已经发现英国的规划系统有些僵硬。

不管是否考虑性别、种族、无家可归者或其他社会问题，利用规划立法来直接实施社会政策都是不太可行的。例如，一般通过规划去控制新住房的占有情况或特征都是不可能的，但在乡村地区需要为当地居民提供廉价住房是例外，这在《通告7/91》中提及和规划政策导则《PPG3住房》中已有解释。任何附加于规划许可上的条件都必须体现"真正的规划原因"(Morgan and Nott, 1988:139; Morgan and Nott, 1995)。在法律上，城市规划发挥作用的范围被严格限制在处理物质空间环境上，而不是社会问题。已有一些规划当局为保证女性获取设施而在规划许可附加条件的实例，这些实例虽然相对较少，但却是进一步明确和争取女性议题的开创行动，是规划许可中需要考虑的物质因素，并且开始在《通告1985/1规划许可中的条件使用》中设置导则发挥作用。

许多人认为"社会"问题和基于规划法律的"物质"土地利用问题的区别在于是否有性别歧视。主要为男性使用的休闲娱乐体育设施经常毫无疑问地被认为是"物质土地使用规划"的领域，然而为工作女性提供托儿所却常被看作是"社会"事务，尽管这个问题可能对中心区办公楼开发有很深的含义。规划师很愿意接受"国家运动场地协会"规定的在城市中每1000人提供6英亩公共空间的传统标准，并作为开发规划的目标，但是，很少有人会接受在每500平方英尺的办公面积中提供一个托儿所的想法，将其作为"正常"规划的一部分。在购物中心很多女性想要像样一点的公共厕所、婴儿更换尿布和坐下来休息的区域，她们会认为这是物质规划的事情，影响到她们对零售商店的可达性和使用程度。

女性的需要并不适合现有的规划法和开发计划中关于土地使用与开发规划的用途分类条例。托儿所现在属于D2（土地使用类型），但这种土地使用类别涵盖了"非居住的公共机构"，不恰当地包括日间托儿所、日间照管中心，还有博物馆和图书馆。有些人认为托儿所应混合在"B1商业"用地中作为一个潜在的要素（用途分类条例，1995）（LPAS，1986），在家庭中户主的一个房间作为照看孩子的房子来使用通常是不需要许可的，除非这种使用已经占"主要地位"或者是"有干扰的"。它应该满足1989年《儿童法》（Children Act）提出的儿童看护设施和标准，这比规划法规定的标准要高一些。

然而，在地方政府或其他相关法定机构的作用下，要求依据1975年《性别保障法》（Sex Discrimination Act），着重考虑在提供公共设施过程中的性别问题，在提供物品和服务时如果由于使用者的性别而拒绝或故意忽视是违法的，这同样适用于城镇规划问题。没有专门的文件或白皮书为城市规划中的性别问题制订导则，而那些非直接的支持政策也已经有点过时，如《通告22/84》（由规划政策导则PPG12更新）规定整体发展规划需要："提供积极机遇的机构，重新配置地区的需要和解决冲突的需求，要考虑新的想法推出合适的解决方案"。许多人认为"女性"是规划应当考虑的"实质性问题"，因为女性和男性通过不同的方式使用空间（Taylor, J., 1990：98）。英国皇家城镇规划学会1986年的《职业行为准则》认定，基于种族、性别、信仰和宗教的歧视是非法的，这将制约规划师的行为，他/她有义务提高其所在的当地机构重视这些问题，这是规划法和政策中另一个不断进步和变化的领域。

规划师寻求利用规划收益（第3章）获得额外的社区设施。但规划收益的获准条件必需是"限制和规范土地开发和使用"的目的和"合理"的情况下才能使用（通告22/28和16/91，可参照PPG1）。另外出现的问题是，即使开发商愿意建设社会设施，还得有人出钱来维护和管理，在削减财政开支的情况下地方政府一般没有能力承担这一责任。

如果能够清晰地表述希望一个地区应该是怎样的，并写入相关的法定规划，那么有理由相信，开发商为了在不需要复杂的规划协议的情况下获得规划许可，可以提供相应的社会设施。环境交通和区域部看来更倾向于这种方式，而不是让位于在规划许可阶段复杂的"许可条件"或者在"规划协议"中强加的内容。许多伦敦自治市镇的整体发展规划中包含"女性的政策",在成文中也作为一个独立的章节。很多都是基于《大伦敦开发规划》(GLC,1984)草案中的示范章节 6《平等的规划,伦敦的女性》。其他的伦敦自治市镇的整体发展规划中都包括女性问题,在每个章节中添加相关内容。作为被认可和批准的政策,这些"女性与规划"的表述在决定规划申请时具有法律力量,但是那些条文必须经得起规划上诉的考验。事实上这些条文是"好的",但还不足够。接下来就要看新的大伦敦当局如何以及是否会致力于"女性与规划"问题。

1990 年代中期之后,许多整体发展规划已经通过批准阶段。在几个案例中,规划监察员要求删掉一些"女性与规划"的政策。其他一些更有社会根源的政策也遭遇这种命运,例如那些关于少数民族团体、残障者和社会"贫困"群体有关的政策。不同的规划监察员的决定也表现不一致,表明对这些事情的性别认知和教育的缺乏(WDS,1994)。

一般来说,删掉一些政策的原因是认为这些政策超过了规划法的范畴,强加了不合理的以及与土地使用无关的要求。提供托儿所、公共厕所、儿童更换衣服设施和其他社会设施的要求被认为是"强加的配额",在发展规划层面,设置详细的空间标准要求被看作是不恰当的。从性别视角点来看,一些决定可能是有些偏差的,而许多开发规划包括停车标准却从未被视作不恰当,提供这些设施被理所当然地认为是一种"土地使用"问题,因为这些设施影响到人们使用土地的方式、影响可达

图 13.3　最近的厕所在哪里?
　一个自动控制的先进公共厕所。在和一般女性讨论规划问题的时候,通常是"最后的分析都归结于厕所"。在现代城镇中,公共厕所都不能充足和方便地提供,能说真的达到平等了吗?

图 13.4　"生活就是抽彩票"
　实施"女性与规划"政策需要很大的运气因素。当前"女性问题"基金通常只会通过抽彩票和千年赠款以"特别基金"的形式来获取,而不是作为一种基本的主流权利。

性和开发的性质（Cullingworth and Nadin 1994:251）。

　　尽管在开发规划文件中有益的政策已有所扩展（如1994年的Little所调查和详细描述的），到20世纪末，仍未有一个相当水平的认可和应用。不同地区情形有很大不同，从开发控制中暴露出来的问题来看，一些地方政府的规划操作中，关于"女性与规划"的规划条件可以很容易获得通过，而在其他地方可能就会被退回。这反映出在缺乏强有力的中央政策引导条件下，地方政府会采取特别的方法。最后分析一个特定的地方政府中所发生的事情，取决于当地规划师的意愿和视角，以及他们对这个问题的态度，是支持合作的还是消极无为的。有必要训练对这些问题有足够认知的专业规划团体，地位较高的女性官员或至少富有同情心的男性官员也是需要的（RTPI，1988）。人们拭目以待，新的泛伦敦规划机构——大伦敦当局是否会按照大伦敦议会为女性提供规划的方向推进。在接下来的章节中，将会讨论建成环境专业的本质。在第15章中，则会讨论在实施相关社会政策中克服一些困难的可供选择的途径。

作业
信息收集
　Ⅰ 你所在地区的地方规划是否有，何种形式的特别针对女性、少数民族和其他少数群体的政策？
概念和展开
　Ⅱ 你认为"性别"问题是与城镇规划有关的土地利用问题吗？以案例说明在土地利用和设施上的不同要求。
问题思考
　Ⅲ 你对女权主义的个人看法是什么？今天还重要吗？你还可以说出哪些少数群体？

深入阅读
　女性和建成环境的主要著作主要来自北美，包括 *Built Environment*(1996)关于女性和规划的特辑；Hayden，1981，1984；Keller，1981； Roberts，P.(1988)；Stimpson，1981；Torre，1977；Wekerle et al，1980；Wilson，1980，1991。

　英国关于这一问题的出版物包括Greed，1994a；Little，1994；Booth et al.，1996；Wilson，1996；Wilson，E.(1991)。欧洲视角反映在 Eurofem 的出版物中。

　有很多关于女性和规划的会议报告、地方政府报告、研究成果和欧洲政策文件等，很多在文中已经提到，查阅最新的RTPI出版物和地方当局规划部门的报告，特别是RTPI(1995a)、RTPI(1983)。

　时常也能在律师处理规划申请体系的案例中看到这些问题，涉及当前立法的特别细节问题。阅读专业期刊了解当前状况是十分必要的。

第14章

建成环境专业

背景

视角转变

前面两章已经讨论过"被规划者"，第14章将讨论"规划者"。城镇规划专业作为建成环境专业的一部分，对其性质的讨论将放在建成环境特征和构成的变化背景中，重点放在规划专业和估价专业的比较上，以及先前涉及的更广泛的建设产业背景上（Greed，1991，1994，1997a and b，1999b）。这有助于突出规划师的本质特征，许多一般的实践估价师也会参与和涉足规划，但角色与基于公共部门的城镇规划师有所不同。本章不可避免地会更加有所展开，因为建成环境专业处在不断发展过程中，而且会更具有批评性，特别是反映来自少数群体的问题。因此本章主要包括评论和分析的方法。

在过去的20年里，规划专业一直被一些主流文化变化所影响。虽然在专业团体制订的各种专业操守中，仍可以看到公众服务的意识和职责深入到更广泛的社区领域，但无疑所有的专业领域已经变得越来越商业化了。在1980年代动态的经济增长过程中，房地产成为一种主要的商品。有关土地的专业在1990年迅速扩展，正成为更多元和更企业化的团体。

1980年代中期的"大爆炸"（金融服务解除管制）改变了金融体系，扫除了原有的限制和障碍。这给有关土地专业的私有部门提供了新的机会，但也同时意味着他们的部分领域将无防备地被入侵。在资产管理和投资分析中，不仅会计，其他专业人士和来自于全世界的竞争者都会进入，包括日本投资业、美国银行业和投资公司等不同的公司文化。1980年代的"企业化文化"已在1990年代早期的经济衰退中逐渐淡出，并被当今企业家时代的"新工党"和"环境文化"所取代。

办公技术和通信技术不断发展，现在股票市场已转为计算机终端处理和操作。

14.1   建筑工地

建筑工地及其一系列标识符号传递出荒凉的、不受欢迎的甚至是危险的特征，常常在较为偏远的郊区。

很多人更有文化，算术能力更强，而且见多识广，并不只是因为高等教育的发展，人们随时都可以通过传真、电子邮件和手提电话进行远距离的交流和沟通。有一种看法认为，现代办公大楼将会成为多余，就像维多利亚时代的仓库和工厂。大规模的通勤将减少，越来越多的人将会在家使用网络终端工作，只有一些管理和专业职员会经常开会，并维持着城市中心。"热桌面"（hot-desking）一词描述的就是这种情形，职员们偶然简短地造访，和拿着手机的同事们开个会就离开。

规划师

如前几章中讲到的，规划专业与城市的和乡村问题都相关，涉及到所有的土地使用类型，包括零售、居住、商业、工业、开放空间和其他娱乐休闲用地等。规划不仅涉及个案的开发和选址，而且与整个建成环境领域、不同交通方式带来的影响等都有关。目前，正如我们所见的，规划也不局限在建成环境领域，而是形成一个环境规划的新领域，关注生态学、可持续性和污染控制等议题。规划是不仅仅关心物质的建成环境，同时还关心社会、经济和对其产生影响的政治因素和居民需求。

因此，曾作为规划专业存在的理由和专业身份特征的物质性土地使用规划，如今只是现代城镇规划者工作的一小部分。现在对一些规划专业的问题仍有争议，如"规划"真正包含什么，城镇规划是否是真正的专业，如法律，建筑学或土木工程那样，是否有操作的程序？"规划"可能被看作是各种不同管理和政治因素的集合，却又流露出某种"神秘魅力"。然而,不管专业背后理论(如第16章所讨论)的有效性,城镇规划一直保持着地方政府的主要官僚职能,以及私有部门地产开发的重要构成和专业活动组成。

大多数的城镇规划师都是皇家城镇规划学会(RTPI)这一学术团体的会员。从表14.1可以看出,皇家城镇规划学会是一个很小但十分重要的组织。所有的城镇规划师(可从最后一栏看到)只占建成环境专业全体会员的6%,因为有更多的工程师和估价师。但是规划师拥有的力量与他们的数量不成比例(Greed,1994a;21;Greed,1999b),因为他们有立法权和在建成环境领域的扮演的关键角色,并有地方政府的支持。

在建成环境专业的周边领域和广义的建设产业中,城镇规划是一个小的官方部分(CISC.1994),其他专业的力量也是不能低估的。建设专业人士的影响力超过单体的建筑工程,他们在宏观和微观上,以多种能力、职位和委员会对建成环境产生"很棒和很好"的影响。如土木工程师可能会领导城镇规划部门、交通规划师和规划监察员(Greed,1999b)。

皇家城镇规划学会于1914成立,是建筑师、估价师、公共卫生人员和土木工程师等与城镇规划有关的人员组成的一个学术协会(Ashworth,1968; Millerson,

建设专业的成员,1996年 表14.1

组织	学生会员			正式会员			所有成员			所有部门的%§
	总共	女性	%	总共	女性	%	总共	女性	%	
皇家城镇规划学会‡	2196	957	43	13698	3025	22	17337	3972	23	6
皇家特许估价师学会	8193†	1267	15.5	71865	4886	7	92772	8062	8.7	35
结构工程师学会	4358	586	13.4	10114	137	1.3	21636	951	4.4	5
土木工程师学会	8353	978	11.7	42658	767	1.8	79480	3425	4.3	26
英国特许营造学会	9859	620	6.2	10244	94	0.9	33143	903	2.7	5
建筑师与估价师学会	—	—	—	—	—	—	5046	130	2.5	2
英国皇家建筑学会	3500	*	31	22670	1819	8	32000	*	12	11
建造工程师协会	327	34	10.4	2292	39	1.7	4577	104	2.3	2
皇家建筑设备工程师学会	2196	116	5.28	6275	66	1.05	15264	319	2	3
特许房屋学会	4190	2654	63	8258	3465	41	13490	6375	47	4
英国建筑师注册审议会(ARCUK)	—	—	—	联合王国数据	25153	2892	11.5	ARCUK		
英国建筑技术学会							5495	182	3.3	2

*英国皇家建筑学会(RIBA)成员因新统计格式和成员变化,是大致的数据。†各个团体分类的数据当前会不断变化,但主要比较各部分的比例。‡皇家城镇规划学会(RTPI)的数据是1996年底的。§规划师只占建设专业人员总数的6%。

在130万建设领域从业人员中,15%是专业人员,其中6%是女性:占从业人员总数的0.9%。即19.5万专业人员(其中女性约1.2万人,占6%)。

对第一年入会的大学生的调查（所有的数字都是%）										表14.2
因素	所有学生			专业人士						
	联合王国	男性	女性	建筑师	土木工程师	建造工程经理	有资质估算师	建筑设备工程师	城镇规划师	房屋估价师
所有的数字都是 %										
性别										
1995/1996 男性	82	—	—	75	86	93	87	75	68	85
1994/1995 男性	84	—	—	75	87	91	87	92	65	94
1995/1996 女性	18	—	—	25	14	7	13	25	32	15
1994/1995 女性	16	—	—	25	13	9	13	8	35	6
年龄										
1995/1996 20 岁以下	64	81	19	66	68	44	64	29	74	54
1994/1995 20 岁以下	75	82	18	81	81	70	67	60	87	47
1995/1996 20 岁以上	36	83	17	34	34	56	36	71	26	46
1994/1995 20 岁以上	25	87	13	19	19	30	33	40	13	53
种族										
1995/1996 白人	88	82	18	83	86	91	92	71	90	94
1994/1995 白人	90	85	15	88	90	90	94	86	88	91
1995/1996 其他	12	79	21	17	14	9	8	29	10	6
1994/1995 其他	10	79	21	12	10	10	6	13	12	9

资料来源：Kirk Walker, 1997。

1964)，但城镇规划逐渐发展成为一个独立专业，这将在后面的章节中进一步展开。

现在主要有两种途径可以成为一名城镇规划师：申请者需要学过城镇规划的学位课程；或者在其他相关学科的专业学位课程基础上，再接受城镇规划的研究生课程学习。在以上两种情形中，他们随后还必须较好地完成一段时期的专业实践。另外，若一个非规划专业的毕业生，在城镇规划领域工作数年，并且取得重要的相关经验，也可能有申请会员的资格。所有的会员都需要接受继续教育（CPD）。

城镇规划是一个相对宽泛的专业，并需要和很多不同专业背景和经历的人协作。城镇规划涵盖很多不同的活动和专业，规划师的工作实践很容易被吸引到与他们特殊背景和专长有关的区域中去。许多有双重专业资格的人在城镇规划部门工作，如建筑学、法律、土木工程或估价学等。人们可能发现，建筑师们一般参与保护政策和设计有关的城镇规划工作，律师们积极参与开发控制，而经济学者们、统计师和社会学者积极参与结构规划的政策制订和准备工作。城镇规划的工作特征就是，很多不同专业类型的人们组成一个大型团队在一起工作，在地方政府制订发展规划、在私人部门参与大型项目开发，发挥积极的作用。

相对而言，这与估价师的实践情形有很多不同，虽然伦敦许多估价师在大公司下属的一个分支专业部门工作，但也有很多独立的估价师。根据一般的情形，许多关于土地的职业都有强有力的队伍。尽管现在大多数城镇规划师在中央或地方政府部门就业，但仍有超过30%的人在私有部门中工作，他们为私人和公共部门提供咨询服务，从大型房地产开发公司到小型地方政府，后者在需要的时候购买这种专业服务更合适，而不愿自己增设这样一个部门造成冗员。

　　除了主要的专业团体皇家城镇规划学会之外，还有其他有影响的城镇规划组织。最早的有"城乡规划协会"（TCPA），这不是资格认证机构，而是从20世纪初就很有名的一个支持霍华德及其田园城市思想的团体，正如第2章所讨论过的。规划师认证和估价师之间存在一些重叠，后者由皇家特许估价师学会（RICS）的"规划和开发"部门认证。

估价师

　　测量专业的主要团体是可以追溯到几百年前（Thompson，1968）的皇家估价师学会（RICS）。皇家估价师学会比皇家城镇规划学会大得多（会员总数约86000人，包括学生）。皇家估价师学会包含多种专业团体，包括一般估价师、土地经纪人、土地测量员、矿物估价师、估算师和建造估价师等（Avis and Gibson，1987）。商业和住宅领域是其中最大的整体群体，由一般的实践估价师、估价师和房屋管理者等组成，估算师在数量上是第三位的成员，构成第二大群体。

　　一些估价师是学规划和开发之类的学科的，主要承担"镇的规划"，代表开发商或商业部门的业主。一些特许估价师也是皇家城镇规划学会的成员，就像相当一部分皇家建造师学会会员也是建筑师一样（Nadin and Jones，1990）。很明显这两个专业在规划实践上存在重叠，但在私有部门中工作的多数是规划师。

　　然而凭印象，认为只有很少的估价师在规划行政部门工作，所以他们对建成环境的影响力很小，那就错了。估价师是私有部门的主要顾问，因此在某种意义上也是"敌人"。他们是站在地方政府的城镇规划师确定的开发控制"围墙另一边"的人。他们代表的利益往往与规划体系的目的冲突。估价师持有的世界观主要是商业和价值，这显然与规划师不同。

规划师和估价师的比较

学术还是实践？

超过一半的城镇规划课程是研究生课程，然而绝大多数的测量课程只限于大学本科水平。如上面提到的，有许多城镇规划师先选择地理学、经济学、社会学或法律作为他们最初的学位，然后再取得城镇规划的研究生学位（在每年4月由RTPI出版的有关规划教育的《规划》特辑中可以了解到课程范围）。但一些新型大学由于人员众多，很多课程都单元化了，有很多共享的公共课程，直到最后几年才会有明显的专业区分。

皇家城镇规划学会强调与估价师不同，主要在于更具有学术性，但同样皇家估价师学会也很为自身的实践性而自豪。学生们选择测量学的主要原因是因为（学生在被采访时经常这么说），他们不想整天呆在办公室里，而希望到外面到处走走。有关土地专业毕业的大学生和研究生仍在增长并更加多元化，人们很小心地选择专业，考虑未来的发展前景和薪水，目前很明显在私有部门中的估价师比规划师挣钱更多，处在较高的但也较不稳定的地位。

公共还是私人？

有将近70%的皇家城镇规划学会会员在公共部门工作，相反，超过80%的皇家估价师学会会员以合伙关系在私有部门中工作，或在大型投资和开发部门工作。多数城镇规划估价师把他们的工作看成是为业主对付规划体系提供建议。许多实践估价师的经历和出版物宣传估价师如何应对规划和官僚主义、可以为受到规划压力的开发商做些什么等，这对估价师的形象和地位发挥了积极作用。在这两种有关土地使用的职业之间，还有其他相当显著的区别，各自都有自己的专业"文化"（Joseph，1978；Greed，1991）。皇家城镇规划学会在外表上看包含更多的社会学、政治学、干预主义和政府化的内容，而皇家估价师学会看上去更保守，私有部门导向和商业化。当然两者都有例外。

在私人规划咨询部门工作的皇家城镇规划师有所增长，为私人开发公司提供建议，或以签订合同的方式协助地方政府实施规划。随着地方政府结构的改革，在政府减少官僚主义，讲究效益和更企业化的趋势下，实行强制竞争招标制（Compulsory Competitive Tendering，CCT），并不断增长。这种情况下，规划师这样的专业人员更多地将根据需要以签订合同的方式被雇用，而不再是以长期被雇用的形式工作。这种变化打破了公共和私有部门的区分，尤其是在建成环境专业领域。同时，审计的引入和对行政水平的强调，都在改变地方管理部门规划师的工作。地方政府正变得更加"私营化"，更多的时候是"客户"而不是"公众的成员"，是"最佳价值"而不是"公共服务"（Audit Commission，1999）。少数群体对这种变化有很多批评。例如，已经成立的所谓"利益相关者群体"代表主要由男性、中产阶

英国高等院校招生办公室（UCAS）所接受的候选人：建筑学、土木工程和规划 表14.3

年龄	21 岁以下		21—24 岁		25 岁以上		总共	
性别	男性	女性	男性	女性	男性	女性	男性	女性
种族								
不详	179	30	81	14	95	23	355	67
白人	2967	764	435	56	354	88	3756	908
黑人	44	17	20	6	55	25	119	48
亚洲人	209	55	33	2	17	5	259	62
其他	20	11	4	3	12	3	36	17
总计	3419	877	573	81	533	144	4525	1102
阶层								
不详	254	57	105	24	145	44	504	125
专业人士	530	170	56	6	33	15	619	191
中产阶级	1373	338	150	23	120	42	1643	403
有技能的非体力劳动者	355	102	50	12	49	27	454	141
有技能的体力劳动者	624	140	152	9	141	10	917	159
有部分技能的	225	61	46	7	31	5	302	73
没有技能的	58	9	14	—	14	1	86	10
总计（相同）	3419	877	573	81	533	144	4525	1102

采用英国高等教育统计评估机构（HESA）的数据，注：阶层划分依据父亲的职业。

级和白人组成，这些团体通常由社会中"不合适的"阶层参加者组成，主要是那些整体上来说很少与普通百姓和少数群体有联系的专业人士或管理者。

男性还是女性？

规划专业的女学生占学生总数的比例，在过去的20年间从10%增长到现在的约30%。但整体而言规划课程的吸引力在下降。从表14.1可以看到，皇家城镇规划学会会员中女性占23%，正式会员中女性只占22%，学生会员占43%。从本章的一些表格中可以看出，大多数的建成环境专业人员仍以白人、中产阶级和男性为主(cf CIB，1996；Kirk Walker，1997)。

把从事土地使用和建设的专业人员放在一起（表14.1），其中在专业实践领域工作的女性所占比例少于6%。在开发过程中少数群体利益的代表性严重缺乏的现象值得关注（Rhys Jones 主编，1996；Druker 主编，1996）。这种代表性缺乏无疑会导致不能令人满意的专业决策制订。可以说一个专业人士的生活经历，会影响他们在城市政策决策时，对优先因素和正确决策的判断。

与之相对照，前面已经提到过，女性占英国人口总数的52%（ONS，1999）。如果女性的需求可以看作等同于男性，或者我们相信男性专业人士能够为社会上所有团体的利益规划，那么这些因素对城市政策并没有什么影响。但研究和一般经验显示，女性正处在以男性制订的建成环境规划体系的不利地位，这些规划是为男性需求服务的，所以需要有所改变（Stimpson 等；1981，Little 等，1988；WGSG，1984，1997）。

在更倾向于技术的估价领域，女性就更少了。但在一般的估价实践部门（尤其在房屋估价部门），女性则相对集中一些。进入估价学领域的女性的增长速度比职业女性的增长速度更快。这有估价专业的女性原有基数较小的因素，但不成比例的是，能达到高级职位或完全合伙关系的女性仍然比男性少得多。同样地，也只有很少的女性城镇规划师能在地方行政部门获得较高的职位或在规划咨询公司担当高级合伙人，这可能是引起未来争论的主要问题之一。如果女性不能到达专业决策层，将不能通过她们的专业活动和决策对未来的职业结构和建成环境本质产生影响。估价则不同（Greed，1991），因为一些女性估价师更倾向于在公共部门中工作，而很少选择主流的私有部门。类似地，由于知道在地方政府中就业将面临不平等的机会和就业弹性，很多规划专业毕业的女性选择在私有部门中工作，这一趋势已经出现10余年了（Morphet，1993；RTPI，1999）。

在增长的同时，多数专业团体开始担心未来的"人力"危机。由于过去20年间出生率的持续下降，未来学校毕业生的数字也将明显下降。当市场开始萧条，根据后进先出的原则，这些多虑就会显现出来。然而，一些地区仍然会繁荣，并且不断试图吸引更大范围的新成员，包括女性、少数民族和劳动阶级（不相互排斥的团体）。一些进入专业领域的人们不久也许会感到失望。

黑人、白人还是多元？

在专业群体中少数民族和黑人数量很少，虽然皇家城镇规划学会已经努力促进吸收黑人毕业生的政策，有趣的是黑人女性更加积极响应。黑人学生占接受规划课程学生总数的5%左右。一些省立的学院没有少数群体的学生，而在伦敦一些新大学中少数群体几乎超过一半（Baty，1997）。在建成环境和建设专业中少数群体总体上占有接近9%的比例，因为很多黑人男性趋向选择建筑技术的课程。

已有一些关于增加更多的少数群体规划师的必要性的考虑（Ahmed, 1989）。"民族问题"不应分隔在规划主流议题之外。例如，因为内城规划和少数民族需求之间的联系，英国中部地方当局对少数民族的需求和乡村地区娱乐设施的规划已做出特别的开发政策，伦敦的自治市镇通过调查在保护政策制订过程中，考虑少数民族群体住宅设计的特殊文化需要。

值得关注的是，许多观察家认为目前当更多的人进入到这个专业领域的情况下，他们并不会取得相同的职位。在性别和种族方面存在着明显的职业分隔，这也表现在出身阶层上（Crompton and Sanderson，1990）。这种情况远不止是黑人和白人的二元关系。现在有更多元化和多样性的人们进入到建成环境专业。一个人根据自身所处的情况和打交道的环境，会经历不同的权力关系变化和不同的被接受程度，不同的阶层、性别、种族、年龄、背景和文化的混合产生复杂的权力关系。通常建成环境和建设专业的亚洲人，在数量上超过非裔加勒比人。有些人将种族歧视和排斥只限于简单的黑人与白人之间的关系，而没有考虑亚裔群体的"不同"和文化（Ismail，1998）。尤其在伦敦，少数民族群体的类别、文化和生活方式更多样，这点可以在大学生的构成中反映出来（Uguris，2000）。

健全还是残障？

很少有残障的规划师或估价师，笔者试图在研究中获得更精确的数据但收获甚微。据估计，残障者占建成环境专业人员的比例在0.3%左右。不能说缺少残障者是由于这些职业性质的原因，因为许多工作都是在办公室里完成的，并非所有的工作都需要外出。一些人提出残障者应该参与到"实地"调查和规划编制工作中，因为他们更容易指出那些在城市布局和建筑设计中影响移动便捷性的障碍，担当"通道审计"（Access Audit）的角色。而事实是，当在建设和建成环境专业里讨论到"残障者"时，通常会想到的是"通道"或其他"设计"问题，而不是提供就业机会（Imrie，1996）。

专业的、技术的，还是不结盟的？

还有一些与环境有关的主要专业团体，如英国皇家建筑师学会（RIBA），土木工程师学会（ICE），结构工程师学会（ISE），估价师与拍卖师协会（ISVA），小一些的专业团体，如建筑与测量学会（ASI）等。特许建造学会（CIOB）由于强调其"建筑管理"而非"建筑物"这一不太好的词语而经历了显著的成长。多数估价师与拍卖师协会会员的工作与一般的估算师类似，尤其是开发商与规划相关的活动，如评估、拍卖和不动产管理等。2000年估价师与拍卖师协会和皇家特许估价师学会合并成为一个专业组织。

特许住房学会（CIOH）是一个相对较小的组织，但拥有很多女性成员（Brion and Tinker，1980），工作与特许估价师学会有一些重叠（Power, 1987；Smith, 1989；Leevers, 1986）。过去住房管理主要关注地方政府的住房储备，近年的住房危机带来职业在数量和声望方面的上升。现在地方政府仍然在实施一些住房管理工作，不再是建造者，但对新的政府住宅开发发挥保证和促进作用，具体的开发角色已经转移到住房协会。

　　还有很多其他与房产方面有关的专业团体，如英国房产代理商协会（NAEA），拥有 7000 名会员，其中女性占 15%。收益评价与评估协会（Institute of Revenues, Ratings and Valuation）在对人头税（poll tax）及相关问题的争论后得以继续存在。一些专门研究城镇规划法的"法律学会"的律师和有资格出席高等法庭并辩护的大律师成立事务所提供相关服务。有趣的是，这一法律分支部门吸引了很多女性，现在新候选人中女性的比例已经超过 50%。在地方当局工作的律师在规划程序上扮演主要角色，解决规划法中的细则问题、处理规划鼓励、规划执行、规划协议和规划许可等详细问题。在覆盖面很广的开发过程中，还包含很多其他专业，会计、经济学者和财经分析师关注开发的可行性，而城市地理学者、统计工作者、经济学者和社会学者可能会被召集起来，参与到开发决策的制订过程中。

　　有越来越多的专业生态学者、环保人士和景观建筑师成为环境评价专家。现在这已经成为从欧盟引进的"规划"要求。另一个趋势是让更多的人运用他们的专业知识来代表社区表达普通民众的需求，成为专业的社区活跃分子和积极分子。然而，相当多的环境团体并不认为他们自己是"专业人士"，他们也不想变成特许的团体，这是受到"专家主义"往往与过时的、不可持续的精英主义联系在一起的思潮影响的结果。建设活动，尤其是在绿色地带中建设道路和进行城市开发活动，往往被一些年轻人视作为破坏环境的行为，这会导致他们更愿意选择环境课程，而不愿意选择学习可能被视为"敌人"的城镇规划、建设或测量课程。

　　以上主要是关于专业人士的内容，但这只是许多从事建设产业群体的冰山一角——少数精英——相对于从事建设产业其他方面群体来说。有相当数量的在建设产业各个方面工作的人们，如技术员或经营人员等，其中大多数人很少有机会接触到大的有影响的方案，而往往是在那些遍布全国的小型建筑公司中工作，有的还濒临破产（Ball，1988）。许多地方当局成立自己的直接劳工组织（DLO）。而现在地方当局正倾向于选择出价最低的投标者中标，保证更多的流动资金和商业效益，而不是考虑给予消费者更好的质量保证（Wall and Clarke，1996）。

　　除了有专业资格的从业者，还有无数人在地产的各部门的办公室和服务部门工作，尤其是代理（包括房地产代理）、投资和金融服务等部门。这些人中的大部分实际上没有取得从事有关土地专业的资格。大量的办公职员是女性，经常执行着一般的熟练性准专业工作，特别是那些忙碌的房地产经纪人。任何人都能成为一名房地产代理，或房地产开发商，所需要的就是资金，或激发别人投资信心的能力。建立一个 3 级或 4 级的以工作为基础和能力相关的国家职业资格（NVQs）等级（一个

专业会员的数据，1999 年　　　　　　　　　　　　　表 14.4

皇家城镇规划学会（RTPI）1999 年底会员总计有 13044 人，其中有女性 3105 人，男性 9939 人，女性会员大约占 23%。女性学生注册会员占学生会员总数 1870 人的 44%，有 825 名女性和 1035 名男性。后面的数字只表示在 RTPI 中注册的学生会员的比例，在大学中的参加规划课程的学生中约 20% 为女性。RTPI 会员包括学生会员、团体会员和其他，共 17440 人。

根据 RTPI 的团体会员调查，有亚洲人 336 人，非洲黑人 56 人，加勒比黑人 25 人。学生会员中亚洲人 70 人，非洲黑人 19 人，加勒比黑人 2 人。这些数字应该谨慎对待，因为不是每个人都做了答复的，而且对国际会员没有进行民族和国家的细分。如上所述，不是所有的学生都会选择规划课程，但绝大多数有资质的规划者都会参加这一学会。

皇家建筑师学会（RIBA）同期有会员 28002 人，其中女性 2586 人，男性 25416 人。共有 4771 名学生会员，其中有 1499 名女性和 3272 名男性。RIBA 申明他们并没有对种族或残障者有特殊规定，但他们对年龄有一定要求，女性团体会员中近一半在 40 岁以下，将近 700 人在 35 岁以下，然而男性会员年龄段分布更广，40 岁以下的会员约占 1/4。

其他专业团体的情况根据 1996 年以来的调查也类似，虽然他们尽力吸引更多的女性和少数民族人员加入到建设和建成环境专业中。特许住房学会相比来说吸引了更多的少数民族会员。总的来说建设和建成环境专业的多数群体和少数群体学生都在下降。相反，选择环境研究课程的学生逐渐增多，地理学课程普及性增强。

在笔者写这篇研究报告的时候，这个题目正在进行中而且当数据全部收集完并经过分析之后，将会在以后发表。难以有一幅完整的图景，因为缺少来自于一些专业组织的回答，特别是关于种族和残障者会员的数据。

技术的，支持职员的和准专业水平的等级），可能可以为规划支持系统的从业人员提供进一步发展的机会。

专业和欧洲共同体

如第 2 章和第 9 章所讲到的，现在英国与欧洲的联系和开放贸易更加紧密，至少理论上是，欧盟提供一个超过 3.2 亿人口的市场，甚至比美国还要大。欧盟正在逐步统一标准和程序，形成一个"公平竞争的环境"，这会影响到建筑产业，尤其是"公共采购"领域；建筑标准、建设产品标准；以及职业资格和教育的相互承认。欧盟法律将对英国产生越来越深入的影响，包括城镇规划和环境的法律，因为现在欧盟法律优先于所有成员国的法律之上。

欧盟很可能进一步扩张。统一后德国为房地产开发活动提供很多潜在机会，而柏林成为欧洲最大的建筑工地。这也为英国开发公司和建筑公司提供了机会，在这种情形下，他们需要在更大的范围内与其他欧洲的和国际的公司进行竞争。

现在已经形成一些强大的跨欧洲的专业团体，其中英国的团体占有显著的位置，如，国际不动产联盟（FIABCI，一个很有名的代表房地产专业人士利益的欧洲团体）。英国团体需要与法国的类似团体竞争或取得合作，如法国不动产管理联合会

(*La Confederation Nationale des Administrateurs de Biens*)。"Biens immobiliers"是法语的土地和建筑等"不动产"(agence immobiliere 意为房地产代理；与其相对的是 biens mobiliers，意为"个人财产"，是指那些没有固定在地面上的、"可移动"的东西，如家具和装饰品等)。

英国规划师已和其他欧洲国家的规划师以及很多其他国际规划组织展开联系。但在观点、文化和理想城市形态方面都存在着很大的差异，因为欧洲大陆强调的是高密度城市和较少住宅开发的市郊。英国规划师特别关心一份被欧盟认定的咨询文件所做出的设想，城市环境绿皮书(CEC，1990)，以典型的欧洲大陆城市特性为基础，土地使用比英国更为集中，而郊区往往被视为"文化沙漠"地区。欧盟因主观认为可以在整个欧洲确定一种理想的城市模式,不顾国家差异和气候因素而制订政策的做法也受到批评。

欧洲其他国家没有与英国特许城镇规划师(或估价师)对等的专业人员。专业划分方式不同，建筑师、土木工程师、经济学者和地理学者在不同的情况下担任着不同的"规划者"角色(Williams，1996 and 1999)。更根本的是，在英国成为"专业人士"或"特许"团体成员必须有点"英国的"，甚至"有些奇怪的"，而不一定是取得很高的学位和在某些专业领域有很强的能力,而这些是在其他欧洲国家作为成为一名"规划师"的标准(北美也如此)。英国对专业精英(理想的专业绅士)的观念联系到很多"神秘性"，这与现实的现代的、国际化的和竞争的商业社会不太相符，也不能满足政府在城镇规划决策中对受过更好教育的人们的更多参与的要求(Knox，1988)，规划师的明确角色仍是一个问题(Howe，1980)。

作业

信息收集

Ⅰ 收集主要建设和建成环境专业职业的资料。

Ⅱ 收集你身边有关规划议题的志愿者、社区和少数民族群体的资料。

概念和展开

Ⅲ 比较和对比城镇规划师和特许估价师的角色,举例说明他们参与开发进程的差别。

Ⅳ 重要多数理论应用与人类组织，常会受到重视数量而不重视质量的指责，以某一种建成环境专业为例展开讨论。

问题思考

Ⅴ 你对建设产业的印象是怎样的？你认为是友善的还是有威胁感的？

深入阅读

有很多关于不同建设和建成环境专业的出版物,其中不同的有关专业经常会宣扬自己的观点并具有本身的职业偏见。一些新的政府报告近年已经陆续出版,如 Egan (1998),Latham (CIB,1996)。专业学术研究包括 Millerson 的 *Qualifying Associations* (1964),Thompson 对测量专业历史的研究(1968)。

女性在规划和测量专业的研究 (Greed,1991,1994a;Booth *et al.*,1996);在工程领域的研究 (Evetts,1996;Carter and Kirkup,1989);在建筑学领域的研究见 Silverstone and Ward,1980。一般管理类的著作有很多,包括 Spencer and Podmore,1997;Druker and White 1996;Langford *et al.*,1994;Gale,1994;Morris and Nott,1991。女性高等教育的资料参见 Acker,1984;女性住房问题参见 Brion and Tinker,1980;Leevers,1986。女性和地理学的资料(城镇规划和测量的分支)参见 Little (1994);McDowell (1983,1987);McDowell and Peake (1990);McDowell and Sharp (1997);Rose(1993)。

少数民族、建设和建成环境专业资料参见 De Graft-Johnson,1999;SOBA,1997;Harrison and Davies,1995。建成环境中残障者资料很少,因为残障者常常被认为是政策决策的接受者,而不是主要的运动发起者(Imrie,1996;Imrie and Wells,1993;Davies,1999)。

有关规划的社区群体和组织的资料非常多,可以从 Planning Aid for London 和 Friends of the Earth 获得公开的资料。

伦敦重建网络是一个伞形组织,有自己的图书馆和出版社,包括很多研究伦敦社区问题的组织。关于社区参与机制更详细的资料参见 Kelly(1997),对居民参与给予很好的实践指导。

第15章

未来：改变的议程

主流文化的变化

新员工：新机会？

许多13章中的政策和建议在未来也许不会再应用（RTPI，1999）。这一章会讨论未来尊重少数群体的政策制订新方法和新机遇。潜在的自上而下的变化包括全球的、欧洲的、英国政府的和地方机构的，也将讨论包括少数阶层和社区群体的自下而上的变化。第15章介绍一个实现城市变化的规划案例，以说明在整个欧洲大陆，对应"空间规划"而被称为"时间规划"的方法。本章吸收了一些最近的英国经济与社会研究委员会（ESRC）资助的定性研究案例（Greed，1999a，b），第16章则更偏重于具概念性和理论性的内容。

亚文化视角

从研究的角度，为实现对建成环境的影响，首先需要影响制订城镇发展的政策决策者的特定亚文化。这是专业人士在内心和思想深处的一种世界观、价值观和现实观。专业角度的决策不会是中立的，而是受个人对现实的理解、对世界的看法和对社会的想像所影响和决定的（Greed，1991:5 — 6；Greed，1999a）。

意识到建成环境专业群体有他们自己的价值观和世界观是有帮助的，这里的"亚文化"（subculture）是指文化特征、信仰和生活方式与主流有所不同。冠以"亚文化"的必要性，是这些成员的价值观和态度对他们做出的专业决策会产生重大影响，而且更重要的是对"所建成"的东西产生影响。认同亚文化价值似乎是为阻止那些"不同的"（different）和"不定的"（unsettling）人和思想的进入。

在拥有控制权的各个不同的亚文化群体关系中，"闭合性"（closure）这一概念是理解专业界构成的重要因素（Parkin，1979:80 — 90；Weber，1964:141 — 152，

236；Greed，1994a:25）。即使一些观点不同的人们，相信通过"加入"或捱到加入专业团体来获得影响现实的地位，但真的进入到专业群体后不久，就会发现他们会屈服于主流的专业秩序（Knox，1988）。学生，尤其是那些来自劳动阶层家庭背景的、女校的和（或）少数民族背景的，常常经受到过较多的群体压力并容易"相信"权威讲师和其他同学们，那些缺少能力的学生可能永远也无法进入第一阶层。

　　面对一些棘手的、不受欢迎的和"犯错误"的人们，"闭合性"在现实中成为日常的准则，但其中有一些人则是受欢迎的，会感到非常自如和成为其中的一分子，并促进其向更高一级发展成为决策层，进而具有影响建成环境的地位。但是女性可能遭遇职场"玻璃顶棚"（glass ceiling，不可见的提升障碍），黑人和能力不足的人可能遇到职场"玻璃幕墙"（glass wall），阻止他们进入专业。

生成变化

　　一个关键问题是怎样促成专业亚文化群体的变化，并影响到建成环境？这可能包括，改变规划专业权威群体的社会构成，以便更好地代表社会全体。重要的是改变影响"空间和社会关系重构"的人们和进程（Massey，1984:16）。那些看起来像布景城堡一样的群体，那些寻找带来变化机会的外围群体和少数群体，要么"社会化"地执行，要么被边缘化和排除掉，这不是件容易的工作。

界定变化：临界数量？

　　确定潜在的变化和描绘变化的途径十分重要。表明"变化"的概念包括（较为普遍但也有些争议）临界理论，即"改变一个组织结构至少需要有多少人"（试比较 Morley，1994:195，引自 Bagihole1993 年文章，参照 Bagihole 随后 1996 年主编关于建设领域的女性的著作）。坎特建议15%—20%的少数群体比例是改变一个机构文化所必须的（Kanter，1977），盖尔建议在建设产业领域应达到35%（Gale，1994），而调查受访者提议应有更高的比例。

　　具有讽刺意义的是，城乡规划是建成环境专业领域女性就业比例最高的（住房部门除外）（第4章）。然而，虽然一直有相当多的关于"女性与规划"的持续努力和成果发表，但同比来说，表现出来的影响却较少。最初，"临界值"这一概念是从物理理论中产生的，是一个数量概念而不是比例概念（如最小的雪花紧密地聚集成球但不会融化），可以引发连锁反映。只需要20个能量单位的铀235就能引发9000个能量单位的原子弹爆炸，所占比例只有0.2%（Larsen，1958，pp.35，50，55，73）——与一些建设部门少数人群的比例或者一些规划部门的女性的比例相当。然而一个有物理背景的规划同行随后指出,只需要有极少的破坏性污染物就可以阻止整个反映链和聚合进程。

少数群体代表在数量上的增长并不会一定带来一些不同。"更多"不一定意味着"更好"(Greed,1993)。换句话说,少数群体数量上的增长并不意味着带来对专业领域产生影响的地位,即质量上的影响。为影响变化,制订更有效的社会政策规划,需要改变专业团体的构成,从决策者的选举开始,更有效和更有代表性。

但这也并不是一定的,更多的是依赖于人们的观念和意识形态(如果有的话)、个人兴趣、背景和教育经历(Stark,1997)。或者说改变文化比改变结构更重要,改变质量比改变数量更重要。一个小的但组织完备的团体,或者有一两个投入的领导者,证明比新增加几百个新少数群体代表更有效,如果这些人对自己的角色困惑而且不果断,有较低的期望值和较高的忍耐力,他们会表明其真的不知道问题所在,因此十分容易被大多数同化。

有很多理论探讨这些群体的动态发展、个人的角色和保证社会对"新的"和"不同的"人们的"接纳"和"排除"的网络。行动者网络理论(actor network theory)较为受到关注,这是一个针对"社会力量得到延续发展的网络是什么,或通过何种途径能够形成社会变革"提出问题的理论(Callon,1986;Murdock,1997)。这些研究也关注引发大爆炸的"主要推动者"(Kanter,1983;296)。同时,没有被遗漏的是,这一理论还对"新时代"的思想和理论给予深入的关注,对怎样创造变化给予更多"精神的"探究,《塞莱斯廷预言》(the Celestine)系列的畅销是最好的例证(Redfield,1994)。

在一些寻求社会变化的女性团体中这些工作已经较为普遍,如"女性交流中心"(WWC)履行着大量的对女性进行全国性调查的职能,出版了《价值和观念:女性需要什么》(Values and Visons: What Women Want)一书(WCC,1996)。当物质的、自然的和法定的手段都失败的时候,则需要"祈求苍天",或祈祷上帝带来变化了。

在建设专业领域一个坚韧和影响力的少数女性,能够坚持不同观点。这一群体随着年轻专业女性的成长和更为犀利而表现出增长的趋势,有利于达到临界数量。但是人们对使用"临界值"这一词仍然很迟疑,虽然确实有其存在的意义,一旦女性达到某一比例,情况会有所改变——不一定是更好,但可能是某种意想不到的方式。与之相似的物理问题是,更可能创造出一个不可预期的反应和爆炸,尤其是在环境不稳定的情况下(Larsen,1958:50)。但是,临界值已经成为产业领域讨论平等机会时最经常使用的词。在建设领域的科学性和数量描述上也较为契合

（Larsen，1958）。但如果不考虑质量和文化等因素，只是作为一个有预见性的社会概念，就过于乐观和简单化了。显然这一问题还有赖于那些有助于政策改进的外界因素的推动。

自上而下变化的动因

变化动因 ：一般性问题还是性别问题？

下一步将对两种变化动因展开讨论，"自上而下"和"自下而上"。第一种"自上而下"包括政府的、国际的、国家的和专业的团体，以及其他一些政府机构，许多这类问题常被看作是"一般性的"变化，有别于"性别的"或其他社会问题。然而他们工作的某些方面，偶尔也会碰巧有利于少数群体；第二种"自下而上"，包括一系列少数群体、草根平民、社区和单身群体等，多数是某一种的少数群体问题，包括性别的和民族的问题。

全球性力量

在国际层面，一系列自上而下的变化动因，如联合国（UN）、经济合作与发展

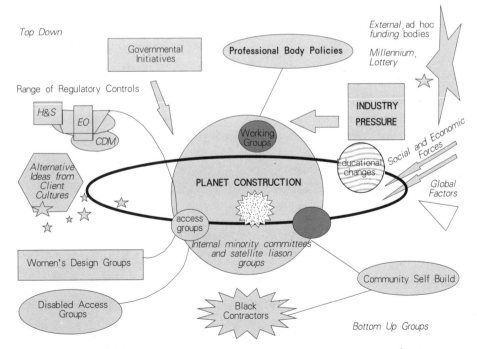

图 15.1 建设体系的变化动因图示

图15.2　体育成为主要文化规划主题之一
最近温布利（Wembley）体育场重建规划，拆除两个白色塔楼，增加体育设施，使之不再仅仅是个足球场。但是，是否所有的社区都能成为这一投资的受益者呢，尤其是通过彩票资金建设的体育设施？

图15.3　全球化的复杂性和多样性：日本
一家日本夜吧。国家之间的文化界线在瓦解，流行艺术和店面招贴画表明一种混合和借鉴的风格。

组织（OECD）、世界卫生组织（WHO）以及欧盟等，都成为对英国城乡规划的结构和目标产生影响的机构。全球性运动，如"绿色运动"和更明确的"可持续发展规划"等已经为英国规划体系带来挑战和调整。更广泛无疑也更有力的是，文化运动也在发挥作用。大众观光旅游业的发展和过去10年航空旅行75%的增长事实，促进了更加全球化的文化（Davidson and Maitland，1999）。这使得在各个国家有竞争力的旅游城市之间实现了大众文化、传统、休闲和公共艺术的快速传播。英国1997年工党政府将原"国家遗产部"（Department of National Heritage）更名为"国家文化传媒与体育部"（DCMS），也是这种变化的体现。同时还带来一系列不同的生活方式变化，鼓励公众和专业领域挑战现状，特别是城市设施和设计。

在国际上，性别问题与规划和发展的结合在第三世界国家也正在发展。国际性项目如世界卫生组织发起的"健康城市工程"（Healthy Cities Project）覆盖了所有的发达国家和发展中国家，后者的情况与英国有很大的不同。尤其突出的是，女性的概念包涵了多数的贫困者、无家可归者、难民和底层劳动者（Moser，1993）。

为改善城市贫困者的状况，把建成环境与经济和社会等影响因素，以及与人们的生活质量分割开来是不现实和没有效果的。因此也需要同时考虑到健康、持续性和平等。随着未来经济全球化的加强，英国城乡规划的孤岛特征将受到更有包容性的方法的挑战。这一点对于应对大尺度的全球人口变动更为重要，例如由于战争、自然灾害、政治和宗教迫害等原因带来的移民和人口流动，这些因素将导致少数民族社区在英国和其他欧洲国家的定居发展，对规划管理形成新的挑战。

欧洲的开创行动

欧盟的规划方法不仅更关注环境，而且也更多地倾向于"社会规划"，关系到"公平待遇"和"社会平等"的概念。欧盟法规和政策的协调要求可能会对此提供保障（OECD，1994）。《欧洲城市女性宪章》（European Charter for Women in the City）已经在《平等的机会》（DG　V）条款中形成（Booth and Gilroy，1999；Eurofem，1998，1999）。自1994年开始，欧盟考虑为不断增长的各种项目和政策实施的资金分配提供"平等机会"，特别是"性别保护"（gender proofing）。欧盟制订出一套保证平等使用资金机会的条件，考虑这些项目的投标、获得、补充和就业等因素，需要更温和的程序。这与美国政府机构的"联邦合约计划处"（contract compliance）类似，欧盟资金计划的有关区域基础设施和就业的"目标Ⅰ"，现在就受到资金使用条件的限制（Gilroy and Booth，1999）。

同样地，其他国家平行于"环境评价"的法规，正实施"社会影响分析"（SIA）和经济分析，如瑞典的做法，涵盖可持续发展的三个方面。在制订规划政策时性别因素也被考虑进来，包括在城市和超大城市地区的交通和基础设施政策。在其他欧盟国家，总的来说对物质性的土地使用规划的关注程度小于英国，那些只有国家和区域规划体系的国家更容易将规划与社会问题、经济发展战略结合起来。随着欧盟一体化和跨国政策协调，这一方式可能也会对英国产生影响。

当"女性与规划"作为英国主流规划师的话题已较少使用的时候，在其他地区性别问题仍然十分重要。在整个欧盟范围这一问题依然十分突出。一个泛欧洲的网络已经建立起来，称为"欧洲女性组织——性别与人居环境"（Eurofem）。1998年，在芬兰举办了重要的国际会议，主题是《性别与人居：地方和区域可持续发展的性别视角》。会上许多国家的"女性与规划"团体的代表们展开了交流。例如一名来自德国"女性和环境网络"（Frauen Umwelt Netz，FUN，1998）组织代表关注的许多问题都与英国女规划师一致。现在类似的全球性组织已经在伊斯坦布尔（1996）的"人居Ⅱ"上成立，期间由土耳其的女建筑师团体组织，并有其他地中海和中东国家的女规划师团体支持，并展开一系列的讨论（Shariff，1996；Nisancioglu和Greed，1996）。

这种网络先前在1994年巴黎"经济合作组织"会议上也曾经成立，当时来自意大利的代表是主要的促进力量（Bianchini，1998）。而且欧洲女性感到欧洲女权主义比北美女权主义者更亲切，后者在 1970 年代和 1980 年代建立基本的主题、网络和理论相当有价值（试比较 Hayden，1984 和其他前文列出的文献）。但是美国和欧盟国家城市之间社会阶层、国家文化和性别结构的差异，常常导致相互难以充分理解。尽管如此，许多"女性与规划"运动成员都是多民族构成的，从规划问题的跨文化视角来看是有利的。

中央政府

一些组织如彩票组织（Lottery）、千禧基金（Millennium Fund）、体育理事会（Sports Council）、艺术理事会（Arts Council）独立存在于建设和建成环境领域之外，但对可达性和建筑设计水平比只关注"建什么"和"谁在建"等"正常的"法规有更高的要求（Arts Council，1996）。因此，在艺术和媒体基金领域形成了新的社会性城镇规划尝试。志愿者团体、少数群体代表似乎成为其中的受益者，可以使他们在设计和就业两个层面建设样板工程。这带来了"自上而下"和"自下而上"的融合，从理论上讲也将会产生变化。

政府发起的组织如预见行动（工商部）、技术合作（交通区域环境部）、劳动组织包括英国建筑业协会（CISC，1994），建筑业委员会的《兰森报告》（Latham Report，CIB，1996）和《伊根报告》（Egan Report，1998）以及一系列研究项目，成为建设产业和与建成环境专业相关的文化变化需求的亮点。有多种原因促成变化，包括"经济因素"、产业效率的提高、健康和安全因素、更强的竞争力、危机修复、欧洲一体化、精简规模、多目标、更大的灵活性、环境社会经济可持续发展、改善人力资源管理、合理化认定、教育改革、城市更新、城市复兴，以及创造一个技术更新、经济繁荣进步的氛围的需要等。

城乡规划受减少预算、更快速和更有效率、持续审计、最佳价值、多民营化、强制竞争招标和企业化水平等各种需求影响，产生很多改变。在这种氛围中，非赢利性的社会考虑因素处于两难境地。以上的许多问题采取的是一般性的解决方法，而不是分解为性别、种族、年龄或其他社会差异。因此，少数激进群体、关键性个体在主流委员会或专业网络中仍然是"微不足道"的，在主流委员会开始寻找新成员、或寻求意见和平等政策的时候，也不会被作为候选对象。

同样地，更高的教育背景可以表现出更多的创造力、理性和效率，即使是在强烈的管理主义和有争议的反学院派时代背景下，出现大量的模数化、标准化和分期化教学。尽管少数群体具有积极性和热情，仍然只为平等机会和城市社会学留下很少的空间。依据最新的研究，大学生们在三年里有一个下午的时间参加这种会议已经是很幸运的了，即使是在表现进步的新型大学中。女权主义学术没有被编入城市学术主流文献，从引文、参考文献到推荐的阅读资料，少到人们可以想像的程度（Bodman，1991）。研究表明，那些高层男性规划人士，无论是教育领域的还是实践领域的，似乎都从未听到过女性问题或其他少数群体需求，好像他们生活在一个隔离开的世界里。但是，这些问题是真实的，而且相对照的是，他们是被其他的多数或少数组织推上舞台的，特别是那些建设领域和建成环境之外的群体。显然规划者和被规划者之间、社区和专业群体之间在任何层次都是不平等的关系。

地方政府

人力资源管理

地方政府还在发挥一些作用，不仅是在规划政策制订方面，还在就业、提供与建设和建成环境相关的专业培训机会等方面，都实施着平等机会政策。曾经对女性和其他少数群体提供支持、培训和经常提供就业机会的"直接劳动组织"的作用在下降。地方建设劳动组织，如格林威治地方建设劳动组织（GLLiC, Greenwich）提供就业和信息（LWMT, 1996），与当地的主要承包商和发展紧密联系，并同时提供培训项目和地方小型商业行动。让人们进入建设领域，可能会为促进他们对城乡规划和更广泛的城市政策产生兴趣提供一种途径。全国职业资格证书考试（NVQs）和全国通用资格证书考试（GNVQs）作为大学预科教育涵盖广泛的学科领域，没有明显地区分出空间和非空间的问题，这些课程对建成环境教育和资格认定与社区背景的结合十分重要（Millward，1998）。

规划程序

可持续发展的规划也为考虑少数群体需求提供了空间。同时，如已经说明的，英国规划师将环境作为优先考虑的问题，而一些其他国家则对社会平等给予更多关注。同样如已说明的，按照《布鲁特兰报告》（Brundtland，1987）和随后的

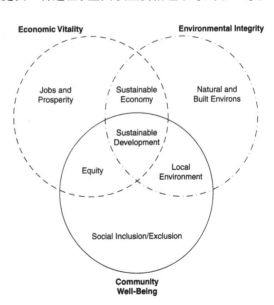

图15.4 可持续发展的圆圈图
可持续发展运动还提出对所有的少数群体达到社会平等、经济公平和环境和谐（Brand，1999）。

《里约热内卢宣言》(Rio, 1992)，可持续发展包含三方面的含义：社会平等、经济自足和环境平衡。环境评价，和欧盟约定的环境声明已经在英国得到严格执行，并具有比物质环境和社会问题更重要的地位。如在斯堪的纳维亚地区（Scandinavia），环境问题还被赋予社会和经济内涵，甚至包括性别因素（Skjerve, 1993, Eurofem, 1998）。

一些伦敦市镇城乡规划部门对主要的规划许可要求符合《第106项协议》(Section 106 Agreement)，以保证平等机会和设计形象与整体发展结合起来。如前文提到的，虽然依据"越权原则"(ultra vires)这是超越法律之外的，这与美国一些州采用的"区划奖励"(zoning bonusing)有类似之处。这些开发许可条件包括提供托儿所和白天的幼儿看护设施、改善公共设施、提高便捷性和改善环境等。城乡规划的程序已经非常清楚地倾向于协商，因为这是一个有高度政治和资金责任的过程（Cullingworth and Nadin, 1996）。很令人遗憾的是，达到社会规划目标的惟一途径常常需要通过这样有争议的行动（Greed, 1994a）。

自下而上的变化动因

外围组织（Satellite Organizations）

由于远不能影响建成环境专业的文化，因此女性、少数民族个体、残障者和其他外围人士已经发展出一系列新的环绕"建设行星系统"的外围组织，反映他们自己的亚文化和组织结构（图15.1）。

较为突出的组织包括"通达环境中心"(Center for Accessible Environments)、伦敦规划援助(PAL)、伦敦规划援助服务(LPAS)、伦敦女性和手工商业(LWMT, 1996)、伦敦更新网络(LRN)、黑人建筑师学会(SOBA)、老年事务(Age Concern, Gilroy, 1999)和女性设计服务(WDS, 1997)等。这些群体可以成为潜在的推动变化的主要力量，虽然实际上还是处在主流外围(Kanter, 1977, 1983:296)，但涵盖一些建设领域的少数专业群体。

许多已经融入主流专业领域的少数派专业族群并没有发挥预期的作用，可能会感到被边缘化和只开展一些低层次的工作。由于不受欢迎和价值被低估，正在促进一些新的外围群体的发展。这些有影响的外围群体都有很强的社会动机，但不一定是规划师。他们常常包括其他建设专业领域，如工程师、少数群体代表、残障者以及社区居民群体等。

虽然积极参与那些活动的人不多，但是他们形成另类群体的网络，常常有大量的出版物、研究报告和运动组织，已经被看作是一种促成变化的力量。而且他们的组织结构也很不同一般，常常对各种层次的人们表现出更协作和包容的态度，尤其是面对社区、不具优势和代表性的少数群体时，表现出更高水平的社会交流。这些组织不是商业化企业，因此在建设产业中不具有典型相关意义，但他们在面对稀有资源方面表现出很大成功，表明他们考虑了成本因素、效益、经济和很好的管理结构，这些是可以被效仿的。可以发现，在女性组织中不像主流产业那样对"蓝领"和专业层次有明确的划分。

泛专业网络

城乡规划越来越关注少数群体的需求，各种少数群体组织已经在建成设环境专业领域里出现。如一个泛专业的"机会均等工作组"（Equal Opportunities Task Force），已经发展成为在建设领域代表女性和其他少数群体的组织。与之平行的建设产业，也对不具代表性的少数表现出更多的关注（英国皇家特许建造学会，CIOB，1995；CIB，1996）。现在黑人和其他少数民族专业人士在很多领域表现活跃，试图创造更具有包容性的环境，以达到一种新的平衡，如"黑人建筑师学会"（SOBA）。某个专业人士可能同时从属于几个少数群体，如从性别、种族、阶层、年龄以及文化等角度。对建设产业的数据统计反映出对多样性的承认，这一建议也在努力争取之中（Kirk-Walker，1997；SOBA，1997）。"黑人建筑师学会"正在努力帮助和指导更多的年轻黑人建筑师发展这一网络，因为在很多工作和合同机会中，黑人专业人士常常受到排斥（Graft-Johnson，1999）。

在这些群体中常常强调传递"知识"给下一代。如《指导计划》（SOBA，1997），以及针对年轻女性估价师和建设管理者的"影响项目"。在那些私人实践主导的专业分支领域，黑人专业人士和承包者已经建立起很多商业网络（比较Grant，1996；Harrison and Davies，1995）。建设环境领域的黑人专业人士建立起一系列网络群体，以提高所有私人实践活动和私人工作的"可见性"，共同进一步面对"同化"或"排除"（SOBA，1997）。

在建设领域内部，跨专业的组织如"建设职业论坛"（Construction Careers Forum），少数泛专业组织如"机会均等工作组"，以及受排斥的承包人，他们的各种努力都有助于促成变化。这些组织在引导有益的外围作用和对主流产生影响的过程中，可以扮演传递者和沟通者的作用。代表专业领域少数机构和群体，与"自下而上"的社区群体有较强联系，可以在变化过程中成为引导渠道。但是如果缺少支持和资源则是难以实现的，很多少数派群体对被寄予期待但又因孤立无援和缺少内部支持而感到疲惫不堪。

社区群体

在规划程序中社区、志愿者和少数群体具有一定的地位。在开发进程的讨论中，公众和社区参与是非常重要的（第3章）。这些组织也可以促成变化，通过提出建议产生影响。很多规划决议常常受到公众的批评，而且少数群体经常发现他们的需求并没有在规划和设计过程中得到考虑。在促成变化的过程中，一些成员作为公众的代表，发挥着半专业人士、领导者和发言人的作用。

社区群体一直就交通、停车、住房、地方设施、儿童游戏场地、安全、犯罪、步行者权利、骑自行车者需求以及公共交通等问题与规划师斗争。一些群体已经非常富有效率和受到重视，如"地球之友"，而更多的还处于边缘状态，如一些少数民族社区群体。一些持不同观点的有权力的社区群体和少数实践者结合，会对促成变化产生有力影响。

改变多数群体？

需要提出的一个重要问题是"建成环境专业群体出了什么问题，特别是规划？"，而不是"少数群体出了什么问题，不参加到专业领域中去？"。把女性排除在外的建成环境专业群体缺乏吸引力的问题是，他们同时也把其他少数群体排除在外。而那些希望有"更多女性和少数民族"的专业群体，似乎开始关注少数群体代表所希望和要求的变化（建筑业委员会，CIB，1996）。很明显地，从政策优先、人力资源管理的角度，"更多的"少数群体并不一定意味着"更好"，除非专业内部也有基本的文化和组织的改变（Greed，1988）。

一些少数民族的父母，特别是来自印度次大陆的人们，不希望自己的孩子从事这一领域的工作。如果认为年轻一代可以做得更好，就会让他们进入法律、会计和医药等领域。另一些年轻人可能会选择一些少数群体有成功典型的或人数较多的领域，如电子、传媒和商业等。还有一些可能继承家族的产业。英国的30万孟加拉裔人口中，有90%以上拥有或从事经营"印度"餐厅和外卖，并可能与规划师有过麻烦。餐饮业既可以被看成地位较低的职业，又可以是很有潜力的高层次商业企业，但至少是熟悉的领域。相比较来看，规划作为政府管理机构的形象一直不怎么好，可能反而会耽误一个有较多家族企业文化背景的年轻人的前程。

如第14章说明的，黑人规划师无论男女都很少，皇家城镇规划学会也已经意识到了，这可能会影响规划政策本身（RTPI，CRE，1983）。不论白人、男性、中产阶级的规划师是否掌握有充分的专业知识，是否能理解公正的规划以满足与他们不同的其他群体的需要，这是基本的"社会方面"的问题。这在中心城少数民族聚居地区是更为敏感的问题。事实上已有很多批评和建议，特别是1982年伦敦南部黑人较多的布里克斯顿区发生的"民族骚乱"，史卡曼勋爵首先对规划师提出了强烈指责（Scarman，1982），认为由于部分规划师在制订这一地区未来发展规划时不果断和不敏感，规划影响效果很不好，使这一地区破败衰落。规划师常常容易成为被攻击的靶子，很多人认为其他公共机构如教育、警察、社会服务等领域也会有同样的处境。

创造融合

只在内部建立一个少数群体和个人数量的"临界值"是不够的，而是需要在外围"自下而上"的少数群体和"自上而下"两者的变化，促进机构之间增加有力的联系，把两者紧密联系在一起（继续以核物理作比较），可以形成聚合产生链式反应，促成文化改变。这种聚合反应可以在建成环境专业领域之内发生，也可在此之外发生。

对文化进行切实的而不是名义上的真正创新改变是很困难的。新的特别"社会规划"发起者，如单一更新预算计划、住房协会项目等，已经为地方居民和专业群体针对具体建设项目发表意见创造了新的机会，期间不可避免地会产生文化碰撞和相互的教育影响（WDS，current）。伦敦内城众多有争议的"自上而下"的城市更新项目已经在各个层次上引入了很多的社区参与和"自下而上"的反馈，潜在地创造了"融合"。

这些项目包括"国王十字"（King's Cross）地块开发和在旺兹沃斯区（Wandsworth）的石像码头区（Gargoyle Wharf）吉尼斯地块（Guinness Site）（两者都在伦敦）开发，公众要求在这些项目中使用本地区的劳动力、设计者和规划思想。这些也许对管理和开发过程而言是很头痛的，但确实成为一个普通民众意愿在建成环境和建设领域被更多考虑的标志，并且可能会使他们中的一些人，或者他们的孩子（或母亲）希望进入建成环境专业领域并作为职业。同时这些项目为规划者和被规划者进一步相互了解对方的文化，并作为一个持续的学习过程提供了场景。

参与还是政治的力量?

公众咨询并不一定能够保证少数群体在决策过程中发出声音。在规划的公众和社区参与过程中有很大的性别含义，"社区"的"真实"含义，常被自定义为女性儿童、少数民族、内城和工人阶级。这却正是在主要以中产阶级背景的规划师作为主要成员的情况下，最不可能在决策过程中有所参与的一群人。

一些如"规划援助"的组织为各人和社区提供"反对"规划师、对规划提出不

同意见的帮助 (Parkes, 1996)。但是一些人还没有对现行体制失去信心, 并试图寻找规划程序中新的更广泛的公众参与形式, 打破"他们和我们"的一系列障碍。传统上是公众被邀请来对新的开发规划发表评论, 而后所采纳的观点可以在公众会议、展览和调查中公布。这一程序受到很多批评, 被认为这只能引来更多的能说会道, 而没有提供真正的政策选择, 很多时候依赖于问什么样的问题, 和展示什么样的相关问题。

一些地方机构已率先创造出更有意义和更有长期性的社区少数群体参与的计划, 在学校和志愿组织的帮助下, 教会参与者规划的工作程序, 和他们一起讨论政策选择。直到几个月后他们在规划参与过程中达到更佳的状态, 可以更有建设性地参与——与"打一下就跑"的方式的一次性参与实践形成反差。

虽然多数的政治家, 包括中央政府层次的国会和地方政府层次的议会, 也如规划师一样以男性为主, 但地方层次的规划委员会中, 女性的代表性太低肯定会影响规划决策的特征。相对来说女性在规划主管官员中的比例很低 (Nadin and Jones, 1990)。新工党的很多最近提议为较全面地考虑女性问题和其他更广泛的社会问题提供了潜在的空间 (Greed, 1996b), 但也表达出一些担忧。如前所述, 在发展议程中性别和种族问题并不特别突出。在针对城市问题处理的各种特别委员会中, 女性和少数群体在管理者委员会中代表性较低, 这也是新工党在城市管理中的特点。例如, 性别和种族问题没有完全纳入到"社区新协议"项目中 (Darke and Brownill, 1999)。就像现在的"审计文化", 强调最高价值、质量评价和"现实调查", 虽然外表上看, 目的是更好地服务居民, 但几乎没有为平等问题留下空间 (Thomas and Piccolo, 1999)。

一些"女性与规划"组织对特别的如抽奖形式的投标竞争方法特别持有异议, 这是一个基于竞赛而不是综合长远的政策, 这些会被实践证明具有临时特征。但是, 在其他社区组织需要被认同的时候, 特别是新项目需要进行"建筑设计竞赛"的时候, 黑人组织仍是被排斥的。很多人批评一些住房协会在管理委员会中安排几个黑人女性专业人员的做法仍是怀有种族主义, 因为这看起来很好看, 但在建设项目中却从来没有真正让这些专家发挥作用 (Harrison and Davies, 1995)。

与社区关联的组织, 如"伦敦规划援助"和"伦敦复兴网络"(LRN, 1997) 等等, 已经开始观察究竟"谁"被安排到重要委员会中来, 为何可以毫不惊奇地发现, 在很多的重要"社会规划"机构, 如区域委员会、城市复兴委员会和住房指导组织, 一直是白人男性占据主要位置, 尽管其他新的少数群体组织不断涌现, 尤其是伦敦。许多城市复兴项目和重要研究课题很少提及性别问题, 虽然他们现在更喜欢将种族

图15.5 伊斯兰和旅游：新加坡

世界很多地方宗教的发展会带来社会、城市和文化的变化，并随之创造新的城镇景象和土地利用模式。

图15.6 公共交通的大量供应

日本的有轨电车：全球性的交通模式变化和个人机动性文化在发展，为实现可持续发展，重点需要强调公共交通的发展而不是私人小汽车的拥有。

划分而不是阶级划分作为一个重要政策因素。

持续和真诚的社会包容规划很明显地将逐步转变建成环境的本质，但促成这一进程的主要变革动因是否会具有法定的城镇规划地位，将是另外的事情了。如前些章节讲过的，许多"规划"的功能由政府其他部门承担。新工党曾经创造一整套与地方规划部门分开的特别委员会处理不同的问题。事实上"城镇规划"被很多人看成是过时的概念，一个临时的载体，战后随着城市政策的地位提升，现在已经被更广阔的环境规划和一系列政府管理机构所代替。还有，如最后一章将述及的，现代规划的组织、程序和理论基础都已经发生变化。作为结论，未来政府还会仍旧寻求解决城市问题的方法，但是执行这些任务的人们是否还会被称为"城镇规划师"甚至"规划师"还值得讨论。

时间规划

像"时间规划"这样完全不同的规划方法，可能会带来更好的城市和社会变化。英国的规划体系曾经过多地围绕以空间和土地利用来作为形成城市秩序和解决城市问题的方法（《规划》，Greed，1997c）；另一种规划体系，起源于意大利，称为"时间规划"，对文化问题更敏感，认为很多现代城市面临的问题本质上不只是空间问题，而是因时间的组织方式、不同功能和活动的划分而产生——就是说，是时间阶段问题而不是纯粹的物质空间问题。

缺少时间组织会导致功能低效。从社会意义上，很多人尤其是照顾小孩的父母，会发现早上兼顾送小孩上学和自己上班是极其困难的(无论时间上还是空间上),像去邮局这样的一些小事情,或所有其他被社会看作没什么价值但必须存在的各种"小事",如去修鞋铺、干洗店、图书室、宠物医院和牙医诊所等,由于不同的角色分工,这些问题尤其困扰女性,也会对倒班工人和夜班工人产生影响。因此特别是少数民族群体更多地从事餐饮、社会看护和服务部门的职业。

许多这类问题在引入时间规划概念后会得到改善,欧洲的几个城市做出了榜样。这绝不要与现实的趋势——男性提出的为休闲目的的"24小时城市"混淆(Montgomery, 1994)。更全面的可能和目标在法国《城市研究学报》(*Les Annales de la Recherche Urbaine*)的特辑《时间计划》(*Emplois du Temps*)中曾有深入展开的讨论(ARU, 1997)。

意大利的规划师是时间规划的先锋(Belloni, 1994),在商界和学校代表协助下,地方政府1990年开始的改革(36条,142/1990)授予选定城市的市长推行"时间规划"的权力,去"改变时间",使商店、学校、工作场所和公共服务开放的时间更合理、高效和方便。这样的时间改革是女性政治家、社会学家和规划师共同施加压力的结果,她们中很多人与左翼民主党有关(Bianchini, 1998, 1999)。北欧一些国家也有"时间规划试验",特别是德国(Henckel, 1996),德国女性多年来致力于商店营业时间的改革,因为这里是欧洲国家中商店最早关门的国家之一。受性别问题和时间规划两者的支持(Spitzner, 1998),德国女性规划师还创立了"绿色运动"(总体上促进了可持续发展)。现在有一些行动将时间规划原则体现在欧盟规划指引上。

很多时间规划的原则也可以在英国应用。一个《时间总体规划》(Temporal Master Plan)将倾向于解决很多城市中类似照顾小孩、挂钥匙的孩子,压力、拥挤和一些时间表等问题。国家统计局正在进行"时间利用调查",在欧洲范围进行时间研究并第一次作为欧洲统计局统计资料(Eurostat)的一部分。这一调查以国家为单位对调查者进行24小时日常生活时间调查。20多年前,伦敦女性赞同所有办公室、工厂、商店、公共建筑、交通和学校的时间在大伦敦议会女性委员会指导下统一协调。1998年开始的欧洲工作时间指令(European Work Time Directive)导言中已将时间作为讨论的议题。时间问题可以说是正确的,而且新的大伦敦当局考虑将时间规划与空间规划同等看待。

其他未来因素,特别是电信和网络带来的影响(Graham and Marvin, 1996),远程办公将是未来值得关注的领域。远程办公,即在家通过调制解调器联系,声称可以避免高峰小时的交通拥挤,市中心商务区过剩被过分夸大。网络、电子邮件和其他电脑通信系统是否真的将影响城镇的本质还值得讨论。现在,至少在英国,网上下载所花的时间是很慢而且花费较贵。普通民众已经习惯使用电视、电话的直接性，对费用和通讯延误，电子邮件和网络的不可靠有所顾虑。对寻求解决女性兼顾家庭责任和工作的问题，在家工作不一定是理想的解决办法，这样还可能退化成现代版的家庭计件工作。把极力宣称的"灵活性"推诿于这样的一种安排，可以说都出自于雇佣者一方，而不是被雇佣者。

当前只有少数人在家应用依靠电脑通讯系统工作，估计大约只有5%左右的人经常使用网络进行远程工作。但是，使这个系统更容易使用的技术进步和努力正突飞猛进地发展。可以和电视拥有率的发展对照，自1936年开始才有面向普通大众的电视节目播放，当时只有富裕阶层和技术先锋成为最初的拥有者，二战后拥有者也不到100万人，而今天却极为广泛地普及。未来技术的进一步发展将影响所有女性和男性的工作和生活方式，但这些是否对女性更有利，需要相应的社会和建成环境专业的文化改变。

作业

信息收集

Ⅰ 分别在上午11点、下午1点、4点半和晚上对城镇商业中心进行调查，主要购物者是什么人，男性还是女性？可以说出大致的比例吗？郊外的大型超级市场情况是否与之相同。

Ⅱ 对文中提出的各种组织的当前活动进行调查。

概念和展开

Ⅲ 全球趋势和国际政策能对英国城镇规划产生多少影响，以相关案例进行说明和讨论。

问题思考

Ⅳ 你个人认为规划师应考虑哪些社会问题？包括本书中未提到的一些问题，如年轻人、住房问题、学生贷款和专业教育等。

Ⅴ 你对未来"规划"的看法是怎样的？

深入阅读

建设产业和相关的建成环境专业的发展资料参见Gale、Egan、Druker、Latham、Bagihole。还可以查阅已经提到的那些少数群体组织的出版物和活动，包括SOBA、LRN、WDS、LWMT、WCED。

全球状况包括人口流动、可持续政策和其他国际趋势的材料，可以从OECD、United Nations、UNESCO、WHO、Oxfam，以及其他政府和非政府组织中查到。

关于时间规划的资料见Bianchini、Belloni、Eurofem、Henckel、and ARU。

第16章

规划理论的回顾

理论视角

研究理论的重要性

第16章的目的是明确那些曾经对规划的范围和本质产生影响的理论,并进行深入分析。本章的第1部分将讨论这些理论,为读者介绍相关的研究领域,并深入到学术理论深层的哲学范式变迁。本章的第2部分,将重温从工业革命到当代的规划历史,回顾每个主要时期的规划理论。这部分会提供规划历史的结论性概要。本章的最后部分,是对一些当代规划理论现状的扩展评论以及个人分析。规划的本质总是充满争议并会产生一系列的反应。理论研究可以增加对影响社会建设和城镇规划的因素的认知,因此促生更多样和平衡的方法,用以理解和评价各种政策和实践。所以鼓励读者与本文互动,形成自己对规划理论发展的结论。在结论部分,将会留给读者一些目前仍未解决的规划和政策问题。

规划理论的范围及相关研究

规划理论是一个有弹性的概念,可以被用于描述各种思想活动。在最宽泛的研究中,"规划理论"包括考虑一些有关城镇规划本质的非常一般性的问题,例如"城镇规划是什么?"、"实施城镇规划需要什么样的技术?"、"城镇规划应当努力获得什么目标?"以及"城镇规划对城市和社会产生过什么影响?"(Taylor, 1998)等。更确切地,"theory"一词来源于希腊语"thereo",是"我明白了"的意思,因此"规划理论"又可解释为规划被了解和理解的方式。字典中对"theory"的定义包括:"对特定领域知识的系统组织";"用以分析、预测和解释一系列现象的一些原则、假设和规则体系";"抽象的原则和推理"和"一系列作为行动基础的思想或信念"。一些字典对"概念的理论"和"经验的理论"进行区分，前者以"抽象的概念和推测"作为基础，而后者是"通过实验、观察和运用科学方法"来收集数据。

在城镇规划这样一个"实践性"学科，看起来其"理论"更倾向于以经验研究为基础并与规划实践紧密联系。但是，许多规划理论的产生在本质上是概念性的而非经验性的。同时，规划在实践中是一门以政策为基础的学科，规划研究的准则可能也具有很强的"规范性"，详细规定规划"应当"做什么。因此，规划理论包括经验的、概念的和规范的等方面。

在一个仍然把技术专家系统、"标准"和"法则"作为重点的学科领域内，规划师在这一过程中需要培养出对理论创造过程以及学术研究角色的鉴赏力，以具有能判断和评价新理论的重要性和这些理论研究的有效性的能力。因此，理解规划的认识论是非常重要的，认识论是"知识的本质和起源"。写一篇学士论文对这一过程使很重要的一步（Bell，1996；Bell and Newly，1980）。

许多与实践相关的研究，特别是在规划编制过程中作为调查和预测的基础工作的统计研究，是"定量的"，调查"有多少"、"是什么"和"在哪儿"。相反，"定性的"研究不仅关心"是什么"，而且特别关心"为什么"和"是谁"，理解和明确那些影响和塑造现实的社会力量（Silverman，1985；Miles and Huberman，1996）。现代规划理论和研究一般兼顾定量和定性两方面的依据。但是基于定量研究的政策决策存在许多疑问，如忽视少数群体的需要。这种不完善的数据给规划政策制订提供的是不可靠的基础（在第11章中已经讨论过）。重要的是在学习有关社会和城市的理论时要考虑这些理论包括或排除了谁的利益和什么利益。

专业决策和学术理论的产生都是难以保持社会中立的过程。参与者是受如何"观察"、希望这个社会和城市应该怎样影响的，这个问题在早期关于测量学和规划专业的著作中有详细论述（Greed，1991:5-6；Greed，1994b；Greed，1999a）。如调查建成环境亚文化群体的价值观以及他们对现实的认识是定性的研究。文化人类学等领域最初运用定性的研究方法，是一种探究表象后面深层次含义的方法。文化人类学以观察各种"群落"的建构文化为基础，并试图理解他们对"现实"的感知，而不仅仅是如何看与之不一样的"其他人"（Hammersley and Atkinson，1999）。

可以看出规划研究涵盖到范围很广的不同类型的活动，并使用一系列的方法学。规划师和真正的规划理论家并不是单一的群体，而是包括多样背景的人们和"思想学派"。但是，规划的主导理论在任何时候都并不是惟一的，而可能是若干规划理论共存，每一种理论都有各自的领军人物、理论基础、规划方法和社会联系。因此，1970年代新马克思主义规划理论者、传统的城市设计者、重视市场的规划师和社区规划师都能在"规划"这把大伞下共存。

然而，似乎总是有一些地方政府的规划师，可以无视周边的学术思想争论。他们执行"规划"并且实施自认为是最好的开发控制体系，而没有意识到他们的行为和决定可能被某些学术研究者认为只是规划的某种特定理论的表现。那些参加规划理论研讨会和阅读相关文献的规划学者（Sheffield，1999），和那些在地方政府运作规划体系的规划师之间常常存在隔阂。但是，现在想从事规划行业的人都必须至少学习一些规划理论，希望出现更多的具有自省和反思意识的从业者，以使他们对规划政策在社会的实施效果上有更加清醒的认识（Schon，1995；Hillier，1999）。

专栏 16.1   规划理论的主要双重性

经验性／概念性
经验性／规范性
因果性／规范性
实体的／程序的
定义性／批判性
定量／定性
空间的／非空间的
用于规划的理论／规划的理论

规划理论的定义

对规划理论的解释可以参照政治意识形态和哲学等理论，并定义处在社会和经济背景中的规划和规划师的职能、角色和本质。其次，"规划理论"在更广义的范围上，可以解释为包括所有那些影响规划政策的理论（Fainstein，1999）。规划理论受到很多其他学科学术领域的影响，甚至可以看作来自其他外部学科对规划看法和反映的总和（试比较 Greed，1996b，第1章；Hobbs，1996），如地理学、经济学、社会学、哲学和科学等。这些学科的理论增加了规划师对城市各种现象的理解，但往往也对规划政策形成批判性的态度。那些来自各种思想运动和少数群体的理论，如环境主义、女权主义，对规划和规划师的态度尤其持谴责的批判性态度。

在继续本书的内容之前，必须明确"用于规划的理论"（也称为"规划中的理论"或"为规划的理论"[theory in (for) planning]和"规划的理论"（theory of planning）之间的区别。"用于规划的理论"主要由规划师提出和发展，作用是为形成"更好的"规划。而"规划的理论"多是由非规划专业人员提出，往往是带着更具批判性和分析性的观点，正像前文所提到的那样（Faludi，1973）。

同时有必要对实体性规划理论和程序性规划理论进一步区分。实体性规划理论是关注规划的实体和内容的；程序性规划理论是关注规划执行的过程和方式（Thornley，1991；Brindley主编，1996），程序性规划理论关注实施过程中在变化的组织结构中执行规划的过程，以及实施规划所需的技能，也就是成为一个规划师。

有关规划的理论关注规划的本质和角色（如"城镇规划是什么？"）的理论，是定义性的或解释性的。这也常常引出另一个重要的问题（如"城镇规划出了什么问题？"），这是批判性的理论。这进一步引出其他问题，"城镇规划的目标应该是什么？"、"怎样规划？"和"怎样规划得更好？"。这类问题的理论是规范性的理论，关注规划应当怎样。相反，规划的因果性理论关注说明规划"为什么"会成为现在的情形。

重要的理论问题

规划是什么？

这个问题是明确和实质性的，如第1章已经提到的那样，大部分对规划的分类无外乎分为空间的和非空间的两类（Foley，1964）。空间问题关注物质空间上的土地使用和开发；非空间问题包括社会、经济、管理以及政治力量和决策，这些问题促成发展需求，并成为影响"建成什么"的首要力量。战后的许多规划都是只关注建成环境形成的空间上的"最终产品"，认为是建成环境，而不是更激进的政策成为最主要的影响力量（Massey，1984）。

海丽定义出三种主要的规划类型（Healey，1997：第1章，第11页），分别是空间开发规划、经济规划和城市管治，分为一个空间性和两个非空间性的类型。无疑，前两种规划类型是从规划的实质来定义的，第三种规划类型则是由规划的程序方法来定义的。许多英国的规划在本质上仍保留着空间性的特点。

第二种类型，即海丽定义的国家主导的经济规划，尽管目标是非空间上的，但仍重点强调空间要素，如为达到"减少失业率"这一经济规划目标，制订政策时将考虑不同地区的不同需求，尤其会重点考虑"衰退地区"和"内城地区"。经济规划在混合经济成分的情况下，也要考虑政府干预的影响，这种规划类型在工党政府执政时非常流行。

海丽定义的第三种规划类型可被解释为一种管理工具，是一种非空间的政府管理的过程。在这种程序性的规划类型中，实质性的政策内容是次要的，规划是作为一种提高效率的管理工具，这一点在大的私有部门、政府机构以及公共行政部门都是一致的。海丽（1997）强调为在公共管理机构制订的目标背景下取得效力与效率，规划政策分析和规划过程具有重要作用。

雷丁则提出了一个相似的分类，并补充环境主义的"绿色"规划，近年来，这正成为英国城镇规划的又一个主要类型（Rydin，1998）。尽管国际上对可持续发展已经提出有关环境、社会和经济方面的标准，但绿色规划还是被认为更贴近英国空间规划的传统。也许有人会提出争议，认为社会城镇规划也是一种专门的规划类型（Greed，1999b）。还有城市设计也可以被看作是一种专门的规划类型。二者都既有

	非空间	空间
19 世纪到第二次世界大战前	乌托邦，模范城市，田园城市，郊区社区主义	下水道和排水沟，城镇规划方案，房产委员会，市政勘查与建设
	衰退工业地区的区域经济规划、苏维埃欧洲的国家规划	欧洲风格、广场、林荫大道，作为"扩大的建筑"的城市设计和规划
战后重建规划 1945—1960 年	福利政府的产生，通过了健康、住房、教育、经济和土地规划，显示在区域经济规划，土地国有化，社区规划，新城建设的控制	物质性土地利用规划，区划。总体规划尤其是开发规划。通过建设新城"解决"住房和城市社会问题，清除贫民窟，邻里社区的设计，强调环境决定论
1960 年代	战略性非空间规划，系统论的观点，规划关注理性的科学过程和管理，使用新计算机和模型	地方政府继续开发规划和开发控制系统，中心城区的更新，新的住房和高速公路的建设
1970 年代	规划师作为新马克思主义者，精英控制者，规划院校和学术理论家的增加	继续以上类型的法定规划，老工党领导下的最后区域规划，内城更新，道路项目继续建设
	规划对性别、残障者、社区和种族关注增加	
1980 年代	新右派，企业规划，企业家战略，市场理论，欧洲统一政策，经济全球化	生态运动，全球环境主义，实际的物质规划影响规划，21 世纪议程，环境影响评价
1990 年代	新工党，许多上面提到的，但重点在于协同合作，交流理论，多样性和文化	城市设计复兴但更多考虑使用者，无障碍设计，交通噪声控制，反交通规划

注意：这个框图左边的是非空间的，右边是空间的，但有些是相互交叉的或者有些并不恰当。规划理论认为规划师应当做的和实际情况总是存在差异。这些框图是以年代为序，时间显示在旁边。

图 16.1　规划：空间还是非空间？

空间要素又有非空间要素,其支持者,尤其是那些关心女权、残障者问题、反种族歧视的人们,强调政策实施需要实践性的实际空间效果,而不应该仅仅集中在与早期社会城镇规划的深奥理论联系在一起的理论概括上。这种情况是很复杂的,有许多"规划"都混合有各种程序性和实体性的要素。笔者曾提出过规划可以被定义成"任何你希望成为的东西"(Greed,1994b),这是为了让读者注意到在过去200年的发展历史中,城镇规划具有的多样性和多变性。

规划与政治的关系是什么?

在回顾规划历史之前,明确规划和规划师的角色和权力十分重要。应当明确,在英国的规划体系内,规划师实际的角色和事实上所能做的,与规划理论中所描绘的规划师"可能"的角色和他"应当"做的这两者之间是有区别的。事实上,实际情况和理想情形是很不同的。同时,是政治系统赋予规划师权力,让他们通过政策决策将规划理论付诸实践,但最终的权力还是在政治家手中,在第1章中已经提到,规划是一个政治过程。

进一步证明规划具有政治性有三个主要理由。首先,概括地说,规划具有政治性因为它关注所有权和土地控制,也就涉及到金钱和权力,所以必然是一项高度政治化的活动,不可避免地与主流经济系统和稀有资源的分配打交道(Simmie,1974)。其次规划是国家政党实施政治理念的一个组成部分(Montgomery and Thornley,1990;Tewdwr Jones,1996)。最后,规划过程在地方规划层面具有高度政治性,因为地方的社区政治和草根活动兴盛,个人意愿,尤其是委员们的意见都对规划决策施加影响。规划师制订法定规划是作为政府工作的一部分,因此,规划不可避免是政治性的。

相应地,雷丁也提出三条理由来证明规划具有政治性(Rydin,1998,p.6)。第一,她认为规划是有关稀有资源的分配,尤其是土地和开发权的分配,所以能改变土地的价值和开发的成本。她评论说最近通过的环境法案要求污染者为治理污染付费,这是在新右派和之后的新工党使传统规划控制变得更加温和的情况下,一项再度政治化的规划。第二,她认为规划涉及不同利益群体,如开发商、环境主义者和当地社区之间的斗争和谈判,所以是政治性的。第三,她认为规划是由意识形态形成的,规划的运作体系受当前政府和地方政府观念的影响,规划是一项公共部门的行为,试图规范和控制各种商业、家庭和市民的活动。

关于规划的政治背景,可能会有人认为规划从工党政府获得比保守党政府更多的支持,但别忘了规划的不同类型和主题因为各种原因先后被这两个政府赞成过。

在任何时候，社会和学术界广泛的政治影响和运动作用，形成和发展了规划理论，而这理论并不一定反映最终选举获胜的政党的理念，尤其在地方层面。

一些新政治运动正在重塑规划，这些新运动超越了原来的传统政党政治范畴，例如绿色政治学以及相关的环境运动，正在对资本主义和社会主义的政治学都提出挑战。资本主义和社会主义政治学都是以对地球资源不可持续观点为基础的，都注重生产和消费。同样，女权主义的理论家和行动者也对所有主流父权式政治学观点提出质疑。媒体采用行话和缩写来表示当时出现的各种主义，使这一状况更加令人迷惑，他们提到的有：老工党、新工党、新左派、新右派、第三条道路等等。这些派别无疑被地方层面规划冲突反映出的多样性、矛盾性、爱国主义热情，个体联盟等问题所环绕。规划理论试图增加对这些特殊运动的理解。这些理论，也如规划一样在不断改变。在每一个新的年代，都会提出规划理论的范式改变，重新形成对理论的理解，并且淘汰那些过时的理论。在叙述规划历史之前，将先阐述一些理论的范式变迁。

理论范式及其变迁

对每一代人而言，理论和哲学似乎都经历了一个"范式变迁"，这是理论的主要转变，既发生在整个学术界内部，也体现在具体的学科门类中。在城镇规划领域，有一系列的理论范式变迁。泰勒特别强调两个转变，即：1960年代规划从最初的设计学科到科学的转变，1980年代规划师从技术专家和科学家到"沟通者"和"谈判者"的转变（泰勒，1998）。隐内（1995）曾经对当前规划理论的范式变迁做出精炼的概括。

理论范式可以被描述成某个学科领域内流行的、占主导地位的理论和理念，这个概念最初来自科学领域（Kuhn，1962）。范式变迁描述的是现存的理论范式被一种完全新的方式所替代，亦即发生突变（Taylor，1998；第9章）。高层次的理论范式转变将重新塑造社会和重大的哲学理论，包括产生诸如环境主义、女权主义和新时代主义（Taylor，1998；Guba，1990；Guba and Lincoln，1992；Hammersley，1995），所有这些都对规划的范围和本质产生影响。

"范式变迁"一词应当谨慎使用，以免泛滥。并非在城镇规划中每个时髦的变化或曾出现的新趋势都必定是范式变迁，尤其是当这一新趋势还处在疑问中，尚不能代替现状的时候。或者是虽然这一新趋势已被吸收，但只是作为无关紧要的或只是附属因素而不是统治因素。前面曾经提过，规划是一个大熔炉，能容纳多种类型的"规划"，每一种类型对各自的拥护者都是非常重要的，但其中只有极少数的理论能引起革命性的转变。

西方的知识界经历过几次理论的范式变迁,这种变迁也反映在世界规划领域发展上。古巴和林肯(1992)明确了四次主要的理论范式变迁,分别是实证主义、后实证主义、批判性理论和结构主义,这些理论影响了社会科学和学术界这个整体。古巴和林肯分别从存在论、认识论和方法论等方面对这四次范式变迁的特点进行论述。有必要先解释一下这三个概念,存在论是指研究者对现实的观念,即世界观,也就是研究者认为的"现实世界";认识论是对知识理论的研究,指获得、解释和组织知识的方式;方法论指研究所采用的研究过程。下面详细介绍他们的这四次理论范式变迁。

实证主义

实证主义占统治地位的时期,大约从启蒙时代到1950年代晚期,起源于自然科学,并在19世纪开始在社会科学领域发展。在存在论上,实证主义的研究者认为"现实"是惟一的,只有这惟一的现实是科学的、正确的。在认识论上,实证主义者的研究成果是许多的"发现",并以此去验证某个特定的假设,或者提供给需要解决的问题以答案。在方法论上,实证主义者以科学方法为基础,采用定量化、观察和实验方法。实证主义强调使用"铁的事实",并强调在研究过程中保持客观和公正。在社会科学方面,研究者对被实验者做实验,并与"实验对象"保持距离。英国的实证主义在1850—1950年期间随着帝国主义、国家自信和技术主导而广泛应用。当时除了那些能够进入大学学习的少数男性学术精英,成为理论家的机会是十分有限的。

古巴和林肯注意到实证主义操作性和欺骗性的一面。任何"现实观"、"事实"以及所谓的"少数群体的观点",只要与研究者的世界观不符就很有可能被忽略或以"不相关"、"不科学"等理由被排除在外。实证主义的时代社会科学主要关注大范围的、宏观层面的概念。所有这些,包括维多利亚时期和爱德华时代的社会理论重点,都将男性的社会等级和基础经济因素作为形成社会结构和产生社会变化的决定因素,这些都是实证主义者在思维习惯和方法论上的表现。

后实证主义

后实证主义也认为存在着一种"现实",但后实证主义的支持者认识到因为存在许多十分复杂的自然和社会现象,以及研究者不完善的知识结构,对"现实"的理解并不一定是完整的。因为了解差异性和非确定性,也承认研究者不一定知道所有事情的答案。在认识论上,后实证主义者认为对研究问题给出单纯的对或错的答案是过于简化的,但通过实验至少可以建立"调整的理想模型"。因此,实验和观察的目的在于产生"重复的发现",以表明某个特定的假设是有可能的、大体上真实的。后实证主义者赞成实证主义者所采用的一些传统方法,但他们理智地保持更为批判甚至挖苦的态度。

当时在自然科学界，这样的态度允许如相对论、模糊—逻辑学和其他一些不是绝对性的理论产生并为人们了解。在社会科学领域，后实证主义发展出多元的观点，在方法论上，也允许多种方法共存，既有定量的又有定性的方法。因此，社会学研究者的目的在于"理论概念的经验主义启发"，而不是像库克（1987）针对城市地理学研究时讲的"证明假设"（Greed，1991，第1章）。可能无法证明的因果关系也是宏观社会学理论的本质，雅克特（1984:36）在提到社会学的教育时曾指出这一点。当今许多在社会科学领域的研究广义上仍可看作是后实证主义，并且其中许多都超出批判理论和构成主义的范畴。我们生活在一个后实证主义、后结构主义和后现代化的学术世界，在这个世界里，差异性、相对性、多样性和不确定性在学术论文中都是作为关键的要素被论述，正如前几章所显示的那样。事实上，称某人为实证主义者可能是一种责备，但在地方规划部门发展规划中为准备调查分析报告而收集数据的方法，仍然采用的是实证主义的定量和传统方法。

批判性理论

"批判性理论"通常指社会科学中随后出现的一系列理论观点和各种"主义"，考虑一系列形成"现实"的因素的重要性，如社会、经济、政治和文化，还包括有等级、性别和种族等。认为依据需要者所处地位和所持观点不同而有各种"现实"。许多批判性理论都是对"现实"以及形成和维护这些"现实"的力量产生怀疑而发展的。马克思主义、女权主义和反种族主义的理论都是批判理论。对社会的分析往往是激进的，并且拥护者们常常要求采取政治行动。然而，这些"主义"都不是单一的思想构成，都包含许多视角，有一些还表现出其他范式理论的特征。例如，女权主义和社会主义的理论家都受到批评，因为都应用了"本质论"和"实证主义"的范式理论，把"压迫"的决定因素完全归结为宏观层面的社会结构因素，如"父权制"或"资本主义"。

结构主义

构成主义可能被看作是强硬或温和的，实证主义与后实证主义流派的下一个阶段，考虑多元现实的存在和社会的各种观念，认为人们可以了解微观的、局部的、个人的和亚文化等因素对形成现实的影响，当然也能了解宏观层面的影响。构成主义根据情况考虑现实变化和不同的权力关系。在认识论上，强调交互式的、主观的和相互影响的发展。研究者和被研究者的价值观、生活经历都不会在研究过程中排除，而是进行公开了解并在研究中加以利用。许多理论可归于此类，如关注人际关系和群体形成细节的"符号互动理论"（Symbolic Interactionism）。可能有人会认为这也是社会学的宏观理论（Blumer，1965），人类的相互作用被看成是"社会"这座宏伟大厦的构成砖石（Greed，1991，第2章）。

了解到研究者和被研究者都是社会的一部分，他们之间的相互作用被更多地关注和强调。在政治上，潜在地鼓励公众获得权利和价值。研究人员，作为研究过程的附带利益人，可能帮助提升被研究者的意识和使他们政治化。下文将要提到，这一运动与城市规划中更多协作、交流方法的趋势和城市设计过程中更多的市民参与

趋势	评论
实证主义	
19世纪城市状况的调查，采用科学方法调查公众健康、疾病和交通拥挤情况	回顾起来许多这些理论方法是经典和优秀的，同时也创造了有价值的城市基础设施
早期的城市社会学研究也以科学方法为基础，实证主义的和中立的学术的方法	乌托邦的理想、模范社区也作为规划的基础，反社会学的社会政策
20世纪前半叶，规划学科发展"调查、分析、规划"的方法，精英主义的科学的、空间的和不带个人色彩的方法论	规划充满思想性和政治性，尽管规划师们作为"实践型"可能并没有意识到这一点
1960年代规划体系受"太空计划"影响，在方法上更加强调实证性和科学性。	1950年代后期其他学术界转向后实证主义，规划师们与之步调不一致
后实证主义	
1960年代的城市社会学转向后实证主义	更民族的、互动的、定性的和敏感的其他形式的城市社会学出现
结构规划更具有灵活性，设定目标而不仅是绝对的政策，意识到预测的不确定性，更渐进的方法	意识到规划是政治性和不完善的过程，对任何人都不存在惟一正确的答案
批判性理论	
1970年代，城市冲突理论，以及随后的新马克思主义占主导地位，决定论和客观性得到主要运用，其他可选择的余地较少	其他批判性理论也影响规划，包括女权主义、反种族主义、残障者和环境主义的社会模型
结构主义	
后现代主义、后结构主义强调细小的差异和文化，接受多元观点，规划为多元化服务，注重交流、协作、制度的方法	还将有更多的发展，以上仅是开始。调查方法需要朝着更定性和自省的方向改进，这将使下个千年的规划更加复杂。

图16.2　规划理论范式变迁

的趋势是同时出现的。

　　事实上，一个研究项目可能同时具有上述四种学派的特点，所以精确划定研究类型是很困难的，也是徒劳无益的。在试图将某研究项目归类时，可能将其划分到一定范围内，如位于实证主义和构成主义之间，而不是将其归为某个单一的学派。同时，这四种主要范式在一定程度上是有帮助的，但如果有人想要把所有的规划理论都归入这四种，可能会发现某些理论同时适合几种类型，或由混合类型组成，而还有一些根本不适合任何一类。提出上面这些，是为使读者意识到理论上还存在争议和发展。因此，在研究后面的规划理论演进过程时，如提到后实证主义，希望读者能通过前面对四种类型的论述获得信息，但不要因此被束缚。

　　读者可能已经发现考虑每个时代规划理论的重点是十分有帮助的。规划理论非常重视以下学科：设计学、地理学、社会学、管理学、科学、政治学和环境学等。众所周知，时尚总是处于不停的循环之中，只要等得够久，以前的老时尚会变成新时尚重新回来，规划领域也是如此。比如说，设计学再度成为规划领域的时尚，而环境学正开始失去其吸引力，可能将被一种新的，更加倾向社会学的"第三条道路"，即以交流为基础的规划方法所取代。

专栏 16.2　学习规划理论的主要问题

每个发展阶段的规划形式是什么，经济的、物质的还是社会的等等？

规划师是谁，需要什么技能，如建筑学、社会学等。

规划有些什么理论和思想？如马克思主义、市场经济理论、可持续发展理论等。

规划师对当前的"现实"和方法论的观点是什么？

规划发挥什么职能？如促进发展，保护环境等。

规划怎样运作？需要什么组织上和程序上的结构？

规划实践和政策对"现实世界"实施了什么影响？

谁是利益相关者和受益人，是那些"被规划者"吗？

归纳起来，规划理论关系到以下方面：

规划的范围和本质

规划师的类型

规划理论的本质

规划程序的本质

政治背景

现实观

社会背景的本质

广泛的经济、社会和文化趋势

规划历史的再回顾

再次回顾规划历史是为了强调理论基础和主要的理论范式变迁,这些变迁在古巴和林肯的分类中曾经采用。这部分提供整个规划历史的概括性回顾。为探求对有关规划的理论和规划本身的理论的理解,建议读者思考以下问题,这些问题在文章中广泛存在。

19 世纪和 20 世纪初

19 世纪的工业革命以及相伴而来的城市化和人口增长,促使现代城镇规划和相关的国家干预以及组织结构的发展。最初的城镇规划与公众健康、住房改革运动紧密相关。从思想意识和政治的角度看,早期的城镇规划发起人被一系列的自由主义和改革思想的原则所激发。格莱斯顿领导的自由主义改革政府在 19 世纪后半叶颁布了一系列关于住房、规划和公共健康的法案。这一时期的地方政府改革运动非常强调公民权和市民自豪感,如在曼彻斯特和其他许多大城市中心出现的"空气和水的社会主义"运动。

19 世纪末 20 世纪初是空间规划占主导地位的时期,规划被简化为城市设计,或仅仅作为"扩大的建筑学"(Greed and Roberts,1998),这时的规划理论也是如此,具备实证主义的特点,规划本身在理解复杂的城市动力方面也显得过于粗糙和简单。从理论上讲,早期的这些运动主要关注环境决定论的影响,是一种"砖头拯救方法"。

许多乌托邦的规划项目、学术著作和理念在方法上都是更加整体和非空间性的,也涉及了社会、经济和环境等问题。非政府组织以及更"激进的"规划流派也在发展,表达他们对理想城市社区"形象"的热望。如霍华德试图创建一个社会、经济、环境和美学要素相统一的可持续的居住地。之后探索性的田园郊区和国家新城建设,都来自霍华德的初始构想,只是重点过多地放在空间安排和建筑学的考虑上。

建筑师、工程师和估价师管理着新的地方规划部门。规划被看作既是设计学科又是公共健康运动的组成部分,解决问题的方法是实证性的科学方法。新地方政府法规管理体系的主要工作是编制以空间和土地使用规划为主要内容的规划方案,很少考虑社会性的规划因素。在住房政策中保留有较多的社会意识,尽管在该领域内经常对"工人阶级"略带有一点家长制的作风,但这也是少数有较多女性参与的职业领域之一。

20 世纪初期,一些对城市问题感兴趣的地理学家、社会学家和地球科学家们发展了尽管也是实证主义但更加先进的理论。对"如何规划"的理论最早的贡献者是格迪斯,他提出了基于"调查、分析、规划"原则的"科学"的规划方法。还有许多理论家、著作家、研究者进一步发展出一系列的理论,包括城市地理学(Van Thunen)、城市历史学(Mumford)和社会学(Rowntree)等。尽管这些理论强调使用科学的和无偏见的方法,但值得注意的是其中还是充满种族、性别和阶级意识等概念(Rydin,1998:17;Matless,1992;Greed,1994a)。相反,以乌托邦社会主义原则为基础的理想社区设计经常表现出与第一次女权主义浪潮的联系,随着时间的流逝,基本工作的许多细节也逐渐消失和被遗忘了。

第一次世界大战后,独立的城镇规划职业逐渐发展起来。随着1914年皇家城镇规划学会成立,规划师成为独立的职业,而不一定必须是建筑师或估价师。自由主义政府在1909和1919年再次通过《住房和城镇规划法》,建立起一个初步的开发规划体系。1924年第一届工党政府执政,但这次没有集中关注城镇规划问题。随后1930年代通过的法案陆续增加规划的影响。但是直到1947年《城乡规划法》颁布,物质性土地使用规划的开发规划和开发控制开始覆盖全国。在两次世界大战之间,物质空间的规划师主要关心设计新的政府住房,或是为私有部门建设郊区住房,这期间建造了大约300万套住房。但这时规划控制的作用表现得十分有限和低效,出现由于城市蔓延乡村景观逐渐消失的忧虑。

当物质的土地利用规划没有什么生机的时候,与之相对照的是,经济规划获得发展的动力,重点放在利用区域规划作为一种改善衰退地区高失业率的途径。工党政府1929—1935年间执政,通过了基本的区域规划法案。在文化上,就业问题首先被理解为第一、第二产业男性工人的失业问题,这里有工党的主要工会支持。尽管那时的工党看起来似乎是"新的"和"激进的",但按今天的标准和议程,仍是不可持续的和漠视性别问题的"老工党",主要关心的还是生产、工业和男性就业。

战后重建规划

二次世界大战后,1945年工党重新执政,尽管其议事日程在当时是完全新的,但在今天看来仍是典型的"老工党"。二战后的1940年代晚期通过一系列全面的规划法案。1947年《城乡规划法》建立起现代的开发规划和控制体系,通过区划和其他物质空间规划措施达到控制土地使用的核心目标。规划像配额一样,被看成是一个逻辑过程,采取一种严厉的军事方式,简单地考虑资源的分配,如土地使用。对使用者的看法、实际可能存在的不同社会多元需求冲突,几乎没有为他们留下丝毫怀疑的余地。

虽然规划师抱着强烈的空间（物质上）而不是非空间（社会—经济）的信仰，但是他们既是政府官僚体系的成员又是城市的管理者。"新不列颠必须被规划"是当时的口号（《图画周刊评论》，Lake，1941）。然而，规划师并不需要去做每一件事，因为规划仅仅是国家新福利政策"全套披甲"中的一部分，其他的政府机构和部门也在为国民的健康、就业、教育和福利等进行"规划"。尽管当时的工党政府与先前的政府相比，无疑在某些方面是激进的，但其成员仍是高度传统和保守的。（比较：英国总理和政府成员表，见表9.1）

这一福利政府的建成是为了关心"家庭"的需要，在这样的家庭中，男性作为负担家计的人，而女性是作为依赖的妻子和母亲。对女性而言"仍在通往天堂的半路上"。当时，这个福利政府渲染女性依靠男性挣钱养家，因此只有有限的权利和利益（Wilson，1980）。然而，随着战后经济的发展，对女性劳动力的需求增长。尤其在服务部门的发展需要大量女性办公职员。但是直到许多年以后，城镇规划师才在区域规划或土地使用开发规划的政策目标中考虑女性的就业问题。

现在回顾，战后重建时期建立的规划体系似乎是相互脱节的多个部分的混合体。冲突的思想意识，不同的理论观点和范式激烈作用。通过复杂的增值税收系统对开发权进行国有化，对开展经济规划的热情，都反映出对社会主义形式的渴望。但自相矛盾的是，开发规划体系的重点在于控制，需要一个单独的部门实施控制，这反映出典型的英国式妥协，福利经济和福利政府支撑着混合经济。像雷丁注意到的，假设经济能被外部引导，那么一系列的区域经济规划政策就能在不需要任何更多结构性措施的情况下重新引导投资。

规划师低估了经济的力量，并且对"非空间"的（经济、政治、社会）力量及其产生的空间（物质）土地使用发展之间的关系采取过于简化的方法。同样《1949年国家公园和乡村通道法》就是各种力量混合的反映，地方显贵们要求保护乡村地区，毫无疑问是对农村利益的支持，平等派关心自由漫步的权利以及环境的保护。许多力量和潜在的冲突要素构成战后规划立法的环境。

1951年保守党重新执政并一直持续到1964年。这一政府取消了许多对私有部门投资和发展的控制，但仍保持福利政府的一些原则的承诺，重点继续放在住房项目上。在1940年代到1950年代期间，建设新的城镇、原有城镇的扩张以及地方当局房地产都大量的建设起来。所有这些都是"为"工人阶级建设的，但同时几乎没有证据表明当时是否有规划师倾听人们的反对意见，尤其是那些住在"不适合人类居住"的房屋中的人们的意见。规划师们越来越先入为主地假定自己是社会工程师（Carey and Mapes，1972）。现在回顾起来不禁让人震惊的是，战后的规划和住房发展部门究竟有多么大的权力，竟能够毁掉整个历史城市，并将成千上万的人们安置在离就业地遥远的住宅区中，1960年代又将人们安排在塔楼构成的高层街区中。

对规划师的行为日益增加的批评来自社区和学术界，在1940年代后期的战后新城建设中，一些规划师试图通过空间环境设计手段来影响人们的行为。试图把人们安置在高密度的邻里中，以形成所谓的"社区感"。这是环境决定论作为当时的主导思想之一的表现，虽然当时的规划理论并未如此明确出来（第13章）。后实证主义和批判理论在1950到1960年代的规划文献中都可以看到，社会学者依此研究新城和内城人口发展的经验（Broady，1968）。

城镇规划师的角色被认为与仲裁人或者裁判员相似，为"游戏公正"和解决敌对方冲突制定标准，加强基本的规则和框架，推行地产开发的"游戏规则"。在事后看来，这奇怪地带来了规划师角色的非政治性和净化。规划师将重点放在区划上，以保证城镇理性、便捷地发展，给道路网设计和其他基础设施供应提供框架，也为这一地区的未来安全保障增加市场信心。

规划控制确保那些非赢利的、保证市民生活基本需求的社会功能获得足够的发展空间，这些设施难以吸引私有部门的投资，如休闲空间和设施、学校、健康和社区中心、下水道、排水沟等，它们主要由地方政府其他部门或法定执行机构提供。那时政府提供比后来更多的资金建设公共服务设施，在紧接着的战后一段时期，许多的公共设施都被立即国有化。现在回顾私有化的复苏和在1980和1990年代间广泛发展，会惊讶地发现，1960年代时能提供那么多"免费"的"公共物品"，而且规划师并不需要像今天那样通过长时间的谈判和担当企业家的角色。

规划师被看作是总体的决策者，他们通过土地使用分区、拆除和再开发政策等不近人情的手段对人类的各种活动实施程序性的控制。规划师是"通才"，似乎能规划任何事情，他对全部人类活动或者极度了解或全然忽视。规划被看作是直截了当的过程（Rydin，1998:37）。规划假设的目标是如此"明显"，以致在新的发展规划中没有经过特别的注意和判断，就把规划的重点放在了实施政策上。重点放在《总体规划》这一高度概括和抽象的规划文件上，指导一个区域5年甚至更长时间的发展。《总体规划》与其他更渐进的规划方法相比，在近些年更加普及起来（Taylor，1998）。渐进的规划方法对所有变量有更精细的考虑，对持续变化的规划对象有更客观的接受，以使规划政策能适应变化。设定更广泛的目标和对象，能达到目标的各种方法都是可以接受的，但仅有现实可行的方法才能够付诸政策实施。

战后的规划师只要拥有测量学的文凭。或公路工程师的资格，就可以做上面提到的所有工作，而他们可能根本没有任何社会科学的教育背景。但是，规划师的权力和角色日益受到公众质疑（Simmie，1974； Goldsmith，1980； Montgomery and Thornley，1990）。规划采取的依旧是"自上而下"而不是"自下而上"的方法。

作为这一部分的结尾，必须思考这样一个问题，战后的规划主要是物质的还是社会的？城乡规划体系有很强的空间背景基础，起源于早期的城市设计和地理学传统。如此看来，与后来1960年代的规划比较，此时的规划理论是十分倾向物质性的。但是规划政策和实践也是非空间的，因为许多政策产生巨大的、未曾预料到的社会、经济和政治影响。城镇规划只是政府规划的一个分支部门而已，那时国家福利政策的内容包括教育、健康、产业和住房的规划，所有这些都既是空间的又是非空间的。考虑到这一点，这个问题就不是那么容易能够回答的了。

系统还是社会？

1960年代的规划发生范式转变，规划师从关注物质上的土地使用规划的城市设计者转变成"科学家"、技术专家以及城市系统中各种空间和非空间要素的管理者。一系列将城市作为一个"系统"的，表面上看起来科学的理论，主要来自北美，并逐渐影响英国的规划理论（McLoughlin，1969；Eversley，1973；Faludi，1973）。这些理论将"规划"看作是理性的科学过程，其思想根源来自于西方的启蒙主义思想（Davidoff and Reiner，1962；Faludi，1973； Hall and Gieben，1992）。"规划"被看作是科学方法在决策中加以运用，而不是首先关心城镇设计的问题。因此规划理论关注程序的而不是实质的规划问题。系统理论是规划本身的理论，但逐渐产生出一些有关规划的批判性理论，而且常常是反规划的。

哈罗德·威尔逊领导的工党政府在1964—1970年开始执政，认为"规划"是政府的一项重要工具，可以规范经济活动，并强调通过"技术的白热化"取得发展。这个政府看起来可能仍是"老工党"，但欢迎技术进步，并很容易获得那些在迅速发展的公共部门中工作的中产阶级的支持。

1960年代高等教育扩大，有更多的人专门学习规划，因此规划比以前

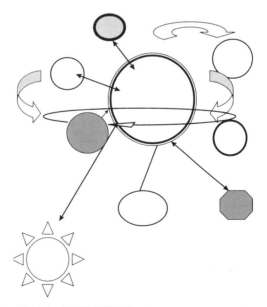

图16.3 规划的系统观点？

显得更加专业 (Schuster, 1950)。面对作为城市设计者这一角色被持续不断的批判，规划师必须找到一种理论能提升他们作为技术专家和学术思想家的新角色，并使之合法化，系统论正满足了这一需要。城市被看作一个系统，规划师通过计算机的帮助能够指导、控制这一系统。现在规划方法可以建立在数理统计科学数据的基础上，因此特别关注信息收集、模拟、预测和评价等技术。规划师被形容为引导城市进入将来的"舵手"，需要所有信息来确定最便捷的航线 (McLoughlin, 1969)。现在看来，这一角色定位成为以后规划师作为城市管理者的开端，但具有更大的权力和自信。在科学家第一次将人类送上月球的时代，有谁会对规划师作为科学家和控制系统的分析师这一新角色提出质疑呢？

1960 年代系统规划的支持者试图建立一个现代科学化的图景。但自相矛盾的是，系统理论也被看成是实证主义的，因此它没有反映出当时的学术思想范式的变化。其他的学术领域正从实证主义转向后实证主义，而同时代的规划正从前启蒙阶段凭借"直觉"、"本能"地转为依靠"现代"科技的方法。的确，规划似乎令人好奇地与影响社会的主要力量，如文化、政治、社会和经济等因素之间没有关联或完全没有考虑，规划似乎总是滞后于思想的发展。系统规划师们好像对经济状况和与地产开发、土地使用相关的市场背景表现出非常轻视的态度，而这些因素会对开发规划编制和后续修订产生巨大影响，系统规划理论的影响集中反映在1960年代末和1970 年代初的结构规划制订的过程中。

正如在第9章已经讨论过的，系统规划被认为是"不考虑人的因素"，同时在目标上也是"不考虑价值因素的"，这就要求在决策过程中，采用科学的、客观的方法，且必须保证规划是纯净的不受任何个人主体和观点的影响，但事实上这是不可能达到的。同时，对规划政策效果的不满正日益增加，尤其是少数族群，他们的需求被淹没在城市系统分析师的计算机数据中。事实上，一些群体认为规划既不中立也不客观，加上对个人观点、生活经历、亚文化价值观的不充分了解，不可避免地会影响到规划决策的制订，使之带有偏见色彩。这种采用科学方法产生出的"平均"结果对任何人都是不成功的，并且将那些不参与决策过程的人们的需要排除在外。

这种非政治性的和无政治的科学决策过程的本质正受到怀疑。像13章中描述的，许多城市社会学家及其他领域的学者都对规划政策和规划师提出严厉批评，并提出他们自己的规划的理论 (Simmie, 1974)。规划师被认为是保证城市资源不平等分配的强大卫士，对现实状况的解决方法充满矛盾。在一些规划管理机构和委员会，看不到科学的客观性，尤其是在1960年代房地产发展繁荣的部门，在金钱利益高的领域，一些部门出现贿赂和腐败行为。

与规划影响有关的各种基层草根社区团体，在自己的领域发展起来。随着1960年代女权运动的第二次浪潮、市民权利运动以及渴望平等机会的动力，出现来自各种不同少数族群的对规划的具体批评。像在13章中讨论的，城市社会文化、城市女权主义文化还有对种族的研究泡沫般纷纷出现，有些还受到学术团体的支持，许多案例成为规划院校课程的组成部分。但似乎这些文字上的批评较少会付诸实践，然而各种批评性理论及少数群体的运动在学术界和社会上具有很高的影响力，并越来越成为规划管理当局的挑战。

规划师获得了更高的职业地位，并具有成为控制一切的技术专家的错觉。在现实中，地方规划部门的活动越来越招致普通公众对规划师的责备。系统理论在规划中的运用越来越遭到怀疑。规划师根本不具有控制城市系统的知识、专业技能和计算机能力。之后的理论家认为可以将系统理论用于更小的范围，并融入对城市决策复杂性的认识中。理论家们重新回到林德布洛姆（1959）的工作，他提出的"踩着石子过河"方法，是更渐进的、更少绝对性的决策方法。埃特兹奥尼（1967）以此为基础，提出了他称之为"综合扫描模型"（mixed-scanning）的方法，试图将最广泛的系统理论和专门的现实决策过程结合，这一现实决策过程的特点是规划师在不确定和多变的环境中，在具有复杂政治性质的地方政府里，只有有限的解决问题的能力和权力。总的来说，系统理论在城市总体层面上有重要的价值，但同时必须认识到在具体的"做规划"这一层面上，需要平衡更多的多样性、不确定性以及复杂性。

马克思主义者还是管理者？

1970年代早期，受各种因素影响，包括石油价格上涨引起的大萧条，以及保守党在爱德华·希思领导下1970—1974年的重新执政，都导致对规划师角色的削弱和重新评价。高层次的规划，无论是城市的还是经济的，都没有证明自身的价值，也没有取代地方的民主政治和市场。由哈罗德·威尔逊领导的工党在1974—1976年重新执政，之后在1976—1979年由詹姆斯·卡拉汉领导，采取有争议的但更加谨慎和中庸的管理方式。相对而言，更强调渐进主义而反对长期的规划，事实上，地方规划部门开始充满一种更为温和的管理主义的风气。

各类其他规划以及规划理论正在发展，很快系统规划就被抛在脑后。但计算机变成非常有用的工具，今天几乎英国的每个规划部门都在使用。规划的方式逐渐变得更加缓和与中立，规划师更多地被当作地方政府系统重建的管理者。1970年代的政治气候趋于较少的规划导向，规划师重新为自己定位为谈判协商者、联络者、协调者，而不是控制者和"上帝"。1974年地方政府的重组，为规划师在地方机构中扮演新角色提供了机会。但这个角色也不是稳定不变的，因为地方政府的政治、财政和组织也在发生变化。1974年，名为《土地》的白皮书明确了土地价值问题和开发收益税的具体规定，在这之前，规划收益和讨价还价一直是对开发商"征税"的主要方式。

地方政府中的规划师扮演管理者的角色，或重新回到他们最初的建筑师和设计师的定位，学术界的理论家们将自己定位为马克思主义者。像前面提到的，许多种"规划"能同时存在。每一代"愤怒的年轻人"采用更为激进的不同方式从老一辈那儿获得民主。之后这一代人由激进变得柔和，并成为自己这一代的守卫者。然而下一代又开始重复，需要获得权力。对规划更加激进的批评出现在1970年代，这时在学术界出现大量的新马克思主义者。规划师被指责为官僚体系的仆人，国家机器的职员，"为资本主义的车轮加油"。具有讽刺意义的是，当时的右派则将规划师视为私有部门和资本主义发展的阻碍。许多著作、会议、研究项目、学术组织以及进行复杂的理论研究都冠以"新马克思主义"。

新马克思主义者明显很少关心规划的物质和空间的问题，在这方面他们与当时一些系统规划师和作为管理者的职业规划师共同分享非空间的，实际经常是反空间的观点。在本书其他地方也涉及过，这使女权主义和环境主义者很不满意。虽然两者在理论上都是批判性的，但仍保持有强烈的"空间"属性，都对生产、进步和工业化提出质疑，而这正是经常出现在新马克思主义和市场经济主义理论中的。值得注意的是，规划似乎总是善于跟上学术界最新的风尚（Hobbs，1996），一旦找到一种适合的风尚和趋势，规划似乎就过于沉迷而错过随后的趋势，同时规划也常常表现出似乎没有能力同时面对几种趋势。

新马克思主义，在某种意义上，可能被描述为"坚定的左派"的一部分，同时一个新的更加温和的"新左派"也开始发展，考虑社区问题、女性权利、内城问题、平等机会以及种族问题等。并不把"阶级"当作压迫的惟一决定性因素，大量的其他问题也被考虑进来，包括性、种族、性别、年龄、残障、宗教和文化的差异。划分不同权利阶层被看作是决定一个团体对政策和社会影响力的决定因素，因此新韦伯主义重新流行（Weber，1964）。少数规划师是把这些观点带入规划界的先锋们，并受到较为进步的大都市机构的支持，尤其是伦敦的大伦敦议会（GLC）。规划变成社区参与的形式，在这过程中规划师担当的是代言人、促成者和倡导者（Rydin，1998:69）。一种新的多元化正在形成，毫无疑问，这对传统的不论是左派还是右派的规划师来说都是难以理解的。这种参与性规划方法的危险之处在于,这些看似启蒙性的和具有包容性的机制,仍然可能成为针对弱势群体的控制机制(Arnstein,1969)。

整个规划议程在发生改变,来自国际和欧洲的新观念和政策被采纳。1970年是欧洲保护年,环境运动项目也在次年开始启动。对城市和乡村的保护日益得到关注,环境运动也同时在发展,但很难把这归于系统论或是新马克思主义。必须意识到规划师和规划理论家并不一定一致。地方规划机构因为没有赶上规划理论的变化和运用计算机等其他先进技术,正承受"文化落后"的公众看法。也许这种"文化落后"是好的,作为早期有价值的规划理论的化身隐藏在规划部门的深层,准备着一旦理论范式再次改变时重新焕发青春。城市设计从未消失,仍然是地方机构规划的组成部分。1974年的《艾塞克斯设计导则》(Essex Design Guide)将这种规划带回来——至少对部分规划师如此。同样地,城市保护运动快速发展。规划中更多的美学尺度可以被看作是相对非政治的,是对过去英格兰传统价值的保持,这也得到皇室的支持(Prince of Wales,1989)。

企业家的,环境的或平等的议程

保守党在撒切尔夫人领导下于1979年再次执政,对规划而言,正如第10章所描述的,似乎遭遇到灭顶之灾。"新右派"与原来更绅士化的"老右派"保守政府相比,缺乏那种对公众和土地家长式的管理态度,在行动上受美国新经济理论的影响更急躁、更事务性和商业化(Friedman,1991)。社会意识不是这个团体的特点,据说撒切尔夫人本人曾宣称"根本就没有社会这回事",相反,政策的重点放在个人发展上,个人能够通过自己的努力工作、进取心、主动性重塑自己的命运,而不考虑让人们处在底层原因的社会结构和经济力量。那些关注社会、考虑平等机会的规划师们将发现,"平等"在当时被定义为"任何人都能在商业上获得成功",但事实上重要的是并非每个人都处于相同的起点。

因为强调个人自由,规划在这种情况下没有什么发展空间。规划师为了生存变得更像企业家,并且大部分进入了私有部门。撒切尔政府对规划最初的态度认为规划是发展的障碍,可以被完全废除。撒切尔政府的环境大臣赫塞尔廷说道:"工作被锁在文件柜里"。暗示时间在规划部门停滞。随着时间流逝,规划师作为仲裁者和调解人的传统角色被认为是有价值的,当然如果只能做些"为资本主义的车轮加油"的事情。

但充满矛盾的是,保守党政府的权威管理方式造成的结果是更强硬的政府控制,或至少是政府权力更加集中,与新左派地方政府相去甚远。尽管舆论公开谴责规划,在撒切尔执政时期仍然通过了许多新的城市政策措施,除了名字不叫"规划",内容都是规划的。规划师重新定位自己作为城市管理者和城市更新者的专家角色,将更大的重点放在规划程序而不是规划政策上。"规划"变成了一个不好的字眼,在这个文明社会里,很少有人会表明自己是规划师。

同时,在左派方面,许多老的激进派和新马克思主义理论在当时的政治气候下似乎很不协调。的确,英国特色的社会主义一直强调男性工人阶级利益,相关的工会运动也因排除少数群体和在生产技术进步中受到挑战。新左派的势力主要来自社区基础,通常似乎与"真正的人民"更加联系紧密,尤其在内城地区。关心社会的规划师可能扮演"伦敦规划援助"(Planning Aid for London)中的"倡导者",或大伦敦议会规划部门出版物中平等权利的捍卫者(GLC,1984)。

发展中的绿色运动相对而言获得了更广泛的社会阶层支持,并共同成为反环境政策的反对者,而不仅仅是反对无休止的建设道路和住房。环境运动尤其表达了年轻一代的要求。环境主义和可持续发展的要求逐渐成为规划议程,规划理论范式从"红色"(社会主义)转向"绿色"(环境主义)。某些人将规划的绿色化看作是减少政治性。但像前文提到的,雷丁提出"让污染者付费"的原则将规划议程重新政治化。如果来自欧盟的大商业集团意识到环境运动将立法和拥有财政权力,将为了共同利益吸取而不是忽视绿色运动的思想。

同时,普通老百姓从规划师那学到对小汽车日益敌对的态度。采取诸如交通静缓、噪声控制和交通限制之类的措施代替了原来的格言"预测和提供",这更增强了环境问题在一般大众中的政治性。一些所谓的环保措施在公众看来不过是增加税收和政府控制的新手段,与他们用有限的收入过平常的生活几乎没有任何关系。人们必定会对这些政策的可持续性表示怀疑,因为这是建立在消极控制而没有任何协商、没有提供任何积极的替代方案的基础上的。例如,有些人可能很诚恳地想少使用小汽车,但却因缺乏公共交通而没有替代的交通工具,而城市的土地使用模式、就业中心的分布又是分散的,人们必须出行。人们曾认为交通规划师极少具有社会意识,是在社会中不被寄予希望的和被遗忘的角色,他们是规划系统的一部分,但在许多方面与这个系统隔离,他们那些在社会意义上不一定站住脚的政策还是能被立法,因为表面看来是有助于"可持续发展"的,关于交通规划师影响城市的角色和权力,需要有更多的研究和理论。

以社区为基础的协作规划

1997 年新工党开始重新执政，许多人以为他们将重新树立城镇规划的权力，采纳更具社会性和环境性意识的城市政策。但起初，除了建立环境交通和区域部，出版一系列有关城市更新、社区发展重要建设方面的文献外，新政府没有做得更多。对规划师而言该是重新确立自己形象的时候了，这需要一个新的权力基础和议程安排。规划师开始充当社区、少数民族和内城居民利益的维护者和倡导者，这些正是过去对规划抱有许多批判意见的人们。少数民族和社区群体从经验中获得力量，他们参与规划议程的改变，这是一种自下而上的对社会和建成环境的改变。规划师的角色现在是作为推动者和再生者而不是官僚。

一种全新的规划理论、方法、组织结构和规划方法在 1990 年代发展起来，这种转变就是协作交流的规划方法。同时，一种制度性

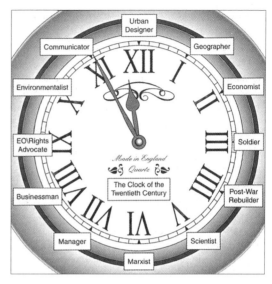

图 16.4　规划师角色一个世纪内的变迁
I = 1900，XII = 2000

图 16.5　生活在延续：鸽子
不管流行什么理论，鸽子继续住在城市，普通市民在建成环境中周而复始地生活。

规划方法也发展起来。换句话说，更多的注意力放在促进规划政策改变的与社会、社区网络、机构和社会公共团体的协作上（Healey，1997:5）。这一重新定位反映出学术界关注社会微观层面重要性的理论范式变迁，指向个人、地方社区和社会的相互作用，不再只是过去大的宏观层面的社会结构理论。

依据海丽的观点，制度规划方法是通过观察每天日常生活和商业组织行为，以及人类社会与生物圈相互作用方式来关注改变中的社会关系（Healey，1997，第 2 章）。因此，规划过程可以将当前各种运动和团体包括进来，包括环境主义运动和社区团体。也由此提供了弱化政治色彩的介于左派和右派之间的"第三条道路"，使

管理系统和设计实践采用一种互相交流的方法，集中于发展相互协作和形成一致意见的方式。这种制度规划方法也允许规划过程中存在多样性，允许各种利益代表共同参与，强调在一个多元社会中参与的民主性。

海丽是这一方法的主要倡导人，提出在城镇规划的政策决策过程中采用一种更为敏感的"协作"和"交流"方法（Healey，1997），以与社区成员谈判、建立社区网络关系和联络为基础的，而不是依靠独裁和强迫。众所周知，协作规划采用先前在女性和规划运动的方法和实践，并在"伦敦规划援助"中被倡导性规划团体所使用。制度规划和协作规划都可以看作是程序性规划理论。

但是协作性规划方法中存在大量问题。少数族群已经表达出一些担忧，认为还是会为一些利益相关者的等级、种族、性别和年龄偏见留下空间。还有一些担忧，认为规划师难以实施平等交流的规划系统，因为他们不清楚所采取的平等机会的最基本的原则，或是缺少社会意识，或缺乏对被规划者需要的理解。这也是规划者和被规划者之间处在不同权力层次上所产生的主要问题。尽管在学术界这一理论得到广泛传播，但在地方政府层次，对规划师承担这个更加温和的新角色几乎没有任何准备和训练。虽然现在有一项新的并非一定代表"被规划者"利益的立法草案，但一些地方规划机构的规划实践并没什么变化。

真正的协作规划需要责任感，因为"被规划者"现在是被当作公民、顾客、客户和利益所有者，而不是仅仅作为必须"被"规划的人群。法定规划作为一项服务，必须表现出高效、经济和快速。从这点看来，必须进行一系列创新以加速和提升规划服务，如"审计和最佳价值"（Audits and Best Value）动议。政策陈述如《公民宪章》试图为这个更加有责任感的政府服务提供导则。但根据少数民族的反馈来看，理论和实践并不一定是和谐一致的。

周边的思想氛围也发生改变（Amin and Thrift，1995）。以前大范围的、总体层面的、决定性的理论，如马克思主义已经过时（原文如此。——编者注）。范式理论变得更加相对性、局部化、复合性和不确定性。后结构、后现代以及后福特主义的氛围扩展（福特主义参见第10章）。这也为多样性、差异性和复合性提供了空间。因此，制度规划方法、协作规划方法很好地适应了这种思想氛围。

制度规划理论作为构成主义理论的一个分支，吸收了传统理论如"符号互动理论"和现代哲学家的工作。制度规划理论的学术方法起源来自两个人的实践，即基登斯和哈贝马斯，他们本身是这种突变性理论的代表。基登斯在结构主义理论方面的工作强调在整体结构和构成部分之间相互作用的重要性，这也是潜在的社会与个人的关系，受此启发创造出双向的作用过程。这扭转了传统的左派决定主义态度，并赋予个人行为意义。换句话说，基登斯的工作将以往"单方向"的"自上而下"的决定主义变为后结构主义的观点，即"自上而下"和"自下而上"双向互动的力量共同塑造社会（Giddens，1989）。

就在最近基登斯成为布莱尔主义的领袖。他对布莱尔对政府的"第三条道路"表示学术上的支持，这条道路是以社会和社会授权主义之间更多相互作用的模型为基础，在理论上既是后马克思主义又是后资本主义的。哈贝马斯对这些新理论也有主要的贡献（Habermas，1979，1987），他的著作主要关于这个相互作用的过程如何继续、加强，通过拓展参与的民主方式，以一种更加包容的方式使公民加入到讨论中，在决策过程中公开辩论。

在规划领域一种新的更加包容和敏感的管理机制正在发展，发展交流的"网络"是其重点（Healey，1997:58—9）。规划和被规划之间存在障碍，正如希利尔所言，当他们希望交流的时候他们彼此之间也难以交谈（Hillier，1999）。然而现在的规划师被描绘成沟通者，联络者和促进者，交流和谈判能力成为规划师必需的技能。存在冲突的是他们也需要做评估人、审计官和财政管理者，在这个审计文化的社会里，人人都在审视其他人。不需要多说的是，很多弱势群体认为传统的规划师根本无法承担相互交流的角色，因为他们以前曾被证明缺乏与普通人交流的能力。

图 16.6　作者对城市连续性的思考
"使熟悉得变得陌生"作者在日本参加一个会议时站在那里观察环境。

小结

从对规划历史的回顾可以看出,城镇规划经历了许多改变,并且在过去200年时间里采取过许多不同的方式,规划师也几次为自己重新定位。规划师明显地表现为技术专家、城市设计者、裁判员、经济规划者、地产开发者、环境捍卫者、社会工程师、协作管理者、促进者、倡导者和企业家等角色。规划师们保持规划运作并经历过历任政府,支持过各种各样的政治理念和理论态度,从老左派到新左派,老右派到新右派,红色、蓝色、绿色理念以及各种政府。的确,可能不同类型的规划师们彼此之间甚至也无法交流,他们是如此不同,拥有不同的目的和不同的文化价值观。

然而,尽管有这些理论产生、政策分析和理论范式变迁,规划师们试图去解决的问题不但没有变得更好反而越来越糟。交通问题、环境问题、社会隔离和丑陋的建成环境、不切实际的设计等问题都没有解决。一些城市问题,被宣传成正是由于规划的干预而变得更糟。被规划者的需求不被满足和被忽视,许多规划师的职业还是成功的,赚钱的。

有必要回到实质性政策内容的议题。现在又有人再次提出,应当建立一个"日常生活"的城市,应该是功能完备的、符合人性尺度的、具有多中心的城市,一个主要采用公共交通的"短距离城市"。但这并不意味着要在绿色田野中新建城市,而是提出一系列原则用于改进现存建成环境。要达到这些目标,需要逐渐改变传统的土地利用方式,采用更加混合的土地使用方式,弱化分区,重新采用多核的城市单元结构,分为区域、地方和邻里几个层次。这也需要在整个城市层面提供更多的零售业、就业中心、教育和休闲设施,减少小汽车出行。这样的安排更有助于创造环境上可持续的城市,在这种城市内将减少为上班的小汽车或公共交通工具出行,提供给残障者更好的可达性,不管是从交通事故还是个人安全来讲都更加安全的城市环境。

如果不是首先考虑为什么有小汽车的出行,而只是试图通过多建道路和停车位来"解决"交通问题,那么这将是肤浅的战略。如果每个人都从郊区赶往城市中心上班,那么解决交通问题的方式至少可以通过将一定类型的办公向郊区分散,或者鼓励内城进行中产阶级住房开发来实现。在对环境问题的关注,受欧盟的有关指令,以及国际上可持续发展城市的政策和导则影响的背景下,找到如交通拥挤等城市问题的解决之道变得更加迫切(Fudge,1999;DETR,1999e)。

在多核城市结构中将城市进行更小的、可达性更强的分区,可能会加强地方的民主和市民的责任感,由此产生更大的社会平等以及更少的失业。这种城市结构使女性和其他看护者的生活变得更加轻松,现在他们在空间分散和隔离的城市结构中,不得不如变戏法般组织日常生活流线，将分散的工作和家联系起来，人们和他们的家人必须奔忙于学校、家庭、商店、工作、娱乐、休闲以及其他社会设施之间。而新的城市结构将提供一种便利的模式，使男人可以在家做更多自己有兴趣的和持家的工作，同时能在附近工作和娱乐。

这种城市模型加上好的城市管理、可持续的废物循环利用、高效率的维护将创造出的功能良好和环境优美城市，那将成为真正的宜居城市。

作业
信息收集
Ⅰ选择任何一个时代，从以下方面对规划特征进行分析：
- 规划的范围和本质，"规划"是如何证明自己的？
- 规划师的类型，规划师是哪些人？
- 规划理论的实质是什么？有那些范式？
- 政治和经济背景，与国家和地方政策的关系如何？
- 社会趋势和文化力量，少数群体的角色和各种"主义"，与多数群体的国家趋势进行比较。

概念
Ⅱ战后规划主要是空间的，还是非空间的(1945—1960)？
Ⅲ写一篇2000字的短文《20世纪后期任何是个时代英国城镇规划的范围和本质》。
Ⅳ准备两页纸的要点，准备用于讨论"规划过程不可避免地是政治性的，难以是中立的"，你同意吗？说明你的观点。

问题思考
Ⅴ协作规划的方法对决策制订和实施究竟能发挥多大的影响？
Ⅵ你认为正在出现的下一个规划热点问题是什么？

深入阅读
1945年后的规划理论历史参见Taylor（1998，1999），最新的理论议题详细资料，如协作规划和交流方法，参见Healey，1997。规划政治分析和理论分析参见Tewdwr-Jones，1996；Rydin，1998；Brindley主编，1996。Healey有很多关于规划和规划理论的著作，特别是Healey，1997。有更高要求的读者可以参考Faludi和Feinstein的著作。规划更广泛的政治和经济背景参见Thornley，Rydin，和Oatley。

关于社会理论和范式变迁，参阅Hammersley（1995 and 1999）。范式的概念由Kuhn(1962)定义，有高要求的读者可以阅读Giddens和Habermas的著作。更多女性视角规划方法参阅Stanley and Roberts, H.；Greed,1991,1994a。

查阅报纸和电视，讨论"第三条道路"的政治和布莱尔主义，例如，A. Thomson在 *Times Higher* 上发表的短文 Giddens defends third-way politics，29.10.1998：5。

参考文献

Abercrombie, P. (1945) *Greater London Development Plan*, London: HMSO.*

Acker, S., (1984) 'Women in higher education: what is the problem?' in Acker, S., and Warren Piper, D., (eds) (1984) *Is Higher Education Fair to Women?*, Slough: NFER–Nelson.

Acker, S. (1995) *General Education: Sociological Reflections on Women, Teaching and Feminism*, London: British Journal Sociology of Education.

Adams, E., and Ingham, S. (1998) *Changing Places: Children's Participation in Environmental Planning*, London: Children's Society.

Adler, D. (1999) *New Metric Handbook: Planning and Design Data*, London: Architectural Press, Butterworth.

Age Concern (1993) *Housing for All*, London: Age Concern England.

Ahmed, Y. (1989) 'Planning and Racial Equality', *The Planner*, vol. 75, no. 32: 18–20, (1.12.89) London: Royal Town Planning Institute.

Aldous, T. (1972) *Battle for The Environment*, Glasgow: Collins.

Aldridge, M. (1979) *The British New Towns*, London: Routledge & Kegan Paul.

Allinson, J. (1998) 'GIS in Practice', *Planning*, May edition; 'Electronic Revolution: A Special Report', September 1998; 'Managing IT in a pressured environment', September 1998.

Ambrose, P. and Colenutt, B. (1979) *The Property Machine*, Harmondsworth: Penguin.

Ambrose, P. (1986) *Whatever Happened to Planning?*, London: Methuen.

Amin, A. and Thrift, N. (eds) (1995) *Globalisation, Institutions and Regional Development in Europe*, Oxford: Oxford University Press.

Arnstein, S. (1969) 'A ladder of citizen participation', *Journal of the American Institute of Planners*, 35: 216–24.

Arts Council (1996) *Equal Opportunities: Additional Guide*, London: National Lottery.

ARU (Les Annales de la Recherche Urbaine) (1997) *Emplois du Temps* , Special Issue on 'Time Planning', December, 1977, no. 77, Paris: Plan Urbain, Ministère de L'équipement du Logement, des Transports et du Tourisme.

Arvill, R. (1969) *Man and Environment: Crisis and The Strategy of Choice*, Harmondsworth: Penguin.

Ashworth, W. (1968) *The Genesis of Modern British Town Planning*, London: Routledge & Kegan Paul.

Atkins, S. and Hoggitt, B. (1984) *Women and The Law*, Oxford: Blackwell.

Atkinson, R. and Moon, G. (1993) *Urban Policy in Britain: The City, the State and the Market*, London: Macmillan.

Attfield, J. (1989) 'Inside Pram Town, A Case Study of Harlow House Interiors, 1951–61', in Attfield, J. and Kirkham, P. (eds) *A View From The Interior: Feminism, Women, And Design*, London: Women's Press.

Audit Commission (1999) *From Principles to Practice*, London: The Audit Commission.

Avis, M. and Gibson, V. (1987) *The Management of General Practice Surveying Firms*, University of Reading: Faculty of Urban and Regional Studies.

Bacon, E. (1978) *Design of Cities*, London: Thames & Hudson.

Bagilhole, B. (1993) 'How to keep a good woman down: an investigation of institutional factors in the process of discrimination against women', *British Journal of Sociology*, 14(3), pp. 262–74.

Bagihole, B., Dainty, A., Neale, R. (1995) 'Innovative personnel practices for improving women's careers in construction companies: methodology and discussion of preliminary findings', *Proceedings of the 11th Annual Arcom Conference*, York, 1995, pp. 686–95. Association of Researchers in Construction Management.

Bailey, J. (1975) *Social Theory for Planning*, London: Routledge & Kegan Paul.

Balchin, P. and Bull, G. (1987) *Regional and Urban Economics*, London: Harper & Row.

Ball, M. (1988) *Rebuilding Construction: Economic Change in The British Construction Industry*, London: Routledge.

Ball, S. and Bell, S. (1999 [1995]) *Environmental Law*, 4th edition, London: Blackstone.

*Note since 1998 HMSO has been re-named The Stationery Office (TSO)

Barlow Report (1940) *Report of The Royal Commission on The Distribution of The Industrial Population*, London: HMSO, Cmd. 6153.

Barton, H. (1998) 'Design for Movement' in Greed, C. and Roberts, M. (eds) (1998) *Introducing Urban Design: Interventions and Responses*, Harlow: Longmans, Chapter 8, pp. 133–52.

Barton, H. and Bruder, N. (1995) *Local Environmental Auditing*, London: Earthscan.

Barton, H. (1996) 'Planning for sustainable development' in Greed, C. (1996) (ed.) *Investigating Town Planning*, Harlow: Longmans.

Barton, H., Davis, G. and Guise, R. (1995) *Sustainable Settlements: a guide for planners, designers and developers*, (Bristol: University of The West of England and Luton: LGMB.

Bassett, K., and Short, J., (1980) *Housing and Residential Structure: Alternative Approaches*, London: Routledge.

Baty, P. (1997) 'Is the Square Mile colour blind?', *Times Higher Education Supplement*, 7 November 1997, p. 6

Bell, C. and Newby, H. (1978) *Community Studies*, London: George, Allen & Unwin.

Bell, J. (1996) *Doing your Research Project: A Guide for First-time Researchers in Education and the Social Sciences'*, Milton Keynes: Open University Press.

Bell, C. and Bell, R. (1972) *City Fathers: The Early History of Town Planning in Britain*, Harmondsworth: Penguin.

Bell, F. (1911) *At The Works*, London: Thomas Nelson.

Bell, C. and Newby, H. (1980) *Doing Sociological Research*, London: George, Allen & Unwin.

Belloni, C. (1994) 'A woman-friendly city: politics concerning the organisation of time in Italian cities', International Conference on *Women in The City: Housing Services and Urban Environment*, Paris: Organisation for Economic Cooperation and Development.

Benevelo, L. (1976) *The Origins of Modern Town Planning*, London: Routledge & Kegan Paul.

Bentley, I., Alcock, A., Murrain, P., McGlynn, S. and Smith, S. (1985 [1996]) *Responsive Environments: A Manual for Designers*, London: Architectural Press in association with Oxford Brookes University, Oxford.

Betjeman, J. (1974) *A Pictorial History of English Architecture*, Harmondsworth: Penguin.

Bianchini, F. (1998) 'The twenty-four hour city', in *Demos*, Quarterly, Issue 5.

Bianchini, F. and Greed, C. (1999) ' Cultural planning and time planning' in C. Greed (ed.) *Social Town Planning*, London, Routledge.

Bilton, T., Bonnett, K., Jones, P., Skinner, D., Stanworth, M. and Webster, A. (1997) *Introductory Sociology*, London: Macmillan.

Birmingham University (1987) *The Empire Strikes Back*, Centre for Continuing Cultural Studies.

Blackwell, J.V. (1998) *Planning Law and Practice*, London: Cavendish.

Blackwell, J.V. (1998) *Planning Law and Practice*, London: Cavendish.

Blowers A. (ed.) (1993) *Planning for a Sustainable Environment: A Report by The Town & County Planning Association* London: Earthscan with TCPA.

Blumer, H., (1965) 'Sociological implications of the thought of George Herbert Mead', in Cosin, B., Dale, I., Esland, G., MacKinnon, D. and Swift, D., (1977) *School and Society, A Sociological Reader*, London: Routledge and Kegan Paul.

Boardman, P. (1978) *The World of Patrick Geddes*, London: Routledge & Kegan Paul.

Bodman, A. (1991) 'Weavers of influence: The structure of contemporary geographic research', *Transactions of The Institute of British Geographers*, vol. 16, no. 1: 21–37.

Bolsterli, M. (1977) *The Early Community At Bedford Park: The Pursuit of Corporate Happiness in The First Garden Suburb*, London: Routledge, Kegan Paul.

Booth, C. (1996) 'Breaking down barriers' chapter 13, pp. 167–82, in Booth, C., Darke J. and Yeandle, S. (eds) (1996) *Changing Places: Women's Lives in The City*, London: Paul Chapman.

Booth, W. (1890) *In Darkest England and The Way Out*, London: Salvation Army.

Booth, C., Darke J. and Yeandle S. (eds) (1996) *Changing Places: Women's Lives in The City*, London: Paul Chapman Publishing.

Booth, C. (1999) 'Approaches to meeting women's needs' *Gender Equality and the Role of Planning: Realising the Goal* National Symposium, 1.7.99, Report of Proceedings, London: Royal Town Planning Institute.

Booth, C. (1968 [1903], Published in Series 1889–1906) *Life and Labour of The People of London*, Chicago: University of Chicago Press.

Booth, C., and Gilroy, R. (1999) 'The role of a toolkit in mobilising women in local and regional development', paper presented at the *Future Planning: Planning's Future* Sheffield: Planning Theory Conference, March 1999.

Bor, W. (1972) *The Making of Cities*, London: Leonard Hill.

Bottomore, T. (1973) *Elites and Society*, Harmondsworth: Penguin.

Bowlby, S. (1989) 'Gender issues and retail geography', in Whatmore, S. and Little, Jo. (eds) (1989) *Geography and Gender*, London: Association for Curriculum Development in Geography.

Boyd, N. (1982) *Josephine Butler, Octavia Hill, Florence Nightingale: Three Victorian Women Who Changed The World*, London: Macmillan.

Braidotti, R. (ed.) (1994) *Women, the Environment and Sustainable Development: Towards a Theoretical Synthesis*, London: Zed Books.

Brand, J. (1996) 'Sustainable development: the international, national and local context for women' in *Built Environment*, vol. 22, no. 1, pp. 58–71.

Brand, J. (1999) 'Planning for health, sustainability and equity in Scotland' in Greed, C. (1999) (ed.) *Social Town Planning*, London: Routledge.

Briggs, A. (1968) *Victorian Cities*, Harmondsworth: Penguin.

Brindley, T., Rydin, Y. and Stoker, G. (1996) *Remaking Planning: The Politics of Urban Change*, London: Routledge.

Brion, M. and Tinker, A. (1980) *Women in Housing: Access and Influence*, London: Housing Centre Trust.

Broady, M. (1968) *Planning for People*, London: NCSS/ Bedford Square Press.

Brown, C. (1979) *Understanding Society: An Introduction to Sociological Theory*, London: John Murray.

Bruntland Report (1987) *Our Common Future*, World Commission on Environment and Development, Oxford: Oxford University Press.

Bruton, M. (1975) *Introduction to Transportation Planning*, London: Hutchinson.

BSI (1995) *Sanitary Installations Part I: Code of Practice for Scale of Provision, Selection and Installation of Sanitary Appliances*, London: British Standards Institute (HMSO).

BTA (British Toilet Association) (1999) *Better Public Toilets* Winchester: BTA

Buchanan, C. (1972) *The State of Britain*, London: Faber.

Buchanan, C. (1963) *Traffic in Towns*, Harmondsworth: Penguin.

Built Environment (1984) Special Issue on 'Women and The Built Environment', *Built Environment*, vol. 10, no. 1.

Built Environment (1996) Special Issue on 'Women and The Built Environment', *Built Environment*, vol. 22, no. 1.

Bulmer, M. (1984) *The Chicago School of Sociology*, London: University of Chicago Press.

Burke, G. (1977) *Towns in the Making*, London: Edward Arnold.

Burke, G. and Taylor, T. (1990) *Town Planning and the Surveyor*, Reading: College of Estate Management.

Burke, G. (1976) *Townscapes*, Harmondsworth: Penguin.

Cadman, D. and Topping, R (1995) *Property Development*, London: Spons.

CAE (Centre for Accessible Environments) (1998) *Keeping up with the Past – making historic buildings accessible to everyone* (Video), London: Centre for Accessible Environments.

Callon, M., Law, J. and Rip, A. (1986) *Mapping The Dynamics of Science and Technology*, London: Macmillan.

Campbell, B. (1985) *Wigan Pier Revisited: Poverty and Politics in the Eighties*, London: Virago.

Carey, L. and Mapes, R. (1972) *The Sociology of Planning: A Study of Social Activity on New Housing Estates*, London: Batsford.

Carson, R. (1962) *Silent Spring*, Harmondsworth: Penguin.

Carter, R. and Kirkup, G. (1989) *Women in Engineering*, London: Macmillan.

Castells, M. (1977) *The Urban Question*, London: Arnold.

CEC (1990) *Green Paper on the Urban Environment*, Fourth Environmental Action Programme 1987–1992 COM(90) 218 CEC (Commission of the European Communities), Brussels.

CEC (1991) *Europe 2000: Outlook for the development of the Community's territory*, Directorate-General for Regional Policy and Cohesion, Brussels. COM(91) 452 CEC, Brussels

CEC (1992) *Towards Sustainability: Fifth Environmental Action Programme* Brussels.

Chadwick, E. (1842) *Report on the Sanitary Condition of the Labouring Population of Great Britain*, London.

Chapin, F. (1965; and 1979 edition with J. Kaiser) *Urban Land Use Planning*, Illinois: University of Illinois Press, pages 12–25.

Cherry, G. (ed.) (1981) *Pioneers in British Town Planning*, London: Architectural Press.

Cherry, G. (1988) *Cities and Plans*, London: Edward Arnold.

Chinoy, E. (1967) *Society: An Introduction to Sociology*, New York: Random House.

Chapman, D. (ed.) (1996) *Neighbourhoods and Plans in the Built Environment* London: Spons.

CIB (1996) 'Tomorrow's Team: Women and Men in Construction', Report of Working Group 8 of Latham Committee, *Constructing The Team*, London: Department of The Environment, and Construction Industry Board (CIB).

CIOB (1995) *Balancing The Building Team: Gender issues in the building professions*. Institute of Employment Studies, Report no 284, Chartered Institute of Building.

CISC (Construction Industry Standing Conference) (1994) *CISC Standards 1994: Occupational Standards for Professional, Managerial, and Technical Occupations in Planning, Construction, Property and Related Engineering Services*, London: CISC, The Building Centre, 26 Store Street, London, WCIE 7BT.

CITB (1997) *The Construction Industry: Key Labour Market Statistics*, Construction Industry Training Board, King's Lynn.

Cockburn, C. (1977) *The Local State: Management of People and Cities*, London: Pluto.

Coleman, A. (1985) *Utopia on Trial*, London: Martin Shipman.

Collar, N. (1999) *Planning: The Scottish System* Edinburgh: Green.

Cooke, P., (1987) 'Clinical inference and geographical theory', *Antipode: a Radical Journal of Geography*, vol. 19, no. 1: 69–78, April.

Corbusier, Le (1971, was 1929) *The City of Tomorrow*, London: Architectural Press.

Countryside Commission (1990) *Planning for A Greener Countryside*, Manchester: Countryside Commission Publications.

CRE (1995) *Building Equality: Report of a formal investigation into The Construction Industry Training Board*, London: Commission for Racial Equality.

CRE (Commission for Racial Equality) (1989) *A Guide for Estate Agents and Vendors*, London: CRE.

Crompton, R. and Sanderson, K. (1990) *Gendered Jobs and Social Change*, London: Unwin Hyman.

Crookston, M (1999) 'The Urban Renaissance and the "New Agenda" in Planning', *Planning Law Conference*, London: Law Society, 26.11.99.

Crouch, S., Fleming, R. and Shaftoe, H. (1999) *Design for Secure Residential Environments*, Harlow: Pearson Education (Longmans).

Cullen, G. (1971) *Concise Townscape*, London: Architectural Press.

Cullingworth, J.B. (1997) *Planning in the USA*, New York: Routledge.

Cullingworth, J.B and Nadin, V. (1997 [1994]) *Town and Country Planning in Britain*, London: Routledge.

Dahrendorf, R. (1980) *Life Chances: Approaches to Social and Political Theory*, London: Weidenfeld and Nicolson.

Darke, J. and Brownill, S. (1999) 'A new deal for inclusivity: Race, Gender and Recent Regeneration Initiatives' Paper presented at the *Future Planning: Planning's Future*, Sheffield: Planning Theory Conference, March 1999.

Darley, G. (1990) *Octavia Hill*, London: Constable.

Darley, G. (1978) *Villages of Vision*, London: Granada.

Davidoff, P. and Reiner, T., (1962) 'A choice theory of planning' in *Journal of the American Institute of Planners* Vol 28, May (reprinted in Faludi, 1973, pp. 277–96).

Davidson, R. and Maitland, R. (1999) 'Planning for tourism in towns and cities' in C. Greed (1999) (ed.) *Social Town Planning*, London: Routledge.

Davies, L. (1992) *Planning in Europe*, London: RTPI.

Davies, L. (1998) 'The ESDP and the UK' in *Town and Country Planning*, March 1998: 64–5, vol. 67, no. 2.

Davies, L. (1999) 'Planning for disability: barrier-free living' in Greed, C. (ed.) *Social Town Planning*, London: Routledge.

De Graft-Johnson, A. (1999) Gender and Race' in Greed, C. (ed.) *Social Town Planning* London: Routledge.

Deem, R. (1986) *All Work and No Play?: The Sociology of Women and Leisure Reconsidered*, Milton Keynes: Open University Press.

Delamont, S. (1985) 'Fighting familiarity', *Strategies of Qualitative Research in Education*, Warwock: ESRC Summer School.

Denington Report (1966) *Our Olaer Homes: A Call to Action*, London: HMSO.

Denyer-Green, B. (1987) *Development and Planning Law*, London: Estates Gazette.

Department of Transport (DoT) (1990) *Roads in Urban Areas*, HMSO: London.

Department of Health (1998) *Our Healthier Nation: A Contract for Health* London: HMSO.

DETR (annual) *Housing and Construction Statistics*, London: HMSO (produced quarterly and annually), London: Department of Environment, Transport and the Regions.

DETR (1997) *General Policy and Principles, Planning Policy Guidance Note no.1* (PPG 1), London: HMSO.

DETR (1998a) *Development Plans an Regional Guidance: Planning Policy Guidance Note 12* (PPG 12) London: HMSO.

DETR (1998b) *The Future of Regional Planning Guidance: Consultation Paper* London: HMSO

DETR (1998c) *Modernising Planning* A Policy Statement by the Minister for the DETR, London: HMSO.

DETR (1998d) *A Householder's Planning Guide for The Installation of Satellite Television Dishes*, London: HMSO.

DETR (1998e) *Transport the Way Ahead*, Consultation Paper, London: DETR.

DETR (1998f) *A New Deal for Transport: Better for Everyone*, London: HMSO.

DETR (1998g) *Opportunities for Change: Consultation Paper on a Revised UK Strategy for Sustainable Development*, London: HMSO.

DETR (1998h) *Places, Streets and Movement: a companion guide to Design Bulletin 32 (Residential Roads and Footpaths Design)*, London: DETR.

DETR (1999a) *Outdoor Advertisement Control*, Consultation Paper, London: DETR.

DETR (1999b) *Leylandii and other High Hedges* – Briefing note, London: DETR.

DETR (1999c) *Housing*, Planning Policy Guidance Note no. 3 (PPPG 3), London: DETR.

DETR (1999d) *Residential Roads and Footpaths Design*, Design Bulletin 32 (second edition) London: DETR

DETR (1999e) *Modernising Planning: a Progress Report*, London: DETR, Statement by R. Caborn.

DETR (1999f) *Design in The Planning System: a companion guide to planning, Policy Note 1: General Policy and Principles*, London: TSO (The Stationary Office).

DETR (2000) *By Design: Urban design in the planning system, towards better practice*, London: TSO.

Devereaux, M. (1999a) *The UK System of Government and Planning*, Bristol: University of the West of England, Module Guide.

Devereaux, M. (1999b) *Administration of the French Planning System*, Bristol: University of the West of England, Module Guide.

Devereaux, M. (forthcoming) *The UK System of Government and Planning*, Bristol: University of the West of England, Occasional Paper.

Dixon, R. and Muthesius, S. (1978) *Victorian Architecture*, London: Thames & Hudson.

DoE/SS/LGMB (1993) *Guide to The Eco Management and Audit Scheme for UK Local Government*, London: HMSO, Command no. 2426.

DoE/DoT (1993) *Reducing Transport Emissions Through Planning*, London: HMSO.

DoE (1971) *Sunlight and Daylight: Planning Criteria and Design of Buildings*, London: HMSO.

DoE (1972a) *How Do You Want to Live?: A Report on Human Habitat*, London: HMSO.

DoE (1972b) *Development Plan Manual*, London: HMSO.

DoE (1990a) *This Common Inheritance: Britain's Environmental Strategy*, London: HMSO London, Command no. 1200.

DoE (1990b) *Roads in Urban Areas*, London: HMSO.

DoE (1992a) *Development Plans: Good Practice Guide*, London: HMSO.

DoE (1992b) *Planning Policy Guidance Note 12: Development Plans and Regional Planning Guidance*, London: HMSO.

DoE (1992c) *Land Use Planning Policy and Climate Change*, London: HMSO.

DoE (1993a) *Good Practice Guide on The Environmental Appraisal of Development Plans*, London: HMSO.

DoE (1993b) *Schemes at Medium and High Density*, Design Bulletin, London: HMSO

DoE (1994a) *Sustainable Development: The UK Strategy*, London: HMSO, Department of the Environment.

DoE (1994b) *Climate Change: The UK Programme*, London: HMSO Command no. 2427.

DoE (1994c) *Bioversity: The UK Action Plan*, London: HMSO Command no. 2428.

DoE (1995) *Projections of Households in England to 2016*, London: HMSO, Cmnd 3471.

DoE (1996a) *Development Plans: Code of Practice*, London: HMSO.

DoE (1996b) *Household Growth: Where Shall We Live?* London: DoE.

Donnision, D. and Ungerson, C. (1982) *Housing Policy*, Harmondsworth: Penguin.

Donnison, D. and Eversley, D. (1974) *London: Urban Patterns, Problems and Policies*, London: Heinemann.

Dower Report (1945) *National Parks in England and Wales*, London: HMSO.

Dresser, M. (1978) 'Review Essay' of Davidoff, L. *et al.* (1976) 'Landscape with Figures: Home and Community in English Society' in *International Journal of Urban and Regional Research*, vol. 2, no. 3, Special Issue on 'Women and The City'.

Druker, J., White, G., Hegewisch, A. and Mayne, L. (1996) 'Between hard and soft HRM: human resource management in The construction industry', *Construction Management and Economics*, vol. 14, pp. 405–16.

Druker J. and White, G. (1996) *Managing People in Construction*, London: Institute of Personnel and Development.

Dudley Report (1944) *Design of Dwellings*, London: HMSO, Central Housing Advisory Committee of The Ministry of Health.

Dunleavy, P. (1980) *Urban Political Analysis*, London: Macmillan.

Durkheim, E. (1970) *Suicide: A Study in Sociology*, London: Routledge & Kegan Paul.

Dyos, H. (ed.) (1976) *The Study of Urban Form*, London: Edward Arnold.

Edwards, T (1921) *Good and Bad Manners in Architecture* London: Dent.

Egan Report (1998) *Rethinking Construction: The Report of the Construction Task Force* London: HMSO. The Egan Report, Construction Industry Council.

Ekistics (1985) 'Woman and Space in Human Settlements', *Ekistics: Special Edition* vol. 52, no. 310 January.

Elkin T. and McLaren D. (1991) *Reviving The City: Towards Sustainable Urban Development*, London: Friends of The Earth and Policy Studies Institute.

Elson, M. (1986) *Green Belts*, London: Heinemann.

English Nature (1994) *Sustainability in Practice, Issue 1: Planning for Environmental Sustainability*, Peterborough: English Nature.

ESDP (1999) *European Spatial Development Perspective Towards Balanced and Sustainable Development of the Territory of the European Union*, Brussels, European Commission.

Esher, L. (1983) *A Broken Wave: The Rebuilding of England 1940–80*, Harmondsworth: Penguin.

Essex (1973) *A Design Guide for Residential Areas*, Essex: Essex County Council.

Essex (1997) *The Essex Design Guide for Residential and Mixed Uses*, Essex: Essex Planning Officers Association.

Etzioni, A. (1967) 'Mixed scanning: a third approach to decision-making' *Public Administration Review*, December (reprinted in Faludi, 1973, pp. 217–29).

Eurofem (1998) *Gender and Human Settlements Conference on Local and Regional Sustainable Human Development from a Gender Perspective*, Conference Proceedings of the Eurofem Network (European Women in Planning), Hämeenlina, Finland.

Eurofem (1999) *The Toolkit: Mobilising Women into Local and Regional Development*, revised version, Helsinki: Helsinki University of Technology.

Eversley, D. (1973) *The Planner in Society*, London: Faber.

Evetts, J. (1996) *Gender and Career in Science and Engineering*, London: Taylor and Francis, London.

Fainstein, S. (1999) 'The Future of Planning Theory: Keynote Address' Paper presented at the *Future Planning: Planning's Future*, Sheffield: Planning Theory Conference, 1999.

Faludi, Susan (1992) *Backlash: the undeclared war against women* London: Chatto & Windus

Faludi, A. (1973) *A Reader in Planning Theory*, Oxford: Pergamon.

Fearns, D. (1993) *Access Audits: a guide and checklists for appraising the accessibility of buildings for disabled users*, London: Centre for Accessible Environments.

Fitch, R. and Knobel, L. (1990) *Fitch on Retail Design*, Oxford: Phaidon.

Foley, D. (1964) 'An Approach to Urban Metropolitan Structure' in Webber, Melvin, Dyckman, John, Foley, Donald, Guttenberg, Albert, Wheaton, William and Wurster, Catherine, Bower (1964) *Explorations Into Urban Structure*, Philadelphia: University of Pennsylvania Press.

Fortlage, C. (1990) *Environmental Assessment: A Practical Guide*, Aldershot: Gower.

Foulsham, J. (1990) 'Women's Needs and Planning: A Critical Evaluation of Recent Local Authority Practice', in Montgomery, J. and Thornley, A. (ed.) (1990) *Radical Planning Initiatives*, Aldershot: Gower.

Frankenberg, R. (1970) *Communities in Britain*, Harmondsworth: Penguin.

Friedan, B. (1982 [1963]) *The Feminine Mystique*, Harmondsworth: Penguin.

Friedman, M. (1991) *Monetarist Economics*, London: Blackwells

Fudge, C. (1999) 'Urban Planning in Europe for Health and Sustainability' in Greed, C. (1999) *Social Town Planning*, London: Routledge.

FUN (Frauen Umwelt Netz) (1998) *European Seminar of Experts on Gender, Environment and Labour*, Frankfurt, December 1999, Conference Report.

Fyson, T. (1999) 'New planning powers to transform London?' *Planning*, pp. 4–7 of supplement 'A fresh start for London' June 1999, London: RTPI.

Gale, A. (1994) 'Women in Construction' in Langford, D., Hancock, M.R., Fellows, R. and Gale, A. *Human Resources in The Management of Construction*, Longmans, Chapter 9, pp. 161–87.

Gans, H. (1967) *The Levittowners*, London: Allen Lane.

Gardiner, A. (1923) *The Life of George Cadbury*, London: Cassell.

Gaze, J. (1988) *Figures in A Landscape: A History of The National Trust*, London: · Barry and Jenkins and The National Trust.

Geddes, P. (1968 [1915]) *Cities in Evolution: An Introduction to The Town Planning Movement and to The Study of Civics*, London: Ernest Benn.

Giddens, A. (1989) *Sociology*, London: Polity.

Gilman, C. Perkins (1915, 1979) *Herland*, London: Women's Press.

Gilroy, R. (1999) 'Planning to grow old' in Greed, C. (1999) (ed.) *Social Town Planning*, London: Routledge.

Glasson J. (1994) *Introduction to Environmental Impact Assessment*, London: University College London.

GLC (Greater London Council) (1983) *On The Move*, London: GLC, Now available from Greater London Authority (GLA).

GLC (1984) 'Planning for Equality: Women in London' Chapter VI, of *Greater London Development Plan*, Draft Plan, London: GLC,

GLC (1986) *Changing Places*, Report, London: GLC.

Goldsmith, M. (1972) 'Blueprint for Survival'. *Ecologist Magazine*. January, Reprinted Harmondsworth: Penguin.

Goldsmith, M. (1980) *Politics, Planning and The City*, London: Routledge & Kegan Paul.

Graft-Johnson, A. (1999) 'Gender and Race' in Greed, C (1999) (ed.) *Social Town Planning*, London: Routledge.

Graham, S. and Marvin, S. (1996) *Telecommunications and the City: Electronic Spaces, Urban Places*, London: Routledge.

Grant, M. (1982) *Urban Planning Law*, London: Sweet and Maxwell.

Grant, M. (1990) *Urban Planning Law*, London: Sweet and Maxwell.

Grant, B. (1996) *Building E=Quality: Minority Ethnic Construction Professionals and Urban Regeneration*, London, House of Commons.

Grant, M. (1998) *A Source Book of Environmental Law*, London: Sweet and Maxwell.

Grant, M. (1999) (ed.) *Encyclopaedia of Planning Law*, London: Butterworths.

Greed, C. (1988) 'Is more better?: with reference to the position of women chartered surveyors in Britain', *Women's Studies International Forum*, vol. 11, no. 3: 187–97.

Greed, C. (1991) *Surveying Sisters: Women in a Traditional Male Profession*, London: Routledge.

Greed, C. (1992) 'The Reproduction of Gender Relations Over Space: A Model Applied to The Case of Chartered Surveyors', *Antipode*, 24, 1, pp. 16–28.

Greed, C. (1993) 'Is more better?: Mark II – with reference to women town planners in Britain', *Women's Studies International Forum*, vol. 16, no. 3, pp. 255–70.

Greed, C. (1994a) *Women and Planning: Creating Gendered Realities*, London: Routledge.

Greed, C. (1994b) 'The place of ethnography in planning: or is it 'real research'?', *Planning Practice and Research*, vol. 9, no. 2, pp. 119–27.

Greed, C. (1996a) *Implementing Town Planning*, Harlow: Longmans.

Greed, C (1996b) *Investigating Town Planning*, Harlow: Longmans.

Greed, C. (1997a) 'Cultural Change in Construction', *Arcom Conference Proceedings*, Cambridge, 15–17.9.97, Association of Researchers in Construction Management.

Greed, C. (1997b) *The Changing Composition and Culture of Construction*, End Report based on ESRC research on 'Social Integration and Exclusion in Professional Subcultures in Construction.

Greed, C. (1997c) 14.3.97 'Bad Timing Means No Summer in The Cities', *Planning*, Issue 1209, pp. 18–19.

Greed, C. (1999a) *The Changing Composition and Culture of the Construction Industry* Bristol: UWE, Faculty of The Built Environment, Occasional Paper.

Greed, C. (1999b) (ed.) *Social Town Planning*, London: Routledge.

Greed, C. and Roberts, M. (1998) *Introducing Urban Design: Interventions and Responses*, Harlow: Longmans.

Greed, C. (2000a) 'Can man plan? Can woman plan better?' *Non-Plan: Essays on Freedom, Participation, and Change in Modern Architecture and Urbanism*, London: Architectural Press, pp. 184–97.

Greed, C. (2000b) 'Urbanisation' entry in *Fontana Dictionary of Modern Thought*, London: Fontana.

Griffin, S. (1978) *Woman and Nature: The Roaring Inside Her*, London: The Woman's Press.

Grover, R. (ed.) (1989) *Land and Property Development: New Directions*, London: Spon.

Guba, E. (1990) *The Paradigm Dialog* Newbury Park, California: Sage Publications.

Guba, E. and Lincoln, Y. (1992) 'Competing paradigms in qualitative research', in Denzin, N. and Lincoln, Y. (eds) *Handbook of Qualitative Research*, Newbury Park, California: Sage Publications.

Habermas, J. (1979) *Communication and the Evolution of Society*, London: Heinemann.

Habermas, J. (1987) *The Philosophical Discourse of Modernity*, Cambridge: Polity Press.

Hall, S. and Jacques, M. (1989) *New Times: The Changing Face of Politics in The 1990s*, London: Lawrence and Wishart.

Hall, P. (1977) *Containment of Urban England*, London: Allen and Unwin.

Hall, P. (1980) *Great Planning Disasters*, London: Weidenfeld and Nicolson.

Hall, P. (1992 [1989]) *Urban and Regional Planning*, London: Unwin Hyman.

Hall, P. and Ward, W. (1999) *Sociable Cities: the Legacy of Ebenezer Howard*, London: Town and Country Planning Association & Wiley.

Hall, S. and Gieben, B. (1992) *Formations of Modernity*, Milton Keynes: Open University

Hambleton, R. and Sweeting, D. (1999) 'Delivering a new strategic vision for the capital', *Planning* Issue 1347, 3.12.99, pp. 16–17.

Hammersley, M. (1995) *The Politics of Social Research*, London: Sage.

Hammersley, M. and Atkinson, P. (1995) *Ethnography: Principles in Practice*, London: Tavistock.

Hammersley, M. (1999) *Taking Sides in Social Research*, London: Sage.

Hamnett, C., McDowell, L. and Sarre, P (eds) (1989) *Restructuring Britain: The Changing Social Structure*, London: Sage with The Open University.

Haralambos, M. (1995) *Sociology: Themes and Perspectives*, London: Unwin Hyman.

Harrison, M. and Davies, J. (1995) *Constructing Equality: Housing Associations and Minority Ethnic Contractors*, London: Joseph Rowntree Trust.

Hartman, H. (1981) 'The Unhappy Marriage of Marxism and Feminism', in Sargent, L. (ed.) (1981) *Women and Revolution*, London: Pluto Press.

Harvey, D. (1975) *Social Justice and the City*, London: Arnold.

Hass-Klau, C., Nold, I., Böcker, G., Crampton, G. (1992) *Civilised Streets: A Guide to Traffic Calming*, Brighton: Environmental and Transport Planning Department, Brighton City Council.

Hatje, G. (1965) *Encyclopaedia of Modern Architecture*, London: Thames and Hudson.

Hatt, P. and Reiss, A. (1963) *Cities in Society*, New York: Free Press.

Hayden, D. (1976) *Seven American Utopias: The Architecture of Communitarian Socialism, 1790–1975*, London: MIT Press.

Hayden, D. (1981) *The Grand Domestic Revolution: Feminist Designs for Homes, Neighbourhoods and Cities*, Cambridge, Massachusetts: MIT Press.

Hayden, D. (1984) *Redesigning the American Dream*, London: Norton.

Healey, P. (1997) *Collaborative Planning: Shaping Places in Fragmented Societies*, London: Macmillan.

Healey, P., Mcnamara, P., Elson, M. and Doak A. (1988) *Land Use Planning and the Mediation of Urban Change: The British Planning System in Practice*, Cambridge: Cambridge University Press.

Heap, D. (1996 [1991]) *Outline of Planning Law*, London: Sweet & Maxwell.

Henckel, D. (1996) 'Time in the City: Politicalisation of Time in German Society' Deutches Institut für Urbanistik, Berlin, working paper presented at *Politiche del Tempo in una Prospettiva Europea: Conferenza Internazionale*, Eurofem Conference, Aosta, Turin, September 1996.

Herrington, J. (1984) *The Outer City*, London: Harper and Row.

Hill, W. (1956) *Octavia Hill: Pioneer of The National Trust and Housing Reformer*, London: Hutchinson.

Hill, L. (1999) (ed.) *Municipal Year Book and Public Services Directory*, London: Newman Books.

Hillier, J. (1999) 'Culture, community and communication in the planning process' in Greed, C. (ed.) *Social Town Planning* London: Routledge.

Hobbs, P. (1996) 'The market economic context of town planning' in Greed, C. (1996) (ed.) *Investigating Town Planning*, Harlow: Longmans.

Hobhouse Report (1947) *Report of The National Parks Committee* (England and Wales), London: HMSO.

Hoggett, B. and Pearl, D. (1983) *The Family, Law and Society*, London: Butterworths.

Hoskins, J. (1990) *Making of The English Landscape*, Harmondsworth: Penguin.

House of Lords (1995) *Report from the Select Committee on Sustainable Development*, vol. 1, London: HMSO.

Howard, E. (1974 [1898]) *Garden Cities of Tomorrow*, reprinted 1974, London: Faber.

Howe, E. (1980) 'Role Choices of Urban Planners', *Journal of The American Planning Association*, pp. 398–401, October.

Hudson, M. (1978) *The Bicycle Planning Book*, Friends of the Earth, London: Open Books.

Hurd, G. (ed.) (1990) *Human Societies: Introduction to Sociology*, London: Routledge & Kegan Paul.

Hutchinson, M. (1989) *The Prince of Wales: Right Or Wrong?*, London: Faber and Faber.

IJURR (International Journal of Urban and Regional Research) (1978) *Women and The City*, Special Issue, vol. 2, no. 3, London: Basil Blackwell.

Imrie, R. (1996) *Disability and the City: International Perspectives*, London: Paul Chapman.

Innes, J. (1995) 'Planning theory's emerging paradigm: communicative action and interactive practice', *Journal of Planning Education and Research*, vol. 14, no. 3, pp. 183–9.

Ismail, A. (1998) An investigation of the low representation of black and ethnic minority professionals in contracting, UWE, Special research project.

Jackson, A. (1992) *Semi-detached London: Suburban Development, Life and Transport*, Oxford: Wild Swan Publications.

Jacobs, J. (1970) *The Economy of Cities*, Harmondsworth: Penguin.

JFCCI (Joint Forecasting Committee for the Construction Industries) (1999) *Construction Forecasts*, London: National Economic Development Office.

Johnson, W.C. (1997) *Urban Politics and Planning*, Chicago: American Planning Association.

Johnston, B. (1999) 'The province plans for the year 2025', in *Planning*, 26.3.99, pp. 16–17, issue 1311.

Joseph, M. (1988) *Sociology for Everyone*, Cambridge: Polity Press.

Joseph, M. (1978) 'Professional values: a case study of professional students in a Polytechnic', *Research in Education*, 19: 49–65.

Kanter, R. (1972) *Commitment and Community: Communities and Utopias in Sociological Literature*, Cambridge, Massachusetts: Harvard University Press.

Kanter, R. (1977) *Men and Women of The Corporation*, New York: Basic Books.

Kanter, R. (1983) *The Change Masters: Corporate Entrepreneurs at Work*, Counterpoint, London: Unwin. Page 296, prime movers.

Keating, M. (1993) *The Earth Summit Agenda for Change: a plain language version of Agenda 21 and the other Rio Agreements Centre for our Common Future*, Geneva

Keeble, L. (1969) *Principles and Practice of Town and Country Planning*, London: Estates Gazette.

Keeble, L. (1983) *Town Planning Made Plain*, London: Longman.

Keller, S. (1981) *Building for Women*, Massachusetts: Lexington Books.

Kelly, M. (1997) *The Good Practice Manual on Tenant Participation*, WDS (Women's Design Service) in association with DOE Special Grant Programme.

Kirk, G. (1980) *Urban Planning in a Capitalist Society*, London: Croom Helm.

Kirk-Walker, S. (1997) *Undergraduate Student Survey: A Report of The Survey of First Year Students in Construction Industry Degree Courses*, York: Institute of Advanced Architectural Studies, York (Commissioned by Citb).

Knox, P. (1988) *The Design Professions and the Built Environment*, London: Croom Helm.

Kuhn, T. (1962) *The Structure of Scientific Revolutions*, Chicago: University of Chicago Press.

Lake, B. (1941, reprinted 1974) 'A Plan for Britain', special issue of *Picture Post*, vol. 10, no. 1, 4.1.41 (Special Issue No 7, 1974), London: Peter Way Ltd.

Lambert, C. and Weir, C. (1975) *Cities in Britain*, London: Collins.

Lane, P. and Peto, M. (1996) *Guide to the Environment Act 1995*, London: Blackstone.

Langford, D., Hancock, M., Fellows, R. and Gale, A. (1994) *Human Resources in The Management of Construction*, Harlow: Longman.

Lappé, F., Collins, J. and Rosset, P., (1998) *World Hunger: 12 Myths*, London: Earthscan.

Larsen, Egon (1958) *Atomic Energy: The Layman's Guide to The Nuclear Age*, London: Pan.

Latham (1996) See under CIB (1996).

Lavender, S. (1990) *Economics for Builders and Surveyors*, London: Longman.

Law Society (1988) *Equal in The Law: Report of The Working Party on Women's Careers*, London: The Law Society.

Lawless, P. (1989) *Britain's Inner Cities*, London: Paul Chapman Publishing.

Le Corbusier (1971 [1929]) *The City of Tomorrow*, London: Architectural Press.

Leevers, K. (1986) *Women at Work in Housing*, London: Hera.

Legrand, J. (1988) *Chronicle of The Twentieth Century*, London: Chronicle.

Lewis, J. (1984) *Women in England 1870–1950*, Sussex: Wheatsheaf.

LGMB (Local Government Management Board) (1993) *Framework for local Sustainability: a Response by The UK*, Luton: LGMB.

LGMB (1995) *Sustainability Indicators*, Luton: LGMB.

Lichfield, N. (1975) *Evaluation in the Planning Process*, London: Pergamon.

Lindblom, C., (1959) 'The science of muddling through', *Public Administration Review*, Spring (reprinted in Faludi, 1973, pp. 151–69).

Little, J., Peake, L. and Richardson, P. (1988) *Women and Cities, Gender and The Urban Environment*, London: Macmillan.

Little, J. (1994) *Gender, Planning and the Policy Process*, Oxford: Elsevier Press.

Littlefair, P. (1991) *Site Layout Planning for Daylight and Sunlight: A Guide to Good Practice*, Watford, London: Building Research Establishment.

London Research Centre (LRC) (1993) *London Energy Study: Energy Use and The Environment*, London: LRC.

LPAS (London Planning Aid Service) (1986) *Planning for Women: An Evaluation of Local Plan Consultation by Three London Boroughs*, Research Report no. 2, London: TCPA.

LRN (1997) *Still Knocking at The Door*, Report of The Women and Regeneration Seminar, held May 1997, London Regeneration Network with London Voluntary Service Council).

LRN (1999) *Newsletter*, Monthly Newsletter, London Regeneration Network, 356, Holloway Road, London N7 6PA. Tel: 0171 700 8119.

Ludlow, D. (1996) 'Urban planning in a pan-European context' in Greed, C. (1996) (ed.) *Investigating Town Planning*, Harlow: Longman.

LWMT (1996) *Building Careers: Training Routes for Women*, London: London Women and Manual Trades.

Lynch, K. (1960 [1988]) *The Image of the City*, Cambridge: Massachusetts and London: MIT.

Macey, J. and Baker, C. (1983) *Housing Management*, London: Estates Gazette.

Maguire, D., Goodchild, M. and Rhind, D. (1992) *Geographical Information Systems: Principles and Applications*, London: Longmans.

Malthus, T. (1973 [1798]) *Essay on The Principles of Population*, London: Everyman Dent.

Manley, S. (1999) 'Creating accessible environments' and 'Appendix 2: Disability' in Greed, C. and Roberts, M. (1998) *Introducing Urban Design*, Harlow: Longman.

Markusen, A. (1981) 'City Spatial Structure, Women's Household Work and National Urban Policy' in Stimpson, C., Dixler, E., Nelson, M. and Yatrakis, K. (eds) (1981) *Women and The American City*, London: University of Chicago Press.

Marriott, O. (1989) *The Property Boom*, London: Abingdon.

Massey, D. (1984) *Spatial Divisions of Labour: Social Structures and the Geography of Production*, London: Macmillan.

Massey, D., Quintas, P. and Wield, D. (1992) *High Tech Fantasies: Science Parks in Society, Science and Space*, London: Routledge.

Massingham, B. (1984) *Miss Jekyll: Portrait of A Great Gardener*, Newton Abbott: David and Charles.

Matless, D. (1992) 'Regional surveys and local knowledges: the geographical imagination of Britain, 1918–39' in *Transactions*, vol. 17, no. 4: 464–80, London: Institute of British Geographers.

Matrix (1984) *Making Space, Women and the Man Made Environment*, London: Pluto.

Mawhinney, B. (1995) *Transport: The Way Ahead*, London: Department of Transport.

McLoughlin, J. (1969) *Urban and Regional Planning: A System's View*, London: Faber.

McDowell, L. (1983) 'Towards an understanding of the gender division of urban space', *Environment and Planning D: Society and Space*, vol. 1: 59–72.

McDowell, L. (1997) (ed.) *Undoing Place? A Geographical Reader*', London: Arnold.

McDowell, L. and Peake, L. (1990) 'Women in British Geography revisited: or the same old story', *Journal of Geography in Higher Education*, vol. 14, no. 1, 1990: 19–31.

McDowell, L. and Sharp, J. (1997) *Space, Gender, Knowledge: Feminist Readings*, London: Arnold.

McLaren, D., (1998) *Tomorrow's World: Britain's Share in a Sustainable Future* London: Earthscan with Friends of the Earth.

McLellan, D. (1973) *Karl Marx: His Life and Thought*, London: Macmillan.

Meadows D.H., Meadows D.L. and Randers, J. (1992) *Beyond The Limits: Global Collapse or a Sustainable Future*, London: Earthscan.

Meadows D.H. (1972) *The Limits to Growth*, London: Earth Island.

Merrett, S. (1979) *Owner Occupation in Britain*, London: Routledge & Kegan Paul.

Mies, M. and Shiva, V. (1993) *Ecofeminism*, London: Zed Books.

Miles, M. and Huberman, M. (1996) *Qualitative Data Analysis*, London: Sage.

Millerson, G. (1964) *The Qualifying Associations*, London: Routledge & Kegan Paul.

Mills, C. Wright (1959) *The Power Elite*, Oxford: Oxford University Press.

Millward, D. (ed.) (1998) *Construction and the Built Environment GNVQ Advanced*, Harlow: Pearson.

Mirza, H. Safia (ed.) (1997) *Black British Feminism*, London: Routledge.

Mishan, E.J. (1973) *Cost Benefit Analysis*, London: George Allen and Unwin.

Montgomery, J. and Thornley, A. (eds) (1990) *Radical Planning Initiatives*, Aldershot: Gower.

Montgomery, J. (1994) 'The evening economy of cities', *Town and Country Planning*, vol. 63, no. 11: 302–7.

Moore, V. (1999) *A Practical Approach to Planning Law*, London: Blackstone.

Moore, R. (1977) 'Becoming a sociologist in Sparkbrook', in Bell, C. and Newby, H. (eds) *Doing Sociological Research*, London: George Unwin.

Morgan, E. (1974) *The Descent of Woman*, London: Corgi.

Morgan, D. and Nott, S. (1995 [1988]) *Development Control: Policy Into Practice*, London: Butterworths.

Morley, L. (1994) 'Glass Ceiling or Iron Cage: Women in UK Academia', in *Gender, Work and Organisation*, vol. 1, no. 4: 194–204, October.

Morphet, J. (1993) 'Women and Planning', *The Planner, Town and Country Planning*, School Proceedings supplement, 23.2.90, vol. 76, no. 7: 58.

Morphet, J. (1997) 'Enter the EDSP: plan sans fanfare' in *Town and Country Planning* (October edition), pp. 265–67.

Morris, A.E.J. (1972) *History of Urban Form: Prehistory to The Renaissance*, London: George Godwin.

Morris, E. (1986) 'An Overview of Planning for Women From 1945–1975', in Chalmers, M. (ed.) (1986) *New Communities: Did They Get it Right?*, Report of a Conference of the Women and Planning Standing Committee of the Scottish Branch of The Royal Town Planning Institute, County Buildings, Linlithgow, London: RTPI.

Morris, E. (1997) *British Town Planning and Urban Design: Principles and Policies*, Harlow: Longman.

Morris, T. (1958) *The Criminal Area*, London: Routledge & Kegan Paul.

Morris, A. and Nott, S. (1991) *Working Women and The Law: Equality and Discrimination in Theory and Practice*, London: Routledge.

Moser, C. (1993) *Gender Planning and Development: Theory, Practice and Training*, London: Routledge.

Mumford, L. (1930) *The City*, Chicago: American Institute of Planners, in association with RKO, Hollywood [film].

Mumford, L. (1965) *The City in History*, Harmondsworth: Penguin.

Munro, B. (1979) *English Houses*, London: Estates Gazette.

Murdock, J. (1997) 'Inhuman/nonhuman/human: actor network theory and the prospects of nondualistic and symmetrical perspective on nature and society', *Planning and Environment D* vol. 15, no. 6, pp. 731–56.

Nadin, V. and Jones, S. (1990) 'A Profile of The Profession', *The Planner*, 26.1.90, vol. 76, no. 3: 13–24, London: Royal Town Planning Institute.

New Internationalist (1999) 'Green Cities: Survival Guide for the Urban Future' Special Edition of *The New Internationalist*, June 1999, no. 313 (see also May 1996 edition on cities and cars), Oxford: New Internationalist Publications.

Newby, H. (1982) *Green and Pleasant Land*, Harmondsworth: Penguin.

Newman, O. (1973) *Defensible Space: People and Design in the Violent City*, London: Architectural Press.

Nisancioglu, S. Takmaz and Greed, C. (1996) 'Bringing Down The Barriers', *Living in The Future: 24 Sustainable Development Ideas From The UK*, London: UK National Council for Habitat II Conference Istanbul, pp. 16–17.

Norton-Taylor, R. (1982) *Whose Land is it Anyway?*, Wellingborough: Turnstone.

Oatley, N. (1996) 'Regenerating cities and modes of regulation' in Greed, C. (1996) (ed.) *Investigating Town Planning*, Harlow: Longman.

Oatley, N. (1998) (ed.) *Cities, Economic Competition and Urban Planning*, London: Chapman Hall.

OECD (1994) *Women and The City: Housing, Services and The Urban Environment*, Organisation for Economic Co-operation and Development.

Oliver, P. (ed.) (1997) *Encyclopaedia of Vernacular Architecture of the World*, Cambridge: Cambridge University Press.

Oliver, M. (1990) *The Politics of Disablement*, London: Macmillan.

ONS (1998) *The ESRC Review of Government Social Classifications*, London: Office of National Statistics in association with ESRC.

ONS (1999) *Social Trends*, London: Office of National Statistics.

ONS (annual) *Social Trends*, London: Office of National Statistics.

ONS/ESRC (1998) *The ESRC Review of Government Social Classifications*, London: Office of National Statistics in association with the Economic and Social Research Council.

ONS (Office of National Statistics) (1998) *Making Gender Count: Report of the Gender and Statistics Conference 1998*, London: Gender Statistics Users Group, ONS.

OPCS (Office of Population Censuses and Surveys) see · ONS (Office of National Statistics).

Pahl, R. (1977) 'Managers, Technical Experts and The State', in Harloe, M. (ed.) (1977) *Captive Cities*, London: Wiley.

Pahl, R. (1965) *Urbs in Rure*, London: Weidenfeld and Nicolson.

Palfreyman, T. and Thorpe, S. (1993) *Designing for Accessibility: An Introductory Guide*, London: Centre for Accessible Environments (CAE). Address: CAE, Nutmeg House, 60 Gainsford Street, London SE1 2NY. Tel: 0171 357 8182.

Palmer, K. (1997) 'Why I'm mad about minerals', *Planning*, 14.11.97, p. 12.

Pardo, V. (1965) *Le Corbusier*, London: Thames and Hudson.

Parkes, M. (1996) *Good Practice Guide for Community Planning and Development*, London: London Planning Advisory Committee (LPAC).

Parker Morris Report (1961) *Homes for Today and Tomorrow*, London: Central Housing Advisory Committee.

Parkin, S. (1994) *The Life and Death of Petra Kelly*, London: Pandora.

Parkin, F. (1979) *Marxism and Class Theory: A Bourgeois Critique*, London: Tavistock.

Pearson, L. (1988) *The Architectural and Social History of Co-operative Living*, London: Macmillan.

Penoyre, J. and Ryan, M. (1990) *The Observer's Book of Architecture*, Doubleday.

Pevsner, N. (1970) *Pioneers of Modern Design*, Harmondsworth: Penguin, and see Pevner's *Pocket Guides to England*.

Pickvance, C. (ed.) (1977) *Urban Sociology*, London: Tavistock.

Pinch, S. (1985) *Cities and Services: The Geography of Collective Consumption*, London: Routledge & Kegan Paul.

Pitman (annual) The *Housing and Planning Year Book*, London: Pitman Publications.

Power, A. (1987) *Property Before People: The Management of Twentieth-century Council Housing*, London: Allen and Unwin.

Prince of Wales (1989) *A Vision of Britain*, London: Doubleday.

Prizeman, J. (1975) *Your House, The Outside View*, London: Blue Circle Cement and Hutchinson.

Punter, J. (1990) *Design Control in Bristol: 1940–1990*, Bristol: Redcliffe Press.

Ratcliffe, J. and Stubbs, M. (1996) *Urban Planning and Real Estate Development*, London: UCL Press.

Ravetz, A. (1986) *The Government of Space*, London: Faber and Faber.

Ravetz, A. (1980) *Remaking Cities*, London: Croom Helm.

Reade, E. (1987) *British Town and Country Planning*, Milton Keynes: Open University Press.

Redfield, J. (1994) *The Celestine Prophecy*, London: Bantam.

Rees, G. and Lambert, J. (1985) *Cities in Crisis*, London: Arnold.

Reeves, D. (1996) (ed.) 'Women and The Environment', Special Issue, *Built Environment*, vol. 22, no. 1.

Reith Report (1946) *New Towns Committee: Final Report*, London: HMSO.

Rex, J. and Moore, R. (1967) *Race, Community and Conflict*, London: Institute of Race Relations.

Rhys Jones, S., Dainty, A., Neale, R. and Bagilhole, B. (1996) *Building on fair footings: improving equal opportunities in the construction industry for women*, Glasgow: CIB.

Richardson, B. (1876) *Hygenia, A City of Health*, London.

RICS (1989) *What Use is a Chartered Surveyor in Planning and Development?*, London: Royal Institution of Chartered Surveyors, London.

Rio (1992) *Rio Declaration: United Nations Conference on the Environment at Rio De Janiero*, New York: United Nations.

Roberts, M. (1991) *Living in A Man-Made World: Gender Assumptions in Modern Housing Design*, London: Routledge.

Roberts, M. and Greed, C. (2000) (eds) *Approaching Urban Design*, Pearson: Harlow.

Roberts, H. (1985) *Doing Feminist Research*, London: Routledge.

Roberts, M. (1974) *Town Planning Techniques*, London: Hutchinson.

Rogers, Lord R. (1999) *Towards an Urban Renaissance: The Urban Taskforce*, London: Routledge, Final Report, in association with DETR.

Rose, Gillian (1993) *Feminism and Geography: The limits of geographical knowledge*, Cambridge: Polity Press.

Rothschild, J. (ed.) (1999) *Design and Feminism: Re-visioning Spaces, Places and Everyday Things*, Rutgers University Press, New Brunswick, New Jersey and London.

Rowntree, B. (1901) *Poverty: A Study of Town Life*, London: Dent.

Rowntree (1992) *Lifetime Homes*, York: Joseph Rowntree Foundation.

Royal Commission on Environmental Pollution (1994) *Report of the Commission*, London: HMSO, Local Government Management Board.

RPG (Regional Planning Guidance) (1989) *Strategic Guidance for Tyne and Wear*, London: HMSO, Department of the Environment. RPG 1.

RTPI (Royal Town Planning Institute) (1983) *Planning for A Multi-Racial Britain*, London: Commission of Racial Equality.

RTPI (1986) 'Planning History' *The Royal Town Planning Institute Distance Learning Course*, Bristol: University of West of England and Leeds: Leeds Metropolitan University.

RTPI (1987) *Report and Recommendations of the Working Party on Women and Planning*, London: RTPI

RTPI (1988) *Managing Equality: The Role of Senior Planners*, Conference 28.10.88, London: Royal Town Planning Institute.

RTPI (1991) *Traffic Growth and Planning Policy*, London: RTPI.

RTPI (1995) *Planning for Women*, Planning Advisory Note, London: Royal Town Planning Institute.

RTPI (1999) *Gender Equality and the Role of Planning: Realising the Goal*, National Symposium, 1.7.99, Report of Proceedings, London: RTPI (paper by C. Booth).

Rubenstein, D. (1974) *Victorian Homes*, London: David & Charles.

Ryder, J. and Silver, H. (1990) *Modern English Society*, London: Methuen.

Rydin, Y. (1998) *Urban and Environmental Planning in the UK*, London: Macmillan.

Saunders, P. (1979) *Urban Politics: A Sociological Interpretation*, Harmondsworth: Penguin.

Saunders, P. (1985) 'Space, The City and Urban Sociology', in Gregory, D. and Urry, J. (1985) *Social Relations and Spatial Structures*, London: Macmillan.

SBP (Polytechnic of The South Bank) (1987) *Women and Their Built Environment*, London: Polytechnic of The South Bank, Faculty of The Built Environment, Conference Report (now South Bank University).

Scarman, Lord (1982) *The Scarman Report: The Brixton Disorders, 10–12 April 1981*, Harmondsworth: Penguin.

Scarrett, D. (1983) *Property Management*, London: Spon.

Schon, D. (1995) *The Reflective Practitioner*, Aldershot: Ashgate.

Schuster Committee (1950) *Report on the Qualifications of Planners*, Cmd. 8059, London: HMSO.

Scott Report (1942) *Report of The Committee on Land Utilisation in Rural Areas*, London: HMSO.

Scottish Office (1998) *Land Use Planning under a Scottish Parliament*, Edinburgh: Scottish Office

Seeley, I. (1997) *Quantity Surveying Practice*, London: Macmillan.

Senior, D. (1996) 'Minerals and the Environment' in Greed, C. (1996) (ed.) *Investigating Town Planning*, Chapter 8, pp. 135–53.

SERPLAN (South East Regional Planning Council) (1988) *Housing, Land Supply and Structure Plan Provision in The South East*, SERPLAN, no. 1070. Secretariat, 50–64, Broadway, London, SWIH ODB.

Service, A. (1977) *Edwardian Architecture*, London: Thames and Hudson.

Sewel, Lord (1997) 'Central and Local Government in Accord', Speech to the *Sustaining Change: Local Agenda 21 in Scotland Conference*, The City of Edinburgh Council City Chambers, Edinburgh, 21 November 1997.

Shariff, Y. (1996) 'Cities of the Future', *Architects Journal*, 4.7.96, p. 24.

Sheffield (1999) *Future Planning: Planning's Future*, Sheffield University: Planning Theory Conference, March 1999.

Shoard, M. (1987) *This Land is Our Land: The Struggle for Britain's Countryside*, London: Paladin.

Shoard, M. (1980) *The Theft of The Countryside*, London: Temple Smith.

Shoard, M. (1999) *A Right to Roam*, London: Blackwell.

Sibley, D. (1995) *Geographies of Exclusion*, London: Routledge.

Silverman, D. (1985) *Qualitative Methodology and Sociology*, Aldershot: Gower.

Silverstone, R. and Ward, A. (eds) (1980) *Careers of Professional Women*, London: Croom Helm.

Simmie, J. (1981) *Power Property and Corporatism*, London: Macmillan.

Simmie, J. (1974) *Citizens in Conflict: The Sociology of Town Planning*, London: Hutchinson.

Simonen L. (1995) *Agenda 21 Briefing Sheets*, Available, and updates, from Lin Simonen, The Create Centre, Smeaton Road, Bristol BS1 6XN.

Sjoberg, G. (1965) *Pre-industrial City: Past and Present*, New York: Free Press.

Skeffington (1969) *People and Planning*, London: HMSO.

Skjerve, R. (ed.) (1993) *Manual for Alternative Municipal Planning*, Oslo: Ministry of The Environment.

Smith, M. (1989) *Guide to Housing*, London: Housing Centre Trust.

Smith, N. and Williams, P. (1986) *Gentrification of the City*, London: Allen & Unwin.

Smith, S. (1989) *The Politics of Race and Residence*, Oxford: Polity.

SOBA (1997) 'Mentoring: to Tame Or to Free?', *Symposium Notes, Meeting of Society of Black Architects*, 27.11.97, Prince of Wales's Institute of Architecture, London.

Speer, R. and Dade, M. (1994) *How to Stop and Influence Planning Permission*, London: Dent.

Spencer, A. and Podmore, D. (1987) *In A Man's World: Essays on Women in Male-dominated Professions*, London: Tavistock.

Spitzner, M. (1998) 'Travel distances between home, work and community facilities', Paper presented at *Eurofem, Gender and Human Settlements Conference on Local and Regional Sustainable Human Development from a Gender Perspective*, Hämeenlina, Finland.

Stacey, M. (1960) *Tradition and Change: A Study of Banbury*, Oxford: Oxford University Press.

Stanley, L. (ed.) (1990) *Feminist Praxis: Research, theory, epistemology in Feminist Sociology*, London: Routledge.

Stapleton, T. (1986) *Estate Management Practice*, London: Estates Gazette.

Stark, A. (1997) 'Combating the backlash: how Swedish women won the war' pp. 224–44, in Oakley, A. and Mitchell, J. (eds) (1997) *Who's Afraid of Feminism?: Seeing Through the Backlash*, London: Hamish Hamilton.

Stimpson, C., Dixler, E., Nelson, M. and Yatrakis, K. (eds) (1981) *Women and the American City*, Chicago: University of Chicago Press.

Stoker, G. and Young, S. (1993) *Cities in the 1990s: Local Choice for a Balanced Strategy*, Harlow: Longman.

Strauss, A. (ed.) (1968) *The American City*, London: Allen Lane.

Summerson, J. (1986) *Georgian London*, Harmondsworth: London.

Sutcliffe, A. (1974) *Multi-storey Living: The British Working Class Experience*, London: Croom Helm.

Swain, J., Finkelstein, V., French, S. and Oliver, M. (eds) (1993) *Disabling Barriers – Enabling Environments*. Sage Publications, London, in association with the Open University.

Swenarton, M. (1981) *Homes Fit for Heroes*, London: Heinemann.

Taylor, J. (1990) 'Planning for Women in Unitary Development Plans: An Analysis of The Factors Which Generate "Planning for Women" and The Form this Planning Takes', Sheffield University: Town and Regional Planning Department, September, 1990, unpublished MA Thesis.

Taylor, N. (1999) 'Town planning "social" not just "physical"' in Greed, C. (ed.) (1999) *Social Town Planning*, London: Routledge.

Taylor, N. (1998) *Urban Planning Theory Since 1945*, London: Sage.

Taylor, N. (1973) *The Village in The City*, London: Maurice Temple Smith.

Taylor, B. (1988) 'Organising for Change Within Local Authorities: How to Turn Ideas Into Action to Benefit Women', Paper given at Conference *Women and Planning: Where Next?*, London: Polytechnic of Central London: Short Course Report, 16.3.88.

TCP (1999) 'Land use planning under a Scottish parliament', *Town and Country Planning*, vol. 68, no. 6, June, p. 214, unattributed article.

TCPA (Town and Country Planning Association) (1987) 'A Place for Women in Planning', *Town and Country Planning*, vol. 56, no. 10, special issue, London: Town and Country Planning Association.

Telling, J. and Duxbury, R. (1993) *Planning Law and Procedure*, London: Butterworth.

Tetlow, J. and Goss, A. (1968) *Homes, Towns and Traffic*, London: Faber.

Tewdwr Jones, M. (1996) *British Planning Policy in Transition: Planning in the 1990s*, London: University College London Press.

Theniral, R. (1992) *Strategic Environmental Assessment* London: Earthscan.

Thomas, H. (1980) 'The education of British town planners 1965–75' *Planning and Administration*, vol. 7, no. 2, pp. 67–78.

Thomas, H. (1999) 'Social town planning and the planning profession' in Greed, C. (1999) *Social Town Planning*, London: Routledge.

Thomas, H. and Lo Piccolo, F. (1999) 'Best value, planning and race equality', Paper presented at the *Future Planning: Planning's Future: Planning Theory Conference*, March 1999. Sheffield: University of Sheffield, Department of Planning.

Thompson, F.M.L. (1968) *Chartered Surveyors, The Growth of A Profession*, London: Routledge & Kegan Paul.

Thornley, A. (1991) *Urban Planning under Thatcherism: the Challenge of the Market*, London: Routledge.

Tönnies, F. (1955) *Community and Association*, London: Routledge & Kegan Paul.

Torre, S. (ed.) (1977) *Women in American Architecture: A Historic and Contemporary Perspective*, New York: Whitney Library of Design.

Tudor Walters Report (1918) *Report of the Committee on Questions of Building Construction in Connection with The Provision of Dwellings for The Working Classes*, London: HMSO.

Turner, T. (1996) *City as Landscape: A Post Post-Modern [sic] View of Design and Planning*, London: Spon.

Uguris, Tijen (2000 forthcoming) Ethnic and Gender Divisions in Tenant Participation in Public Housing, unpublished PhD under preparation, Woolwich: University of Greenwich.

UK Round Table on Sustainable Development (1996) *Defining A Sustainable Transport Sector*, London: HMSO.

UNCED (United Nations Conference on Environment and Development), (1992) *Earth Summit – Press summary of Agenda 21*, Rio de Janeiro: UNCED.

Unwin, G. (1912) *Nothing Gained by Overcrowding*, London: Dent.

Uthwatt Report (1942) *Report of The Expert Committee on Compensation and Betterment*, London: HMSO.

Walker, G. (1996) 'Retailing development: in or out of town?' in Greed, C. *Investigating Town Planning*, Harlow: Longman.

Wall, C. and Clarke, L. (1996) *Staying Power: Women in Direct Labour Building Teams*, London: London Women and The Manual Trades.

Ward, S. (1994) *Planning and Urban Change*, London: Sage.

Warren, K. (ed.) (1997) *Ecofeminism: Women, Culture and Nature*, Indianapolis: Indiana University Press.

WCC (Women's Communication Centre) (1996) *Values and Visions: The 'What Women Want' Social Survey*, London: WCC.

WDS (Current) *Women's Design Service Broadsheet Design Series*, WDS (Womens Design Service), 52–54 Featherstone St., London EC1Y 8RT. Tel: 020 7490 5210.
  1. Race and Gender in Architectural Education.
  2. Planning London: Unitary Development Plans.
  3. Challenging Women: City Challenge.
  4. Antenatal Waiting Areas.
  5. Participation in Development.
  6. Training in Building Design and The Construction Industry: Routes for Women.
  7. UDP Policies: Their Impact on Women's Lives (LWPF Report, January 1994).
  8. Designing Out Crime (LWPF Report April 1994).
  9. Public Places, Future Spaces: Older Women and The Built Environment.
  10. Women As Planners: is More Better? (LWPF Report, July 1994).
  11. Street Lighting and Women's Safety.
  12. Are Town Centres Managing? (LWPF Report October 1994).
  13. Sisterhood, Cities and Sustainability (LWPF Report January 1995).
  14. Residential Neighbourhoods: A Place for Children (LWPF Report, April 1995).
  15. Government Urban Funding: Winners and Losers (LWPF Report, July 1995).
  16. Public Surveillance Systems.
  17. Local Pride: The Role of Public and Community Art.
  18. Development Advice Work: Dealing with Realities.
  19. Public Surveillance Systems: Do People Benefit?
  20. Breaking Down The Barriers for Women.
  21. Women and Planning in Europe.
  22. Building Careers: Training Routes for Women.
  23. Local Agenda 21 Update.
  24. Professional Partners in Regeneration.
  25. Policy Planning and Development Control.

WDS (1990) *At Women's Convenience: A Handbook on the Design of Women's Toilets*, London: WDS.

WDS (1994) *Planning London: Unitary Development Plans*, London: WDS.

WDS (1998) 'Gender Issues within Planning Education', *Broadsheet 28, London Women and Planning Forum*. London: WDS.

WE (Women and Environments) (1999) *Women and Environments International Magazine*, Toronto: The WEED Foundation (Women, Environments, Education and Development Foundation).

Weber, M. (1964) (Intro.ed Parsons, Talcott) *The Theory of Social and Economic Organisation (Wirtschaft Und Gesellschaft)*, New York: Free Press.

Wekerle, G., Peterson, R. and Morley, D. (eds) (1980) *New Space for Women*, Boulder: Westview Press.

WGSG (1984) *Geography and Gender*, London: Hutchinson, Women and Geography Study Group, Institute of British Geographers, London.

WGSG (1997) *Feminist Geographies: Explorations in Diversity and Difference*, Harlow: Longmans, Women and Geography Study Group of Royal Geographical Society and Institute of British Geographers, London.

WHO (1997) (World Health Organisation), *City Planning for Health and Sustainable Development*, Copenhagen: WHO.

Whitelegg J. (1993) *Transport for a Sustainable Future: The Case for Europe*, London: Belhaven.

Whitelegg, Elizabeth, Arnot, Madeleine, Bartels, Else, Beechey, Veronica, Birke, Lynda, Himmelweit, S., Leonard, D., Ruehl, S. and Speakman, M. (eds) (1982) *The Changing Experience of Women*, Oxford: Basil Blackwell with Oxford: Open University.

Whyte, W. (1981) *Street Corner Society*, Chicago: University Press of Chicago.

Williams, R. (1996) *European Union Spatial Policy and Planning*, London: Paul Chapman.

Williams, R. (1999) 'European Union: Social Cohesion and Social Town Planning in Greed, C. (ed.) (1999) *Social Town Planning*, London: Routledge.

Wilson, D. (1970) *I Know it Was the Place's Fault*, London: Oliphants.

Wilson, E. (1980) *Only Half Way to Paradise*, London: Tavistock.

Wilson, Elizabeth (1991) *The Spinx in the City: Urban life, the control of disorder and women*, London: Virago.

World Commission on Environment and Development (WCED) (1987) *Our Common Future* (The Brundtland Report), Oxford: Oxford University Press.

Young, M. and Willmott, P. (1957) *Family and Kinship in East London*, Harmondsworth: Penguin.

Young, M. and Willmott, P. (1978) *The Symmetrical Family: Study of Work and Leisure in The London Region*, Harmondsworth: Penguin.

Young, M. and Willmott, P. (1957) *Family and Kinship in East London*, Harmondsworth: Penguin.

政府出版物

以下所列的出版物经常会有变化和更新,因此查找当前的最新版本很重要。

政策指引说明

规划政策指引（PPGs）

1. General Policy and Principles
2. Green belts
3. Housing
4. Industry, Commercial Development and Small Firms
5. Simplified Planning Zones（1992 年修改稿）
6. Town Centres and Retail Development
7. Countryside and Rural Economy
8. Telecommunications
9. Nature Conservation
10. Waste
11. Regional guidance（更新中）
12. Development Plans and Regional Planning Guidance
13. Transport
14. Development on Unstable Land
15. Planning and the Historic Environment
16. Archaeology and Planning
17. Sport and Recreation
18. Enforcing Planning Control
19. Outdoor Advertisement Control
20. Coastal Planning
21. Tourism
22. Renewable Energy
23. Planning and Pollution Control
24. Planning and Noise
25. Development and Flood Risk

读者需要注意的是规划政策指引（PPG）包括前24条,都会不断被更新。

区域规划导则（RPGs）

区域规划导则的出版物和修改状态可以概括如下:

1. Tyne and Wear 1989 将与新的 Northern RPG 合并
2. West Yorkshire 1989（被 12 条取代）
3. London,1996 年改版发行
3a. London – Strategic View – 1991
3b. Thames 1997
4. Greater Manchester 1989（被 13 条取代）
5. South Yorkshire 1989（被 12 条取代）
6. East Anglia 1991
7. Northern 1993
8. East Midlands 1994
9. South East 1994（前 SERPLAN,1998）
9a. Thames Gateway 1995
10. South West 1994
11. West Midlands 1995
12. Yorkshire and Humberside 1996
13. North West 1996

（资料来源：DETR,1999）

1998 年环境交通和区域部制订咨询文件, 名为"区域规划导师的未来", 建议由新的区域发展机构制订区域导则。

矿产规划指引（MPGs）

包括第1-15条,内容涵盖一系列矿产问题,尽管采煤业已经衰落,但矿产规划导则在那些有露天采矿的地区仍然十分重要。

例如：

1989 MPG7 The Reclamation of Mineral Workings
1995 MPG14 Environment Act 1995: Review of Mineral Permissions

开发控制政策说明

这是一份惟一没有被规划政策指引（PPGs）替代的文件，

16. Acess for the Disabled 1985

设计公告

在1960和1970年代，住房和地方政府办公室以及其后的环境部住房办公室制订了一系列的设计公告。这些文件是不连续和难以获得的。最后一份文件形成于1974年，名为"家中的空间：第一部分——浴室和卫生间，第二部分——厨房和洗衣间"（*Spaces in the Home Part I -Bathrooms and W. Cs,Part II -Kitchens and Laundering Spaces*）。

关于高层建筑发展的问题与规划关系尤其密切，由环境部于1963年制订，名为"中高密度项目"（*Schemes At Medium and High Densities*）。

1998年设计公告32的更新版本"居住道路和步行路设计（第二版）"（*Residential Roads and Footpaths Design,second* edition,DETR,1996b）制订出来，并随后关联形成"场所、街道和移动性：设计公告32的对应文件"（*Place,Streets and Movement：a companion guide to Design Bulletin 32*,DETR,1998c）。读者需要注意到这些出版物可能引发新一轮的设计公告文件的制订。

这已经在环境交通和区域部2000年的文件 *By Design* 中反映出来。

这一指引的出版推动了更高水平的城市设计，并对政府参与设计提供了更有力和可操作的建议，如制订规划政策指引说明 I 整体政策和原则。使那些影响环境的决定更多地思考对生活环境产生的影响。

实践导则

例如

Development Plans: A Guide Practice Guide, DoE 1992

Environmental Appraisal of Development Plans: A Good Practice Guide, DoE 1994

PPG1: A Guide to Better Practice, DoE 1995

通告（针对一些主要领域的问题）

环境部和随后的环境交通区域部已经制订出有关自然和建成环境的详细政策,以下列出的是与规划有关的主要通告。

42/55	Green Belts
50/57	Green Belts
56/71	Historic Towns and Roads
82/73	Bus Operation in Residential and Industrial Areas
24/75	Housing Need and Action
36/78	Trees and Forestry
22/80	Development Control: Policy and Practice
38/81	Planning and Enforcement Appeals
10/82	Disabled Persons Act
22/83	Planning Gain （被 16/91 取代）
14/84	Green Belts
15/84	Land for Housing （被 PPG 3 取消）
22/84	Memorandum on Structure Plans and Local Plans （被 PPG12 取消）
1/85	The use of conditions in planning permissions
14/85	Development and Employment
30/85	Transitional Matters （被 PPG12 取消）
2/86	Development by Small Businesses
8/87	Historic Buildings and Conservation Areas （被 PPG15 取代）
11/87	Town and Country Planning (Appeals) Regulations
12/87	Redundant Hospital Sites in Green Belts
13/87	Changes of Use of Buildings and Other Land
16/87	Development involving agricultural land （被 PPG7 取消）
3/88	Unitary Development Plans
10/88	Inquiries and Appeals Procedures Rules
12/89	Green Belts
15/88	Assessment of Environmental Effects Regulations
12/89	Green Belts
9/90	Crime Prevention: The success of the partnership approach
7/91	Planning and Affordable Housing (cancelled by PPG3)
12/91	Redundant hospital sites in green belts
16/91	Planning and Compensation Act 1991: Planning Obligations
17/92	Planning and Compensation Act 1991: Immunity Rules
23/92	Motorway Service Areas
8/93	Awards of Costs Incurred in Planning and Other Proceedings
10/93	Local Government Act 1992 (concerning CCT)
5/94	Planning Out Crime
7/94	Environmental Assessment
5/94	Planning out crime
11/95	Use of Conditions in Planning Permissions
13/96	Planning and Affordable Housing

1/97　　　Planning Obligations
5/97　　　Energy Conservation
1997/2　　Enforcing Planning Control
1998/2　　Prevention of Dereliction
1998/6　　Planning and Affordable Housing

向议会提出的文件

以下列出的仅是本书提到的一些文件。

1989　WP 569 Future of Development Plans
1966　WP 2928 Leisure in the Countryside
1990　WP 1200 This Common Inheritance
1992　WP (annual) This Common Inheritance, Annual Report
1993　WP 2426 Guide to The Eco Management and Audit Scheme for UK Local Government.
1994　WP 2426 Sustainable Development: The UK Strategy
1994　WP 2427 Climate Change: The UK Programme
1994　WP 2428 Biodiversity: The UK Action Plan
1995　WP 3471 Projections of Households in England to 2016
1996　WP 3234 Transport: The Way Forward
1996　WP 3188 This Common Inheritance 3188
1997　WP 3814 Building Partnerships for Prosperity
1998　WP 3897 A Mayor and Assembly for London
1998　WP 3950 A New Deal for Transport: Better for Everyone

咨询文件

很明显自从1997年工党政府当选后，政策重点倾向于一系列的咨询文件上，其中很多都有"精进规划"（Streamlining Planning）的形象标识（见DETR的参考书目）。咨询文件也被称为"绿皮书"，随后针对特定议题，经过咨询和讨论，经常被作为命令文件的白皮书 取代。

例如：

1997　New Leadership for London
1998　Modernising Planning: A Policy Statement by The Minister for The Regions, Regeneration and Planning.
1998　The Future of Regional Planning Guidance: Consultation Paper
1998　Transport the Way Ahead
DETR (1999) Leylandii and other high hedges – Briefing note, DETR
DETR (1999) Outdoor Advertisement Control, Consultative Paper

注意：在DETR成立之前，交通方面的向议会提交的文件是由交通部制订的，如前面提到的3234条。

与城镇规划相关的国会主要法案

1835　Municipal Corporations Act（规定地方政府的权力）
1847　Sanitary Act（有关住房和排水系统等）
1848　Public Health Act（规定室内屋顶高度不小于8英尺）
1851　Common Lodging Houses Act
1851　Labouring Classes Lodging Houses Act
1868　Artisans and Labourers Dwellings Improvements Act
1875　Public Health Act（对住房进行法律规定，反对背靠背的住房）
1875　Artisans Dwellings Act, slum clearance of streets
1879　Public Health Act
1890　Housing of the Working Classes Act（政府住房）
1894　London Building Act, (London building regulations)
1906　Open Spaces Act
1909　Housing and Town Planning Act
1919　Sex Disqualification (Removal) Act
1919　Housing and Town Planning Act
1932　Town and Country Planning Act
1935　Restriction of Ribbon Development Act
1945　Distribution of Industry Act
1946　New Towns Act
1947　Town and Country Planning Act
1947　Agriculture Act
1949　National Parks and Access to the Countryside Act
1952　Town Development Act
1953　Historic Buildings and Ancient Monuments Act
1957　Housing Act,（清除贫民窟）
1960　Local Employment Act
1965　Transport Act
1967　Civic Amenities Act
1968　Countryside Act
1969　Housing Act（综合改进地区）
1970　Community Land Act
1970　Equal Pay Act
1971　Town and Country Planning Act
1972　Industry Act
1972　Local Government Act
1974　Clean Air Act
1974　Town and Country Amenities Act
1974　Housing Act（住房行动地区）
1975　Community Land Act
1976　Race Relations Act
1978　Inner Urban Areas Act
1980　Highway Acts
1980　Local Government, Planning and Land Act

1981	Minerals Act
1981	Disabled Persons Act
1982	Local Government (Miscellaneous Provisions) Act
1982	Derelict Land Act
1985	Housing Act
1986	Housing and Planning Act
1988	Housing Act
1988	Local Government Act
1989	Children Act
1989	Local Government and Housing Act
1989	Water Act
1990	Town and Country Planning Act
1990	Planning (Listed Buildings and Conservation Areas) Act
1990	Environmental Protection Act
1990	Planning (Hazardous Substances) Act
1991	Water Industry Act
1991	New Roads and Street Works Act
1991	Planning and Compensation Act
1992	Local Government Act
1992	Transport and Works Act
1993	Leasehold Reform, Housing and Urban Development Act (Part III creation of the Urban Regeneration Agency)
1993	Traffic Calming Act
1993	Housing and Urban Development Act
1994	Local Government (Wales) Act
1995	Disability Discrimination Act
1995	Noise Act
1995	Environment Act
1996	Housing Grants, Construction and Regeneration Act
1997	Road Traffic Act
1997	Road Traffic Reduction Act
1998	Housing Act
1998	Human Rights Act
1998	Regional Development Agencies Act

还有很多法规和条例用来确保法律的实施，如发展控制中的一般开发许可条例(General Development Order)。一般开发许可条例的内容包含在两个相关文件中：

1995	Town and Country Planning (General Development Procedure) Order
1995	Town and Country Planning (General Permitted Development) Order

欧洲规划控制

1957年《罗马条约》(Treaty of Rome)的第119条建立起平等的原则，Equal Treatment Directive 76/207整理了这一原则。

1987 Single European Act

关于环境评价的《欧盟指令85/337》(EC Directive 85/337 现在更新为97/11)"某些公共和私人项目的环境影响评价"在英国通过1988年城乡规划法中的第119条"环境影响评价法"得到实施。所有的欧盟法规都要求纳入到每个成员国的国家法律体系，这个案例是纳入到规规划法规中的。

欧盟制订出一系列政策文件，被称为欧盟"绿皮书"。其作用类似于英国的白皮书，如"城市环境绿皮书"(*Green Papers on the Urban Enivironment*)，COM (1990) 218。但是在英国"绿皮书"是指咨询文件，进一步发展成为指令文件"白皮书"。

1977 WP 6485 Policy for Inncr citics

1985 WP 9517 Lifting the Burden

威尔士

技术建议说明(TANs)

1. Joint Housing Land Availability Studies
2. Planning and Affordable Housing
3. Simplified Planning Zones
4. Retailing and Town Centres
5. Nature Conservation and Planning
6. Development involving Agricultural Land
7. Outdoor Advertisement Control
8. Renewable Energy
9. Enforcement of Planning Control
10. Tree Preservation Orders
11. Noise
12. Design
13. Tourism
14. Coastal Planning
15. Development and Flood Risk
16. Sport and Recreation

北爱尔兰

发展控制建议说明

1. Amusement Parks
2. Multiple Occupancy
3. Bookmaking Offices
4. Hot Food Bars
5. Taxi Offices
6. Restaurants and Cafes
7. Public Houses

8. Small Unit Housing in Existing Residential Areas
9. Residential and Nursing Homes
10. Environmental Impact Assessment
11. Access for People with Disabilities
11a. Nature Conservation and Planning
12. Hazardous Substances
13. Crèches, Day Nurseries and Pre-school Play-groups
14. Telecommunications

规划政策声明包括：
1. Northern Ireland Planning System
2. Planning and Nature Conservation
3. Planning and Roads Considerations
4. Industrial Development
5. Retailing and Town Centres

苏格兰规划出版物
苏格兰事务部制定出一些不同系列的规划指导出版物。包括：

Scottish Office Environment Department Circulars
Planning Advice Notes
National Planning Guidance
National Planning Policy Guidelines (NPPGs)
Scottish Natural Heritage

其中国家规划政策指引（NPPGS）是最重要的。

苏格兰国家政策指引(NPPGs)
1. The Planning System
2. Business and Industry
3. Land for Housing
4. Land for Mineral Working
5. Archaeology and Planning
6. Renewable Energy
7. Planning and Flooding
8. Land for Waste Disposal
9. Roadside Facilities on Motorways
10. Retailing
12. Sport and Physical Recreation

其他苏格兰事务部的规划出版物涵盖了广泛的议题，如可持续发展、交通和乡村发展等。

统计数据来源
1. *Census of Population*，自1801年起每10年进行一次，基于100%的人口普查，是建立人口趋势预测"时间序列"非常重要的资料。人口普查和调查局（OPCS）/女王陛下文书局（HMSO）。

2. *Labor Force Survey*，自1975年以后每2年进行一次，结合其他相关数据，可提供非常有价值的就业趋势资料）（HMSO）。

3. *The General Household Survey*，连续的社会统计资料（HMSO）。

4. *Social Trends*，国家统计局（ONS）。

5. *Regional Trends*，国家统计局（ONS）。

6. *Housing and Construction Statistics*，每年进行，每季度都有报告，环境交通和区域部（DETR）。

7. *Local Housing Statistics*，每季度报告地方住房建设情况，环境交通和区域部（DETR）。

8. *Household Projections 1989-2011*，预测国家、地区和郡的家庭发展趋势，DETR。

9. *Digest of Environmental Protection and Water Statistics*——环境交通和区域部（DETR）年度报告。

10.*Land Use Change in England*，根据英国地形测量局（Ordnance Survey）的测绘资料，统计土地使用的变化情况。

11.*Development Control Statistics*，环境交通和区域部（DETR）。

12.*Private House Building Statistics*，英国国家房屋建筑委员会（NHBC）季度报告。

13.*Building Society House Price Data*，可从任何一处哈利法克斯银行（Halifax）获得。

网址
21世纪议程（Agenda 21）
http://www.agenda21.se
欧盟（European vnion）
http://www.europa.eu.int
http://www.inforegio.cec.eu.int
欧盟环境署（European Environmental Agency）
http://www.eea.dk/
欧洲空间发展展望（ESDP）的详细资料、出版物和地图可见 http://www.inforegio.org
环境交通和区域部（DETR）
http://www.open.gov.uk
http://www.planning.detr.gov.uk/consulf/(咨询文件)
http://www.hignways.gov.uk(环境交通和区域部的高

速公路局)

地方政府协会 (The Local Government Association)

http://www.lga.gov.uk

皇家城镇规划学会 （RTPI）

http://rtpi.co.uk

英国政府索引，包括 DETR 和苏格兰事务部

http://www.open.gov.uk/detr

城市设计问题

http://www.towns.org.uk

国家统计局(ONS)资料可以在http://www.statistics.gov.uk 下载。

皇家文书局 www.tso-online.c.uk

残障者的考虑

很多关于残障者的政策考虑主要体现在建筑法规上，而不是规划控制上。建筑法规按照英国国家标准 (British Standards Documents) 制订和作执行，1987 年建筑法规的 M 章节是首次根据国家标准 BS5810 制订的，1999 年 M 章节修订，特别要求新建居住开发中提供坡道，而不是台阶，提供位于底楼的卫生间，以及其他有关可达性的设施，详细资料可见 PB191CP（皇家文书局，TSO）。

有关残障者的法规

BS5810 Access for Disabled People.

英格兰其他有关通道的标准包括

BS6465 Sanitary Installations (revised version 1995)
BS5776 Powered Stairlifts
BS5588 Means of Escape from Buildings
BS6460 Lifting Platforms

影响残障者通道的法规包括

1970   Chronically Sick and Disabled Persons Act
1981   Disabled Persons Act
1986   Local Government (Access to Information) Act (affects access to public meetings)
1995   Disability Discrimination Act

其他残障者标准

Access for Disabled People: Access Committee for England
Centre for Accessible Environments
Adler, 1999 with CD ROM of design standards.
Development Control Policy Note 16: Access for the Disabled 1985 (DoE)
RTPI PAN 3 (Planning Advice Note) Access for Disabled People, 1988

其他规划信息

Housing and Planning Year Book,MUNICIPAL Yearbook 和 *Public Services Yearbook* 提供很多有关中央和地方政府规划部门、规划方案进展、主要官员、主要政策的改进细节和出版物等的年度信息，还提供地方政府行政界限变化的地图等。

缩略表

GNP	Gross National Product	DETR	Department of Environment, Transport and the Regions
ACE	Access Committee of England		
AEE	Assessment of Environmental Effects	DG	Directorate-General (EC body)
AONB	Area of Outstanding Natural Beauty	DLO	Direct Labour Organization
ARB	Architects Registration Board	DLR	Docklands Light Railway
ARCOM	Association of Researchers in Construction Management	DoE	Department of the Environment
		DoT	Department of Transport
ARU	Les Annales de la Recherche Urbaine (Journal of Urban Research) (France)	Dpa	Dwellings per acre
		Dph	Dwellings per hectare
ASI	Architecture and Surveying Institute	e-coli	*Escherichia coli*
BR	Building Regulations	EA	Environment Appraisal (according to context)
BS	British Standards		
BSE	'Mad cow disease' Bovine Spongiform Encephalopathy	EA	Environmental Assessment
		EA	Environment Agency (for England and Wales)
BSI	British Standards Institution		
CAD	Computer Aided Design	EC	European Community
CADW	Translation: Welsh Built Heritage Agency	EEA	European Environment Agency
CAE	Centre for Accessible Environments	EEC	European Economic Community
CAP	Common Agricultural Policy	EHTF	English Historic Towns Forum
CBD	Central Business District	EIA	Environmental Impact Assessment
CBI	Confederation of British Industry	EIP	Examination in Public
CCT	Compulsory Competitive Tendering	EOC	Equal Opportunities Commission
CCTV	Closed Circuit Television	EPA	Educational Priority Area
CDA	Comprehensive Development Area	ERDF	European Regional Development Fund
CEC	Commission of European Communities	ES	Environmental Statement
CFC	Chloro-fluoro-carbon	ESDP	European Spatial Development Perspective
CIBSE	Chartered Institute of Building Services Engineers	ESRC	Economic and Social Research Council
		ETB	English Tourist Board
CICSC	Construction Industry Council, Standing Conference	EU	European Union
		EZ	Enterprise Zone
CIOB	Chartered Institute of Building	FoE	Friends of the Earth
CIOH	Chartered Institute of Housing	FSA	Food Standards Agency
CISC	Construction Industry Standing Conference.	FSI	Floor Space Index
CJD	Creutzfeldt-Jakob Disease	FUN	Frauen Umwelt Netz (Women's Environmental Network)
CLA	Country Landowners Association		
COSLA	Convention of Scottish Local Authorities	GDO	General Development Order
CPD	Continuing Professional Development	GIA	General Improvement Area
CPO	Compulsory Purchase Order	GIS	Geographic Information Systems
CPO	Chief Planning Officer	GLA	Greater London Authority
CPRE	Council for the Protection of Rural England	GLC	Greater London Council
CRE	Commission for Racial Equality	GLDP	Greater London Development Plan
CSO	Central Statistical Office	GMF	genetically modified food
DC	Development Control	GNVQ	General National Vocational Qualifications
DCMS	Department of Culture Media and Sport	GWR	Great Western Railway
DDA	Disability Discrimination Act	HAA	Housing Action Areas

HBF	House Builders' Federation
HMG	Her Majesty's Government
HMSO	Her Majesty's Stationery Office (now TSO see below)
Http:	Hyper Text Transfer Protocol
IBG	Institute of British Geographers
ICE	Institution of Civil Engineers
ICLEI	International Council for Local Environmental Initiatives
IDC	Industrial Development Certificate
IPCC	Intergovernmental Panel on Climate Change
ISE	Institution of Structural Engineers
ISVA	Incorporated Society of Surveyors, Valuers and Auctioneers
IT	Information Technology
LA	Local Authority
LA21	Local Agenda 21
LBC	London Borough Council
LCC	London County Council
LDA	London Development Agency
LDDC	London Docklands Development Corporation
LEC	Local Enterprise Council (Scotland)
LDCC	London Docklands Development Corporation
LGMB	Local Government Management Board
LMS	London Midland and Scottish [Railway]
LNER	London North Eastern Railway
LPA	Local Planning Authority
LRN	London Regeneration Network
LSE	London School of Economics
LWMT	London Women and the Manual Trades
MAFF	Ministry of Agriculture, Fisheries and Food
MCC	Metropolitan County Council
MDC	Metropolitan District Council
MOD	Ministry of Defence
MPG	Minerals Planning Guidance Note
NAEE	National Association of Estate Agents
NEA	National Environment Agency
NFU	National Farmers Union
NGO	Non Governmental Organization
NIA	Noise Impact Assessment
NPPG	National Planning Policy Guidance Note (Scotland)
NRA	National Rivers Authority
NVQ	National Vocational Qualifications
ODP	Office Development Permit
OECD	Organization for Economic Co-operation and Development
ONS	Office of National Statistics (successor to CSO)
OPCS	Office of Population, Census and Surveys
OS	Ordnance Survey
PAL	Planning Aid for London
PAN	Planning Advice Note (Scotland)
PAN	Planning Advice Note (RTPI)
PCU	Passenger Car Unit
PFI	Private Finance Initiative
Ppa	Persons per acre
PPG	Planning Policy Guidance [Note] (England and Wales)
Pph	Persons per hectare
QUANGO	Quasi Autonomous Non-Governmental Organization
QUANGO	Quasi Autonomous National Governmental Organization
RDA	Regional Development Agency
RGS	Royal Geographical Society
RIBA	Royal Institute of British Architects
RICS	Royal Institution of Chartered Surveyors
RPG	Regional Planning Guidance Note (England)
RSPCA	Royal Society for the Prevention of Cruelty to Animals
RTPI	Royal Town Planning Institute
SAP	Survey Analysis Plan
SDA	Scottish Development Agency
SDO	Special Development Order
SEM	Single European Market
SEPA	Scottish Environmental Protection Agency
SERPLAN	South East Regional Plan
SIA	Social Impact Assessment
SOBA	Society of Black Architects
SoS	Secretary of State
SPZ	Simplified Planning Zone
SR	Southern Region [Railway]
SRB	Single Regeneration Budget
SSSI	Site of Special Scientific Interest
TAN	Technical Advice Notes (Wales)
TCP	Town and Country Planning
TCPA	Town and Country Planning Association
TEC	Training and Enterprise Council (England and Wales)
TFL	Transport for London
TPO	Tree Preservation Order
TSO	The Stationery Office (successor to HMSO)
UCAS	Universities and Colleges Admissions System
UCO	Use Classes Order
UDC	Urban Development Corporation
UDP	Unitary Development Plan
UN	United Nations
UNCED	United Nations Conference on Environment and Development
UNEP	United Nations Environmental Programme
UNESCO	United Nations Educational, Scientific and Cultural Organization
VDU	Visual Display Unit
WCC	Women's Communication Centre
WCED	World Commission on Environment and Development
WDA	Welsh Development Agency
WDS	Women's Design Service
WGSG	Women and Geography Study Group
WHO	World Health Organization
WWF	World Wildlife Fund
WWW	World Wide Web

译后记

本书是一本规划导论，以现代规划的主要发源地英国为背景，系统介绍了现行规划体系、规划的起源、现代城市规划的扩展、当前规划的主要议题以及未来展望等方面内容。

本书的主要特点是系统性与针对性的结合。内容的时间跨度和地域跨度都非常大，特别是从欧洲单个国家的规划上升到欧盟规划及世界性的比较。但在有限的篇幅中，对一些重点问题进行了十分深入的讨论，如环境问题、欧盟规划、城市设计、多元规划理论、规划和设计中的社会问题以及女性视角的规划等。本书把规划历史和多元理论体系与重点问题的深入分析很好地结合起来。

本书作为规划入门教材，没有特意渲染深奥的理论，而是将规划理论的发展与社会经济背景的发展很好地贯通。对发展历程的归纳重点突出，因而主线清晰。把理论产生和变化的过程与城市社会经济发展背景的介绍和分析紧密联系，因而内容易懂。这种理论分析和介绍的方法让读者不仅了解理论演进的过程，更理解了演进的原因，对读者分析和认识身边的规划更有启发意义。

本书内容英国背景较强，这对译者形成很大挑战，译稿历经多次修改整理，但难免还有差误和不足，敬请读者指出。王雅娟完成第1、2、14、15章，张尚武完成第8、9、10、11、12章，还有一些研究生参与了翻译工作，其中方芳完成第4、5、6、7章初稿，程琳完成第3、16章初稿，黄昭雄完成第13章初稿，程琳、黄龙协助完成部分章节初校工作。王雅娟对全书进行统稿和校核成稿。新加坡国立大学朱介鸣教授在百忙之中对成稿进行最后校对，对译稿给予很多指导。

王雅娟　　张尚武

2007 年 3 月